UN PASEO POR EL UNIVERSO

UN PASEO POR EL UNIVERSO

Prólogo de Jesús Martínez Asencio

RBA

Infografías: Joan Pejoan
Diseño de cubierta: Compañía

Avda. Diagonal, 189 - 08018 Barcelona
rbalibros.com

Primera edición: marzo de 2024

REF.: ONFI708
ISBN: 978-84-1132-603-2
DEPÓSITO LEGAL: B 3703-2024

Realización: Editec Ediciones

Impreso en España • *Printed in Spain*

Contenido

La materia oscura: el elemento más misterioso del universo

Espacio-tiempo cuántico: en busca de una teoría del todo

Prólogo

por

JESÚS MARTÍNEZ ASENCIO

El ser humano es, probablemente, la especie más peculiar que habita el planeta Tierra.

Vale, lo admito. Quizá me he venido un poquito arriba con esta afirmación tan categórica. Y seguro que hay gente que tiene otras opiniones al respecto. Pero de una cosa sí estoy convencido. Y es de que somos una especie bastante más peculiar de lo que creemos.

Parémonos un segundo a reflexionar. De todo lo que nos define como humanos, ¿qué nos podría hacer tan singulares? Pues no solo nuestra facultad de razonamiento complejo. Ni nuestra capacidad de comunicarnos mostrando gala de un sofisticado lenguaje. Ni siquiera lo seríamos por nuestra destreza a la hora de manejar herramientas o diseñar dispositivos tecnológicos.

Desde mi humilde punto de vista, algo que también nos hace únicos es que los humanos somos la única especie capaz de embarcarse en una actividad con el único propósito de disfrutar aprendiendo. El placer del conocimiento por el conocimiento. El querer saber y conocer cada vez más cosas porque sí. Todo eso viene forjado en nuestro ADN. Quizá, incluso, la razón que te ha llevado a fijarte en este libro no sea otra que la de satisfacer tu curiosidad.

Y es que, sin lugar a dudas, los humanos somos curiosos por naturaleza. Esto provoca que nos hagamos preguntas. Constantemente. Y que sintamos cierta necesidad de buscar respuestas a interrogantes y a misterios. Misterios que van desde «¿con quién estará liado el hijo de la vecina del quinto?» hasta «¿qué habrá más allá del horizonte?».

Todo ello ha propiciado que abandonemos nuestras cavernas, tanto literal como *platónicamente*, para convertirnos en grandes exploradores… También en los terrenos de la curiosidad. De ahí que nos hayamos lanzado a explorar tierra, mar y aire.

Con los hermanos Wright y la invención del aeroplano, en 1903, logramos despegar los pies del suelo con una máquina más pesada que el propio aire. Parecía imposible, pero desafiamos a la gravedad… y la vencimos. La siguiente frontera sería el propio cosmos, conocer los entresijos del universo, «el más allá» de nuestro limitado y acotado volumen planetario.

Pues bien. Resulta que en 1969 lo conseguimos. Dimos un pequeño paso para el hombre y un gran paso para la humanidad. ¿… Y para qué? Para sacar músculo frente a la competencia aeroespacial, sí. Pero existe otra razón. En palabras del expresidente de Estados Unidos, John Kennedy: «Hemos decidido lanzar cosas al espacio e ir a la Luna no porque pareciera fácil. Sino porque era difícil». En otras palabras: se hizo, además, por satisfacer nuestra intrínseca curiosidad exploradora, planteándola en forma de desafío. Pero este hito era solo el principio. Queríamos saber más. Conocer más. Descubrir. Ir más lejos.

Poco tiempo después, en 1977, la NASA lanzó al espacio la sonda Voyager 1 con la misión de localizar y estudiar los límites del sistema solar. Cuando en 1990 la sonda se encontraba a unos 6 000 millones de kilómetros de la Tierra, más allá de la órbita de Plutón, se orientó hacia nosotros para echar un último vistazo al planeta antes de abandonar el sistema solar y… le tomó una foto. Esta imagen mostraba un fondo totalmente vacío y oscuro entre el que a duras penas se vislumbraba un pálido punto azul: la Tierra. Esta foto pasó a la historia. Al igual que lo hicieron las palabras del divulgador Carl Sagan, impulsor de la imagen: «Ese punto somos nosotros. Tú, yo, tus seres queridos, tus enemigos […] Todas las personas que alguna vez existieron en la historia de la humanidad. Todos nosotros quedamos recogidos en un pálido punto azul flotando en medio de la inmensidad».

Habrá quien se crea que los humanos somos una especie privilegiada o, incluso, especial. Pero con esa instantánea nos dimos cuenta de que, para el cosmos, somos totalmente insignificantes e irrelevantes. Con el fin de ponernos en perspectiva, hagamos unos pocos números. Es sencillo, lo prometo.

Para empezar, el universo es un lugar tremendamente gigantesco, prácticamente inabarcable. En la actualidad, se estima que nuestro universo observable mide aproximadamente 93 000 millones de años-luz de diámetro. Esto significa que, para ir de punta a punta, hoy en día una partícula de luz, que viaja a la bárbara velocidad de 300 000 kilómetros por segundo, tardaría 93 000 millones de años en completar el recorrido. En todo ese volumen, se estima que hay, como mínimo, 100 000 millones de galaxias. Cada galaxia albergando 200 000 millones de estrellas. Y orbitándolas, billones de planetas. Pero es que, si seguimos calculando, se puede llegar a la conclusión de que en todo el universo hay aproximadamente 10^{80} átomos. O lo que es lo mismo, hay unos 100000000000000000000000000000000000000000000000000000000 000000000000000000000000 átomos.

Estos números dan vértigo a cualquiera. Sin embargo, a pesar de estas cifras impronunciables, si hacemos un promedio obtenemos que, estadísticamente, tocamos a tan solo 5 protones por cada metro cúbico del universo. Dicho de otro modo: en realidad, prácticamente el 99,9% de todo el universo está vacío. Apenas existe nada. Y en medio de ese vacío existimos nosotros. Entes pensantes a los que les interesa la casi literal «nada» y que la curiosean haciéndose preguntas y tratando de buscarles respuestas.

Esto convierte al propio universo en un lugar indómito, misterioso y desafiante. Cualquier novedad va a ser fascinante y relevante. Por eso, unido al avance de la tecnología y a las revolucionarias teorías de Einstein, estudiar y profundizar en el conocimiento del cosmos suscitó un gran interés entre la comunidad científica del siglo XX. Por ejemplo, uno de los trabajos que más impacto tuvo en nuestra comprensión del universo vino de la mano del astrónomo Edwin Hubble. Con su contribución, se confirmó que el universo no era estático, sino que en realidad se encontraba en continua expansión. Y esto traía consigo una inesperada implicación: que todas las galaxias se alejan y se distancian las unas de las otras.

Para entender mejor este hallazgo, te propongo un sencillo y a la vez visual experimento casero. Para ello, lo único que necesitas es un globo y un rotulador. Sobre la superficie del globo desinflado, dibuja puntos o pequeñas espirales que simularán ser las galaxias. Ahora, lo único que tienes que hacer es hinchar el globo, el cual simulará la expansión del universo. De inmediato, te darás cuenta de cómo esos *puntitos galácticos* que has dibujado se irán distanciando cada vez más los unos de los otros y cada vez más rápido a medida que nuestro universo de bolsillo va aumentando su tamaño. ¿Lo has conseguido y lo has entendido? ¡Pues enhorabuena... Ya eres cosmólogo/a!

Bueno. En realidad no. Lo siento. La cosmología es algo mucho más complejo. Es la ciencia que estudia la composición, evolución y propiedades del universo con el fin de entender su origen, su evolución y los ingredientes que lo forman. Esto es: su historia... y la nuestra. Quizá te hayas podido percatar de que realmente la cosmología lo único que hace es buscar respuestas a las preguntas trascendentales que nos hemos hecho desde los albores de la humanidad: «¿Qué somos?», «¿a dónde vamos?», «¿de dónde venimos?», «¿hay más vida ahí fuera?»

Y es que la fascinación por entender la historia que nos intenta contar el universo no es algo que pusieron de moda las investigaciones del siglo XX o las películas de ciencia ficción del XXI. Prácticamente todas las culturas, independientemente de su religión, su localización geográfica o su periodo temporal en la historia, han alzado la mirada al vasto e infinito firmamento en busca de respuestas a dichas grandes preguntas. Y no han sido pocas las personas y civilizaciones que han tratado de darle una interpretación a aquel oscuro techo con puntos centelleantes. ¡Si hasta en *El rey león* le dedican una emotiva a la par que divertida escena a la búsqueda de respuestas en el firmamento!

Gracias a que Galileo Galilei apuntó al cielo con unos nuevos ojos, el telescopio, algo nos hizo clic y nos dimos cuenta de todo el potencial que se presentaba ante nosotros. En ese momento se abrió una nueva ventana que alimentaría como nunca nuestra curiosidad acerca del cosmos. No obstante, cuando nos asomamos a aquella ventana, no solo hallamos respuestas, sino que también nos dimos de bruces con muchas nuevas preguntas: ¿Qué objetos astronómicos encontraremos aún más allá del campo de visión del telescopio? ¿Acaso será infinitamente grande el universo? ¿De qué estará hecho? ¿Dónde estará su límite espacial? ¿Y el temporal? ¿Qué hubo antes… si es que alguna vez hubo algo? ¿Tendrá fin? ¿Y cómo será? ¿Qué otras sorpresas aguardan ser descubiertas?

Te propongo dar *un paseo por el universo* para intentar esclarecer todo lo anterior de la mano de cuatro bloques de contenidos que dan sentido a este libro y a esta aventura cosmológica. Para ello viajaremos hasta el propio inicio de los tiempos, el Big Bang, para narrar cómo sucedió y qué ocurrió después. También visitaremos el interior de los voraces y enigmáticos agujeros negros. Nos recrearemos con las aún desconocidas materia y energía oscuras. Y, finalmente, exploraremos y nos perderemos por el intrincado espacio-tiempo cuántico.

No sé si este libro te ayudará a aclararte con alguna de estas cuestiones trascendentales. Ojalá sí. Pero si no, tampoco pasaría nada. Porque seguiremos mirando al cielo y escudriñando cada rincón del cosmos en busca de respuestas hasta el fin de los días. Hasta el fin del propio universo. Pero de lo que estoy seguro es de que te picará el gusanillo para plantearte por tu propia cuenta unas cuantas preguntas más. ¿Que cómo lo sé? Porque, como decía al comienzo del prólogo, está en nuestro ADN. Somos curiosos. Somos peculiares. Y tú, querido lector o lectora, por el hecho de adquirir este libro, no eres la excepción.

Y dicho esto… ¿a que sientes ahora más curiosidad por leerlo? Pues adelante. Explóralo y disfrútalo.

JESÚS MARTÍNEZ ASENCIO
Doctor en Física y guionista, miembro de Big Van Ciencia

EL BIG BANG Y EL ORIGEN DEL UNIVERSO

LA TEORÍA MÁS AMBICIOSA JAMÁS PENSADA

Introducción

Periódicamente aparecen informaciones sobre los resultados de encuestas en las que se demanda a un cierto colectivo, más o menos extenso, su opinión sobre una cuestión particular con el fin de establecer un *ranking*, una ordenación de hechos o personas en relación a esa cuestión y de acuerdo al criterio de los entrevistados. Este tipo de ejercicios son consustanciales al ser humano, que trata de manera sistemática de resumir, en clasificaciones de esa clase, grandes volúmenes de información a fin de poder manejarlos con la máxima sencillez posible, incluso cuando ello pueda conllevar inexactitudes o injusticias.

Los científicos no son ajenos a esa ansia ordenadora y, aunque en mucha menor medida, toda vez que su integración social no es la que debiera y el interés de sus congéneres en su opinión como tales no es el que quizá sería deseable, de vez en cuando participan en consultas similares, de cuyos resultados se tiene noticia, y en las que se incluyen preguntas tales como la siguiente: ¿cuál es en su opinión el hecho científico más sobresaliente a lo largo de la historia de la ciencia?

Difícil respuesta tiene esta cuestión, dada la amplia nómina de logros que los investigadores de todas las ramas del saber han ayudado a aflorar desde el inicio de los tiempos. Pero cuando se repasa el inventario de respuestas a tal pregunta, aun cuando se haya hecho en tiempos diferentes, casi siempre aparecen dos acontecimientos que, por otro lado, tienen una relación profunda entre sí: la demostración de que el universo se expande y la detección del denominado *fondo de radiación cósmica de microondas*.

En 1929, el astrónomo estadounidense Edwin P. Hubble publicó un trabajo en el que demostraba que las galaxias alejadas de la Tierra se estaban alejando más de ella y que cuanto más alejadas estaban, más rápidamente lo hacían. La importancia de este hecho experimental fue capital, puesto que dejaba en evidencia la hipótesis de un universo estable e inmutable hasta entonces asumida por todos los cosmólogos y astrofísicos.

En 1965, los físicos estadounidenses Arno A. Penzias y Robert W. Wilson, que trabajaban en los Laboratorios Bell de Holmdel en Nueva Jersey, encontraron un efecto de ruido que no podían explicar cuando analizaban la señal detectada con una antena que estaban probando para radioastronomía. El ruido se adscribió al fondo de radiación cósmica de microondas y ambos investigadores fueron galardonados con el premio Nobel de Física en 1978 por su descubrimiento, el cual fue considerado como la primera prueba irrefutable de que el Big Bang no era una simple teoría más sobre el origen del universo, sino que podría responder a lo que ocurrió en realidad al comienzo de todo.

Se trataba pues de dos hechos experimentales que tenían como causa común un mismo evento físico, el principio del universo, y que habían sido descubiertos con treinta y seis años de diferencia, una diferencia que puede parecer importante en el contexto de una vida individual, pero que no es nada si la comparamos con el tiempo que, a lo largo de la historia, la humanidad se ha pasado haciéndose preguntas tales como: ¿cuándo comenzó el universo?, ¿de qué forma lo hizo?, ¿qué había antes de su creación?

Son precisamente esas preguntas clave las que trataremos de responder a lo largo de este libro. O, cuando menos, intentaremos profundizar en aquellos aspectos esenciales que puedan permitirnos esbozar explicaciones plausibles para responder a las mismas con un mínimo fundamento científico. Esta será, pues, la tarea que nos ha de ocupar en lo que sigue: adentrarnos en la *cosmología*, la ciencia que estudia el universo, su origen, su forma y su tamaño, sin olvidarnos de las leyes físicas que rigen su devenir, ni de los elementos que lo conforman, desde los más básicos, como las partículas elementales y la radiación, hasta las enormes acumulaciones de materia que constituyen las galaxias.

En este camino hacia el principio de todo nos tropezaremos con una relevante cuadrilla de científicos y pensadores que han contribuido en más que apreciable medida a desenmarañar la intriga de cómo y cuándo surgió el universo y cuál fue su evolución. Entre otros, Einstein, Fridman, Lemaître, De Sitter, Gamow, Alpher, además de los ya mencionados Hubble, Penzias y Wilson. Todos ellos irán desfilando unidos a los acontecimientos que se vayan sucediendo a lo largo de este relato, conforme vayamos desgranando los distintos conceptos y modelos que se han ido formulando a lo largo de la historia de la ciencia con el fin de resolver el enigma. Veremos cómo teorías y experimentos fueron entrelazándose poco a poco hasta dar lugar al estado de conocimiento actual y cómo la observación, un elemento que conlleva en este contexto un más que importante cúmulo de dificultades de todo tipo, se ha erigido en la piedra de toque para verificar las distintas hipótesis.

Como no podría ser de otra forma, los «números» asociados al universo son excepcionales. Su edad estimada a día de hoy es de unos 13 800 millones de años, tres veces más que la de nuestro planeta. Su extensión se calcula en, al menos, 93 000 millones de años-luz. Como un año-luz es la distancia que la luz recorrería en el vacío si viajara durante un año seguido, esto es, unos diez billones de kilómetros, estamos hablando de un tamaño descomunal de un cuatrillón de kilómetros aproximadamente, es decir, unos 100 trillones de veces el diámetro medio terrestre, que alcanza unos modestos 12 700 km.

Por otra parte, se trata de un sistema con una densidad extremadamente minúscula, 0,1 quintillones de veces más pequeña que la densidad del agua. En la actualidad se supone que el universo está constituido por tres componentes básicos: la materia ordinaria «observable», es decir, los átomos y las moléculas que conocemos, que suponen apenas un 5% del contenido total de masa-energía del universo, y las denominadas como *materia* y *energía oscuras*, que estarían presentes en el universo en un 27% y un 68%, respectivamente, y de cuyas características, que representan uno de los desafíos de la cosmología y de la astrofísica actuales, aún no se sabe demasiado.

La observación astronómica a la que antes nos referíamos es la que da respaldo al *principio cosmológico*, una hipótesis básica en cosmología que establece que el universo es homogéneo e isótropo a escalas suficientemente grandes. Es decir, que visto a esas escalas, el universo es el mismo para cualquier observador, independientemente del punto desde donde mire y de la dirección en la que lo haga, que las leyes físicas actúan de igual modo en todos sus puntos y que la parte de él que podemos ver es una buena muestra de su totalidad.

De acuerdo con este principio, si promediamos sobre distancias del orden de unos centenares de años-luz, la materia ordinaria observable aparecería distribuida uniformemente a lo largo y ancho del universo. Sin embargo, a una escala más local, se distingue una estructura compleja en la que se observan estrellas (compuestas por muchos átomos y moléculas), galaxias (agrupaciones de estrellas), *grupos* y *cúmulos* (donde se aúnan desde unas decenas hasta varios millares de galaxias), *supercúmulos* (en los que se acumulan varios grupos, cúmulos y galaxias aisladas) y, por fin, las inmensas *estructuras a gran escala* (tales como los *complejos de supercúmulos*, los *filamentos* y los *muros*) separadas entre sí por regiones de vacío de grandes dimensiones. Por tanto, el universo observable tendría, al menos, 100 000 millones de galaxias, conteniendo cada una entre unas decenas de millones de estrellas (en el caso de las galaxias enanas compactas) y más de 100 billones (en el caso de las galaxias gigantes), hasta alcanzar un número cercano al cuatrillón, una cantidad formidable.

Nuestra Tierra es un planeta relativamente pequeño que orbita alrededor del Sol, una modesta estrella que se ubica a unos 28 000 años-luz del centro de una galaxia espiral que tiene un diámetro medio de unos 150 000 años-luz (un trillón y medio de kilómetros), que se piensa que podría albergar hasta 400 000 millones de estrellas y que se conoce con el nombre de Vía Láctea. Como muchos otros en astronomía, este nombre proviene de la mitología griega en la que el origen de la galaxia se atribuía a Hera: esta, al darse cuenta de que Heracles (hijo ilegítimo de su esposo Zeus y de Alcmena, una mortal hija del rey Electrión de Micenas) trataba de mamar de su pecho con el fin de alcanzar la deidad, lo apartó con desdén, derramando la leche y formando la galaxia.

La Vía Láctea forma parte del denominado Grupo Local de galaxias en el que aparece como la segunda en tamaño y brillantez, solo superada por Andrómeda. Estas dos, junto con la del Triángulo, son las tres galaxias gigantes que conforman el Grupo Local, alrededor de las cuales orbitan hasta una treintena de galaxias más pequeñas. El Grupo Local se encuentra próximo al cúmulo de Virgo (a unos 60 millones de años-luz de nosotros) y ambos forman parte del supercúmulo de Lainakea (los «cielos inconmensurables» en hawaiano), una estructura compuesta por unas 100 000 galaxias que pertenece, a su vez, al filamento de Piscis-Cetus, una estructura a gran escala de unos 1 000 millones de años-luz de largo y 150 millones de ancho, compuesta por unos 60 supercúmulos.

Pero no es esto todo. A 200 millones de años-luz encontramos la Gran Muralla, una superestructura de unos 500 millones de años-luz de largo, 300 de ancho y 15 de espesor. Algo más alejada, a 1 000 millones de años-luz, se sitúa la gran muralla Sloan, otra superestructura de unos 1 400 millones de años-luz de longitud. Y aún más retirada, a unos 10 000 millones de años-luz, aparece la gran muralla de Hércules-Corona Boreal. A estas estructuras hay que añadir los dos grandes grupos de quásares: Huge, de 4 000 millones de años-luz de dimensión transversal, y Clowes-Campusano, algo más pequeño, con un tamaño de 2 000 millones de años-luz, ambos situados a unos 10 000 millones de años-luz de distancia.

Todo este inmenso sistema surgió, de acuerdo a lo que hoy día establece la mejor de las teorías de que disponemos al respecto, la del Big Bang, de una *singularidad*, un «algo» infinitamente pequeño, denso y caliente. ¿Por qué apareció esa singularidad? No lo sabemos. ¿Cómo y de dónde se generó? No lo sabemos. ¿Qué había antes de ella? Tampoco lo sabemos. De hecho, es posible que no tenga siquiera sentido plantear preguntas como estas toda vez que antes de ese instante podría no haber existido nada.

La teoría del Big Bang trata de explicar lo que ocurrió desde ese instante inicial. Aquí vamos a repasar los acontecimientos que llevaron a su establecimiento como la visión que mejor describe nuestro estado actual de conocimiento respecto al origen del universo.

Del mito a la teoría

«Al principio Dios creó el cielo y la tierra.» Así de parco y a la vez contundente comienza el *Génesis*, el primero de los cuarenta y seis libros que conforman el Antiguo Testamento de la Biblia. Seguidamente relata cómo Dios prosigue con su obra y hace aparecer la luz, el primer día; el firmamento, el segundo; los continentes separados de los mares, con los pastos, las hierbas y los árboles frutales, el tercero; el Sol, la Luna y las estrellas, el cuarto; los cetáceos y el resto de los animales marinos y las aves, el quinto, y los animales domésticos, los reptiles, las fieras, el hombre y la mujer el sexto. Una vez que el cielo, la tierra y todo el universo habían quedado concluidos, descansó al día siguiente.

No por ser, en nuestro entorno, quizá el mejor conocido, este relato sobre el origen del universo es único. De hecho, en todas las culturas es posible encontrar narraciones míticas del mismo o similar estilo. El físico inglés Stephen Hawking (1942), en un breve ensayo titulado *El origen del universo*, menciona al gran dios Bumba que, según la tradición de los boshongo (un pueblo centroafricano), un buen día en que se encontraba aquejado de un fuerte dolor de estómago, vomitó el Sol, la Luna, las estrellas, algunos animales y, finalmente, el hombre.

Por su parte, Hesíodo, poeta griego de alrededor del 700 a.C., describe en su *Teogonía* el origen del cosmos con la ineludible presencia de los dioses: Caos, Gea, Tártaro y Eros, de los que nacen Érebo (las tinieblas) y Nyx (la noche) que, a su vez, dan origen a Éter y Hemera (las luces celeste y terrestre). Gea da a luz a Urano (el cielo estrellado), a las Montañas, a las Ninfas y al Ponto (el piélago estéril). Urano y Gea engendran a los Titanes y las Titánidas (los lagos y los mares), como Océano, Hiperión y Tetis, a Cronos y a los Cíclopes. Y de todos ellos desciende el resto de los dioses y los hombres.

A pesar de la dosis de, tal vez, ingenuidad que estos relatos parecen dejar entrever, no cabe duda de que el ansia del ser humano por conocer cómo se originó el universo y cómo ha evolucionado desde entonces hasta nuestros días ha sido una constante en la ciencia y en la filosofía desde bien al principio.

DE ARISTÓTELES A NEWTON

San Agustín (354-430) había nacido en Tagaste (hoy Souk Ahras, Argelia) y se convirtió al cristianismo en 385. Muy interesado en la literatura y la filosofía, realizó relevantes aportaciones en el ámbito científico. Así, aseveró que «el universo y el tiempo surgieron a la vez». En palabras del gran físico-matemático inglés Roger Penrose (1931): «Sin duda, una intuición genial», que se adelantaba más de mil quinientos años a Einstein y su teoría de la relatividad. El propio san Agustín estableció que la creación del universo ocurrió unos 5000 años a.C., fecha que algunos investigadores han relacionado con la finalización de la última glaciación y la aparición masiva del *Homo sapiens*.

Contrastaba esta estimación de san Agustín con la teoría imperante entonces: el universo aristotélico, eterno en el tiempo. Aristóteles (384 a.C.-322 a.C.) ha sido posiblemente el filósofo griego con mayor influencia en el mundo occidental. Lejos de circunscribirse al ámbito filosófico, desarrolló teorías básicas en distintas disciplinas científicas como la biología, la botánica, la zoología y la astrofísica.

En el modelo de Aristóteles, el universo era finito y esférico, compuesto por varias capas concéntricas sucesivas y con la

Tierra en el centro, estática y, también, esférica. Aristóteles dividía el universo en dos regiones: la *sublunar*, que abarcaba todo lo que existía por debajo de la Luna, sin incluirla, es decir, el mundo terrestre, y la *supralunar*, en la que se encontrarían los planetas entonces conocidos (Mercurio, Venus, Marte, Júpiter y Saturno), la propia Luna, el Sol y las estrellas. En la primera, nada de lo que sucedía podía formularse en términos matemáticos, dada la variedad existente en ella y el cambio continuo al que estaba sometida. Todo giraba en torno a la naturaleza que resultaba ser intrínsecamente diversa. Aunque, eso sí, todos los cuerpos presentes en esa región estaban constituidos por cuatro elementos fundamentales: tierra, agua, aire y fuego. Cada uno de ellos, de acuerdo a su *gravedad específica*, trataba de ocupar su «lugar de reposo natural»: la tierra, el centro de la Tierra; el agua, a continuación sobre aquella; por encima de ambas, el aire, y por último, el fuego, el más ligero de los elementos, cuya tendencia era moverse hacia el confín de la región. Los movimientos de los distintos cuerpos existentes en la zona sublunar estaban por tanto relacionados con las cantidades de los cuatro elementos fundamentales que los constituían.

Por el contrario, la región supralunar estaba dotada de una armonía de movimientos en el marco de un ordenamiento donde los cambios eran absolutamente regulares y predecibles. Esferas concéntricas de éter, único elemento fundamental en esta región, tenían incrustados los objetos celestes: estos se movían alrededor de ciertas posiciones establecidas, mientras que aquellas giraban en torno al centro del universo gracias a la acción de «motores inmóviles». El universo así constituido era el todo: no existía un «espacio» que lo albergara o, en otras palabras, las preguntas «¿qué hay más allá del universo?» o «¿dónde está situado el universo?» no eran preguntas legítimas.

Además, Aristóteles creía que el universo siempre había existido tal cual se conocía y siempre existiría con la misma estructura. Alejaba de esta manera la idea de creación, en su opinión, mucho menos perfecta que la de eternidad. Entre las objeciones planteadas a esa existencia eterna estaba el nivel de progreso alcanzado por la humanidad y el reconocimiento de los sucesivos

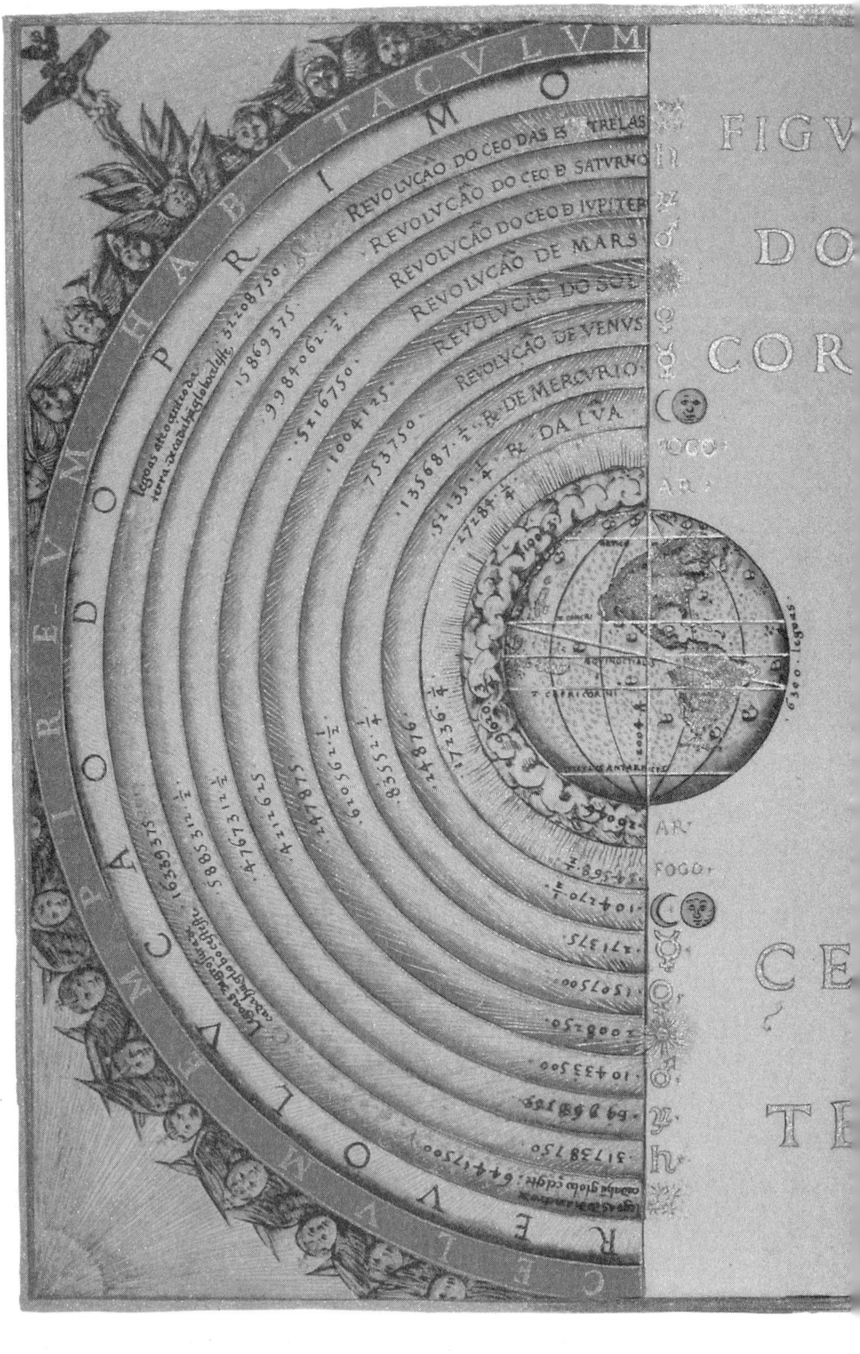
REVOLVÇAO DO CEO DE SATVRNO
REVOLVÇÃO DE MARS
REVOLVÇAO DE VENVS
REVOLVÇAO DE MERCVRIO
DA LVA
FOGO
AR

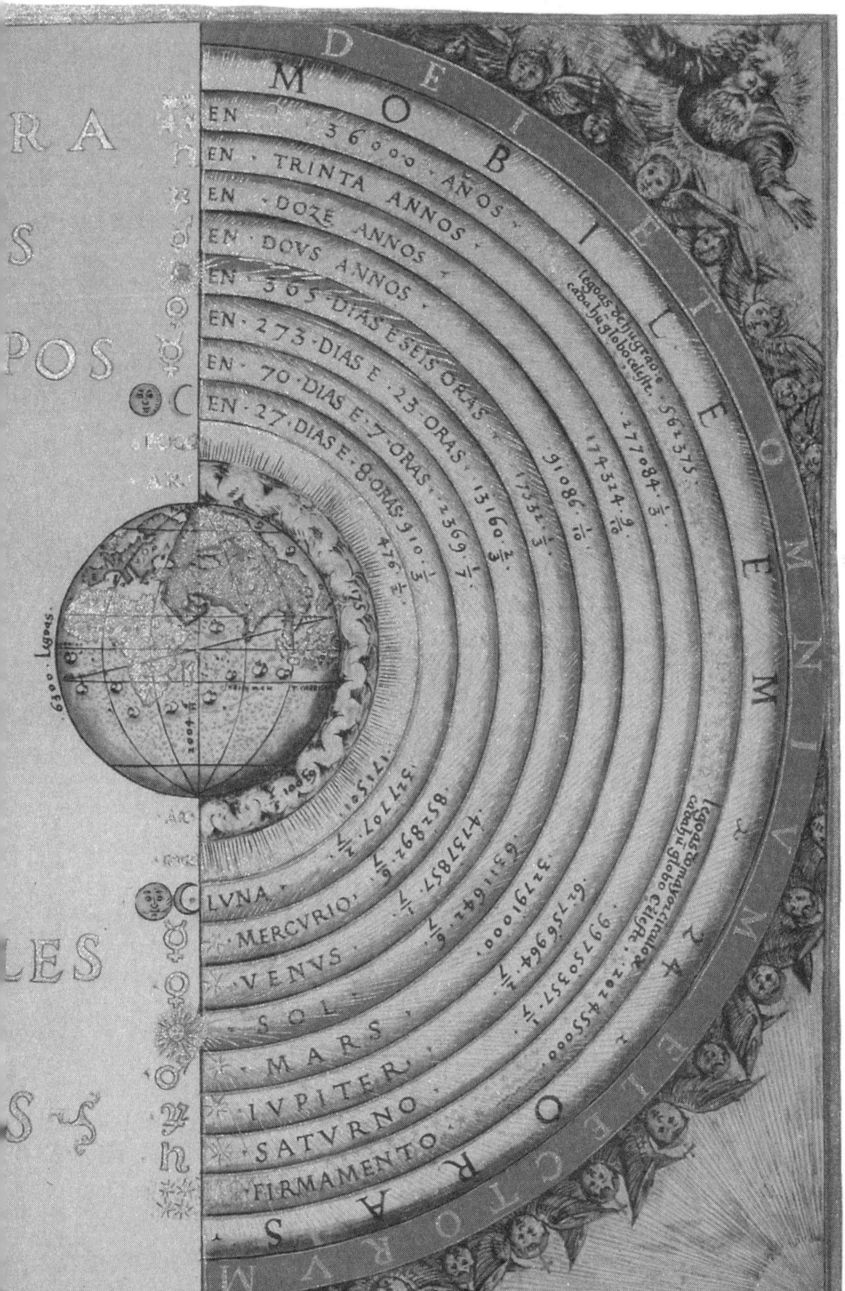

Universo aristotélico en una ilustración confeccionada por el cartógrafo portugués Bartolomeu Velho en el siglo XVI. Según el modelo de Aristóteles, el universo, finito, constaba de varias capas concéntricas sucesivas alrededor de la Tierra, y no experimentaba cambios.

logros que se habían ido desarrollando con el paso del tiempo. Este argumento fue uno de los que posteriormente utilizó san Agustín para establecer la fecha a la que antes nos hemos referido. Sin embargo, Aristóteles y otros filósofos griegos pensaban que los humanos, como el universo, siempre habían existido y hacían responsables a las catástrofes naturales de los varios retrocesos que en ese progreso habrían debido ocurrir en el pasado.

Cuatrocientos años más tarde, este modelo aristotélico del universo fue reformulado por Claudio Ptolomeo (ca. 100-ca. 170), un ciudadano romano nacido en Egipto, que vivió en Alejandría y que realizó más que importantes aportaciones en distintas áreas científicas. De ellas cabe destacar su *Geografía*, en la que plasmó todo el conocimiento del mundo grecorromano en esa disciplina, el tratado de astrología conocido como *Tetrabiblos*, que continuaba enseñándose en muchas universidades europeas durante el siglo XVII, y el *Almagesto*, una enciclopedia de astronomía en la que discutió los movimientos de los planetas y las estrellas. Originalmente titulado *Sintaxis matemática*, fue posteriormente denominado *El gran tratado*. El libro se conservó gracias a los árabes y de ahí su nombre.

El modelo de Ptolomeo mantenía la estructura básica del de Aristóteles. Se trataba pues de un modelo geocéntrico, con la Tierra esférica e inmóvil en el centro del universo y todos los planetas y estrellas orbitando alrededor de ella gracias al movimiento de las distintas esferas concéntricas en las que se integraban. Pero Ptolomeo fue mucho más allá que Aristóteles y fue capaz de llevar a cabo un detallado análisis matemático de los movimientos celestes, conjuntando para ello algunos conceptos que habían sido introducidos con antelación por otros astrónomos griegos, como los *epiciclos* y los *deferentes*, con la proposición del *ecuante*, un punto de referencia alternativo que permitía explicar los cambios aparentes de velocidad que se observaban en las trayectorias de los planetas.

El impacto científico de la obra de Ptolomeo fue extraordinario, no solo como tratado de astronomía, sino porque permitió saber de los conocimientos desarrollados por antiguos matemáticos griegos cuyo trabajo se había perdido con el paso del tiem-

EL UNIVERSO DE PTOLOMEO

El avance fundamental que Claudio Ptolomeo logró al establecer su modelo de universo fue que consiguió una determinación mucho más precisa de las posiciones de los objetos celestes. Ptolomeo asumía la teoría geocéntrica de Aristóteles, pero incorporando los conceptos de *epiciclo*, *deferente* y *excéntrico*, que habían sido utilizados por los astrónomos griegos durante siglos.

Los movimientos de los planetas

Como muestra la figura, un planeta dado gira en una trayectoria circular conocida como *epiciclo*. El centro de esa trayectoria se mueve sobre una circunferencia, el *deferente*, cuyo centro es el *excéntrico*. Ambas rotaciones tienen sentido horario y sus planos son casi paralelos a la *eclíptica* (la trayectoria aparente del Sol en la esfera celeste). La Tierra no se encontraría pues en el centro exacto de las órbitas planetarias sino algo desplazada, una corrección aceptada por el geocentrismo al verse solo como un ajuste para mejorar la precisión en el posicionamiento de los planetas. Ptolomeo introdujo además el *ecuante*, un punto situado a igual distancia que la Tierra del excéntrico, pero al otro lado. Un observador ubicado en el ecuante vería el centro del epiciclo moverse con velocidad angular constante. Este punto era fundamental para explicar el cambio en la velocidad aparente del movimiento de los planetas.

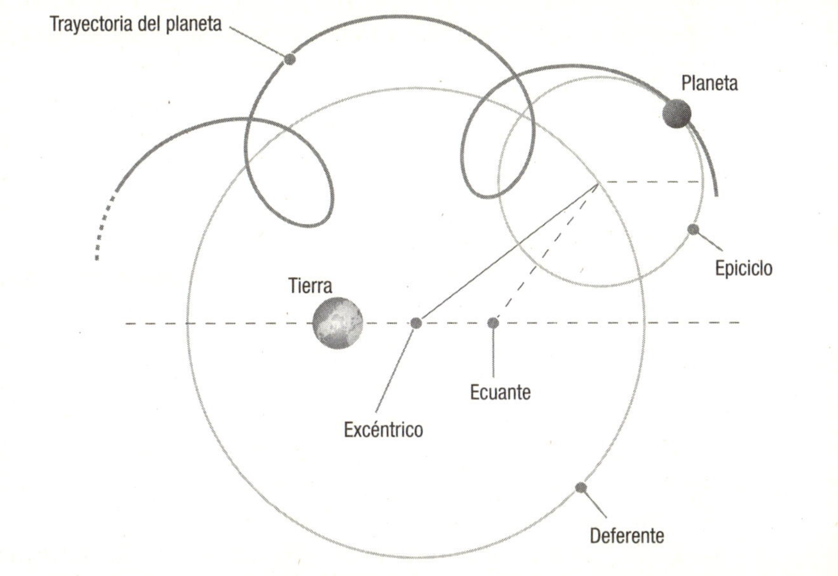

Movimientos de astros en el modelo de Ptolomeo.

po. Por poner un ejemplo, cabe mencionar que casi todo lo que se conoce sobre la obra del gran matemático Hiparco de Nicea (190 a.C.-120 a.C.) es a través del *Almagesto*. El tratado de Ptolomeo rigió la astronomía desde su publicación hasta el principio del Renacimiento, en los mundos bizantino, árabe y europeo medievales.

Tuvieron que pasar muchos años para que la visión aristotélica del universo cambiara en lo fundamental de la mano del astrónomo y matemático polaco Nicolás Copérnico (1473-1543). En el mismo año de su fallecimiento, un discípulo suyo, Georg Rheticus (1514-1574), publicó su libro *De revolutionibus orbium coelestium (Sobre las revoluciones de las esferas celestes)*, en el que Copérnico había trabajado durante más de treinta años y que constituyó uno de los hitos iniciales de lo que se dio en llamar la *Revolución científica*, acaecida durante los siglos XVI y XVII y que completarían Galileo y Newton, entre otros muchos.

Copérnico analizó con detalle la información experimental disponible, realizó sus propias observaciones y comprendió que para describir los movimientos celestes de una manera mucho más sencilla bastaba con cambiar el sistema de referencia. Como conclusión postuló que el centro del universo se encontraba en el Sol, alrededor del cual orbitaban los planetas, mientras que las estrellas, situadas a una distancia mucho mayor que la que separaba la Tierra del Sol, permanecían fijas (véase la imagen de la página contigua). La hipótesis no era, sin embargo, completamente novedosa ya que, primero, el matemático y filósofo griego Filolao, discípulo de Pitágoras, en el siglo IV a.C., y, más tarde, el astrónomo griego Aristarco de Samos, en el siglo III a.C., y Seleuco de Seleucia, en el siglo I a.C., habrían defendido modelos del universo cuyo centro no estaba en la Tierra.

Copérnico mantuvo, no obstante, la estructura de esferas concéntricas del modelo de Aristóteles y Ptolomeo, esferas en las que se circunscribía el movimiento de cada uno de los planetas, que él supuso que seguían círculos perfectos, siendo la más externa de todas ellas la que contenía a las estrellas fijas. Por su parte, la Luna orbitaba alrededor de la Tierra en su propia esfera.

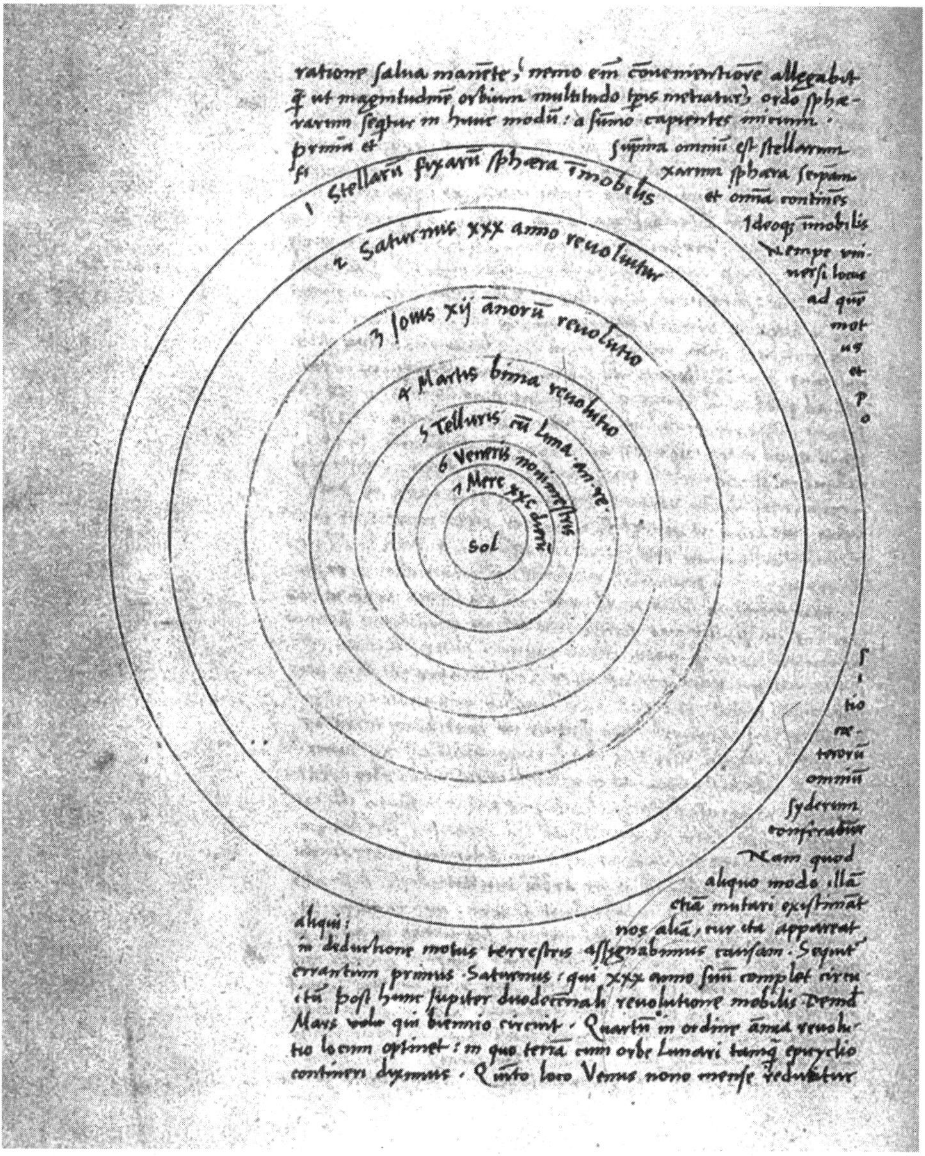

Universo copernicano, en el que el Sol ocupa el centro del mismo, mientras que la Tierra se sitúa tres órbitas más allá con el nombre de *Tellus* (este era el nombre en latín de la Tierra; *Telluris* es el genitivo). Este esquema aparece en la página 18 del manuscrito original de *De revolutionibus orbium coelestium*, que se conserva en la biblioteca de la Universidad Jagellónica de Cracovia, la antigua Academia de Cracovia.

Pero no por obvio, dados sus resultados, el modelo heliocéntrico fue aceptado y no todo fueron parabienes, como puso de manifiesto el teólogo alemán Martín Lutero (1483-1546), padre de la Reforma protestante, quien después de haberle llegado rumores acerca de la nueva visión cosmológica de Copérnico aseveró: «La gente presta oídos a un advenedizo astrólogo que se esfuerza en demostrar que la Tierra da vueltas, no los cielos o el firmamento, el Sol y la Luna [...] Este loco desea revertir la totalidad de la ciencia de la astronomía; pero la Sagrada Escritura nos dice que Josué mandó al Sol detenerse, y no a la Tierra».

A pesar de todas las restricciones, algunas de ellas por cuestiones puramente filosóficas, que Copérnico introdujo en su modelo del universo, y aunque sus predicciones sobre las posiciones de los planetas y los astros no eran mucho mejores que las que proporcionaba el modelo de Ptolomeo, su hipótesis heliocéntrica sentó las bases de los cambios científicos que estaban por llegar (no solo en la astronomía).

Fueron necesarios no obstante setenta años para que dos figuras preeminentes de la ciencia hicieran su aparición: el astrónomo y físico italiano Galileo Galilei (1564-1642) y el astrónomo y matemático alemán Johannes Kepler (1571-1630). Durante el lustro de 1615 a 1620 estos dos científicos establecieron experimentalmente los fundamentos de la nueva astronomía y desecharon de manera definitiva el universo geocéntrico de Aristóteles. Galileo escribió en 1615 su famosa *Carta a la Gran Duquesa Cristina*, en la que intentó acomodar la teoría de Copérnico a la doctrina católica imperante, tratando de demostrar y de convencer a los lectores de que el heliocentrismo no podía entenderse como contrario a las Sagradas Escrituras. Galileo no consiguió su propósito y fue conminado por el cardenal e inquisidor Roberto Bellarmino a «abstenerse completamente de enseñar o defender esa doctrina u opinión o de discutirla [...] a abandonarla por completo [...] la opinión de que el Sol permanece en el centro del mundo y que la Tierra se mueve». A pesar de ello, en 1618, la Iglesia aceptó una versión modificada de la tesis de Copérnico, pero solo para realizar cálculos relacionados con el calendario.

> **Platón es mi amigo, Aristóteles es mi amigo, pero mi mejor amiga es la verdad.**
>
> **Isaac Newton**

A partir de 1617, Kepler comenzó a publicar su tratado *Epitome astronomiae copernicanae*. En él exponía su modelo heliocéntrico, que estaba basado en las que hoy se conocen como *leyes de Kepler* y en el que la principal novedad era que los planetas orbitaban alrededor del Sol siguiendo órbitas elípticas, lo que permitía alcanzar una mayor precisión a la hora de determinar su posición en el cielo. Galileo no supo del trabajo de Kepler, que, sin embargo, ganó popularidad con el paso del tiempo de forma tal que, hacia finales del siglo XVII eran muchos los ciudadanos comunes que lo conocían y discutían acerca de sus implicaciones y consecuencias.

El punto álgido de esta parte de la carrera científica acaeció cuando el físico y matemático inglés Isaac Newton (1643-1727) publicó su famoso libro *Philosophiae naturalis principia mathematica* en 1687. Entre otras leyes básicas de la física, Newton estableció en él la de la *gravitación universal*, que permitió dar una explicación físico-matemática de las leyes de Kepler: la fuerza de la gravedad, la misma que explicaba cómo caían los graves (cuerpos con movimiento naturalmente acelerado, en caída libre) en la Tierra, era también la responsable del movimiento de los objetos celestes. Más allá de fundamentar el modelo heliocéntrico, Newton argüía que era el centro de gravedad común al Sol y a todos los planetas lo que cabía considerar como el «centro del mundo». Además, y como aplicación directa de sus leyes de la mecánica, Newton podía demostrar que ese punto debía o bien estar en reposo o bien moverse con velocidad constante en línea recta, si bien por razones de sentido común pensaba que la primera era la mejor alternativa.

Hasta bien entrado el siglo XVIII, todos los libros que defendían la visión heliocéntrica del universo estuvieron incluidos en el *Índice de Libros Prohibidos* por la Iglesia católica que, por otro lado, no había dejado de prestar ayuda para que se realizaran observaciones astronómicas desde las torres de sus iglesias y catedrales a fin de mantener los datos necesarios para el establecimiento de un calendario ajustado.

LAS LEYES DE KEPLER

Johannes Kepler colaboró con el danés Tycho Brahe (1546-1601), aunque al parecer no siempre medió entre ellos una buena relación. Brahe disponía de la base de datos astronómicos más completa de su tiempo, pero no permitió a Kepler acceder a ella y solo cuando aquel falleció pudo este utilizarla para sus investigaciones. Las leyes que llevan su nombre aparecieron en 1609, en su libro *Astronomia nova* (las dos primeras leyes), y en 1619, en su tratado *Harmonices mundi* (la tercera). El enunciado de las leyes es el siguiente:

Primera ley de Kepler

Los planetas se desplazan describiendo trayectorias elípticas en torno al Sol, que se sitúa en uno de los *focos* de la elipse. En general las elipses de los planetas del sistema solar son muy poco *excéntricas*, es decir, que se alejan muy poco de la trayectoria circular. Por ejemplo, la Tierra dista del Sol 147 millones de kilómetros en el *perihelio* (mínima distancia respecto a él) y 152 en el *afelio* (máxima distancia respecto al Sol). Por su parte, Mercurio sigue la órbita más excéntrica de todos los planetas, con distancias al Sol de 46 y 70 millones de kilómetros en los puntos de máximo acercamiento y máximo alejamiento, respectivamente.

Monumento a Tycho Brahe (izquierda) y Johannes Kepler, creado por el escultor Josef Vajce, y emplazado en Praga, República Checa.

Segunda ley de Kepler

Las áreas barridas por el *radio vector* (que es el segmento que une el Sol con el planeta) son proporcionales a los tiempos empleados para describirlas. Si las órbitas fueran perfectamente circulares, la velocidad del planeta sería constante, pero como no es así, los planetas se mueven más rápido en el perihelio que en el afelio. Por ejemplo, la velocidad de la Tierra es de casi 31 km/s en el primero y de menos de 29 km/s en el segundo.

Tercera ley de Kepler

El cuadrado del tiempo que cada planeta tarda en completar una vuelta alrededor del Sol es proporcional al cubo del semieje mayor de su trayectoria (*a* en la figura). Esta ley es relevante porque conocida la distancia de la Tierra al Sol y su periodo de revolución alrededor de este (1 año), podemos calcular las distancias entre el Sol y los restantes planetas sin más que determinar, mediante observación, el tiempo que tardan en completar una vuelta a su alrededor. Las velocidades orbitales medias de Saturno, la Tierra y Mercurio son, aproximadamente, 10, 30 y 48 km/s.

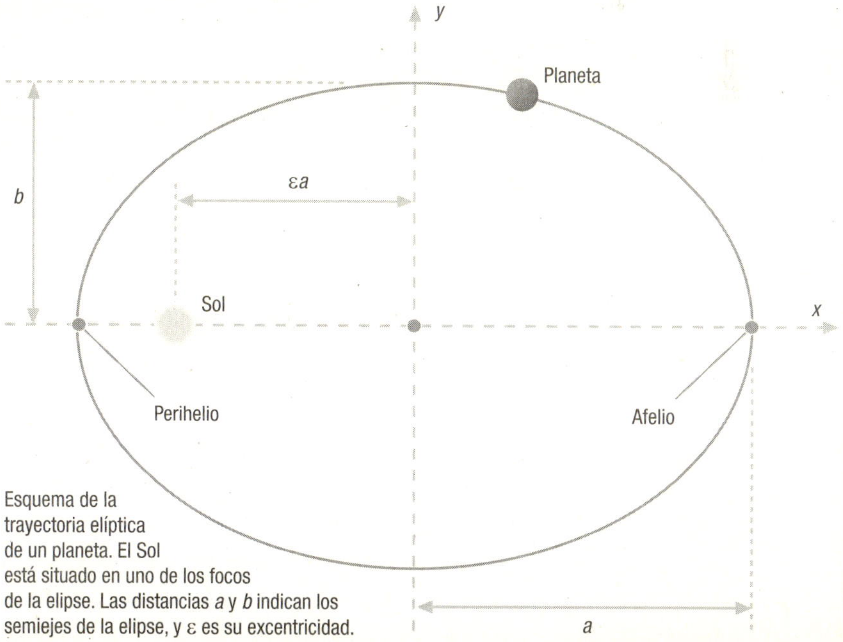

Esquema de la trayectoria elíptica de un planeta. El Sol está situado en uno de los focos de la elipse. Las distancias *a* y *b* indican los semiejes de la elipse, y ε es su excentricidad.

LAS ANTINOMIAS DE KANT

Copérnico, Galileo, Kepler y Newton habían obrado el primer paso certero hacia el entendimiento del universo, pero aún quedaba un largo trayecto por recorrer. Resuelto razonablemente el problema «local» del sistema solar, era preciso abordar el porqué del comportamiento de las estrellas fijas. Ya el propio Newton había reflexionado sobre el hecho de que su teoría de la gravitación universal no parecía capaz de dar una explicación convincente de la cuestión, sobre todo una vez que se empezaba a asumir que esas estrellas lejanas debían tener, esencialmente, las mismas características que el Sol. La fuerza de la gravedad es de carácter atractivo y, por tanto, Newton entendió enseguida que las estrellas, en tanto que entes materiales, debían atraerse entre sí. El universo no podía ser, por consiguiente, un sistema estable y en reposo.

Sin embargo, las hipótesis admitidas entonces consideraban que, independientemente de que el universo hubiera existido de forma indefinida o hubiese sido creado en algún momento pasado, su aspecto no había cambiado significativamente y se había mantenido en todo momento tal y como se observaba entonces. Para tratar de explicar este extremo algunos astrónomos formularon la hipótesis de que la gravedad se tornaría en fuerza repulsiva a grandes distancias, estableciéndose de este modo un ten con ten de la atracción entre estrellas cercanas y la repulsión entre las lejanas y produciéndose una suerte de equilibrio que daría lugar a lo que la observación nos muestra. Sin embargo, formulado de esa manera, ese hipotético equilibrio resultaría inestable y cualquier aproximación o alejamiento adicional entre grupos de estrellas llevaría a su ruptura, dando lugar a un aglutinamiento o una dispersión indefinida de los mismos.

¿Había tenido el universo un principio? ¿Se trataba de un sistema esencialmente estático? Preguntas como estas no fueron, sin embargo, las únicas que se plantearon, ya que también se empezó a especular sobre cuáles podrían ser las dimensiones reales del universo. Estos dilemas comenzaron a ser objeto de análisis desde distintos puntos de vista y algunas de las discusiones más in-

LAS LEYES DE NEWTON

Las leyes empíricas deducidas por Kepler a partir de los datos astronómicos que tenía disponibles, pueden obtenerse como aplicación directa de las leyes de Newton (las tres *leyes de la mecánica* y la *ley de la gravitación universal*) al problema del sistema solar. Las tres leyes fundamentales de la mecánica son:

Retrato de Isaac Newton pintado hacia 1715-1720.

Primera ley de Newton

Si sobre un cuerpo no actúa ninguna fuerza externa a él, mantiene su estado de movimiento permaneciendo en reposo o moviéndose con velocidad constante y aceleración nula.

Segunda ley de Newton

Si sobre un cuerpo actúa una fuerza externa a él, sufrirá una aceleración cuya dirección y sentido serán los mismos que los de la fuerza aplicada y cuya magnitud será la de la fuerza dividida por la masa del cuerpo.

Tercera ley de Newton

Si un cuerpo ejerce sobre otro una fuerza dada, el segundo ejercerá sobre el primero otra fuerza que tendrá las mismas magnitud y dirección que la primera y sentido contrario al de aquella.

La ley de la gravitación universal

Además de estas tres leyes fundamentales de la mecánica, Isaac Newton enunció la ley de la gravitación universal que nos dice que toda pareja de cuerpos con masas dadas se atraen entre sí con una fuerza que es directamente proporcional al producto de las masas de ambos e inversamente proporcional al cuadrado de la distancia que los separa. La *constante de proporcionalidad*, cuyo valor es $G = 6{,}67384 \cdot 10^{-11}\,\mathrm{N\,m^2\,kg^{-2}}$, se conoce como *constante de gravitación universal* y pone de manifiesto que esa atracción entre los cuerpos es, en general, muy débil. No obstante, sí que se observa claramente, por ejemplo, cuando dejamos caer un objeto desde una cierta altura, ya que en ese caso la distancia entre la Tierra y él es relativamente pequeña y la masa de la Tierra es muy grande. Esta misma fuerza de atracción permite también explicar por qué los planetas orbitan alrededor del Sol y por qué esas órbitas son elípticas.

> **Dos cosas llenan el ánimo de admiración y respeto, siempre nuevos y crecientes cuanto más reiterada y persistentemente se ocupa de ellas la reflexión: el cielo estrellado que está sobre mí y la ley moral que hay en mí.**
>
> **Immanuel Kant**

teresantes vinieron desde el mundo de la filosofía. Uno de los personajes más destacados en este sentido fue el filósofo prusiano Immanuel Kant (1724-1804) quien, en su *Crítica de la razón pura*, publicada en 1781, una de las obras que más impacto ha tenido en la filosofía moderna, formuló lo que él denominó *antinomias*, cada una de ellas formada por una *tesis* y una *antítesis*:

1. «El mundo tuvo un comienzo en el tiempo y está limitado en el espacio» o «El mundo es infinito tanto en el tiempo como en el espacio».

2. «Todas las sustancias que existen en el mundo son simples o están compuestas de partes simples» o «En el mundo ninguna sustancia tiene partes simples».

3. «Los fenómenos que suceden en el mundo no pueden explicarse exclusivamente con leyes de la naturaleza» o «Cuanto ocurre en el mundo está sujeto a leyes de la naturaleza y por tanto no hay libertad».

4. «En el mundo existe un ser absolutamente necesario que es parte o causa del mismo» o «No hay en el mundo, o fuera de él, ningún ser absolutamente necesario».

Kant opinaba que las tesis estaban relacionadas con el racionalismo, mientras que las antítesis eran más propias del empirismo. En cualquier caso, la característica distintiva de estas antinomias era que no podían argüirse argumentos racionales que pudieran invalidar solo una de las dos proposiciones; o dicho de otra manera: ambos asertos podían ser defendidos con razonamientos perfectamente válidos. Por ejemplo, en relación a la primera, que es la que está directamente relacionada con el tema que nos ocupa, Kant indicaba que tanto si el universo había tenido un principio como si no, siempre habría existido un tiempo infinito anterior a cualquier acontecimiento, incluido el propio inicio del universo, sin que hubiera razón alguna para que ese acontecimiento hubiese sucedido en un instante particular. Suponía por tanto Kant la «existencia» indefinida del tiempo, que podía extenderse hacia atrás tanto como fuera necesario, algo que contrastaba con la aseveración de san Agustín a la que nos hemos referido anteriormente.

LA PARADOJA DE OLBERS

El problema del tamaño y la edad del universo fue objeto de análisis por parte de otros muchos astrónomos. Una de las discusiones más interesantes ocurrida entonces fue la denominada *paradoja del cielo nocturno oscuro* según la cual el hecho de que el cielo nocturno sea oscuro es una evidencia contra un universo infinito, estático, indefinido en el tiempo y poblado por un número infinito de estrellas. Si el universo fuera así, es decir, en las condiciones del modelo que, con varias modificaciones, se había mantenido desde los tiempos de Kepler, cualquier línea de visión desde la Tierra terminaría en una estrella y entonces el cielo aparecería brillante, incluso de noche. Esta aparentemente ingenua objeción se conoce también como *paradoja de Olbers*. Dicha paradoja debe su nombre al médico y astrónomo aficionado de origen alemán Heinrich Olbers (1758-1840), quien la planteó en 1823. A Olbers se le atribuyen también varios descubrimientos de asteroides y cometas.

No fue Olbers, sin embargo, el primero en poner de manifiesto la objeción y en adelantar posibles explicaciones a la misma. El astrónomo y matemático inglés Thomas Digges (ca. 1546-1595) argumentó en 1576 que las estrellas lejanas eran apenas visibles y de ahí la oscuridad del cielo nocturno. Kepler, en 1610, habló de un muro cósmico oscuro en el que acababa el universo que ni era infinito, ni contenía infinitas estrellas. Un argumento similar fue propuesto en 1672 por Otto von Guericke (1602-1686), un físico y jurista alemán. En 1720, el astrónomo y matemático inglés Edmond Halley (1656-1742) asumió que el universo estaba formado por capas esféricas concéntricas, de igual anchura, en las que se encontrarían distribuidas las estrellas. Tras demostrar que esas capas producían la misma cantidad de luz, independientemente de su radio, se percató de que si admitía un universo infinito, el cielo debería estar siempre iluminado, por lo que concluyó que las estrellas próximas obstruían la luz proveniente de las más lejanas, una explicación que no resolvía el problema ya que cualquier línea de visión hacia el cielo seguiría acabando en una estrella. El astrónomo suizo Jean-Philippe de Chéseaux (1718-1751) propuso en 1744 que entre algunas de las estrellas y nosotros se interponían nubes de materia que absorbían la luz proveniente de aquellas. Sin embargo, en tal caso, la temperatura de esas nubes habría ido incrementándose con el tiempo hasta ser tan brillantes como las propias estrellas.

Curiosamente, fue el escritor estadounidense Edgar Allan Poe (1809-1849) en su obra *Eureka*, publicada en 1848, el que planteó una solución en la que se esbozaban argumentos correctos: la luz de algunas de las estrellas, especialmente las más lejanas, no habría alcanzado aún la Tierra dado que se desplaza con una velocidad finita y que, además, el universo debía tener una edad también finita (figura 1). Esta misma tesis fue defendida en 1861 por el astrónomo alemán Johann von Mädler (1794-1874). La resolución de la paradoja necesitó de mucho tiempo y en ella participaron, primero, el físico e ingeniero británico lord Kelvin (1824-1907), en 1901, y más tarde el cosmólogo estadounidense Edward Harrison (1919-2007), en 1961. Pero no fue hasta 1987 cuando la solución definitiva fue establecida, ya que se hizo necesario conocer otras cuestiones fundamentales del origen y la evolución del universo.

LA HIPÓTESIS NEBULAR Y EL UNIVERSO ISLA

En el año 1755, Kant publicó un libro titulado *Historia natural universal y teoría de los cielos*, que supuso otro hito en la evolución de la visión del universo. Según Kant las estrellas y los plane-

FIG. 1

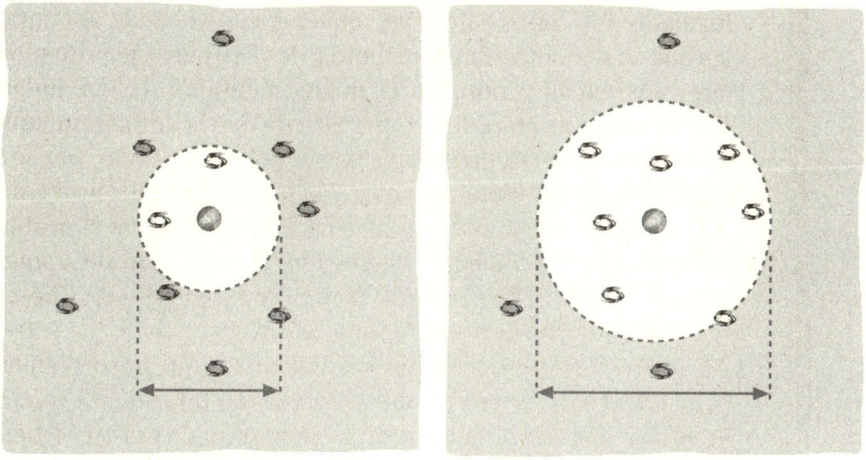

Horizonte cosmológico antiguo

Horizonte cosmológico actual

Conforme transcurre el tiempo, más se amplía el horizonte cosmológico o porción del universo a nuestro alrededor desde la cual puede llegarnos la eventual luz emitida tantos años atrás como años-luz de distancia nos separen del emisor. De manera simplificada, podemos imaginar el horizonte cosmológico como una superficie esférica que aumenta de tamaño conforme transcurre el tiempo y en cuyo centro está la Tierra. No podemos ver nada que esté situado fuera de la esfera. Tomando como referencia unas pocas galaxias, el horizonte cosmológico actual (derecha) ya es lo bastante grande como para que veamos seis y estemos comenzando a ver una séptima. En cambio, en un pasado remoto (izquierda) la esfera era mucho más pequeña y solo habríamos podido ver dos galaxias. A esto habría que añadir el hecho de que casi todas las galaxias se alejan de la Tierra a medida que pasa el tiempo.

tas se habrían formado a partir de nubes gaseosas (las nebulosas de hoy día) que se encontrarían rotando lentamente y que habrían colapsado por acción de la atracción gravitatoria. La idea no era entonces nueva, puesto que veinte años antes, en 1734, el científico y teólogo sueco Emanuel Swedenborg (1688-1772) ya había avanzado la hipótesis en su libro *Principia rerum naturalium*. Posteriormente, y de forma al parecer independiente, el físico y matemático francés Pierre-Simon de Laplace (1749-1827) discutió en 1796 una hipótesis similar en su *Exposición del sistema del mundo*. El modelo, desarrollado para explicar la formación de nuestro sistema solar y sin ninguna base experimental, podría considerarse razonablemente acertado a la luz de lo que se conoce en la actualidad, e incluso sería aplicable a otros sistemas similares. Sin embargo, en su momento no pudo explicar algunos problemas fundamentales relacionados con la distribución del momento angular en el sistema solar, con lo que, poco a poco, el modelo fue cayendo en el olvido.

Es interesante señalar en este punto que Laplace había sido uno de los primeros científicos en plantearse el problema de la estabilidad a largo plazo del sistema solar. Su propósito era bien ambicioso: «ofrecer una solución completa al gran problema de la mecánica que representa el sistema solar y llevar la teoría a coincidir tan estrechamente con la observación que las ecuaciones empíricas no encontrarán más lugar en las tablas astronómicas». Y el resultado fue su *Mecánica celeste*, un enciclopédico trabajo en cinco volúmenes en los que discutió desde un punto de vista analítico la dinámica del Sol y los planetas. No solo esto sino que fue de los primeros en conjeturar la posibilidad de la existencia de los agujeros negros y también avanzó la hipótesis de que algunas de las nebulosas que empezaron a descubrirse con la ayuda de los cada vez más potentes telescopios se encontraran en realidad fuera de la Vía Láctea.

Laplace creía en el determinismo causal en relación a los hechos observados en la naturaleza. Sobre la dinámica del universo indicó: «Debemos pues ver el estado presente del universo como el efecto de su estado anterior y como la causa del que le va a seguir. Un intelecto que, para un instante dado, conociera todas las fuerzas que animan la naturaleza y las posiciones respectivas de los seres que la componen, si después fuera bastante vasto como para someter estos datos al análisis, podría incluir en una misma fórmula los movimientos de los cuerpos más grandes del universo y los del átomo más ligero: nada sería incierto para él y el futuro, así como el pasado, estarían presentes ante sus ojos».

Entonces, ¿en quién estaba pensando cuando hablaba de ese *intelecto superior*? La verdad es que no estaba claro. Algunos historiadores de la ciencia han considerado plausible que pudiera referirse a Dios ya que Laplace no era ateo. Sin embargo, se cuenta de él que cuando presentó a Napoleón Bonaparte la primera edición de su libro *Exposición del sistema del mundo*, este le espetó: «Newton ha hablado de Dios en su libro. Yo he recorrido el suyo y no he encontrado ese nombre ni una sola vez». Por su parte, Laplace no tuvo problema en responderle: «Ciudadano primer Cónsul, yo no he tenido necesidad de tal hipótesis». A diferencia de Newton, que había reconocido que determinadas perturbaciones seculares observadas en el sistema solar habrían producido su destrucción a largo plazo y que, por tanto, se había visto obligado a introducir la intervención divina para evitarlo, Laplace había resuelto el problema utilizando las herramientas de análisis matemático que él mismo había desarrollado y no necesitó inmiscuir a Dios en el asunto.

En el mismo libro que hemos citado antes, Kant hizo uso de un término relevante: el *universo isla*, precursor de las actuales galaxias. El Sol sería únicamente una estrella como tantas otras en la Vía Láctea y esta no sería más que una galaxia independiente de otras muchas que deberían existir en el universo. También Swedenborg había planteado una idea similar en sus *Principia*. Pero un poco antes que Kant, en 1750, Thomas Wright (1711-1786), un astrónomo y matemático inglés, había esbozado esencialmente la misma teoría en su libro *Una teoría original o nueva hipótesis del universo*, en el que, además, explicó la razón de la apariencia que tiene la Vía Láctea para un observador terrestre (debido a que nuestro punto de vista corresponde a mirar el plano central de una capa relativamente estrecha de estrellas) y especuló sobre el hecho de que las nebulosas apenas visibles no serían sino galaxias extremadamente distantes, situadas fuera de la Vía Láctea. Sin duda, una propuesta, esta última, cuyas extraordinarias implicaciones tardarían en ser asimiladas por la comunidad astronómica en todo el mundo.

LA OBSERVACIÓN ENTRA EN JUEGO

Hasta el momento en el que se establecieron las teorías que hemos descrito anteriormente, la observación había sido bastante escasa y la información de la que se tenía justificación experimental era casi inexistente. Apenas si se conocía con una cierta precisión la distancia a la Luna y al Sol. Eso hacía que todas las teorías que sobre el universo se habían ido estableciendo se habían formulado desde premisas más bien especulativas.

Aunque algunos astrónomos como Wright, que fue el primero en hacerlo, habían apelado a la necesidad de la observación para poder empezar a dilucidar si los modelos que se habían formulado eran válidos o no, tuvieron que pasar algunos años aún para que la astronomía observacional comenzara a dar sus primeros frutos.

Y no fue hasta finales del siglo XVIII cuando se empezaron a establecer estimaciones de la escala y de la estructura del universo apoyadas en una base cuantitativa. Los primeros intentos en esta dirección hay que atribuírselos al astrónomo británico de origen alemán Frederick William Herschel. Constructor de sus propios telescopios, se dedicó entre otras cuestiones a observar el universo profundo, tratando de dar soporte a la teoría del universo isla. Durante la segunda mitad del siglo XVIII, identificó más de 2000 nebulosas, pero no fue capaz de resolver suficientemente las estrellas que las conformaban para poder establecer límites a la Vía Láctea. Concluyó pues, erróneamente, que las nebulosas que había observado eran pequeñas comparadas con nuestra galaxia y que, en realidad, formaban parte de esta.

Las primeras medidas de distancias a estrellas basadas en la *paralaje* no se llevaron a cabo hasta finales de la década de 1830, cuando los astrónomos alemanes Friedrich Bessel (1784-1846), también un afamado matemático, y Friedrich von Struve (1793-1864), y el matemático y astrónomo escocés Thomas Henderson (1798-1844), utilizaron esa técnica para determinar distancias entre el sistema solar y las estrellas 61 Cygni, Vega y Alfa Centauri (ilustrada en la página contigua), respectivamente.

Algún tiempo después, en 1845, el astrónomo irlandés William Parsons (1800-1867), tercer conde de Rosse, construyó el telescopio de reflexión de mayor apertura del mundo (1,8 m) hasta bien entrado el siglo XX, y con él pudo resolver estrellas individuales pertenecientes a varias nebulosas. Fue capaz, además, de identificar el carácter espiral de algunas de ellas.

El sistema estelar de Alfa Centauri (Alpha Centauri o Alfa Centauro), es el más cercano a la Tierra. Ello ayudó en el siglo XIX a que se pudiera calcular su distancia a la Tierra mediante paralaje. La imagen fue captada por el Observatorio Europeo Austral en el marco del proyecto DSS2.

FREDERICK WILLIAM HERSCHEL

Herschel (1738-1822) fue un astrónomo británico, nacido en Hannover, que emigró a Gran Bretaña cuando contaba diecinueve años de edad. Su padre lo envió allí junto con su hermano Jakob tras la batalla de Hastenbeck, en la que el ejército de Hannover, en cuya banda de música militaban los tres, fue derrotado por los franceses durante la Guerra de los Siete Años. Su hermana pequeña Caroline L. Herschel (1750-1848) también tuvo una destacada carrera como astrónoma, colaborando con él, y fue la primera científica que se hizo merecedora a la medalla de oro de la Real Sociedad Astronómica por sus aportaciones en el campo de la astronomía observacional.

El planeta Urano, descubierto por Herschel en 1781.

De la música a la astronomía

Herschel fue un compositor de cierto renombre y tocaba varios instrumentos. Su interés por la astronomía surgió a partir de su amistad con Nevil Maskelyne (1732-1811), astrónomo real británico. Constructor de sus propios telescopios de reflexión, se interesó en un principio por la búsqueda de sistemas estelares dobles o múltiples de los que descubrió un buen número que catalogó en varios informes presentados a la Royal Society de Londres a partir de 1782. Fue el descubridor de Urano (1781) y de dos lunas suyas (Oberón y Titania, 1787), y de otras dos de Saturno (Mimas y Encélado, 1789). También mejoró la medida del periodo de rotación de Marte y descubrió que sus casquetes polares sufren variaciones estacionales.

La génesis del gran catálogo

A partir de 1782 y utilizando dos telescopios de 610 cm de distancia focal y 30 y 47 cm de apertura, junto con su primer telescopio (2,1 m y 16 cm), se dedicó a estudiar los objetos situados en el cielo profundo y descubrió unas 2400 galaxias (entonces denominadas *nebulosas*) cuyas características publicó en tres catálogos aparecidos a partir de 1786. Su hijo, John F. W. Herschel (1792-1871), añadió a los objetos reseñados por su padre los que su tía había observado y los suyos propios y publicó en 1864 su *Catálogo general de nebulosas y cúmulos*. Este catálogo fue la base del *Nuevo Catálogo General* en el que John Dreyer (1852-1926), un astrónomo irlandés, de origen danés, compiló toda la información de los Herschel junto con la que había ido apareciendo a lo largo del siglo XIX, en total 7840 objetos estelares. El acrónimo inglés de este catálogo, NGC (de *New General Catalogue*), se sigue utilizando hoy día para la identificación de esos objetos. En 1800 Herschel descubrió la radiación infrarroja en la luz solar, haciendo pasar esta por un prisma y disponiendo un termómetro en la zona del espectro más allá del color rojo. Fue nombrado sir en 1816 y murió en 1822 en su casa de Slough.

Un hito importante en la astronomía observacional lo marcó el británico William Huggins (1824-1910), que fue el primero en utilizar un espectroscopio. En 1864 obtuvo las líneas del espectro de emisión de la nebulosa NGC 6543 (véase la imagen de la página 45) y un espectro continuo con líneas de absorción de la nebulosa de Andrómeda. Esto permitió clasificar las nebulosas en dos grandes grupos: las formadas por nubes de gas luminoso y las constituidas por la agregación de estrellas (tipo al que pertenecían todas las nebulosas espirales conocidas entonces).

En 1895 se construyó el último gran *telescopio de refracción*: el Yerkes. Tenía una lente de un metro de diámetro y fue financiado por Charles Yerkes (1837-1905), un magnate de Chicago de dudosa honestidad, y construido por el astrónomo estadounidense George Hale (1868-1938). Pero para entonces ya habían empezado a producirse los dos cambios fundamentales que llevarían la astronomía extragaláctica a la situación actual. El primero fue el uso sistemático de la fotografía para obtener imágenes astronómicas, y el segundo, el abandono de los telescopios de refracción en favor de los *reflectores*. Estos últimos eran mucho más compactos y permitían visualizar áreas mayores. No todo eran, sin embargo, ventajas, y así, estos telescopios presentaban más complicaciones en lo referente al seguimiento de los objetos a observar. Con todo, poco a poco, se fueron resolviendo las dificultades mediante distintas técnicas que fueron desarrollándose con la intervención de un buen número de astrónomos entre los que cabe destacar a los estadounidenses Lewis Rutherfurd, John Draper, inglés de nacimiento, George Carver y el inglés Andrew Common.

A finales del siglo XIX se contaba ya con la tecnología necesaria para obtener excelentes fotografías de las nebulosas tal y como lo atestiguan los trabajos del irlandés Isaac Roberts y, sobre todo, los del estadounidense James Keeler (1857-1900), que trabajó en el observatorio de Lick, el observatorio más antiguo del mundo situado en la cima de una montaña (el Monte Hamilton, en California) y que sigue estando en funcionamiento hoy día. Allí contaron con el telescopio Crossley, un reflector de 91 cm de apertura que había sido construido en Gran Bretaña por Common y que fue vendido posteriormente a Edward Crossley, un hombre de negocios inglés y astrónomo aficionado que acabó donándolo a Lick. Keeler obtuvo imágenes de una claridad sin precedentes y, sobre todo, pudo deducir que si el tamaño de algunas de las nebulosas observadas era similar al de Andrómeda (M31), debían encontrarse a distancias enormes de la Tierra.

Después de construir el telescopio Yerkes, Hale fue nombrado director del observatorio de Monte Wilson, situado en California, donde construyó, en primer lugar, una versión más grande del reflector Crossley (de 1,5 m de apertura) y, más adelante, otra aún mayor, de 2,5 m, que fue financiada por el filántropo estadounidense John Hooker y que contó con el apoyo económico de otro industrial estadounidense: Andrew Carnegie (1835-1919). Este último, en una visita a Monte Wilson sentenció: «El señor Hale ha descubierto aquí 1600 mundos alrededor de estrellas que no eran conocidas antes. Hemos encontrado helio en el Sol y, después de encontrarlo allí, lo hemos encontrado en la Tierra. Todo ello demuestra que todas las cosas tienen un origen común».

Los dos grandes telescopios que construyó Hale tuvieron un papel preponderante en la astronomía de los siguientes decenios.

LA TEORÍA GENERAL DE LA RELATIVIDAD

En 1915 el rumbo de la cosmología cambió definitivamente. De hecho muchos investigadores piensan que esa disciplina nació precisamente ese año, cuando Albert Einstein (1879-1955) publicó su artículo en el que formulaba su *teoría general de la relatividad*, esa teoría que iguala espacio y tiempo y que establece que los efectos atractivos de la gravedad producen distorsiones y deformaciones del que desde entonces se ha dado en llamar el *espacio-tiempo*.

Mucho se ha escrito sobre esta teoría que, a diferencia de otras, trascendió en su día a la propia comunidad científica y dio a su autor una fama en el ámbito de la sociedad en general que no había tenido hasta entonces parangón y que posiblemente no lo haya tenido después. Por su parte, Einstein reconoció enseguida

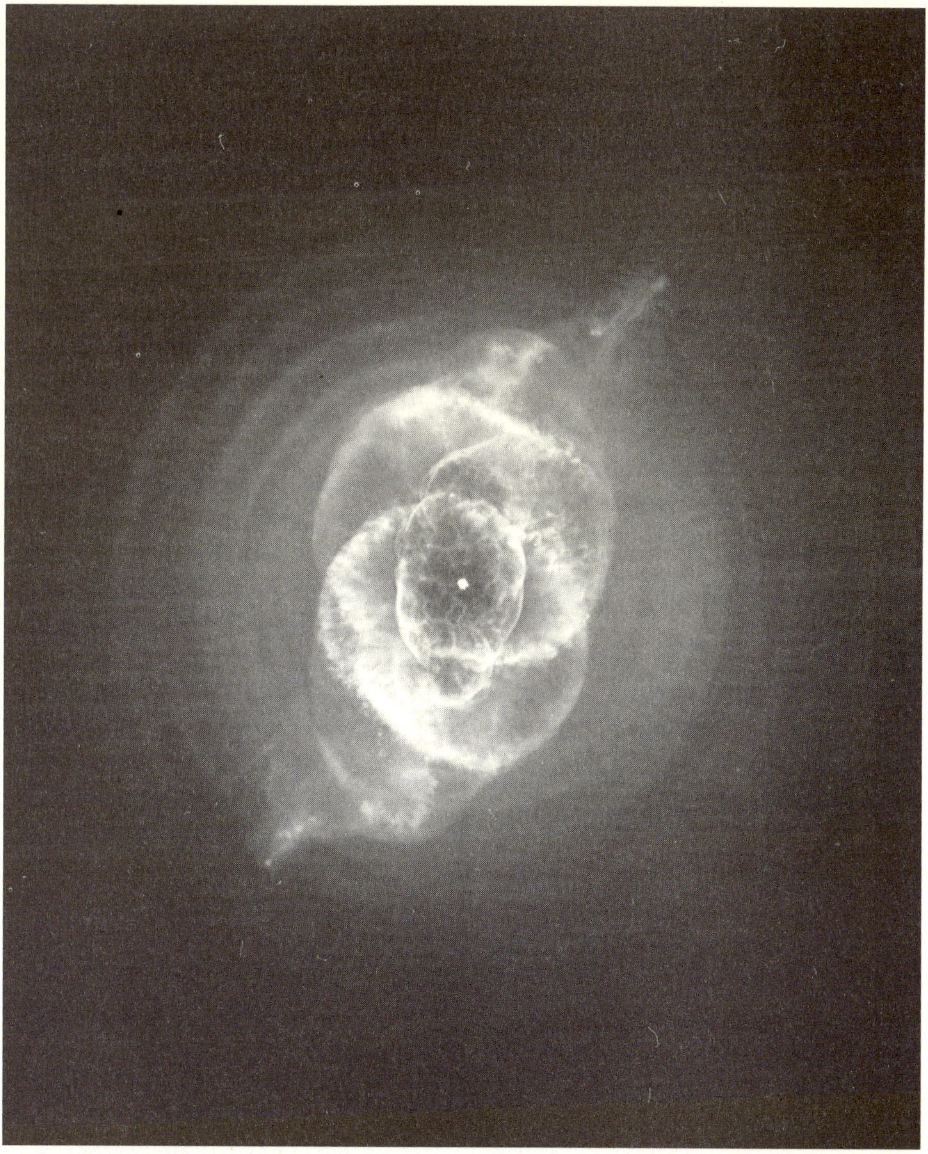

La nebulosa NGC 6543, conocida como Ojo de Gato, en una imagen captada por el telescopio espacial Hubble. Se originó cuando la estrella central, parecida a nuestro Sol, expulsó sus capas más externas. Esas capas de gas y polvo son las principales responsables de las estructuras en forma de anillo. El proceso de formación de las estructuras más intrincadas y espectaculares, en el centro, aún no se ha esclarecido.

MIDIENDO LAS DISTANCIAS A LAS ESTRELLAS

La medida de la distancia a las estrellas fue un problema que interesó a los astrónomos desde que se inventaron los telescopios. Sin embargo, no fue hasta principios del siglo XIX cuando la tecnología estuvo lo suficientemente desarrollada como para poder llevar a cabo la tarea con resultados más o menos fiables. El primero que lo consiguió fue el alemán Friedrich Bessel, que en 1838 anunció que la estrella 61 Cygni, que había observado durante más de un año, presentaba un *ángulo de paralaje* de 0,314 segundos de arco y que, por lo tanto, distaba del sistema solar unos 10,3 años-luz. La medida actualizada de esa distancia es de 11,36 años-luz por lo que el error en la determinación de Bessel era inferior al 10%. Un más que notable resultado, por tanto.

El método de la paralaje

La técnica que usó Bessel para realizar su medición se conoce como *paralaje*. La paralaje no es más que la variación angular de la posición aparente de un objeto cuando se mira desde dos puntos de vista diferentes. El ejemplo más sencillo de este efecto es mirar un objeto, cerrando alternativamente uno de los ojos, y comparar su posición aparente con otro objeto más alejado (para el que no se observa cambio alguno). En el caso de las estrellas, la situación es la que se describe en la figura de la página contigua. Supongamos una estrella (relativamente cercana) cuya distancia al Sol queremos determinar. Si la observamos desde la Tierra en dos instantes del año separados por seis meses veremos que, respecto al conjunto de estrellas muy distantes (y que, por tanto, parecen estar fijas en el fondo celeste), la estrella ocupará dos posiciones aparentes distintas. El ángulo que forma una de las dos líneas visuales de la estrella (en uno de esos dos instantes) con la línea que une la estrella y el Sol es el ángulo de paralaje. Como se ve en la figura, el triángulo que delimitan la Tierra, el Sol y la estrella en un momento determinado es un triángulo rectángulo por lo que si se mide el ángulo de paralaje, p, la distancia del Sol a la estrella vale $D=d/\mathrm{tg}\,p$, siendo d la distancia de la Tierra al Sol.

Ángulos diminutos

Hoy día se dispone de información detallada sobre la posición de las estrellas fijas y, por tanto, determinar los ángulos de paralaje es relativamente simple. Sin embargo, en el pasado no era una tarea sencilla. Estamos hablando de ángulos que no superan el segundo de arco y que disminuyen a medida que la estrella de interés está más alejada. Bessel utilizó en su día un *heliómetro*, un aparato diseñado para medir con exactitud diámetros de astros. Muy posiblemente realizara la medida determinando el ángulo formado por la línea vertical que mira desde la Tierra al cénit y la visual a la estrella (que coincide con el ángulo de paralaje). En el caso de la estrella 61 Cygni, tardó 18 meses, por lo que pudo llevar a cabo dos medidas desde cada posición.

Nace el pársec

La paralaje dio lugar a una nueva unidad de distancia astronómica: un objeto tal que su ángulo de paralaje sea de 1 segundo de arco estará a una distancia de 1 pársec, es decir, a 3,26 años-luz.

Astrometría desde el espacio

Evidentemente, la paralaje está limitada por la precisión en la determinación del ángulo de paralaje ya que cuanto mayor sea la distancia a la estrella menor será dicho ángulo. El satélite Hipparcos, de la Agencia Espacial Europea (ESA), lanzado en 1989 y en funcionamiento hasta 1993, obtuvo paralajes con una precisión del milisegundo de arco (1/3600000 de grado), lo que permitió determinar distancias de hasta unos pocos cientos de pársecs. Una de las cámaras del telescopio espacial Hubble (lanzado en 1990 y aún operativo), la WFC3, permite alcanzar precisiones del orden de unos 20-40 microsegundos de arco y, por tanto, medir con fiabilidad distancias de hasta 5000 pársecs.

Si observamos desde la Tierra una estrella cercana con un intervalo de seis meses, por ejemplo en junio y en diciembre, percibiremos su cambio de posición aparente con respecto al fondo fijo de estrellas lejanas. El ángulo que forma una de las dos líneas visuales de la estrella con la línea que une la estrella y el Sol es el ángulo de paralaje, *p*.

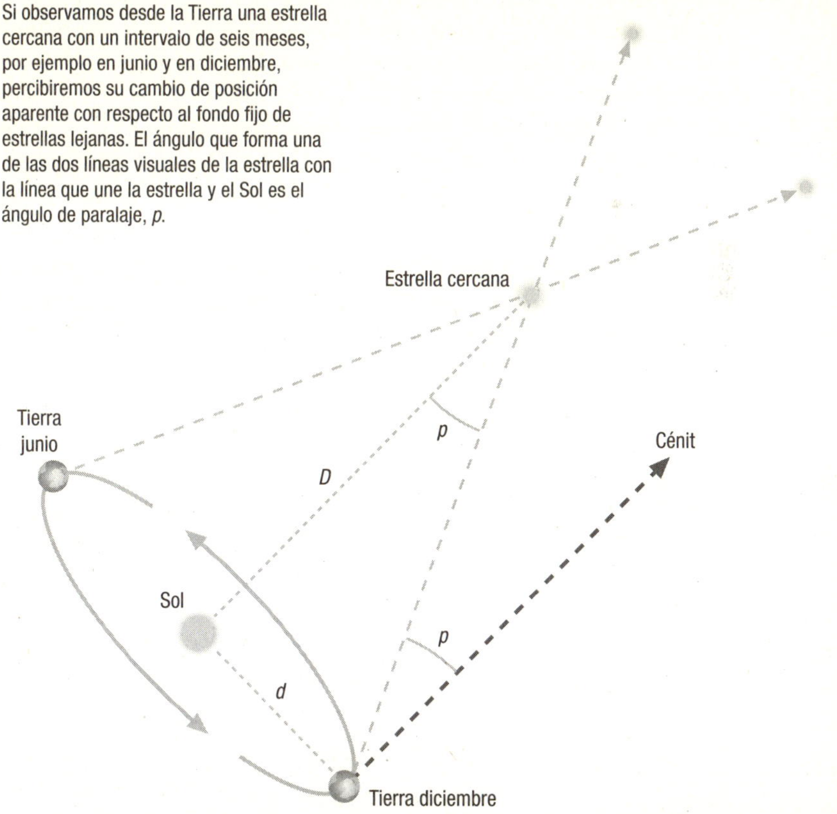

la potencialidad de su teoría y ya en 1917 escribió que por primera vez disponía de un marco teórico que le permitía abordar de manera completa el problema de construir modelos del universo como un todo.

Einstein se sentía cómodo con un universo estático. De hecho no tenía ninguna razón para pensar de otra manera ya que no había ningún hecho experimental que indicara otra cosa. Y tal y como había dicho el matemático ruso Nikolái Lobachevski (1792-1856): «No hay otro medio que las observaciones astronómicas para juzgar la exactitud adjunta a los cálculos de la geometría ordinaria». Lobachevski e, independientemente, el matemático húngaro János Bolyai (1802-1860) habían desarrollado en 1825 las primeras geometrías hiperbólicas (no euclídeas) que luego resultaron ser fundamentales para la teoría de la relatividad. Esos trabajos permitieron al matemático alemán Bernhard Riemann (1826-1866) desarrollar las geometrías que llevan su nombre y que fueron las que el matemático Marcel Grossmann (1878-1936), amigo de Einstein, hizo notar a este para resolver uno de los problemas básicos de la teoría de la relatividad. Grossmann alertó a Einstein del carácter no lineal de las geometrías riemannianas, pero precisamente esa era la característica esencial que él buscaba para su teoría.

Sin embargo, había un problema que ya había sido puesto de manifiesto por el propio Newton: un universo estático sería inestable debido a la atracción gravitatoria. Como solución Einstein introdujo en su ecuación un término repulsivo caracterizado por la denominada *constante cosmológica*, Λ. De esta manera consiguió disponer de una distribución de materia casi estática, que era precisamente lo que buscaba. De resultas el universo de Einstein era además cerrado, con secciones cuyo radio de curvatura venía dado por $R_0 = 1/\sqrt{\Lambda}$, esto es, unos 10^9 años-luz. En cualquier caso, los efectos de Λ solo serían relevantes a escalas cosmológicas, siendo despreciable su influencia a escalas del orden del tamaño de nuestro sistema solar. Por otro lado la constante cosmológica, a diferencia de lo que ocurre con la gravedad, no dependía de la densidad local de materia.

Einstein pensó que de esta manera había conseguido resolver una segunda cuestión que le interesaba especialmente: incorporar de manera natural en su teoría lo que él denominaba el *principio de Mach.* Esta era una hipótesis que al parecer había sido enunciada en 1893 por el físico alemán Ernst Mach (1838-1916) y que podría resumirse diciendo que la inercia de un sistema se debe a su interacción con el resto de sistemas del universo de manera que cada partícula presente en él afecta a todas las demás partículas del mismo. En términos más técnicos referidos a la teoría de la relatividad podría decirse que la distribución de materia del universo considerada a gran escala determina los sistemas de referencia inerciales que se definen a escala local (en mecánica clásica, todo sistema de referencia en el que es válida la primera ley de Newton se denomina *inercial*). Pues bien, Einstein creyó que no había soluciones estáticas para sus ecuaciones de campo en ausencia de materia, lo que automáticamente implicaría que su teoría debía satisfacer el principio de Mach. Sin embargo, esto no era así y, en 1917, el matemático y físico holandés Willem De Sitter (1872-1934) demostró que sí existían soluciones en el caso de que no hubiera materia presente en el universo.

De todas formas, la teoría de la relatividad fue confirmada exitosamente en diversas situaciones. La primera de ellas fue la explicación de la denominada *precesión del perihelio de Mercurio.* Kepler había determinado empíricamente que las órbitas de los planetas alrededor del Sol eran elipses. Este tipo de trayectorias se deduce sin más que tener en cuenta las leyes de Newton y la ley de la gravitación universal enunciada por él, pero siempre que consideremos que solo están presentes el Sol y el planeta en cuestión. Sin embargo, la órbita de cada planeta es influenciada por los demás planetas debido a la atracción gravitatoria que se ejercen mutuamente. El matemático francés Urbain Le Verrier (1811-1877) observó una anomalía en Mercurio: la posición del perihelio de su órbita difería en unas decenas de segundo de arco por siglo de la que se obtenía aplicando las leyes de la mecánica clásica. Le Verrier propuso en 1859 que ello podría deberse a la presencia de un anillo de corpúsculos materiales entre Mercurio y el Sol o quizá a un nuevo planeta, al que llamó Vulcano. Ni que decir tiene que ni uno ni otro fueron nunca descubiertos y hubo que esperar a que el propio Einstein realizara

Fotografía del eclipse solar del 29 de mayo de 1919 realizada por Arthur Eddington.

un cálculo del efecto observado en el marco de la teoría general de la relatividad para poder explicarlo de manera exacta. La modificación del espacio-tiempo producida por un cuerpo muy masivo como es el Sol, da lugar a un efecto del que la mecánica newtoniana no podía dar cuenta. Un efecto que, por otro lado, solo se podía observar dada la proximidad de Mercurio al Sol.

La segunda de las confirmaciones de la teoría de la relatividad la proporcionó el astrofísico británico Arthur Eddington (1882-1944), quien en 1919 realizó una expedición a la isla de Príncipe para observar el eclipse solar que ocurrió el 29 de mayo de aquel año. Confrontando las fotografías obtenidas durante el eclipse con otras de la misma región del cielo estando el Sol suficientemente alejado, pudieron comprobar que la posición de algunas estrellas estaba ligeramente desplazada y que el desplazamiento era el que predecía la teoría de la relatividad según la cual los rayos de luz provenientes de esas estrellas serían desviados por la deformación del espacio-tiempo producida por la presencia del Sol.

La cosmología se podía dar por tanto como iniciada y comenzaba el complejo camino hacia la explicación de cómo, cuándo y por qué había nacido nuestro universo.

El Big Bang matemático

En 1922 apareció publicado en la revista alemana *Zeitschrift für Physik* un artículo titulado «Sobre la curvatura del espacio». Su autor, un físico-matemático ruso que trabajaba en el Observatorio Geofísico de Petrogrado, demostraba que las ecuaciones originales de la relatividad general tenían soluciones homogéneas e isótropas cuya característica esencial era la de no ser estáticas. Einstein reaccionó mostrando su oposición y argumentó que esas soluciones que daban lugar a un universo no estacionario no verificaban las ecuaciones de campo de su teoría. El investigador ruso envió a Einstein una carta en la que explicaba todos los detalles de sus cálculos y en la que, al final, le instaba a hacer una rectificación ante la revista en caso de estar de acuerdo con sus argumentaciones. Einstein no contestó a la carta, ni puso tampoco enmienda alguna a sus comentarios, probablemente porque en ese periodo se encontraba de viaje por el mundo. Pero en mayo de 1923 Yuri Krutkov, un profesor de la Universidad de Petrogrado, coincidió con Einstein en Leiden (Holanda) y le insistió acerca de los detalles del trabajo de su compatriota. Convencido Einstein de la validez de esas soluciones dinámicas para la estructura del espacio, admitió su error y escribió a *Zeitschrift für Physik* una nota de rectificación, si bien muchos historiadores de la ciencia piensan que siguió creyendo que esas soluciones no podían existir en la realidad.

LOS MODELOS DE FRIDMAN

El personaje ruso al que nos hemos referido era Alexander (Aleksandr) Fridman, fallecido prematuramente víctima de fiebres tifoideas, poco después de publicar, en la misma revista, un segundo trabajo que completaba su análisis de las ecuaciones de la relatividad general y que versaba «Sobre la posibilidad de un mundo con curvatura negativa constante del espacio». Lo que Fridman demostró en los dos artículos mencionados es que el radio de curvatura del universo podía ser una función, o bien creciente, o bien decreciente con el tiempo, o bien periódica. La magnitud fundamental que controla una u otra solución es la densidad media de materia en el universo, ρ_0. Fridman encontró que si esa densidad media era superior a un cierto valor crítico, $\rho_{\text{crítica}}$, el universo sería cerrado, su geometría respondería a la de una superficie esférica, con curvatura positiva, y su tamaño sería, por tanto, finito. Este universo se expandiría de manera cada vez más lenta hasta que, en un momento dado, empezaría a contraerse.

Si ρ_0 no supera la densidad crítica, estaríamos ante un universo abierto, con una geometría similar a la de una «silla de montar» y curvatura negativa, cuando $\rho_0 < \rho_{\text{crítica}}$, o a la de un plano, sin curvatura, cuando $\rho_0 = \rho_{\text{crítica}}$. El universo se encontraría en ambos casos siempre en expansión y sería infinito. Estos modelos se representan en la figura 1.

Fridman no pudo ir más allá del análisis puramente matemático de sus soluciones para las ecuaciones relativistas. En uno de sus trabajos expresó: «Nuestra información es completamente insuficiente para llevar a cabo cálculos numéricos y distinguir qué clase de universo es el nuestro». Pero a pesar de ello puso de manifiesto la inestabilidad inherente al universo estático de Einstein y, lo que podría considerarse mucho más importante, el hecho de que el universo habría surgido de una singularidad inicial. También trató de establecer un valor para la edad del universo y basándose en estimaciones razonables de la masa total del mismo indicó que esa singularidad inicial podría haber ocurrido entre 10 000 y 20 000 millones de años atrás, una predicción destacable teniendo en cuenta el valor de 13 800 millones de años actualmente acep-

FIG. 1

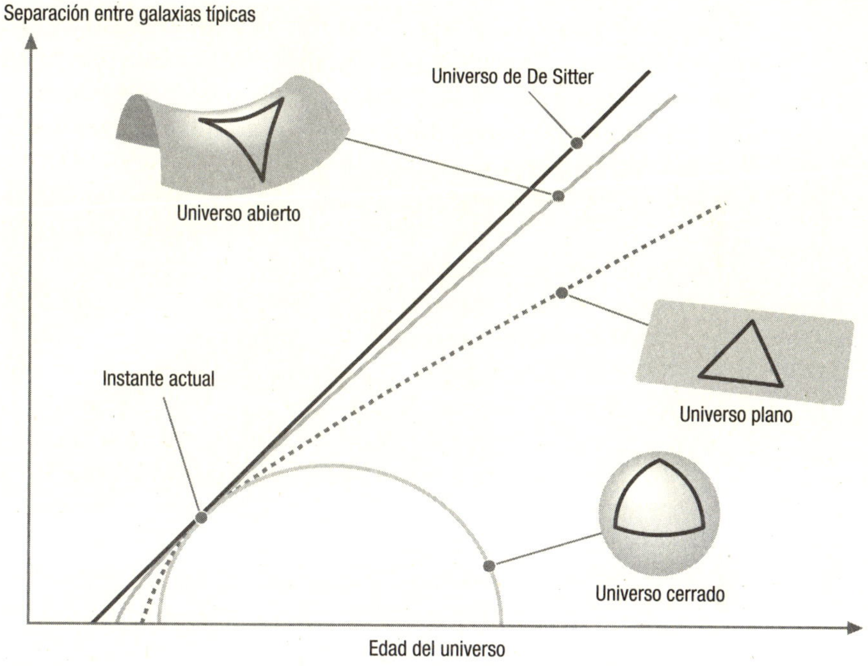

Figura en la que se representa la variación de la separación entre galaxias típicas en función de la edad del universo y que ilustra las soluciones de Fridman correspondientes a los universos cerrado, plano y abierto. Se muestra también la solución de De Sitter correspondiente a un universo sin masa.

tado para la edad del universo. En cualquier caso, los trabajos de Fridman no tuvieron repercusión alguna en la comunidad de los astrónomos.

En su libro *Los tres primeros minutos del universo*, el físico estadounidense Steven Weinberg (1933), que fue galardonado con el premio Nobel de Física en 1979, junto con Sheldon L. Glashow y Abdus Salam, por sus trabajos sobre la unificación de las interacciones electromagnética y débil, incluye una analogía que permite entrever cómo sería el movimiento de las galaxias típicas en los modelos de Fridman. Según Weinberg ese movimiento es similar al que observaríamos si lanzáramos una piedra

ALEXANDER ALEXÁNDROVICH FRIDMAN

Alexander Fridman en agosto de 1916, durante la Primera Guerra Mundial.

Alexander Fridman (apellido a veces escrito como Friedman o Friedmann) nació en junio de 1888 en San Petersburgo. Hijo de familia relacionada con la música (su padre era compositor y bailarín, y su madre pianista), fue educado en la fe de la Iglesia ortodoxa rusa. En 1897 ingresó en la Escuela Secundaria, donde destacó junto al que fue su amigo íntimo durante toda su vida, el gran matemático Yákov Tamarkin. En 1905 ambos publicaron un artículo sobre los números de Bernoulli en la revista *Mathematische Annalen*, entonces dirigida por David Hilbert. En la Universidad de San Petersburgo tuvo como profesor, entre otros, al físico austríaco Ehrenfest y se graduó en 1910, obteniendo seguidamente una plaza de profesor en el Instituto de Minas de la misma ciudad. En 1911 se casó con Ekaterina Dorofeyeva. Defendió su tesis doctoral en 1922. Durante la Primera Guerra Mundial fue aviador militar e instructor de vuelo y llegó a dirigir la Estación Central Aeronáutica de Kiev. En 1918 ingresó como profesor en la Universidad de Perm y en 1920 obtuvo un puesto en el Observatorio Geofísico de Leningrado. En 1922 encontró soluciones de las ecuaciones de campo de la relatividad general en las que, además del universo estático que había encontrado Einstein aparecía la posibilidad de un universo dinámico en expansión abierto e infinito o cerrado y finito (que colapsa con el paso del tiempo). Fridman se interesó también en algunos problemas de hidrodinámica y meteorología y en 1925 logró un récord ascendiendo en globo hasta los 7 400 m para realizar distintos experimentos. Ese mismo año falleció víctima de fiebres tifoideas, mientras regresaba de unas vacaciones en Crimea. Unos meses antes, habiéndose divorciado de su primera esposa, contrajo matrimonio con Natalia Malinina. Los físicos George Gamow y Vladímir A. Fock fueron estudiantes suyos. Fridman fue honrado con la asignación de su nombre a un cráter de la cara oculta de la Luna.

hacia arriba desde la superficie terrestre. Todo dependería de la velocidad inicial de la piedra y su magnitud respecto de la denominada *velocidad de escape*, que es la velocidad mínima que debe llevar un objeto lanzado desde la Tierra para escapar de su atracción gravitatoria. Esta velocidad es proporcional a la raíz cuadrada del cociente entre la masa de la Tierra y su radio.

Si lanzamos la piedra con una velocidad inicial superior a la velocidad de escape, irá perdiendo progresivamente velocidad pero acabará escapando al infinito. Esta situación sería la que se tiene en el caso de una densidad cósmica inferior (o igual) a $\rho_{\text{crítica}}$. Por el contrario, si la velocidad inicial de la piedra es pequeña en relación a la velocidad de escape, subirá, alcanzará una altura máxima y volverá a caer, lo que se corresponde con una densidad cósmica por encima de $\rho_{\text{crítica}}$. Esta analogía también nos da una idea acerca de la «rareza» de un universo estático que se correspondería con que, después de lanzarla, la piedra se quedara suspendida en el aire.

Es interesante señalar que el modelo sin materia de De Sitter, que mencionamos en el capítulo anterior, correspondería a un universo abierto y dinámico, a pesar de que en un principio se había pensado que se trataba de un modelo estático. Ello se debió al sistema de coordenadas que De Sitter había considerado para encontrar la solución. De hecho, en 1922, el físico y matemático húngaro Kornél Lánczos (1893-1974) puso de manifiesto, mediante un simple cambio de coordenadas, que la solución de De Sitter se podía interpretar como una expansión del propio sistema de coordenadas. Aunque no hubiera materia presente en el universo, una «partícula de prueba» seguiría trayectorias en el espacio-tiempo bien definidas y una galaxia alejada del observador sería vista por este en movimiento.

EL DESPLAZAMIENTO DE LAS LÍNEAS ESPECTRALES

Los movimientos relativos de las galaxias y otros objetos estelares respecto de nosotros se conocían ya desde la segunda mitad del siglo XIX. Primero el austríaco Christian Doppler (1803-1853),

LA VELOCIDAD DE ESCAPE

Supongamos que queremos lanzar un proyectil desde la superficie de la Tierra y que queremos conseguir que escape de la atracción que esta ejerce sobre él. ¿Cuál es la velocidad inicial con la que debemos lanzarlo? La respuesta a esta pregunta es sencilla: la velocidad de escape, que es una velocidad característica de cada cuerpo con masa. Supongamos ahora que m es la masa del proyectil, mientras que M_T es la masa de la Tierra, y R_T, su radio. La forma más sencilla de evaluar la velocidad de escape es utilizar el principio de conservación de la *energía mecánica total*.

Energía cinética y energía potencial

En mecánica clásica los cuerpos tienen asociados dos tipos de energía. Una, la *energía cinética*, K, se debe a su estado de movimiento y se define como

$$K=mv^2/2,$$

donde m es la masa del cuerpo, y v, la velocidad con la que se mueve. Como vemos es siempre una cantidad positiva o igual a cero (cuando el cuerpo está en reposo). La otra es la *energía potencial*, U, que está asociada a la posición que el cuerpo ocupa en el espacio y que puede definirse siempre que sobre él actúen *fuerzas conservativas*, como es, por ejemplo, la fuerza de atracción gravitatoria. Así, nuestro proyectil, en presencia de la Tierra que lo atrae debido a la fuerza gravitatoria, tendría asociada una energía potencial que se define como

$$U=-GmM_T/(R_T+h),$$

siendo h la altura medida sobre la superficie a la que se encuentra el proyectil.

La velocidad de escape terrestre

La suma de la energía cinética y la energía potencial se denomina *energía mecánica total* o, simplemente, *energía total*, $E=K+U$, y es una cantidad que se conserva. Si en el momento en que se dispara el proyectil este tiene una velocidad v, su energía total es

$$E=mv^2/2-GmM_T/R_T.$$

Como queremos lograr que el proyectil escape apenas de la atracción gravitatoria terrestre, y la gravedad tiene un alcance infinito, hemos de conseguir que el proyectil llegue, hipotéticamente, a una altura $h=\infty$ con velocidad nula, como mínimo. En tal caso su energía total sería 0. Por tanto, la conservación de la energía total impone que $E=0$ y, despejando la velocidad v, obtenemos la velocidad de escape, que viene dada por:

$$v_{escape} = (2GM_T/R_T)^{1/2} = 11{,}2 \text{ km/s}.$$

Obviamente este es un cálculo simplificado en el que no se han tenido en cuenta diversos efectos como la resistencia del aire, la rotación terrestre, la atracción gravitatoria debida a la presencia de la Luna, del Sol, de los otros planetas y de otros astros. Pero en cualquier caso es una buena estimación de la velocidad requerida para que el proyectil escape de la gravedad terrestre. Como vemos, la velocidad de escape no depende de las características del proyectil sino solo de la constante de gravitación universal, G, y de la masa y el radio del objeto del que se pretende escapar. Cuanto mayor sea esa masa, mayor deberá ser la velocidad de escape.

Ejemplo de velocidad de escape en otros astros (en km/s)	
Plutón	1,3
Luna	2,4
Marte	5,0
Venus	10,4
Saturno	35,5
Júpiter	59,5

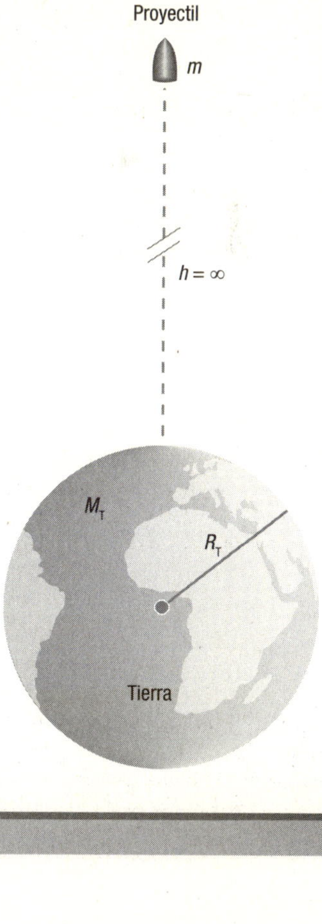

La velocidad requerida para que un proyectil escape de la gravedad terrestre se puede calcular a partir de la masa de la Tierra (M_T), su radio (R_T) y la constante de gravitación universal (G). Para calcularla se supone que el proyectil lanzado desde la superficie terrestre alcanza una altura $h = \infty$, teniendo en ese momento una velocidad nula. La masa del proyectil es m. La doble barra inclinada indica que el gráfico no se muestra en toda su longitud.

en 1842, y después el físico francés Armand Fizeau (1819-1896), en 1848, habían constatado cómo las líneas espectrales observadas en la luz proveniente de algunas estrellas aparecían desplazadas hacia la parte roja del espectro visible, es decir, con menor frecuencia de la esperada, mientras que en otros casos ese desplazamiento ocurría hacia la parte azul del espectro, la de mayor frecuencia. Ambas situaciones correspondían a las estrellas observadas que se encontraban en movimiento respecto de la Tierra, alejándose de o acercándose a ella. Doppler explicó el fenómeno que se conoce con su nombre.

Hubo que esperar sin embargo algunos años para que William Huggins llevara a cabo la primera determinación de la velocidad de una estrella en su alejamiento respecto de la Tierra mediante la medida del desplazamiento al rojo de las líneas espectrales de su radiación luminosa. En un trabajo que llevaba por título «Observaciones adicionales sobre los espectros de algunas estrellas y nebulosas con un intento de determinar si esos cuerpos están moviéndose hacia o desde la Tierra, también observaciones de los espectros del Sol y del Cometa II» y publicado en 1868 en la revista *Philosophical Transactions of the Royal Society of London*, aparecen esos primeros cálculos. Huggins fue un destacado especialista en el estudio de los espectros estelares y uno de los primeros en distinguir las nebulosas, que presentaban espectros puros, característicos de estructuras gaseosas con elementos químicos concretos, de las galaxias, con espectros más complejos típicos de estructuras estelares.

No fue hasta el cambio de siglo cuando la técnica de medida de los desplazamientos espectrales empezó a dar resultados reseñables. Y en ese tema hay que destacar al astrónomo estadounidense Vesto Slipher (1875-1969). En 1913 publicó un trabajo en el que comunicaba la determinación de la velocidad de la «nebulosa de Andrómeda». De acuerdo a las medidas que había llevado a cabo entre septiembre y diciembre de 1912, Andrómeda se acercaba al sistema solar con una velocidad de 300 km/s. En mayo de 1914, en una corta nota publicada en el *Boletín* del Observatorio Lowell, Slipher anunciaba el descubrimiento de la rotación de las galaxias espirales: las líneas espectrales de la

EL DESPLAZAMIENTO DOPPLER

Los átomos se excitan al absorber radiación electromagnética con frecuencias que son características de cada uno de ellos. También se desexcitan emitiendo el mismo tipo de radiación que, en algunos casos, cae dentro del rango de la luz visible. Desde la última mitad del siglo XIX, esos espectros de absorción y emisión característicos eran bien conocidos para muchos átomos. Cuando se empezaron a estudiar las líneas espectrales de las estrellas se observó que las frecuencias de las mismas no se correspondían con las encontradas en los experimentos realizados en la Tierra. La explicación del fenómeno fue dada por el matemático y físico austríaco Christian A. Doppler, quien en 1842 lo descubrió estudiando la luz emitida por estrellas binarias.

La frecuencia de la radiación se desplaza

Cuando una fuente que emite una radiación electromagnética está en movimiento con respecto al observador se produce un cambio en la frecuencia de la radiación, que pasa de ser f_s, cuando se emite desde la fuente, a valer, cuando es medida por el observador, $f_o = f_s[(c-v)/(c+v)]^{1/2}$, donde c es la velocidad de la luz y v es la velocidad relativa entre fuente y observador. Si ambos se alejan $v>0$ y $f_o<f_s$; frecuencias más pequeñas significan longitudes de onda más grandes y las líneas espectrales aparecen desplazadas hacia el rojo (que es el color visible con menor frecuencia). Por el contrario, cuando fuente y observador se acercan, $v<0$, $f_o>f_s$ y la frecuencia de la radiación observada se desplaza hacia el azul.

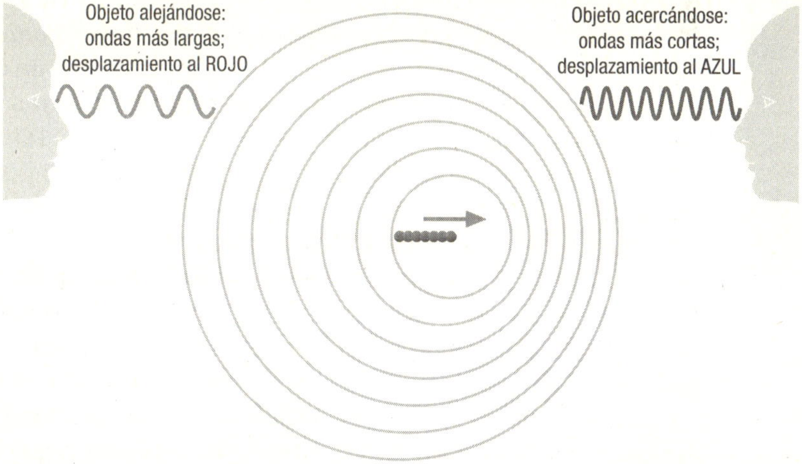

Cuando una fuente de radiación electromagnética se aleja del observador, esta le llega con longitudes de onda más grandes. En el caso de la luz visible, esto se traduce en un desplazamiento de las líneas espectrales hacia el color rojo. Por el contrario, cuando la fuente se acerca, las longitudes de onda captadas son más pequeñas y el desplazamiento se produce hacia el color azul.

FIGURA SEÑERA DE LA ASTROFÍSICA

Vesto Melvin Slipher fue un astrónomo estadounidense nacido en 1875 en Mulberry (Indiana). Tras completar su doctorado en 1909 en la Universidad de Indiana se incorporó al Observatorio Lowell, en Flagstaff (Arizona), donde permaneció durante toda su carrera científica y del que fue director desde 1926 hasta 1952. Falleció en 1969. Especialista en espectroscopia, estudió las atmósferas planetarias y descubrió la «capa de sodio» presente en la *mesosfera*, una parte de la atmósfera terrestre. Fue responsable de la contratación del astrónomo Clyde Tombaugh (1906-1997), quien en 1930 descubrió Plutón. Por sus trabajos en el campo de la astrofísica fue galardonado con diversos premios y condecoraciones entre las que cabe destacar las Medallas de Oro de la Academia de Ciencias de París, en 1919, y de la Real Sociedad Astronómica de Londres, en 1932. Los cráteres Slipher de la Luna y de Marte se bautizaron así en su honor y en el de su hermano Earl Charles Slipher (1883-1964), también astrónomo de Lowell, especialista en Marte.

La rotación de las galaxias espirales

Su mayor logro es, sin duda, la realización de las primeras medidas de velocidades radiales de algunas galaxias basándose en la determinación del correspondiente desplazamiento al rojo. En 1914 presentó a la Sociedad Astronómica Estadounidense los resultados correspondientes a 15 galaxias de las que solo cuatro, entre ellas la de Andrómeda, se acercaban a la Tierra. Ese mismo año publicó un trabajo en el que estableció la rotación de las galaxias espirales.

Tal como Vesto Slipher determinó, la galaxia de Andrómeda se aproxima a la nuestra, a diferencia de otras que se alejan. La imagen muestra a la galaxia de Andrómeda (M31), captada en luz ultravioleta por el satélite astronómico Swift de la NASA.

nebulosa de Virgo NGC 4594 aparecían inclinadas, lo que era sinónimo de que la nebulosa giraba alrededor de un eje. En agosto del mismo año, Slipher presentó a la Sociedad Astronómica Estadounidense datos sobre 15 galaxias de las que 11 mostraban un claro desplazamiento al rojo en sus espectros, es decir, se alejaban de la Tierra, algunas con velocidades de 1 000 km/s o más.

Por fin, en 1917, en los *Proceedings of the Americal Philosophical Society*, apareció el trabajo titulado «Nebulosas» en el que Slipher ampliaba las mediciones anteriores, dando los resultados obtenidos para 25 sistemas: solo cuatro de ellos mostraban desplazamientos al azul; los restantes 21 se alejaban y las velocidades antes indicadas se confirmaban de manera que las galaxias se desplazaban con velocidades medias de unos 570 km/s. Pero en ese mismo trabajo, Slipher fue capaz de establecer el movimiento relativo del sistema solar respecto de las galaxias analizadas y llegó a la conclusión de que nos desplazábamos con una velocidad media de unos 700 km/s. Como ese mismo movimiento no era observado en el caso de estrellas cercanas, Slipher concluyó: «El hecho de que tengamos tal movimiento y las estrellas no lo muestren significa que nuestro sistema estelar al completo se mueve y nos lleva con él. Durante mucho tiempo se ha sugerido que las nebulosas espirales son sistemas estelares vistos a grandes distancias. Esta es la denominada teoría del "universo isla", que considera nuestro sistema estelar y la Vía Láctea como una gran nebulosa espiral que nosotros vemos desde dentro. Me parece que esta teoría es favorecida por estas observaciones». Para algunos historiadores de la ciencia esta observación supone un punto notable en el entendimiento de la estructura del universo.

LEMAÎTRE

Para Fridman, como hemos visto, la singularidad que había obtenido reanalizando las ecuaciones de la relatividad general solo era un «objeto matemático» presente en las soluciones que él había encontrado. Algún tiempo después, Eddington, en el libro *La*

La galaxia NGC 4594, conocida como la Galaxia del Sombrero por su apariencia vista desde la Tierra. Antaño se la consideró una nebulosa, como se consideraba a toda galaxia. Las investigaciones pioneras de Vesto Slipher contribuyeron a demostrar que se trata de una galaxia.

naturaleza del mundo físico, que se publicó en 1928, mencionó la posibilidad de un estado que podría corresponder a un principio del universo y su posterior expansión. Sin embargo, él no estaba convencido de ello: «Como científico no creo que el universo comenzara con un *bang*», decía al respecto, siendo curioso, a la vista de la historia posterior, que usara precisamente la palabra «bang» para referirse a ese instante.

Sin embargo, el primero en formular la hipótesis de un estado inicial del universo fue el astrónomo belga Georges Lemaître (1894-1966), profesor de física en la Universidad Católica de Lovaina. Nacido en Charleroi, sirvió en el ejército belga durante la Primera Guerra Mundial, tras lo que siguió estudios de matemáticas y física, doctorándose en 1920. Ese mismo año ingresó en el seminario de Malinas y fue ordenado sacerdote tres años más tarde.

En 1924, Eddington alabó a Lemaître en una carta que dirigió al físico belga Théophile de Donder (1872-1957), un firme defensor de la teoría de la relatividad y que un año antes había adquirido notabilidad por un trabajo en el que estableció la relación entre la *afinidad química* y la *energía libre de Gibbs*, dos magnitudes de importancia en termodinámica. Decía Eddington: «Encuentro que el Sr. Lemaître es un estudiante muy brillante, extraordinariamente rápido y perspicaz y de gran habilidad matemática».

Tan solo tres años más tarde, pudo Lemaître corroborar los elogios de Eddington con la publicación, en la revista *Annales de la Société Scientifique de Bruxelles*, de un artículo titulado «Un universo homogéneo de masa constante y radio creciente que da cuenta de la velocidad radial de las nebulosas extragalácticas». En 1925, ya había lidiado con el modelo sin masa de De Sitter que hemos mencionado anteriormente y, de hecho, había redescubierto las soluciones de las ecuaciones de Einstein que Fridman había encontrado años antes. Casi con toda seguridad, Lemaître no conocía en aquel entonces los artículos de Fridman, lo que pone en valor su trabajo, y al parecer no fue hasta su primera entrevista con Einstein, durante el Congreso Solvay que se celebró en Bruselas en otoño de 1927, cuando tuvo noticia de ellos. Aunque en este primer encuentro Einstein y él no estuvieron muy de acuerdo, más adelante mejoraron sus relaciones y Einstein terminó aceptando sus puntos de vista.

Al contrario que Fridman, en el trabajo de 1927 Lemaître consideró las soluciones dinámicas de las ecuaciones de la relatividad general desde un punto de vista más «físico» y supuso que el radio del universo podría variar con el tiempo de manera más o menos arbitraria. El universo que Lemaître alumbró entonces tenía una masa total que permanecía constante y habría evolucionado desde un estado preexistente, cerrado y cuyo radio cuando $t \to -\infty$ era R_0, precisamente el radio del universo estático de Einstein. En definitiva, no se podía asignar una edad determinada al universo.

Pero entre los resultados de ese trabajo, destaca uno notable: una relación entre la velocidad de recesión v con la que las nebulosas extragalácticas se alejaban de nosotros y la distancia a la que se encontraban esas nebulosas, r. Lemaître estableció que $v/r = k \cdot c$, con $k = 0{,}68 \cdot 10^{-27}$ cm^{-1}. Para obtener este valor utilizó valores medios de las velocidades de las nebulosas de las que Slipher y el astrónomo sueco Gustaf Strömberg (1882-1962) habían ido acumulando datos en los años anteriores, así como de las distancias a las mismas que había estimado Hubble. Curiosamente, Lemaître no parece dar una importancia excesiva al resultado. De hecho, en una de sus conclusiones establece que conocer el valor del cociente permitiría determinar el radio del universo en su estado primigenio:

$$R_0 = \frac{c}{\sqrt{3}} \frac{r}{v}$$

y da una estimación de su valor: alrededor de 900 millones de años-luz.

Pero, por otra parte, sí que fue capaz de destilar una de las características esenciales del sistema, su expansión, y, aún más, estableció que los desplazamientos al rojo no se debían, como cabría interpretar de manera sencilla, a que las galaxias se alejaban de nosotros moviéndose en el interior de un universo estático y fijo, sino que eran provocados por la propia dinámica del sistema: «El alejamiento de las nebulosas extragalácticas es un efecto cósmico debido a la expansión del espacio», declaró en sus conclusiones. El carácter esencialmente cosmológico del mecanismo responsable de la expansión (figura 2) era así establecido por primera vez.

Sea porque la revista en la que se había publicado el trabajo era bastante desconocida o porque en 1927 no había demasiado interés entre los astrofísicos en discutir nuevas teorías cosmológicas, los resultados de Lemaître fueron ignorados hasta tres años más tarde. Eddington había leído un trabajo que el matemático y físico estadounidense Howard Robertson había publicado en 1928 en *Philosophical Magazine* y en el que esbozaba resultados similares a los de Lemaître, y comenzó a estudiar la estabilidad del universo. En la reunión de la *Royal Astronomical Society* celebrada en 1930, De Sitter presentó sus resultados recientes acerca de la velocidad de las nebulosas y discutió las implicaciones que se podían derivar de ellos en lo que hacía referencia a los dos sistemas entonces admitidos como posibles: la solución de Einstein, que no podía dar cuenta de ese movimiento de las nebulosas, y la del propio De Sitter, que solo era válida para una densidad de materia nula. Eddington señaló entonces que: «Una cuestión desconcertante es por qué deberían existir solo dos soluciones. Supongo que el problema es que la gente busca soluciones estáticas. ¿Deberíamos poner un poco de movimiento en el mundo de Einstein de materia inerte o un poco de materia en el *Primum mobile* de De Sitter?». Este comentario figuró en las actas del congreso que se publicaron en la revista *The Observatory* y Lemaître, que había sido estudiante de Eddington, le escribió después de leerlas haciéndole notar su trabajo. Eddington informó a De Sitter de los resultados de Lemaître que al punto adquirió notabilidad. En 1930 su modelo, conocido desde entonces como el modelo de Lemaître-Eddington, resolvió las dificultades inherentes a los dos sistemas estáticos que hasta ese momento se habían considerado como los únicos posibles y abrió las puertas definitivamente a otros modelos que incluyeran la expansión del universo.

FIG. 2

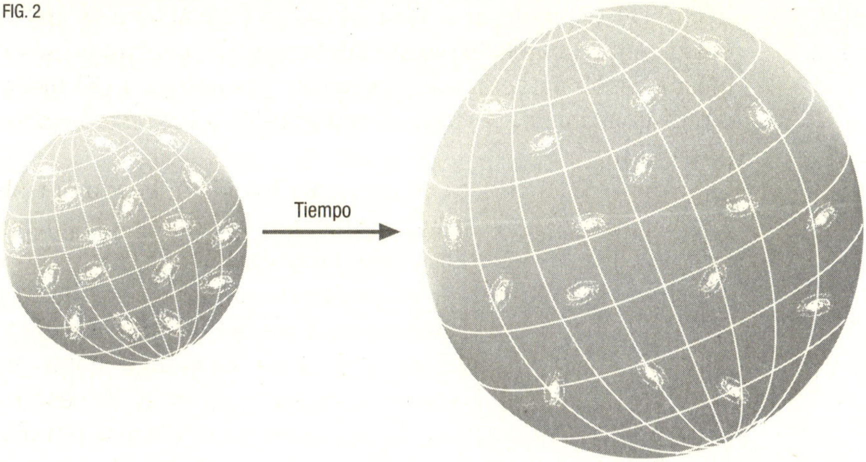

Podemos imaginarnos al universo como un globo que se está hinchando desde el Big Bang. Aunque las galaxias pintadas sobre la superficie de ese globo no se muevan de sus ubicaciones, a medida que el globo se infla se van separando unas de otras cada vez más, si bien en el caso del universo real no aumentan de tamaño como consecuencia de esa dilatación. La diferencia entre un estado pretérito del universo (izquierda) y el actual (derecha) ilustra claramente ese progresivo distanciamiento entre galaxias.

EL ÁTOMO PRIMIGENIO

La idea de un universo que hubiera tenido un principio, que tuviera una edad definida, no era del agrado de astrofísicos y astrónomos. Hasta ese momento, y como se ha comentado anteriormente, solo Fridman había esbozado esa posibilidad aunque únicamente como una mera «curiosidad» matemática. Sin embargo, establecida la expansión del sistema, Lemaître había sugerido que esta habría podido originarse en una inestabilidad del universo estático producida por la presión de la radiación electromagnética presente en el mismo. En su artículo «El universo en expansión», publicado a principios de 1931 en *Monthly Notices of the Royal Astronomical Society*, fue más lejos e indicó que podría haber existido un «protouniverso» estático en el que «toda la energía estuviera en forma de radiación electromagnética y súbitamente se condensara en materia».

Este primer salto cualitativo en su visión de los primeros estadios del universo se vio refrendado en una corta nota publicada en *Nature* en 1931, titulada «El principio del mundo desde el punto de vista de la teoría cuántica» y que algunos historiadores consideran como una de las comunicaciones más excepcionales de la ciencia moderna. Lemaître firma la nota con su dirección privada *(40 rue de Namur, Louvain)*, no como profesor universitario, y comienza la misma con el siguiente párrafo: «Sir Arthur Eddington dice que, filosóficamente, la noción de un principio en el presente orden de la naturaleza le repugna. Yo más bien me inclino a pensar que el estado actual de la teoría cuántica sugiere un principio del mundo muy diferente del presente orden de la naturaleza». Su argumentación se basaba, por un lado, en la mecánica cuántica, que se encontraba en ese momento en el apogeo de su desarrollo, y, por otro, en la termodinámica. Y su conclusión era completamente innovadora: «Podríamos concebir el principio del universo en la forma de un átomo único cuyo peso atómico es la masa total del universo. Este átomo altamente inestable se dividiría en átomos más y más pequeños en el curso de una especie de proceso superradiactivo». Lemaître elaboró esta idea básica y la presentó en sendas conferencias dictadas ante la Sociedad Astronómica Belga y la Asociación Británica para el Avance de la Ciencia y en una publicación de aquel mismo año, aparecida en la *Revue des Questions Scientifiques* y titulada «La expansión del espacio». Entre otras cuestiones relevantes, Lemaître decía en ese artículo: «Las primeras etapas de la expansión consistieron en una rápida expansión determinada por la masa del átomo inicial, casi igual a la masa actual del universo. [...] La expansión inicial fue capaz de permitir que el radio excediera el valor del radio de equilibrio. La expansión tuvo lugar así en tres fases: un primer periodo de expansión rápida en la que el átomo-universo se rompió en estrellas atómicas, un periodo de ralentización, seguido por un tercer periodo de expansión acelerada».

Lemaître denominó a su teoría como la del *átomo primigenio* y no cabe duda de la influencia que en su formulación recibió de los resultados de Fridman (con los que entonces ya estaba familiarizado) y, sobre todo, de los fenómenos relacionados con

> **El progreso científico es el descubrimiento de una simplicidad cada vez más exhaustiva.**
>
> **Georges Lemaître**

los procesos radiactivos, tal y como él mismo puso de manifiesto en un trabajo publicado en 1949 bajo el título de «La constante cosmológica» en un volumen homenaje a Einstein: «La idea de esta hipótesis surgió cuando tuvimos noticia de que la radiactividad natural es un proceso físico que desaparece gradualmente y que, por tanto, puede esperarse que haya sido más importante en tiempos anteriores. Si no fuera por unos pocos elementos de vidas medias comparables a T_H, la radiactividad natural se habría extinguido completamente ahora». Aquí Lemaître hace referencia al denominado *tiempo de Hubble*, T_H, un valor que proporciona una estimación de la edad del universo y sobre el que volveremos más adelante. Para Lemaître el hecho de que radioisótopos como el ^{238}U (uranio-238) o el ^{232}Th (torio-232) tuvieran vidas medias del orden de los miles de millones de años, es decir, similares a sus estimaciones de la edad del universo, no era una cuestión casual ya que si el universo hubiera sido mucho más antiguo estos elementos radiactivos no existirían.

En cualquier caso, esta argumentación basada en la radiactividad ya había sido utilizada con anterioridad para sugerir un universo de edad finita. El físico austríaco Arthur E. Haas (1884-1941) hizo notar en 1911 que la existencia de los elementos radiactivos era contradictoria con la de un universo eterno en el tiempo. Haas es también conocido porque en su trabajo de habilitación como *Privatdocent* en la Universidad de Viena, en 1910, desarrolló un tratamiento del átomo de hidrógeno en el que los estados electrónicos estaban cuantizados, es decir, que los electrones atómicos solo podían ocupar algunos estados con energías concretas, al igual que en el modelo de Bohr de 1913.

Lemaître consideró también en la fundamentación de su teoría la denominada *hipótesis de la creación entrópica* que favorecería un universo finito en el tiempo debido a la existencia de un proceso termodinámico irreversible: el continuo incremento de la entropía del mismo. Curiosamente este argumento había sido utilizado por los filósofos de la escuela neoescolástica de finales del siglo XIX y principios del XX para probar la existencia de Dios y

Lemaître seguramente tenía conocimiento del mismo por su formación eclesiástica.

El modelo de Lemaître excluía explícitamente la presencia de una singularidad, del estilo de las encontradas por Fridman. No discutió el origen de ese átomo primigenio sino que asumió su existencia previa a su «explosión radiactiva». Según él, antes de ese instante no era posible obtener información sobre las propiedades físicas del sistema ya que el tiempo y la expansión del universo solo habrían «empezado» inmediatamente después de su desintegración. Y justo en ese instante las leyes de la física habrían comenzado a operar sobre el universo. «Nada puede ocurrir donde no hay sitio para que ocurra», había escrito para describir ese hecho el astrónomo estadounidense Donald H. Menzel (1901-1976) en un artículo publicado en 1932 en la revista *Popular Science* que tituló con un llamativo «La explosión de un átomo gigante creó nuestro universo». Y aclaró en el mismo que «el Dr. Lemaître prefiere creer que el universo completo nació en el destello de un cohete cósmico y que estará expandiéndose hasta que los fuegos artificiales que forman las estrellas se hayan quemado en cenizas y escoria».

Los trabajos de Lemaître sobre la expansión del universo habían sido bien aceptados en la comunidad científica después de que Eddington y Robertson los dieran a conocer y contaron con el beneplácito de Einstein, De Sitter y el físico-matemático estadounidense Richard C. Tolman (1881-1948), entre otros. A lo largo de la década de 1930, la imagen del universo en expansión se había ido consolidando como la hipótesis fundamental de trabajo entre los especialistas de la materia (figura 3). No solo eso sino que esa imagen había recalado también entre el público no especializado a través de artículos en revistas de divulgación y de varios libros entre los que cabe destacar *El universo misterioso*, del astrónomo inglés James H. Jeans, *Kosmos*, de De Sitter, y *El universo en expansión*, de Eddington.

Otro devenir bien distinto acaeció, sin embargo, con la hipótesis de un universo finito en el tiempo. Por un lado, ese modelo de universo gozó de una aceptación plena de fascinación por parte de los periódicos y de las revistas de divulgación científica. Por

FIG. 3

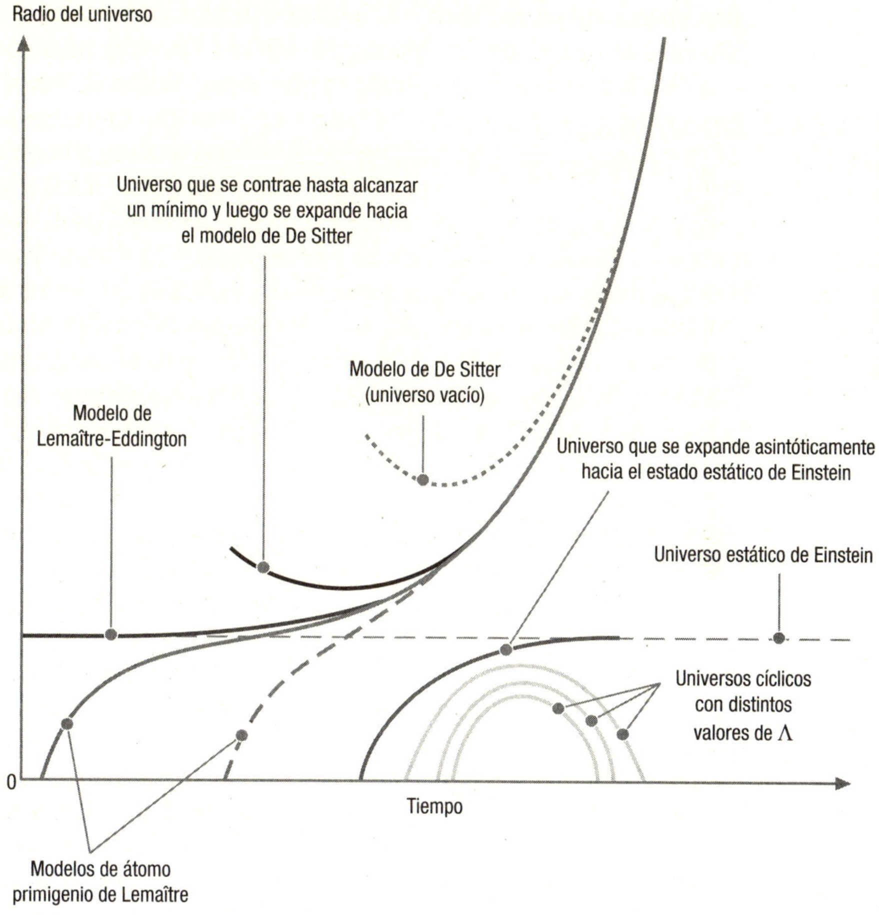

Figura que muestra la variación del radio del universo con el paso del tiempo para algunos de los modelos existentes en la década de los años 30 del siglo XX. Los modelos de átomo primigenio y los cíclicos (con distintos valores de Λ, la constante cosmológica) representan universos con edad finita. Aparece también el modelo de universo estático de Einstein, así como uno que evoluciona hacia ese mismo estado mediante una expansión asintótica (representada aquí por una curva que cada vez se iguala más a la recta que representa el universo estático de Einstein).

ejemplo, el 19 de mayo de 1931, tan solo diez días después de la publicación de la nota de Lemaître en *Nature*, el periódico *The New York Times* encabezó un detallado artículo con el título: «Le Maître sugiere que un único gran átomo conteniendo toda la energía inició el universo». Por su parte, revistas como *Popular Mechanics* o la mencionada anteriormente *Popular Science* presentaron la teoría con profusión.

> Hemos hallado una extraña huella en las orillas de lo desconocido.
>
> **Arthur Eddington**

Como ya dijimos, Lemaître había publicado los detalles de su modelo en la *Revue des Questions Scientifiques*, una revista de poca difusión, y solo a raíz de las distintas conferencias que impartió durante los tres años que siguieron a dicha publicación, su átomo primigenio fue conocido. Pero salvado el desconocimiento inicial, el eco que el modelo del átomo primigenio de Lemaître tuvo entre los astrónomos, cosmólogos y astrofísicos fue escaso y, cuando las hubo, las reacciones por parte de la comunidad científica fueron de claro rechazo.

Sin duda, en el momento en que fue propuesto, un universo de edad finita resultaba una hipótesis demasiado radical para que fuera considerada en serio. Ya hemos mencionado que el propio Lemaître hablaba de la repugnancia que esa idea causaba en Eddington. Tolman, por su parte, en su célebre libro *Relatividad, termodinámica y cosmología*, aparecido en 1934, la catalogaba como uno de los «males del pensamiento autista e ilusorio» presente en aquel momento en la cosmología. En ese mismo libro indicaba: «... hay que hacer notar que los universos monótonos [...] que se expanden desde un estado singular, podrían ofrecer algunas ventajas al proporcionar una larga escala temporal subsiguiente al estado singular. Lemaître ha abogado recientemente por tales modelos y ha descrito de manera pintoresca el estado original singular como un átomo gigante». Y Hubble se refería al modelo de Lemaître como «poco atractivo y bastante dudoso», aunque no encontrara argumentos de peso para rechazarlo de plano. Una parte importante de los astrónomos más reputados de la época, como Robertson o el alemán Otto Heckmann, se decantaban sin ambages por el «atractivo» modelo de Lemaître-Eddington, carente de comportamientos catastróficos. Otros, como el canadiense John S. Plaskett (1865-1941), se limitaban a defenestrar sin más la hipótesis de Lemaître: «Es la especulación más salvaje de todas, aún más, es un ejemplo de especulación alocada sin una mínima evidencia para respaldarla», escribió en un artículo publicado en 1933 en el *Journal of the Royal Astronomical Society of Canada*.

Otros físicos, como el inglés Paul A.M. Dirac (1902-1984), el estadounidense de origen ruso George A. Gamow (1904-1968) y el alemán Carl F. von Weizsäcker (1912-2007), ni siquiera mencionaron el modelo de Lemaître en sus trabajos, a pesar de que consideraban como acertadas imágenes del universo similares a la de este. Una de las pocas referencias al átomo primigenio de aquella época se debe a E. Pascual Jordan (1902-1980), físico y matemático alemán y uno de los pioneros de la teoría cuántica, que en su libro *La física del siglo xx*, publicado en 1936, hizo referencia a Lemaître al aseverar que «Hace diez mil millones de años, el universo inicialmente pequeño surgió de una explosión original». Defendía pues Jordan un universo finito, tanto en el espacio como en el tiempo, claramente inspirado en el modelo del átomo primigenio.

Algunos historiadores e investigadores han argumentado que Lemaître, como sacerdote católico que era, podría haber ligado las bases de su modelo de universo a sus creencias sobre Dios. Einstein, en 1932, advirtió acerca de que la hipótesis del átomo primigenio «estaba inspirada por el dogma cristiano de la creación y era completamente injustificada desde un punto de vista científico». A pesar de ello, dio su apoyo en 1934 a Lemaître cuando fue postulado (y obtuvo) al premio Francqui, una distinción que se concede a jóvenes científicos belgas. Lemaître siempre tuvo, no obstante, muy clara la diferencia entre el ámbito científico y el religioso: «La teoría cosmológica permanece completamente al margen de cualquier cuestión metafísica o religiosa. Ciencia y religión corresponden a niveles separados del entendimiento».

Observación: una poderosa herramienta

El 26 de abril de 1920 tuvo lugar el Gran Debate. En él, los astrónomos estadounidenses Harlow Shapley (1885-1972) y Heber Curtis (1872-1942) se vieron las caras en el auditorio Baird del Museo de Historia Natural del Instituto Smithsonian en Washington. El objeto del encuentro no era otro sino el de tratar de dilucidar una cuestión fundamental: ¿cuál es el tamaño real del universo? Shapley defendía que la Vía Láctea constituía todo el universo y que nebulosas como la de Andrómeda (que con el paso del tiempo sería reconocida como una galaxia) formaban parte de ella. Contaba Shapley con sus correspondientes adeptos entre los que se puede destacar al astrónomo holandés Adriaan Van Maanen (1884-1946), quien mantenía que había sido capaz de observar cómo giraba la galaxia del Molinete (NGC 5457): si eso era cierto y esa galaxia era externa a la nuestra, su velocidad de rotación habría sido enorme, superior a la velocidad de la luz.

Por su parte Curtis opinaba que Andrómeda y otras nebulosas eran objetos externos a la Vía Láctea, universos isla diferentes por tanto. Uno de los argumentos fundamentales de Curtis era que las observaciones indicaban que el número de *novas* que ocurrían en Andrómeda era significativamente superior al de las detectadas en la Vía Láctea. Una nova es el resultado de un proceso que ocurre en un sistema estelar binario en el que una de las dos estrellas es una enana blanca. Esta arranca materia de la estrella compañera y, en determinadas circunstancias, se producen reacciones de fusión que se inician con el hidrógeno y siguen con el helio y otros elementos más pesados. De resultas la estrella presenta durante un cierto tiempo un brillo muy por encima de su nivel normal. Curtis argumentaba que si Andrómeda formaba parte de nuestra galaxia, no tenía sentido que una parte de la misma presentara más eventos de este tipo que otras, por lo que solo cabía concluir que se trataba de galaxias separadas.

Enseguida quedó demostrado que las observaciones de Van Maanen eran incorrectas (no habría sido posible detectar el movimiento de la galaxia NGC 5457 con tan solo unos pocos años de observación) y la hipótesis de Curtis se reveló por tanto la más acertada. Sin embargo, el tamaño real de la Vía Láctea se encuentra entre los que ambos astrónomos establecieron en su momento y, por otro lado, Shapley estaba en lo cierto cuando situaba el sistema solar en una zona externa de la galaxia que, sin embargo, Curtis suponía centrada en el Sol.

No pudieron pues establecerse conclusiones definitivas del Gran Debate, pero como el astrónomo estadounidense de origen chino Frank H. Shu (1943) hizo notar en su libro *El universo físico. Una introducción a la astronomía*, publicado en 1982: «El debate de Shapley y Curtis [...] es importante no solo como un documento histórico, sino también como una inspección del proceso de razonamiento de científicos eminentes ocupados en una gran controversia en la que la evidencia es, en ambos lados, fragmentaria y parcialmente incorrecta. Este debate ilustra enfáticamente cuán delicado es escoger el propio camino a través del peligroso terreno que caracteriza la investigación en las fronteras de la ciencia».

¡HABÍA UNIVERSO MÁS ALLÁ DE LA VÍA LÁCTEA!

Pero el espaldarazo a los argumentos de Curtis relativos al tamaño del universo vinieron de parte de Hubble, quien puso de manifiesto poco después que la distancia a tres nebulosas concretas

> Las observaciones siempre traen consigo teoría.
>
> **Edwin Hubble**

era mayor que las dimensiones que Shapley había propuesto para nuestra galaxia. En tres artículos publicados en 1925, 1926 y 1929 estableció sin lugar a dudas el carácter extragaláctico de NGC 6822, M33 y M31, respectivamente, y pudo cerrar el debate confirmando la hipótesis de Curtis que también había sido establecida por los astrónomos Ernst J. Öpik (1893-1985), estonio, y Knut E. Lundmark (1889-1958), sueco.

Öpik había publicado en 1922, en *Astrophysical Journal*, un trabajo titulado «Una estimación de la distancia de la nebulosa de Andrómeda» en el que aplicó un método novedoso que se basaba en suponer que «la aceleración centrípeta a una distancia r del centro [de la galaxia] es igual a la aceleración gravitatoria debida a la masa dentro de la esfera de radio r». Asumiendo que la energía radiada por unidad de masa era la misma que la observada en la Vía Láctea, estimó la distancia a Andrómeda en 450 kpc (kilopársecs), un valor que estaba de acuerdo con otras estimaciones coetáneas y que estaba relativamente próximo al actualmente admitido (775 kpc). En las conclusiones de su trabajo, Öpik indica: «La coincidencia de resultados obtenidos con varios métodos independientes incrementa la probabilidad de que esta nebulosa sea un universo estelar, comparable a nuestra galaxia». Y añade finalmente, refiriéndose a la asunción de una energía radiada por unidad de masa constante para las distintas galaxias: «Si suponemos que la energía de los cuerpos celestes tiene su fuente en algunos procesos como la radiactividad, entonces nuestra suposición significa que el porcentaje de materia radiactiva en el sistema de la nebulosa de Andrómeda y en el sistema galáctico [de la Vía Láctea] son iguales».

Un año más tarde, Lundmark estimó la distancia a Andrómeda en un artículo titulado «Algunos hechos y sugerencias que conciernen a la nova», que apareció en la revista *Publications of the Astronomical Society of the Pacific*. Para ello llevó a cabo un estudio detallado de las magnitudes de 78 novas, de las que 48 correspondían a la Vía Láctea, 22 se habían observado en Andrómeda y 8 más en otras nebulosas espirales. En su artículo concluye:

LA MAGNITUD DE LAS ESTRELLAS

La *magnitud* de una estrella (o de un objeto estelar) es una medida de su brillo. Aunque ya Hiparco y Ptolomeo habían establecido una escala de magnitudes de acuerdo al tamaño aparente con que las estrellas eran observadas (de ahí el nombre), la definición moderna está basada en medidas fotométricas en las que, sobre el campo de visión de un telescopio, se proyecta una luz que hace las veces de «estrella artificial» y cuyo brillo se ajusta para reproducir el de la estrella concreta que se está analizando. La escala que se utiliza es de tipo logarítmico y fue propuesta en 1856 por el astrónomo inglés Norman R. Pogson (1829-1891). De acuerdo a ella, un incremento de magnitud de una unidad supone aumentar el brillo en un factor $\sqrt[5]{100} \approx 2{,}5119$, de manera que dos estrellas cuya magnitud difiera en 5 unidades presentarán brillos que diferirán en un factor de 100. La escala está construida de manera que los objetos más brillantes tienen magnitudes grandes y negativas mientras que para los muy tenues son grandes y positivas.

Tipos de magnitud

Hay que distinguir entre la *magnitud aparente* y la *absoluta*. La primera hace referencia al brillo del objeto tal y como lo ve un observador en la Tierra, ajustado al valor que tendría en ausencia de atmósfera. Para su determinación se suelen utilizar el espectro visible y la denominada *banda-J* del infrarrojo cercano. En esta última, la estrella más brillante es Betelgeuse con una magnitud de –3,0. La magnitud de esta estrella en el visible es 0,8. En el visible, la estrella más

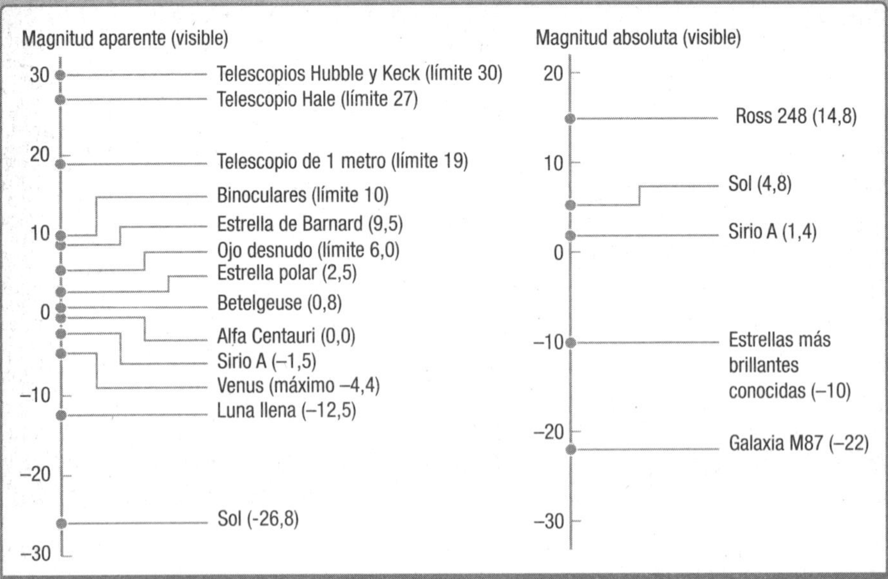

brillante es Sirio A (−1,5) si excluimos el Sol (−26,8). La magnitud absoluta es una medida del brillo intrínseco de un objeto. Se determina como la magnitud aparente de ese objeto a una distancia de 10 pc (pársecs) del observador, suponiendo que no hay extinción astronómica de la luz emitida por el objeto (es decir, absorción de la misma debido al gas y al polvo interestelar presentes entre el objeto emisor y el observador). Esto permite comparar los objetos celestes en cuanto a su brillo, independientemente de las distancias a las que se encuentran. Como en el caso de la magnitud aparente, se puede definir para una parte concreta del espectro electromagnético. Evidentemente, cuando se trata de objetos alejados, los desplazamientos al rojo pueden ser relevantes y existirían diferencias importantes entre el espectro emitido por el objeto y el observado. En tales casos es necesario tener en cuenta ese efecto, lo que se lleva a cabo mediante la denominada *corrección k*. La magnitud absoluta del Sol en el visible es de 4,8 y la de Sirio A, que es más brillante, 1,4. Estrellas como Deneb o Betelgeuse, con magnitudes absolutas de −7,2 y −5,6, respectivamente, harían que los objetos en la Tierra hicieran sombra si se encontraran a 10 pc de distancia.

La galaxia M87, con su notable halo, destaca en el centro de esta imagen tomada por Chris Mihos de la Universidad Case Western Reserve en colaboración con el Observatorio Europeo Austral (ESO).

«Esto daría una distancia de 4 300 000 años-luz. Si, como algunos autores piensan, la distancia a la nebulosa [de Andrómeda] es del orden de 20 000 años-luz, entonces la conclusión debe ser que las novas en ese sistema son de una clase bastante diferente que las novas galácticas [...] En la actualidad no es posible decidir cuál de las dos posibilidades es la correcta». Lundmark no estaba muy seguro pues de los mecanismos que regían la aparición de las novas y no fue capaz de comprender el impacto que su resultado (unos 1 300 kpc) tenía en relación a la situación extragaláctica de Andrómeda.

Edwin Hubble había nacido en Marshfield (Missouri) en 1889. Sus estudios universitarios los realizó en la Universidad de Chicago, donde se dedicó a las matemáticas y la astronomía, aunque obtuvo posteriormente un máster en jurisprudencia en el *Queen's College* de Oxford, donde también estudió literatura y español. De vuelta en Estados Unidos, enseñó español, física y matemáticas en el instituto de New Albany (Indiana) y no fue hasta 1914 cuando se decidió a iniciar su carrera como astrónomo. Obtuvo el doctorado en 1917 con un trabajo titulado «Investigaciones fotográficas de nebulosas distantes» que había realizado en el observatorio Yerkes. En 1919, concluida la Primera Guerra Mundial, el astrónomo estadounidense George Hale (1868-1938), a la sazón director del observatorio de Monte Wilson, en Pasadena (California), le ofreció un puesto permanente.

En los tres trabajos antes mencionados, todos ellos publicados en *Astrophysical Journal*, Hubble determinó que las distancias a los sistemas estudiados eran 214 kpc para NGC 6822, 263 kpc para M33, y 275 kpc para M31, esta última algo menor que la que había estimado Öpik. En el primero de los artículos, titulado «NGC 6822, un sistema estelar remoto», Hubble habla de que la nebulosa estudiada era «el primer objeto asignado definitivamente a una región fuera del sistema galáctico». Y su primera conclusión es notable: «Esta investigación ha identificado NGC 6822 como un sistema aislado de estrellas y nebulosas del mismo tipo que las Nubes de Magallanes, aunque algo más pequeñas y mucho más distantes. Una estructura consistente se alza así sobre la base del criterio de las cefeidas, en la que las dimensiones, luminosidades

LAS «COMPUTADORAS DE HARVARD»

Henry Draper fue un médico y astrónomo aficionado que desarrolló un procedimiento para la fabricación y pulido de los espejos utilizados en los telescopios reflectores. En 1872 construyó uno de 71 cm de apertura con el que obtuvo numerosos espectros de estrellas. Tras su muerte, su viuda concedió un fondo de 400 000 dólares al Observatorio de Harvard para financiar la creación del catálogo Henry Draper de datos astronómicos. El encargo lo recibió Edward C. Pickering, director del observatorio y especialista en espectros estelares. Pickering contrató a varias mujeres especialistas, como Williamina P.S. Fleming, que ejerció de directora del grupo y que estableció los primeros estándares fotográficos de magnitud usados para medir el brillo de las estrellas variables, Annie J. Cannon, que desarrolló un sistema de catalogación de estrellas que fue adoptado por la Unión Astronómica Internacional en 1922, o Henrietta S. Leavitt, que descubrió las características básicas de las estrellas variables cefeidas. En el grupo prestó su ayuda también Antonia Maury, sobrina de Draper. Todas ellas eran astrónomas y desarrollaron una labor descomunal en el proceso de identificación y catalogación de estrellas, utilizando metodologías que hoy día se llevan a cabo mediante computadoras. De ahí que recibieran el sobrenombre de «las computadoras de Harvard». Contaron con la ayuda de asistentes, también mujeres, con distintos niveles de formación. El equipo clasificó los espectros de 225 000 estrellas en solo cuatro años de trabajo. El primer catálogo se publicó en 1890 y contenía información sobre unas 10 000 estrellas; posteriormente fue ampliado en 1918, 1924 y 1949 hasta alcanzar las 360 000. Su remuneración era la mitad de la que recibían los hombres en puestos similares.

Las «computadoras de Harvard» en el trabajo (hacia 1890). La tercera por la izquierda, sentada y con una lupa, es Henrietta Leavitt. De pie, en el centro, Williamina P.S. Fleming.

y densidades, tanto del sistema completo como de sus miembros separados, son de los órdenes de magnitud completamente familiares. La distancia es la única cantidad de un orden nuevo».

El título del primero de los otros dos artículos no dejaba lugar a dudas: «Una nebulosa espiral como un sistema estelar, Messier 33». Y el de 1929 tenía el mismo título pero para Messier 31. Estos tres artículos fueron los únicos que Hubble escribió sobre el tema de las distancias a nebulosas alejadas y no cabe duda de que dejaron la discusión cerrada. La base de sus resultados era mucho más cuantitativa y de ahí que tuvieran mayor credibilidad. Pero para ello Hubble había contado con una herramienta poderosa y precisa: las cefeidas (véase la imagen de las págs. 86-87).

LAS CEFEIDAS

Hubble había utilizado los dos telescopios reflectores de 1,5 m y 2,5 m del observatorio de Monte Wilson y eso le permitió identificar estrellas individuales en las nebulosas espirales que había estudiado. Algunas de esas estrellas resultaron ser variables cefeidas, lo que le abrió las puertas a una determinación cuantitativa de las distancias a las que las nebulosas se encontraban.

Este tipo de estrellas tienen como característica fundamental que brillan y se oscurecen con un periodo temporal regular. La primera de estas estrellas de la que se tiene noticia es Eta Aquilae, en la constelación del Águila, que fue detectada por el astrónomo inglés Edward Pigott en 1784. Sin embargo, el nombre de cefeidas se debe a Delta Cephei, de la constelación de Cefeo, que fue descubierta ese mismo año por John Goodricke, un astrónomo aficionado nacido en Holanda.

Fue la astrónoma estadounidense Henrietta S. Leavitt (1868-1921) quien estableció la relación entre la luminosidad y el periodo de esas estrellas. En 1908 publicó en *Annals of Harvard College Observatory* un artículo titulado «1 777 variables en las Nubes de Magallanes» en el que catalogó no solo las estrellas variables, sino otras de referencia. En ese trabajo indicó: «Es importante notar que [...] las variables más brillantes tienen los periodos más

MIDIENDO LAS DISTANCIAS A LAS ESTRELLAS: CANDELAS ESTÁNDAR

Cuando la distancia a un objeto estelar es demasiado grande para poder medirla mediante la paralaje (recuérdese que el ángulo de paralaje disminuye con la distancia), en astronomía se hace uso de las candelas estándar. Una candela estándar es una fuente de luz que tiene luminosidad L conocida, entendiendo por luminosidad la potencia (la cantidad de energía por unidad de tiempo) total emitida. La fuente emite en todas las direcciones por igual, de manera que, cuando la luz llega a la Tierra, la potencia total se habrá distribuido en una superficie esférica de radio r (la distancia de la fuente a la Tierra). La potencia recibida en la Tierra por unidad de área será por tanto $L/(4\pi r^2)$: a mayor distancia, menor es la potencia por unidad de superficie detectada, que sigue la denominada *ley del inverso del cuadrado de la distancia*.

Luminosidad y distancia

Son varios los tipos de estas fuentes existentes en el universo, pero los dos más utilizados son las estrellas variables cefeidas y las supernovas de tipo Ia. Las primeras son estrellas cuya luminosidad varía regularmente con periodos que pueden ir desde unas horas hasta unos 100 días y magnitudes entre 0,35 y 1,5. La ley periodo-luminosidad proporciona una relación entre la magnitud de la cefeida y su periodo de pulsación. Midiendo el periodo de una de ellas se puede predecir su luminosidad y teniendo en cuenta cuán brillante se ve desde la Tierra es posible calcular la distancia. Estas estrellas se han utilizado para determinar distancias a galaxias alejadas hasta unos 30 Mpc (megapársecs). Las supernovas de tipo Ia aparecen cuando una enana blanca de un sistema binario extrae masa de su compañera hasta que alcanza un valor tal que sufre un colapso gravitatorio que da lugar a una reacción nuclear seguida de una explosión muy brillante. La masa límite es siempre la misma: unas 1,4 masas solares; y, por tanto, también lo es la luminosidad, lo que permite estimar la distancia comparando magnitudes. Su nivel de brillo alcanza el de una galaxia completa y eso permite verlas a distancias de hasta 10 Gpc (gigapársecs).

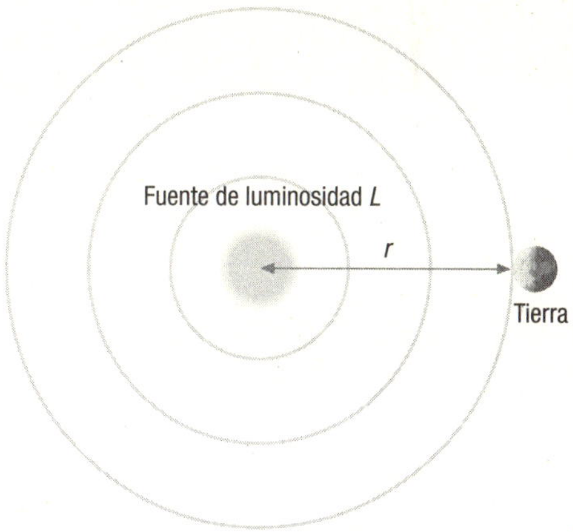

Una candela estándar es una fuente de luz de la que se sabe su potencia total emitida (luminosidad). La fuente emite en todas las direcciones por igual, de manera que, cuando la luz llega a la Tierra, la potencia total se habrá distribuido en una superficie esférica de radio r (la distancia de la fuente a la Tierra).

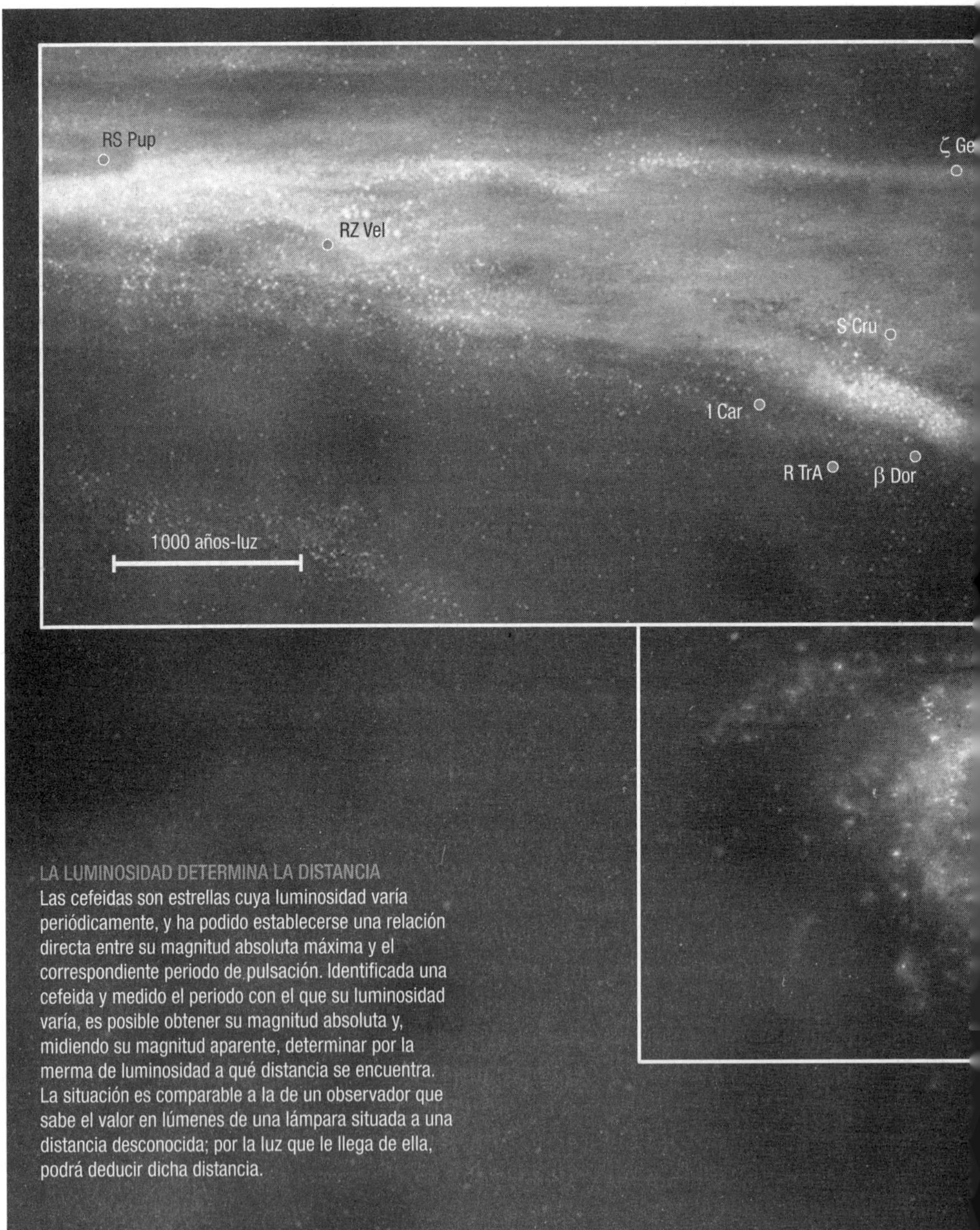

LA LUMINOSIDAD DETERMINA LA DISTANCIA
Las cefeidas son estrellas cuya luminosidad varía periódicamente, y ha podido establecerse una relación directa entre su magnitud absoluta máxima y el correspondiente periodo de pulsación. Identificada una cefeida y medido el periodo con el que su luminosidad varía, es posible obtener su magnitud absoluta y, midiendo su magnitud aparente, determinar por la merma de luminosidad a qué distancia se encuentra. La situación es comparable a la de un observador que sabe el valor en lúmenes de una lámpara situada a una distancia desconocida; por la luz que le llega de ella, podrá deducir dicha distancia.

ALGUNAS DE LAS ESTRELLAS CEFEIDAS DE NUESTRA GALAXIA

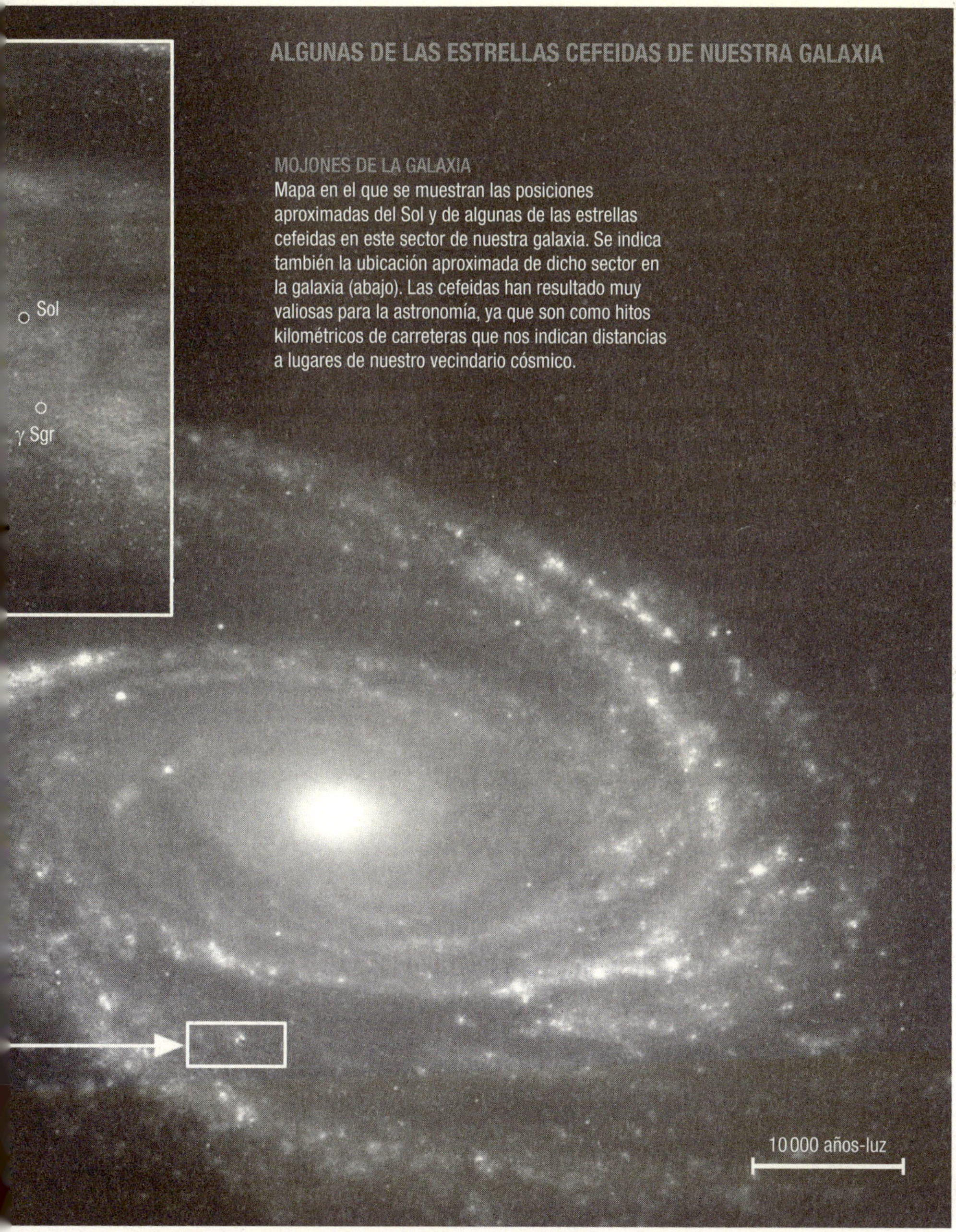

MOJONES DE LA GALAXIA
Mapa en el que se muestran las posiciones aproximadas del Sol y de algunas de las estrellas cefeidas en este sector de nuestra galaxia. Se indica también la ubicación aproximada de dicho sector en la galaxia (abajo). Las cefeidas han resultado muy valiosas para la astronomía, ya que son como hitos kilométricos de carreteras que nos indican distancias a lugares de nuestro vecindario cósmico.

largos. Es también reseñable que las que tienen los periodos más largos resultan ser tan regulares en sus variaciones como aquellas que pasan por sus cambios en un día o dos». Esta indicación fue puesta de manifiesto de manera más cuantitativa en 1912 en una circular del mismo observatorio titulada «Periodos de 25 estrellas variables en la Pequeña Nube de Magallanes». Esta circular está firmada por Edward C. Pickering (1846-1919), un astrónomo estadounidense que era entonces director del observatorio, aunque en todas la entradas bibliográficas encontradas se cita como autores de la misma a Leavitt y al propio Pickering. En cualquier caso, en esa circular se muestra de manera cuantitativa la relación entre magnitud y periodo de algunas de las variables cefeidas observadas. La importancia de estas estrellas estribaba en que, si era posible determinar su posición mediante paralaje (lo que ocurría en el caso de que estuvieran suficientemente cercanas) entonces era posible utilizarlas como *candelas estándar*, esto es como estrellas de referencia cuya magnitud o luminosidad facilitaban la determinación de distancias.

Su uso a través de la historia de la astronomía ha sido amplio. Por ejemplo, Shapley las utilizó para estimar límites para el tamaño y la forma de la Vía Láctea, así como para determinar la posición del sistema solar en la misma. Y, como ya hemos comentado, constituyeron el elemento fundamental que permitió a Hubble establecer el carácter extragaláctico de NGC 6822, M33 y M31. De hecho, en mayo de 1925 publicó un breve artículo titulado «Cefeidas en las nebulosas espirales» en el que dio cuenta de 22 variables en M33 y 12 en M31 y en el que, entre otros extremos, concluyó: «La naturaleza de la variación de las cefeidas es uniforme a lo largo de la porción observable del universo [...] Estas dos espirales [M33 y M31] no son únicas».

En septiembre de ese mismo año, en su artículo sobre la nebulosa NGC 6822, Hubble insistió: «Es de especial importancia la conclusión de que el criterio de las cefeidas funciona normalmente a esta gran distancia. Variables cefeidas se han encontrado recientemente en las dos nebulosas espirales más grandes, y la relación periodo-luminosidad las sitúa a distancias incluso más remotas que NGC 6822. Este criterio parece ofrecer el medio para explorar el espacio extragaláctico; NGC 6822 proporciona un test crítico de su valor para un proyecto tan ambicioso y los resultados están definitivamente a su favor».

Y, SIN EMBARGO, SE EXPANDE

El 17 de enero de 1929, Hubble envió a la revista *Proceedings of the National Academy of Sciences of the USA*, para su publicación, un trabajo titulado «Una relación entre distancia y velocidad radial entre nebulosas extragalácticas», que hacía referencia a uno de los mayores descubrimientos de la ciencia. Tras los trabajos sobre las cefeidas, estaba en disposición de utilizar toda la información necesaria para plantear la ley que durante mucho tiempo se ha conocido como ley de Hubble y que resulta de los datos de los que disponía: distancias a 24 nebulosas y sus velocidades relativas respecto del sistema solar que ya había obtenido tiempo atrás Slipher midiendo sus correspondientes desplazamientos al rojo. Curiosamente, Hubble no citó en su trabajo a Slipher. Además, contaba con información parcial sobre otros 22 sistemas.

La figura 1 muestra los datos de las velocidades, v, en función de las distancias, r. Las líneas muestran las regresiones obtenidas en cada caso que indicarían que $v = H_0 r$, donde H_0 es la denominada *constante de Hubble* cuyo valor él estimó en unos 500 (km/s)/Mpc. El significado de la ley era más que importante: cuanto más alejada estaba una galaxia más rápidamente se alejaba.

Pero la ley tenía otra implicación importante. Si se calcula la inversa de la constante de Hubble, $t_0 = 1/H_0$, tenemos una estimación de la edad del universo. El valor obtenido por Hubble daba como resultado un t_0 de unos 2000 millones de años, un valor inferior, por ejemplo, a la edad de la Tierra, lo que ponía de manifiesto una inconsistencia que no podía ser obviada. A pesar de ello, la ley fue aceptada sin demasiadas reticencias y la expansión del universo quedó por tanto establecida sin género de dudas. Se había puesto así la primera piedra basal de lo que posteriormente se daría en llamar el Big Bang.

Algunos historiadores han puesto de manifiesto alguna reserva acerca de cómo fue posible que Hubble dedujera directamente una relación lineal a partir de sus relativamente pobres y escasos datos. Bien es verdad que cuando se observan los valores obtenidos después de agrupar las galaxias (panel derecho de la figura 1) ese comportamiento lineal parece entreverse. Pero no cabe duda que eso no ocurre cuando se analizan los datos brutos completos que se muestran en el otro panel. Para no pocos estudiosos Hubble encontró «lo que estaba buscando» y se ha dicho en este sentido que esa información la pudo obtener cuando asistió a un congreso en el que también intervinieron Lemaître, De Sitter, Shapley y Lundmark, entre otros. En una entrevista realizada alrededor de 1965 al astrónomo estadounidense Milton L. Humason (1891-1972), colaborador de Hubble, aquel explicó que «la relación velocidad-distancia empezó después de una de las reuniones de la IAU [la Unión Astronómica Internacional], creo que la que tuvo lugar en Holanda [la Tercera Sesión de la IAU se celebró en Leiden, Holanda, en julio de 1928]. El Dr. Hubble volvió a casa bastante excitado acerca del hecho de que dos o tres científicos, astrónomos, habían sugerido que cuanto menos visibles eran las nebulosas, más distantes estaban, y mayor sería el desplazamiento al rojo. Me lo contó y me preguntó que si yo podría probar y comprobarlo».

En 1931, Hubble y Humason extendieron sus datos llegando a observar galaxias que se desplazaban con velocidades de hasta unos 20 000 km/s. En su trabajo titulado «La relación velocidad-distancia entre galaxias extragalácticas», publicado en *Astrophysical Journal*, encontraron un buen comportamiento lineal pero con $H_0 = 560$ (km/s)/Mpc. Algunos historiadores opinan que la actitud que siempre mantuvo Hubble con sus resultados (nunca llegó a asumir la expansión del universo como un hecho real a pesar de las pruebas fehacientes que él mismo había obtenido) podría deberse a los valores excesivamente elevados de H_0 que daban lugar a tiempos t_0 demasiado pequeños, como hemos indicado antes. Lo que sí que es cierto es que con el paso del tiempo, la obtención de nuevas medidas más precisas con los telescopios espaciales, como el Hubble, ha permitido establecer

FIG. 1

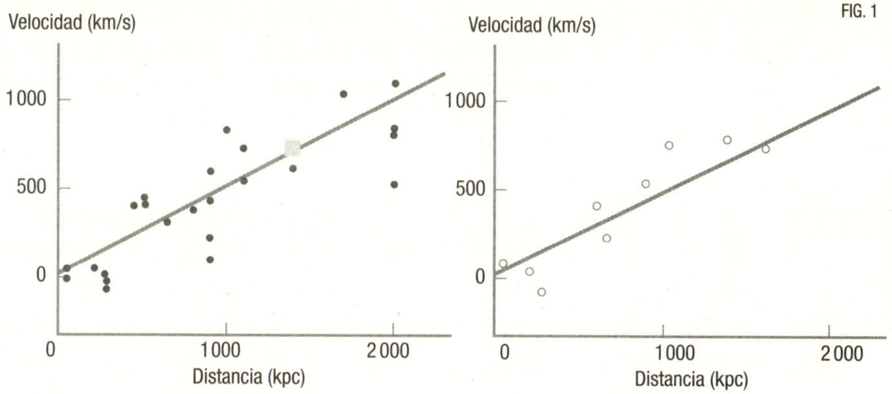

Adaptación de una de las figuras del trabajo de Hubble de 1929. En el panel izquierdo los puntos negros corresponden a los datos de esas 24 nebulosas de las que disponía de información fiable y el cuadrado gris representa un valor promedio obtenido para las otras 22. En el panel derecho los puntos corresponden a los datos de las 24 nebulosas fiables pero agrupándolas por grupos de acuerdo a su proximidad en dirección y distancia.

un valor de $H_0 = 72$ (km/s)/Mpc. Con ese valor de H_0, el tiempo t_0 resulta del orden de los 14 000 millones de años, valor que está de acuerdo con la edad de las estrellas más antiguas de las que se tiene conocimiento hoy día. Por otro lado, no cabe duda de que el comportamiento lineal entre la velocidad de recesión de las galaxias y su distancia al sistema solar era el correcto.

Como ya se ha indicado anteriormente, Hubble obvió en su trabajo de 1929 a otros autores que, previamente a él, habían esbozado expresiones similares a su ley aunque, eso sí, sin una confirmación experimental fiable. En este sentido es llamativo que ignorara, al menos sobre el papel, el trabajo de Lemaître de 1927, sobre todo porque ambos coincidieron en el congreso de Leiden antes mencionado. Si Hubble conocía o no ese trabajo es una cuestión que es, y probablemente será, difícil de resolver. A esta controversia hay que añadir el hecho de que el artículo de Lemaître (escrito originalmente en francés y aparecido en una revista desconocida para los especialistas en la materia) fue finalmente traducido al inglés y publicado con la intermediación de Eddington en *Monthly Notices of the Royal Astronomical Society*. Curiosamente, esa traducción no estaba completa, faltando en ella precisamente las partes en las que Lemaître establecía «su» ley de Hubble. En particular, la ecuación (24), que en el artículo original de Lemaître rezaba

$$\frac{R'}{R}=\frac{v}{rc}=\frac{625\cdot 10^{5}}{10^{6}\cdot 3{,}08\cdot 10^{18}\cdot 3\cdot 10^{10}}=0{,}68\cdot 10^{-27}\,\mathrm{cm}^{-1}$$

y los párrafos previos en los que Lemaître discutía los datos astronómicos y los desplazamientos al rojo de las nebulosas que él consideró para establecer la relación de proporcionalidad entre velocidad y distancia, fueron cercenados quedando, simplemente como: «A partir de una discusión de los datos disponibles, adoptamos $R'/R=0{,}68\cdot 10^{-27}$ cm^{-1}». De esta forma, la ecuación que mostraba explícitamente la ley de Hubble quedaba convertida en una simple ecuación numérica y toda la discusión relevante desaparecía.

Esta aparente censura fue aclarada en 2011 por el astrofísico y divulgador rumano Mario Livio que en un artículo publicado en *Nature* menciona una carta de fecha 9 de marzo de 1931, escrita por Lemaître y dirigida a William M. Smart, editor de la revista, en la que apareció la traducción:

> Estimado Dr. Smart. Aprecio en alta estima el honor que es para mí [...] que mi artículo de 1927 sea reeditado por la *Royal Astronomy Society*. Le envío la traducción del artículo. Creo que no es aconsejable reimprimir la discusión provisional de las velocidades radiales, que no tiene interés en la actualidad [...] He hecho la traducción tan exacta como he podido, pero estaría encantado si alguno de ustedes tiene la suficiente amabilidad de leerla y corregir mi inglés que temo que sea demasiado burdo. [...] he encontrado las ecuaciones del universo en expansión mediante un nuevo método que deja clara la influencia de las condensaciones y las posibles causas de la expansión. Estaría muy contento de presentarlas a su sociedad como un artículo separado. Me gustaría mucho con-

vertirme en un miembro de su sociedad y apreciaría que el prof. Eddington y usted me presenten.

Evidentemente, Lemaître estaba entonces ya preocupado por desarrollar su modelo del átomo primigenio y no le importaba tanto el hecho de la expansión del universo como de las causas que la iniciaron. Aparentemente no estaba obsesionado con la idea de aclarar quién había sido *de facto* el primero en establecer la relación velocidad-distancia, dado que el artículo de Hubble de 1929 ya había sido publicado y era de dominio público. Sin embargo, en 1950 volvió a referirse a su trabajo de 1927 en los siguientes términos:

> ... Mientras que mi bibliografía matemática presentaba serias faltas ya que no conocía el trabajo de Fridman, estaba perfectamente al día desde el punto de vista astronómico. Yo calculé el coeficiente de expansión (575 km por segundo por megapársec, 625 con una corrección estadística cuestionable). Por supuesto, antes del descubrimiento y estudio de los agregados de nebulosas, no era posible establecer la ley de Hubble, sino solo calcular su coeficiente. El título de mi nota no deja duda sobre mis intenciones: «Un universo con una masa constante y un radio creciente como explicación de la velocidad radial de las nebulosas extragalácticas». Lamento que todo esto sea demasiado personal. Pero [...] «la historia de esta competición científica no es irrelevante» y es útil resaltar los detalles para permitir una comprensión exacta del alcance del argumento que se puede establecer de ello.

No parece que, de todas formas, Lemaître estuviera por la labor de dejar que su notable logro de 1927 se viera completamente perdido.

En definitiva, la historia ha atribuido a Hubble el descubrimiento de la expansión del universo cuando él se mostró siempre muy escéptico al respecto y pensó hasta su fallecimiento que los desplazamientos al rojo observados eran consecuencia de un efecto Doppler real, debido a que las galaxias presentaban una velocidad radial de recesión propia. En su libro *El reino de las nebulosas*, publicado en 1936, Hubble solo se refiere a la expansión de pasada en el último capítulo. Y algún tiempo después indicó: «Bien, quizá las nebulosas están todas en recesión de esa peculiar forma. Pero la noción es bastante sorprendente». Pero en ningún momento dejó de defender la autoría de su ley y en una carta suya dirigida a De Sitter con fecha 21 de agosto de 1930 dice: «Yo considero la relación de la velocidad-distancia, su formulación, comprobación y confirmación como una contribución de Monte Wilson y estoy profundamente preocupado de su reconocimiento como tal».

En agosto de 2018, la Unión Astronómica Internacional, en su XXX Asamblea General, aprobó una resolución de su Comité Ejecutivo en la que se recomendaba que «a partir de ahora la ley de la expansión del universo se denomine Ley de Hubble-Lemaître». Se reparaba así un injusto olvido.

LA RADIACIÓN FÓSIL

A principios de 1965, la antena de radio que la compañía Bell Telephone había construido unos años antes en Holmdel (Nueva Jersey) fue parcialmente desarmada para limpiar los excrementos de algunas palomas que habían anidado en ella. Esta gran antena de aluminio de 15 m de longitud y una apertura de 6×6 m^2, con forma de cuerno, tenía por misión dar soporte al Proyecto Eco, en el que señales de radio eran enviadas desde un punto de la Tierra a otro tras reflejarlas en grandes globos de plástico aluminizado en órbita alrededor del planeta. Dadas sus características, dos radioastrónomos estadounidenses, Arno A. Penzias, de origen alemán, y Robert W. Wilson, se plantearon utilizar la antena para detectar las ondas de radio provenientes de la Vía Láctea.

Arno A. Penzias había nacido en 1933 en Múnich (Alemania). En 1940 emigró junto a sus padres, asentándose en Nueva York. Se graduó en física en 1954 en el *City College* de esa ciudad y obtuvo el doctorado en 1961 en la Universidad de Columbia. Robert W. Wilson nació en Houston en 1936. Tras graduarse en física, en la Universidad Rice, en 1957, continuó sus estudios en el Instituto

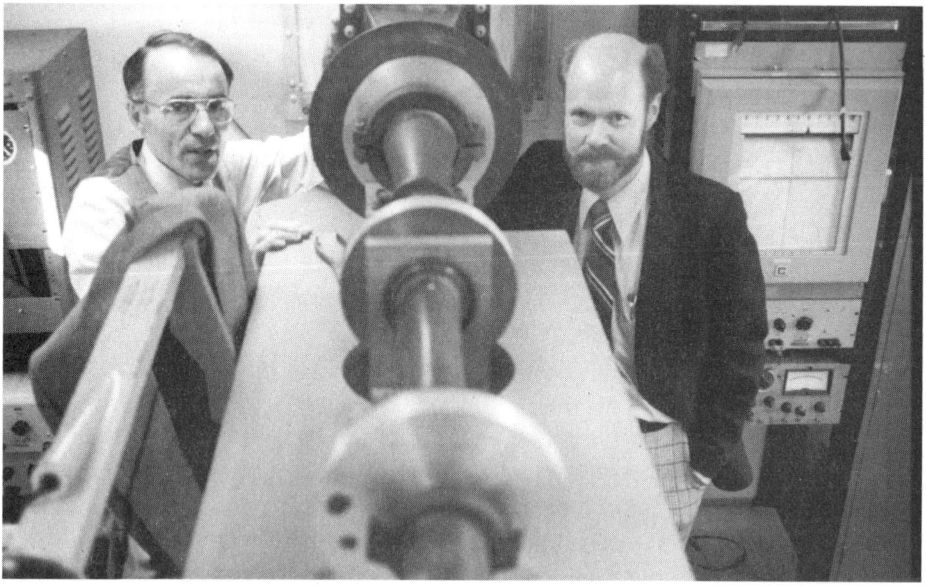

Arriba, Arno A. Penzias (izquierda) y Robert W. Wilson, los dos radioastrónomos que captaron la radiación de fondo de microondas procedente del universo primitivo con la ayuda de la antena de cuerno de 15 m de la Bell Telephone (abajo). Su descubrimiento les reportó el premio Nobel de Física en 1978.

Tecnológico de California, donde se doctoró en 1962. Tras culminar sus respectivos doctorados, ambos fueron contratados por la compañía Bell Telephone para su laboratorio de Nueva Jersey.

La tarea que se habían planteado Penzias y Wilson era, sin embargo, ardua, ya que las ondas de radio emitidas por las fuentes astronómicas se registran como un ruido que es difícil de diferenciar del propio ruido producido en la antena por los electrones que se mueven aleatoriamente dentro de su estructura, del que se produce en el amplificador de la antena o del proveniente de la atmósfera terrestre.

Tras descontar el ruido debido al amplificador, mediante un método que se denomina de *carga en frío*, midieron la radiación correspondiente a 7,35 cm. La emisión de nuestra galaxia es prácticamente despreciable en esa longitud de onda, de manera que las únicas contribuciones serían entonces las debidas a la estructura de la antena y a la atmósfera. Como esta presenta una dependencia característica con la dirección de observación, era fácil descontarla y poder así comprobar la importancia de aquella, que se presuponía muy pequeña, casi despreciable. Sin embargo, Penzias y Wilson encontraron que la cantidad neta de ruido detectado para esos 7,35 cm no solo no era pequeña, sino que era independiente de la dirección de medida o de la hora del día o de la estación del año en la que se realizara. Era evidente que el origen de esa radiación no podía ser nuestra galaxia porque, si ese fuera el caso, otras grandes galaxias cercanas también la emitirían y no había habido trazas de ello hasta ese momento. Entonces fue cuando pensaron si no serían las palomas las responsables de aquella señal espuria. Pero tras llevar a cabo la limpieza solo consiguieron que el nivel del ruido disminuyera una cantidad mínima, alcanzando una temperatura equivalente de entre 2,5 y 4,5 K (kelvins).

En una conversación con su amigo Bernard F. Burke, un radioastrónomo estadounidense, Penzias supo que unos físicos teóricos de la Universidad de Princeton estaban estudiando los niveles de radiación que podrían existir en el universo actual partiendo de la que habría habido en el universo primitivo. Uno de ellos, Philip J.E. Peebles (1935), había indicado en una charla que

TEMPERATURA Y RUIDO DE UNA RADIACIÓN

Los ingenieros radioeléctricos miden la intensidad del ruido que produce una radiación en términos de una *temperatura equivalente*. Todo cuerpo que se encuentre a una temperatura distinta del cero absoluto (–273,15 °C) da lugar a un ruido radioeléctrico. Ello se debe a que los electrones de los átomos del material que conforma el cuerpo se mueven por efecto térmico. Si suponemos una caja de paredes opacas que calentamos a cierta temperatura, la intensidad del ruido radioeléctrico que podemos detectar en su interior y que emite la caja dependerá de la temperatura que hayan alcanzado sus paredes. Y eso ocurre a cualquiera de las longitudes de onda emitidas. Esa es precisamente la temperatura equivalente antes mencionada. Una caja como la descrita se comporta como un *cuerpo negro*, un sistema ideal que absorbe toda radiación que incide sobre él pero que, a su vez, emite radiación electromagnética según su temperatura, de acuerdo con la denominada *ley de Planck*. A medida que aumenta la temperatura aumenta la intensidad de la radiación emitida y el máximo del espectro se va desplazando hacia longitudes de onda más cortas o, lo que es lo mismo, frecuencias más altas. Recordemos que la frecuencia *f* de la radiación electromagnética está relacionada con su longitud de onda λ de acuerdo a la relación: $f=c/\lambda$, siendo *c* la velocidad de la luz en el vacío.

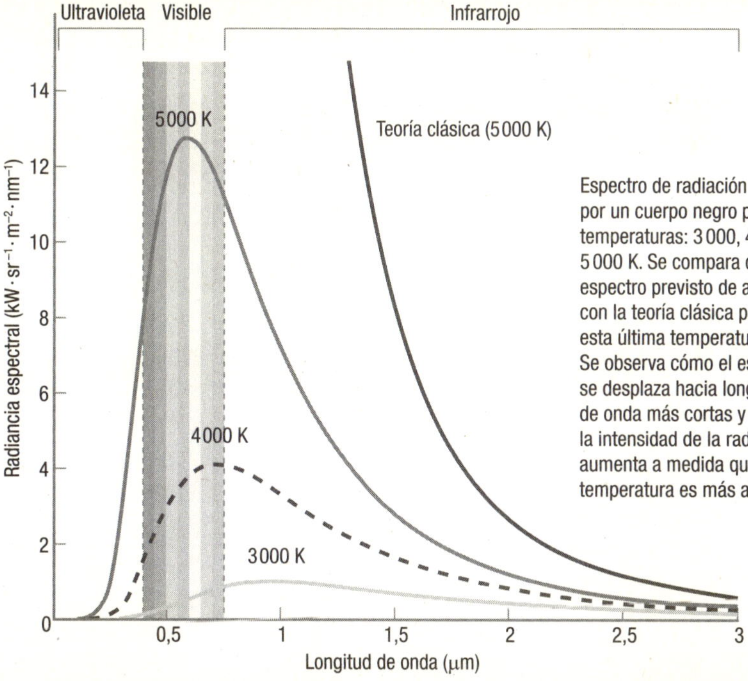

Espectro de radiación emitido por un cuerpo negro para tres temperaturas: 3 000, 4 000 y 5 000 K. Se compara con el espectro previsto de acuerdo con la teoría clásica para esta última temperatura. Se observa cómo el espectro se desplaza hacia longitudes de onda más cortas y cómo la intensidad de la radiación aumenta a medida que la temperatura es más alta.

esa radiación remanente debía tener una temperatura equivalente del orden de unos 10 K y, además, señaló que la abundancia de hidrógeno observada solo podría explicarse si el universo primitivo hubiese contenido una enorme cantidad de radiación con temperatura equivalente muy elevada. La expansión del universo habría ido enfriando progresivamente esa radiación hasta alcanzar esos 10 K mencionados (o algo menos de acuerdo a cálculos más precisos que Peebles y otros colegas realizaron más adelante).

La idea de realizar estos cálculos, la había sugerido a los teóricos de Princeton un físico experimental de la misma universidad: el estadounidense Robert H. Dicke (1916-1997). Especulando acerca de la posibilidad de detectar alguna *radiación fósil* del universo primitivo, inició una serie de experimentos junto con dos de sus colaboradores, David T. Wilkinson y Peter G. Roll, en los que usaron una pequeña antena con muy bajo nivel de ruido: si Dicke estaba en lo cierto, ese tipo de radiación provendría de cualquier dirección por igual y no debería ser necesario por tanto utilizar una antena de grandes dimensiones. Pero Penzias, animado por Burke, llamó a Dicke y este, tras la conversación, les dijo a los suyos: «Chicos, se nos han adelantado». Después de reunirse todos decidieron enviar a publicar a *Astrophysical Journal* dos cartas separadas que aparecieron publicadas una detrás de la otra en el mismo número de la revista y en las que se agradecen mutuamente las discusiones llevadas a cabo. En la primera, titulada «Radiación cósmica de cuerpo negro», Dicke, Peebles, Roll y Wilkinson dan una explicación cosmológica al resultado de Penzias y Wilson, que es documentado en la segunda de las cartas mencionadas, mucho más breve que la primera, y titulada «Una medida de un exceso de temperatura de antena a 4080 Mc/s». El valor mencionado, 4080 Mc/s, es la frecuencia correspondiente a la longitud de onda de 7,35 cm a la que realizaron sus medidas (aquí la unidad empleada, «Mc/s», es el megaciclo por segundo, que hoy sería MHz en unidades del Sistema Internacional). Es interesante señalar que Dicke y colaboradores indican: «Aparentemente, con la suposición de la relatividad general y una temperatura primordial consistente con los actuales 3,5 K, nos vemos forzados a adoptar un espacio abierto, con muy baja densidad. Esto elimina

FIG. 2

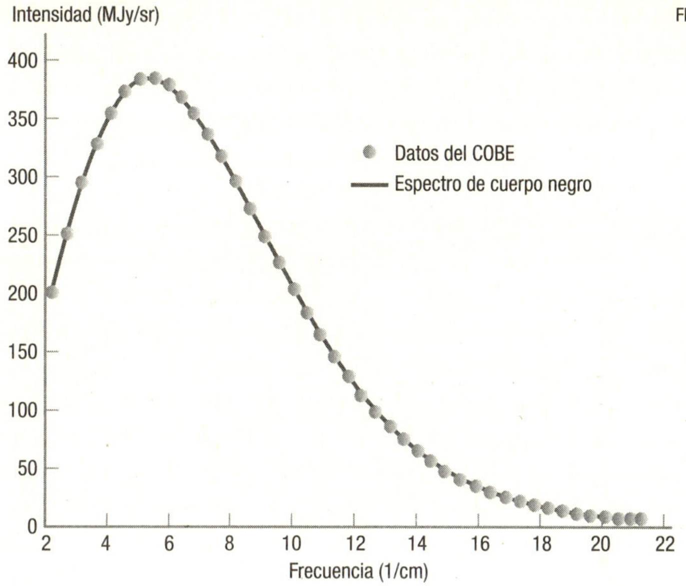

Espectro del fondo cósmico de microondas captado por el COBE.

la posibilidad de un universo oscilante». Por su parte, Penzias y Wilson no hacen referencia alguna a las posibles implicaciones de sus medidas y se limitan a indicar que «una posible explicación al exceso de la temperatura del ruido observado es la que dan Dicke, Peebles, Roll y Wilkinson en una carta que acompaña a esta en este mismo número».

El descubrimiento de la radiación del fondo cósmico de microondas les valió a Penzias y a Wilson el premio Nobel, que les fue concedido en 1978 y que compartieron con el físico ruso Pyotr L. Kapitsa (1894-1984), galardonado por sus inventos básicos y descubrimientos en el área de la física de bajas temperaturas. Un año antes se les había otorgado la medalla Henry Draper por parte de la Academia Nacional de Ciencias estadounidense.

Hasta hoy día, la radiación del fondo cósmico de microondas se ha podido observar a varias longitudes de onda. La figura 2 muestra el resultado de las medidas realizadas en el experimento

FIRAS llevado a cabo en el satélite COBE *(COsmic Background Explorer)*. Como se observa, esas medidas coinciden perfectamente con la radiación de cuerpo negro para la temperatura de 2,725±0,001 K. Esta es pues la temperatura de la radiación del fondo cósmico de microondas actualmente aceptada.

EL CURIOSO CASO DEL CN

En la constelación de Ofiuco se localizan algunas de las estrellas más próximas a nuestro sistema solar. Una de ellas, la estrella de Barnard, está situada a tan solo 6 años-luz de distancia y tiene la particularidad de ser la que presenta, vista desde la Tierra, un mayor movimiento aparente (con 10,3 segundos de arco por año). Por otro lado, fue en esta constelación donde se observó la supernova SN 1604, también conocida como *supernova de Kepler*, la última que ha sido detectada en nuestra galaxia. Sin embargo, la estrella que ahora nos interesa es la denominada ζ Ophiuchi (véase la imagen de la página contigua), la tercera más brillante de Ofiuco. Entre ella y la Tierra se sitúa una nube de gas interestelar de manera que en su espectro de absorción aparecen líneas negras en las longitudes de onda correspondientes a excitaciones de las moléculas que componen la nube de gas (las moléculas absorben los fotones de la longitud de onda necesaria para excitarse, fotones que no llegan al detector). Una de esas líneas se encuentra a 3875 Å (1 Å, o ångström, equivale a 100 millonésimas de centímetro) y es característica de la molécula CN, que se conoce como *cianógeno*. Dos astrónomos, el canadiense Andrew McKellar (1910-1960), en el Observatorio Astrofísico de Dominion (Canadá), y el estadounidense Walter S. Adams (1876-1956), en Monte Wilson, descubrieron en 1940 y 1941, respectivamente, que en realidad se observan tres líneas en lugar de una y que aparecen para longitudes de onda de 3874,61, 3875,76 y 3874,00 Å. Para poder explicar estas líneas hay que tener en cuenta los estados en los que pueden encontrarse las moléculas de CN. Así, la primera de ellas corresponde a una transición en la que la molécula pasa de su estado más bajo de energía (el estado fundamental) a

La estrella más brillante, en el sector central de la imagen, es ζ Ophiuchi. La foto fue tomada en la banda infrarroja por el satélite astronómico WISE de la NASA.

Los cambios raras veces son cómodos.

Arno Penzias

otro excitado con la energía adecuada, esto es unos 3,20 eV (electronvoltios) por encima del fundamental. Sin embargo, la única forma de poder explicar las otras dos líneas es suponer que las moléculas de CN no se encuentran en su estado fundamental cuando son excitadas por los fotones que llegan de la estrella sino que, por alguna razón, en ese momento están en un estado que se encuentra a una energía ligeramente por encima de la del estado fundamental, a unos 0,00047 eV. Utilizando las intensidades de las líneas de absorción, así como las diferencias de energías mencionadas, McKellar pudo determinar que las moléculas de CN debían encontrarse sometidas a algún tipo de radiación con una temperatura característica de entre 2,1 y 2,7 K. Habían observado indirectamente el fondo de radiación cósmica de microondas, pero ninguno de ellos, sin embargo, dio importancia al hallazgo ya que su interés fundamental residía en estudiar la composición de los distintos sistemas celestes.

LOS RAYOS CÓSMICOS DE LEMAÎTRE

Después de proponer su modelo del átomo primigenio, Lemaître buscó evidencias experimentales que apoyaran su hipótesis. Era consciente de que sin tales evidencias su hipótesis no sería creíble para sus colegas astrónomos y cosmólogos. Con buen criterio pensó que si fue verdad que el universo se encontró en algún momento del pasado remoto en un estado en el que se hallaba sometido a muy altas presiones y temperaturas, deberían existir restos detectables de tal estado y fijó su atención en los rayos cósmicos. Es esta una radiación de alta energía producida fuera del sistema solar y que fue descubierta a principios del siglo XX. En su descubrimiento cabe destacar tres físicos relevantes: el alemán Theodor Wulf (1868-1946), el italiano Domenico Pacini (1878-1934) y, sobre todo, el estadounidense Victor F. Hess (1883-1964), austríaco de origen. Hess llevó varios electrómetros de precisión a 5300 m de altura mediante globos y comprobó un incremento en un factor de 4 en la tasa de ionización producida por la radiación. Para asegurarse de que no era el Sol la fuente de radiación adicional, hizo alguno de sus experimentos aprovechando un eclipse total, concluyendo acertadamente que «una radiación con un poder de penetración muy grande entra en nuestra atmósfera desde arriba». Hess obtuvo el premio Nobel de Física en 1936 por este descubrimiento.

En una de sus conferencias ante la Asociación Británica para el Avance de la Ciencia, Lemaître avanzó la hipótesis de que los rayos cósmicos, entonces aún no muy bien conocidos, se habrían originado en la desintegración del átomo primigenio aunque no directamente: la desintegración primaria habría dado lugar a la creación, 10 000 millones de años atrás, de «estrellas atómicas» con masa comparable a la de las estrellas actuales y la ulterior desintegración de aquellas habría dado lugar a la materia ordinaria tal y como la conocemos hoy día y, también, a los rayos cósmicos. «Los rayos cósmicos serían destellos de los fuegos artificiales primigenios de la formación de una estrella a partir de un átomo, que llegan a nosotros después de su largo viaje a través del espacio libre», había dicho en alguna ocasión. Pero al igual que las radiaciones ionizantes emitidas en los procesos de desintegración radiactiva, Lemaître pensaba que los rayos cósmicos provenientes de su átomo primigenio debían contener no solo fotones, sino también electrones, partículas alfa y puede que incluso «partículas de mayor masa y carga». Como en el caso de la teoría del átomo primigenio, esta hipótesis de Lemaître tuvo un cierto impacto en la opinión pública y así el periódico *The New York Herald Tribune* publicó en septiembre de 1933 una noticia en la que indicaba que «Lemaître, el del universo en expansión, [...] ha relacionado los rayos cósmicos con el nacimiento del universo y el principio del tiempo».

Pero su aceptación entre la comunidad científica fue casi inexistente. Y a medida que el conocimiento sobre la composición y características de los rayos cósmicos fue creciendo, se fue haciendo cada vez más patente que no podían ser consecuencia de un estallido radiactivo ocurrido mucho tiempo atrás. Pero Lemaître siguió insistiendo en su idea hasta la década de 1950. En un artículo titulado «Aplicaciones cosmológicas de la relatividad» que se publicó en *Reviews of Modern Physics* en 1949, se reafirmó en que «Todos los tipos de materia deben estar presentes en los rayos cósmicos y la materia no es nada más que rayos cósmicos condensados». Lemaître estaba en lo cierto: debía haber un remanente de radiación proveniente de los instantes iniciales del universo. Sin embargo, erró en asociar esa radiación con los rayos cósmicos, a pesar de que también era acertada su convicción acerca de la presencia de partículas cargadas con masa en la composición de los mismos.

Con el paso del tiempo, en 1978, Penzias y Wilson recibieron el premio Nobel de Física por su descubrimiento del fondo de radiación cósmica de microondas. No obstante, tal vez por desconocimiento, no se hicieron eco de las teorías que, como la de Lemaître, habían avanzado la hipótesis de la presencia de una radiación fósil. Como había indicado Peebles, la abundancia relativa de hidrógeno (y también la de otros elementos ligeros como el helio) en el universo desempeñaba un papel fundamental en las propiedades de esa radiación remanente. Sin embargo, tampoco reconocieron los trabajos que unos años antes habían llevado a cabo otros investigadores tratando de explicar esas abundancias relativas y que fueron los que, en definitiva, dieron lugar a la teoría del Big Bang.

La abundancia de los elementos

En abril de 1948, Ralph A. Alpher (1921-2007), de la Universidad Johns Hopkins, Hans A. Bethe (1906-2005), de la Universidad de Cornell, y George A. Gamow, de la Universidad George Washington, publicaron en *Physical Review* un artículo titulado «El origen de los elementos químicos». Alpher era estudiante de doctorado de Gamow y en el trabajo que se describe solo habían participado ellos dos. Bethe no había intervenido en ninguna parte de la investigación ni de la redacción del artículo y, por otra parte, no sabía nada al respecto. Gamow, un bromista empedernido, quiso incluirlo como coautor porque de esa forma las iniciales de los autores, Alpher, Bethe y Gamow, serían las mismas que las de los tres procesos básicos de emisión radiactiva conocidos, α–β–γ, que coinciden también con las tres primeras letras del alfabeto griego. Y ello le resultaba especialmente divertido a Gamow. Cuando propuso la broma a Alpher, este no estuvo de acuerdo. Como estudiante que era, y con buen criterio, pensó que si Bethe, entonces ya un físico de gran reputación, figuraba como coautor del artículo, le adjudicarían casi todo el mérito cuando, en realidad, aquel era el trabajo de su tesis doctoral que, de hecho, defendió poco después. Pero Alpher, al que todos los que lo conocieron califican como una buena persona, aceptó finalmente la proposición de Gamow. Al enterarse más tarde, Bethe encajó con buen humor la chanza. La teoría desarrollada en el artículo cayó sin embargo en el olvido y Gamow comentó que a la vista de los resultados «el Dr. Bethe había pensado seriamente cambiar su apellido por el de Zacharias». El artículo en cuestión es conocido entre los especialistas como el «artículo $\alpha\beta\gamma$». Pero Gamow no tuvo bastante. A Robert Herman (1914-1997), otro físico que colaboraba con Alpher y con él, le propuso que cambiara su apellido por el de Delter, lo que le permitiría continuar el juego con la letra δ. Pero Herman no lo hizo. Sin embargo, en un artículo titulado «Sobre cosmología relativista» que apareció en 1949 en un número especial de *Review of Modern Physics* dedicado al 70.º cumpleaños de Einstein, Gamow escribió: «La teoría de la captura neutrónica del origen de las especies atómicas recientemente desarrollada por Alpher, Bethe, Gamow y Delter sugiere que...». Evidentemente, no había parado de maquinar.

GAMOW

George A. Gamow había nacido en 1904 en Odesa y estudió primero en la Universidad de Novorossia y después en la de Petrogrado. A partir de 1922 coincidió allí con Dmitri D. Ivanenko y Lev D. Landáu, con los que empezó a estudiar la nueva teoría cuántica que estaba desarrollándose entonces. En 1928 fue enviado al Instituto de Física Teórica en Gotinga, que en ese momento dirigía el físico alemán Max Born y que era uno de los centros de encuentro de los especialistas de la nueva física como el alemán Werner K. Heisenberg, el húngaro Eugene P. Wigner, el británico Paul Dirac, el austríaco Wolfgang E. Pauli y el italiano Enrico Fermi, entre otros. Gamow tenía una cierta aversión a los cálculos matemáticos complicados y cuando llegó a Gotinga el interés se centraba en los complejos espectros de excitación atómicos y moleculares por lo que decidió buscar un tema de trabajo más simple. De resultas fue capaz de desarrollar la teoría de la *desintegración alfa*, que explicaba los resultados experimentales mediante el *efecto túnel*, un efecto puramente cuántico.

Gamow trabajó en física nuclear hasta finales de la década de 1930 y durante periodos más o menos largos estuvo en Copenhague, con Niels H.D. Bohr, en Cambridge, con Ernest Rutherford, y en París, con Marie Curie (Maria S. Skłodowska-Curie), antes de recalar finalmente en 1934 en la Universidad George Washington, donde colaboró durante los primeros años con Edward Teller. Cuando, de nuevo, los cálculos en física nuclear empezaron a complicarse, Gamow se interesó por la producción de energía en las estrellas, campo en el que aplicó todos sus conocimientos sobre desintegración radiactiva y realizó algunas contribuciones importantes. Él fue el organizador de la famosa conferencia de Washington de 1938 en la que propició el encuentro entre astrofísicos y físicos nucleares bajo el título «Energía estelar y procesos nucleares». En esa conferencia, Bethe tuvo conocimiento del *ciclo p-p*, una reacción de fusión nuclear responsable de la producción de energía en algunas estrellas. Charles L. Critchfield (1910-1994), un estudiante de doctorado de Teller, lo había propuesto inicialmente y lo discutió con Bethe quien realizó los cálculos detallados para, seguidamente, encontrar y proponer un segundo ciclo, el *C-N-O*. Bethe publicó con Critchfield un primer artículo titulado «La formación de deuterones por combinación de protones», aparecido en *Physical Review* en 1938, y un segundo, en solitario y en la misma revista, bajo el título de «Producción de energía en estrellas», en 1939, y ambos trabajos le valieron el premio Nobel en 1967.

Gamow continuó involucrado en problemas de evolución estelar hasta la mitad de la década de 1940, cuando cambió de nuevo sus objetivos científicos para dedicarse de lleno a la cosmología física. Sin embargo, no era este un territorio totalmente desconocido para él ya que cuando era estudiante en la Universidad de Leningrado había estado interesado en la teoría de la relatividad general de Einstein. Fridman fue profesor suyo en un curso sobre «Fundamentos matemáticos de la teoría de la relatividad» que Gamow siguió con gran interés dadas sus dificultades con la fundamentación matemática. Gamow estaba dispuesto a trabajar con Fridman en problemas de cosmología, pero la prematura muerte de este no le permitió hacerlo.

No importa cuánto te agrade una teoría: si los resultados experimentales la refutan, habrá que arrojarla a la basura.

George Gamow

No obstante, Gamow no olvidó completamente la cosmología y en 1937 impartió un curso en la Universidad de Washington sobre la teoría de la relatividad y su conexión con ella. El interés último de Gamow era entender cómo, dónde y en qué circunstancias se produjeron los elementos químicos con el fin de poder describir la abundancia relativa de los mismos que era experimentalmente observada. Esto lo había puesto de manifiesto dos años antes en una conferencia que impartió en la Universidad de Ohio. Y en abril de 1942, en el documento de conclusiones de la octava conferencia de Washington, que tuvo por título «Evolución estelar y cosmología», puede leerse: «Parece por tanto más plausible que los elementos se originaron en un proceso de carácter explosivo que tuvo lugar al "principio del tiempo" y dio lugar a la actual expansión del universo». Estas conclusiones las redactaron Gamow y John A. Fleming, un geofísico colega suyo en Washington. De nuevo una mención a un evento explosivo primigenio. Como en el caso de Lemaître, pero sin ninguna mención a sus trabajos.

La idea en este contexto no era sin embargo nueva. En 1938, Von Weizsäcker había publicado en *Physikalische Zeitschrift* un trabajo titulado «Sobre transmutaciones de elementos en estrellas» en el que discutía los ciclos de producción de energía antes mencionados y en el que especulaba sobre la misma idea de Gamow y Fleming. Tanto en el trabajo de Von Weizsäcker como en el de Bethe de 1939 antes citado, se concluía que no era posible que en las estrellas se produjesen cantidades apreciables de elementos más pesados que el helio. Bethe, que se centraba en su artículo en el cálculo detallado de la producción de energía en las estrellas, creía que los elementos pesados debían haberse formado con anterioridad a que las estrellas alcanzasen el estado de presión y temperatura que asumía para sus cálculos. Por su parte Von Weizsäcker proponía los ciclos de producción de energía basándose en argumentos más cualitativos que los esgrimidos en los cálculos de Bethe, pero además especulaba sobre un estado inicial del universo que respondería a una agregación primigenia de materia, formada quizá por hidrógeno, que colapsaría por la influencia de la gravedad hasta alcanzar las condiciones extremas (una temperatura de 10^{11} K y una densidad próxima a la del núcleo atómico) que habrían permitido la formación de los distintos elementos. El trabajo de Von Weizsäcker debe pues considerarse como uno de los primeros intentos de dar una explicación física del origen del universo.

Sin embargo, en 1942 la conclusión de la conferencia de Washington estaba mucho mejor justificada: la existencia de los elementos pesados requería el evento marcado por la explosión inicial. De alguna manera, los astrofísicos nucleares se habían convencido de que las estrellas no proporcionaban el escenario adecuado para producir elementos pesados y, de forma natural, trasladaron su atención a otra de las pocas opciones que tenían para explicar las abundancias relativas, quizá la única razonable: un universo con condiciones extremas en su origen.

No obstante, la confluencia entre física nuclear y cosmología no era tan simple en aquel momento. En el caso de Gamow, por ejemplo, la visión interdisciplinar del problema no la atisbó hasta 1945. En una carta que envió a Bohr para felicitarle por su 60.º aniversario decía: «... Sería muy agradable si el final de la guerra significara la vuelta a la vida pacífica tal y como era hace quince años [...] ¡Pero sería realmente muy agradable si uno pudiera comenzar a trabajar de nuevo en ciencia pura sin las pesadas nubes que cuelgan del aire! Es lo que estoy tratando de hacer ahora estudiando el problema del origen de los elementos en las etapas iniciales del universo en expansión. Eso significa unir las fórmulas relativistas para la expansión y las tasas de reacciones termonucleares y de fisión. Un punto interesante es que el periodo de tiempo durante el que tuvo lugar la fisión original [...] debe haber sido menor de un milisegundo, mientras que solo una décima de segundo estuvo disponible para establecer el subsiguiente equilibrio termodinámico (si lo hubo) entre los diferentes núcleos ligeros...».

Gamow tardó un año todavía en dar a luz un resultado desde este nuevo punto de vista y no fue hasta 1946 cuando publicó en

Physical Review un artículo de apenas dos páginas titulado «Universo en expansión y el origen de los elementos». Pese a su brevedad algunos historiadores de la ciencia consideran que este fue el trabajo que dio lugar al cambio hacia la moderna cosmología. En él Gamow propugnaba que el universo inicial habría estado formado por un gas de neutrones, de alta densidad, que habría dado lugar a la formación de estructuras complejas neutras, más o menos grandes, que a su vez darían lugar a las distintas especies atómicas a través de desintegraciones β sucesivas. Aunque Gamow no lo indicó explícitamente en ese trabajo, su hipótesis se basaba en la relevancia que los procesos de captura neutrónica debían haber tenido en la producción de elementos en los estadios iniciales de la evolución del universo.

EL ARTÍCULO α β γ

En 1946 Alpher empezó a trabajar con Gamow. Hijo de emigrados rusos judíos, nacido en Washington, había estudiado en la misma universidad en la que Gamow prestaba servicio y tras graduarse había obtenido, en 1941, un puesto para hacer el doctorado en el Laboratorio de Física Aplicada de la Universidad Johns Hopkins en Maryland. Sin embargo, al cabo de un año descubrió que el tema de tesis que le habían propuesto ya estaba publicado, por lo que tuvo que buscar otro camino. Contactó entonces con Gamow, lo que resultó un golpe de fortuna para ambos. Para Alpher porque le garantizaba su objetivo de culminar su doctorado y para Gamow porque Alpher era un buen conocedor de las técnicas matemáticas que tantos problemas le causaban.

El tema que Gamow sugirió fue el análisis detallado de la distribución de elementos en el universo a la luz de su modelo recién formulado sobre el estado inicial de este último. Este estudio requería disponer de información experimental fiable sobre las secciones eficaces (probabilidad de interacción entre dos partículas) de los procesos de captura de neutrones para el mayor número de núcleos que fuera posible. Disponer de datos sobre esas secciones eficaces era también importante para poder establecer los materiales más adecuados para la construcción de reactores nucleares así como las características geométricas de sus elementos constructivos. En la reunión anual de la *American Physical Society* de aquel año, Donald J. Hughes (1915-1960), un físico nuclear estadounidense, presentó una colección de esos datos para varias especies nucleares. Alpher era uno de los asistentes al congreso y en cuanto volvió a Maryland hizo un sencillo ejercicio: representó las secciones eficaces de Hughes frente a las abundancias relativas de los elementos en el universo que en 1938 había publicado el geoquímico suizo Victor M. Goldschmidt (1888-1947). Hizo la gráfica considerando la escala logarítmica para ambas cantidades y encontró resultados reveladores: los dos conjuntos de datos mostraban una más que evidente correlación lineal (figura 1); es decir, que Gamow estaba en lo cierto.

El verano de 1948 Alpher pudo finalmente defender su tesis doctoral en un acto que levantó una inusual expectación entre

FIG. 1

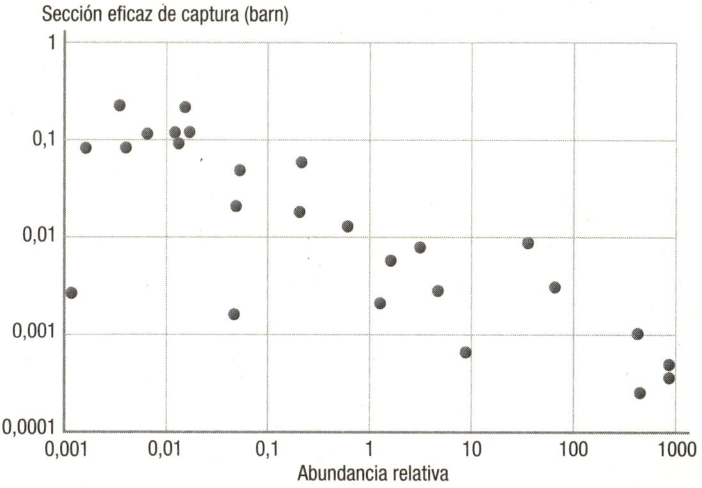

Alpher, en un trabajo de 1948, comparó las secciones eficaces de captura neutrónica de varios isótopos con la abundancia relativa de los correspondientes elementos y encontró una clara correlación entre ambas.

los no expertos. Aunque su trabajo tenía por objeto discutir sobre la *nucleosíntesis*, algunos lo relacionaron directamente con la creación del mundo. Como ya ocurriera en su día con Lemaître, el interés mediático se disparó y, al parecer, más de 300 personas asistieron a la disertación de Alpher.

Justo antes de presentar su tesis doctoral, Alpher escribió con Gamow el famoso artículo $\alpha\beta\gamma$ antes mencionado. Dejando a un lado la componente jocosa, la relevancia del trabajo estriba en que establece una nueva imagen del universo en sus estadios iniciales. Tal y como Alpher describió en un trabajo publicado en 1948 en *Physical Review* y titulado «Una teoría basada en captura neutrónica de la formación y abundancia relativa de los elementos»: «Enseguida tras el principio de la expansión del universo, el ylem era un gas de neutrones solo. Esos neutrones empezaron a desintegrarse en protones y electrones, siendo la densidad suficientemente baja para permitir la desintegración libre de los neutrones y la temperatura suficientemente alta para que la energía térmica media por neutrón fuera mayor que la energía media de enlace por nucleón en el núcleo de manera que los núcleos como tales no podían formarse. Cuando la temperatura descendió suficientemente en la expansión, comenzó la captura de neutrones por protones dando lugar a deuterones. Esos núcleos capturaron a continuación más neutrones y se fueron creando sucesivamente núcleos más pesados. Los núcleos creados de esta forma tenían un gran exceso de neutrones y por tanto habrían sufrido las consiguientes desintegraciones β transformándose en formas estables durante, y después de, el proceso de formación de elementos. El proceso debió haber terminado por la disminución en las tasas de las reacciones de captura originadas por la reducción de la densidad en la expansión y del número de neutrones disponibles como resultado de su desintegración radiactiva».

Gamow y sus estudiantes habían recuperado una palabra en desuso para denominar a la *amalgama primigenia* en la que se habrían producido las distintas reacciones nucleares de síntesis, el *ylem*, cuyo significado aclara Alpher en su artículo: «De acuerdo con el Nuevo Diccionario Internacional Webster's 2.ª ed., la palabra "ylem" es un nombre obsoleto que significa "La sustancia primordial de la que los elementos fueron formados". Parece muy deseable que una palabra con un significado tan apropiado sea resucitada».

LA TEMPERATURA DEL UNIVERSO EN EXPANSIÓN

Alpher colaboró desde su llegada a Maryland con Herman, que trabajaba en su mismo laboratorio. Herman era hijo también de emigrados rusos judíos, había nacido en Nueva York y se había doctorado en 1940 en la Universidad de Princeton. Aunque su tesis se había desarrollado en el campo de la espectroscopia molecular, Herman era un buen conocedor de la teoría de la relatividad y de la cosmología que había estudiado durante su carrera. Gamow los animó para que refinaran los cálculos de la tesis de Alpher y eso les permitió publicar varios artículos entre los que cabe destacar el titulado «Sobre la abundancia relativa de los elementos» que apareció en *Physical Review* a finales de 1948. En este trabajo se conseguía un buen acuerdo con un nuevo conjunto de datos experimentales sobre las abundancias relativas que había obtenido el físico y geoquímico estadounidense Harrison S. Brown (1917-1986) y que entonces aún no se había publicado.

Ya entonces, Gamow, Alpher y Herman se habían dado cuenta de que su *ylem*, un sistema que solo contenía un condensado inicial de neutrones, no era adecuado y no bastaba para poder explicar la situación que realmente se observaba. En sus cálculos habían asumido que podría encontrarse a unos 10^9 K, pero a esa temperatura en el estado inicial del universo debía haber, además de materia, radiación. Como la *ley de Stefan-Boltzmann* establece que la energía radiada por segundo y por unidad de superficie es proporcional a la temperatura elevada a la cuarta potencia, no solo debía haber radiación presente sino que debía estarlo en una cantidad tal que su densidad debía estar muy por encima de la densidad de la propia materia. Gamow tuvo en cuenta este extremo en un trabajo titulado «La evolución del universo» y que apareció publicado en *Nature* durante el verano de 1948. La presencia de esa radiación le permitió, por otra parte, argumentar que las *protogalaxias* (objetos estelares precursores de las galaxias) se habrían formado en un momento de la expansión del universo en el que la densidad de radiación fuera aproximadamente igual a la de materia, a una temperatura que se habría reducido considerablemente hasta alcanzar unos 10^3 K, aproximadamente. Alpher y Herman revisaron el manuscrito del artículo antes de que Gamow lo enviara a la revista y descubrieron algunos errores en los cálculos (cosa inevitable en el caso de Gamow). Sin embargo, prefirió no corregirlos. Lo envió tal cual estaba y convenció a sus dos colaboradores para que escribieran una nota en la misma revista incluyendo los cálculos debidamente corregidos. Y así lo hicieron en un trabajo con casi el mismo título que el de Gamow, «Evolución del universo», y que apareció publicado en el mismo número de la revista, unas cuantas páginas más adelante.

Al año siguiente, en *Physical Review*, Alpher y Herman publicaron «Observaciones sobre la evolución del universo en expansión», donde insistieron en los cálculos del otro artículo. Pero estos dos trabajos de Alpher y Herman incluían explícitamente un resultado de gran relevancia: mencionaron que la temperatura del universo actual debía ser de unos 5 K, una temperatura media que «debe interpretarse como la temperatura de fondo que resultaría solo de la expansión del universo. Sin embargo la energía térmica resultante de la producción de energía nuclear en las estrellas incrementaría este valor». En el artículo con los cálculos incorrectos, Gamow también había utilizado las mismas ecuaciones que ellos, pero él no llegó a hacer la estimación concreta de la temperatura en cuestión. De hecho, ni para Gamow ni para sus colaboradores ese valor de la temperatura de fondo tenía una especial importancia: a ellos les preocupaba la abundancia relativa de los elementos.

Pero no solo a ellos les resultó el citado resultado poco relevante ya que en los años siguientes ningún cosmólogo o astrofísico se hizo eco del mismo. Tuvieron que pasar quince años para que Penzias y Wilson se toparan por accidente con el fondo de radiación cósmica de microondas que, como ya hemos comentado, habían empezado también a buscar Dicke y colaboradores.

EL DESCUBRIMIENTO DEL HELIO

El helio, cuyo nombre se debe al químico inglés Edward Frankland (1825-1899), es el elemento que en mayor cantidad se encuentra presente en el universo, después del hidrógeno. Se estima que su abundancia relativa es del 25 %. Su descubrimiento se llevó a cabo en una observación de la cromosfera del Sol durante un eclipse total en 1868. El astrónomo francés Pierre J.C. Janssen (1824-1907) detectó en el espectro de emisión una línea amarilla con una longitud de onda de 587,49 nm que en principio atribuyó al sodio. Ese mismo año, el astrónomo inglés Joseph N. Lockyer (1836-1920) detectó la misma línea en el espectro solar y dedujo que tenía que deberse a un elemento presente en el Sol y desconocido en la Tierra. Fue el vulcanólogo italiano Luigi Palmieri (1807-1896) quien primero lo detectó en la Tierra analizando la lava del Vesubio. En 1895 los químicos suecos Per T. Cleve (1840-1905) y Nils A. Langlet (1868-1936) determinaron su peso atómico tras obtener una cantidad suficiente de gas, que es el estado en el que se encuentra a temperatura ambiente. En 1908, el físico holandés Heike K. Onnes (1853-1926) consiguió producir helio líquido enfriándolo a 0,9 K, por lo que le fue concedido el premio Nobel en 1913. Ya en 1938, el físico ruso Piotr L. Kapitsa, también premio Nobel en 1978, descubrió las propiedades de superfluidez del isótopo ^{4}He a temperaturas cercanas al cero absoluto y hubo que esperar hasta 1972 para que los físicos estadounidenses Douglas D. Osheroff (1945), David M. Lee (1931) y Robert C. Richardson (1937-2013) descubrieran un comportamiento similar en el ^{3}He, por lo que recibieron el premio Nobel en 1996.

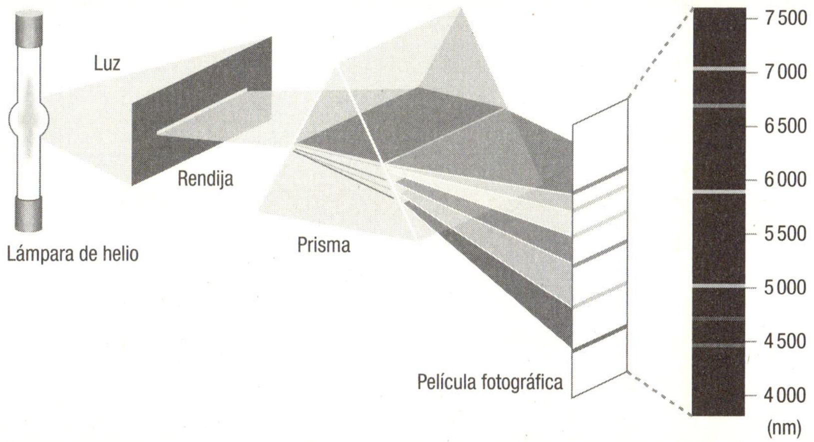

Si la luz proveniente de una lámpara de helio se hace pasar por un prisma, se difracta, pudiendo observarse las líneas características del espectro de ese elemento, entre ellas la línea amarilla de 587,49 nm que sirvió en su día para su descubrimiento.

Ninguno de ellos mencionó en sus trabajos las predicciones del grupo de Gamow, que habían seguido refinando sus cálculos. Así, en 1950, Alpher y Herman obtuvieron una temperatura de 2,8 K, muy próxima al valor medido en la actualidad, y en 1953 Gamow obtuvo 7 K haciendo uso de un procedimiento novedoso y sencillo que apareció publicado en una revista danesa. Este trabajo ha tenido desde su publicación distintas controversias sobre su credibilidad, aunque hasta ahora no se han descubierto fallos en los cálculos realizados por Gamow. Años más tarde, Penzias pidió disculpas a Gamow por su olvido, pero él nunca dejó de sentir cierto malestar por ello.

Más adelante se comprendió que el modelo de Gamow, Alpher y Herman solo podía dar cuenta con fiabilidad de la formación del helio y, por tanto, de la abundancia relativa del hidrógeno y de este otro elemento ligero. El problema era que en la cadena de formación de elementos cada vez más pesados, en la que los núcleos irían capturando un neutrón en cada paso, deberían haber aparecido núcleos que en realidad no existen, algo que no tuvieron en cuenta en sus cálculos. Algunos años más tarde, en 1957, los astrofísicos Eleanor M. Burbidge (1919), Geoffrey R. Burbidge (1925-2010), William A. Fowler (1911-1995) y Fred Hoyle (1915-2001) publicaron en *Review of Modern Physics* un trabajo fundamental en el campo de la nucleosíntesis que llevaba el título de «Síntesis de los elementos en las estrellas». Este artículo, conocido por los especialistas como el B^2FH (por las iniciales de los apellidos de sus autores, el matrimonio Burbidge, Fowler y Hoyle), permitió entender cuáles son los procesos responsables de la generación de los elementos más pesados, denominados por ellos *procesos r* (rápido) y *s* (lento), y que no habrían ocurrido en el Big Bang sino en las propias estrellas (figura 2) y en las supernovas.

Los trabajos de Gamow, Alpher y Herman tuvieron otra connotación muy ajena a sus intenciones. Gamow envió en 1951 una copia de sus recientes artículos de divulgación al papa Pío XII. Además, en su carta le anunciaba que pronto vería la luz un libro suyo sobre *La creación del universo*. El Papa quedó entusiasmado con aquel material, tanto que en noviembre de ese año di-

FIG. 2

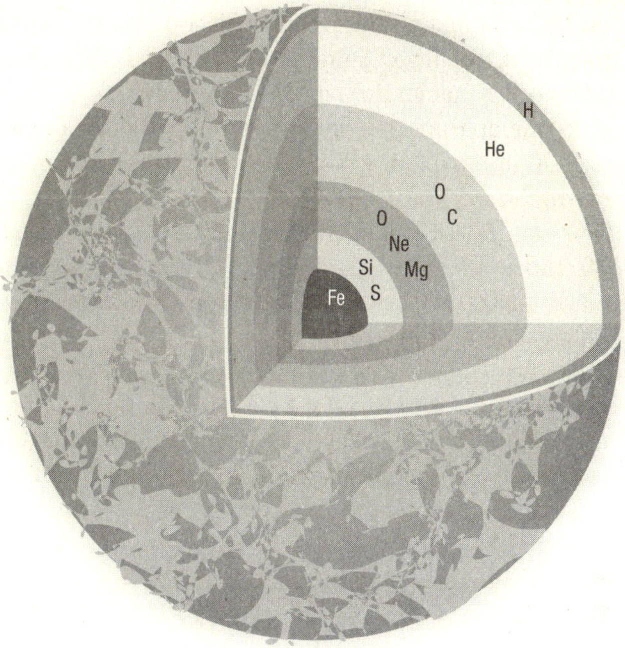

En el transcurso de su actividad normal, las estrellas son capaces de generar elementos químicos más pesados que el hidrógeno. La figura muestra la composición por capas que puede llegar a tener una estrella de gran masa en la fase final de su vida estelar, como la que se cree que pudo poseer poco antes de su final explosivo la estrella que originó el actual remanente de supernova conocido como Casiopea A (Cassiopeia A). Desde el interior hacia el exterior, podemos ver un núcleo con hierro; una capa con silicio y azufre; otra con oxígeno, neón y magnesio; otra con oxígeno y carbono; otra rica en helio, y otra de hidrógeno.

rigió a la Academia Pontificia de las Ciencias, reunida en sesión plenaria, un discurso que tituló «Las pruebas de la existencia de Dios a la luz de la ciencia natural moderna» en el que anunció su respaldo incondicional a la teoría del Big Bang. «Cuanto más avanza la ciencia verdadera, más descubre a Dios, casi como si Él estuviera en pie, vigilante y esperando, detrás de cada puerta que la ciencia abre», expresó al principio de su intervención, y tras un muy largo relato concluyó: «[La ciencia moderna] ha seguido el curso y la dirección de los desarrollos cósmicos y

[...] ha indicado su principio en el tiempo en un periodo hace alrededor de 5000 millones de años, confirmando con la concreción de las pruebas físicas la contingencia del universo y la deducción bien fundamentada de que alrededor de ese tiempo el cosmos salió de la mano del Creador. Creación, [...] y por tanto, un Creador y, por consiguiente, ¡Dios! Esta es la declaración, incluso aunque no explícita o completa, que demandamos de la ciencia...». Gamow, ateo declarado, no parece que hubiera prestado demasiada atención al discurso o a sus posibles implicaciones. Por otro lado, Lemaître no se encontraba a gusto con este tipo de declaraciones exacerbadas de triunfalismo religioso y, a pesar de su condición de sacerdote católico, siempre mantuvo separados el ámbito científico del religioso.

LA TEORÍA DEL ESTADO ESTACIONARIO

Cuando Gamow, Alpher y Herman propusieron su modelo, otra teoría, la del *estado estacionario*, era mayoritariamente avalada por una parte de los cosmólogos y astrofísicos. Ante la ausencia de evidencias claras que permitieran discernir cuál de las dos era la correcta, los respectivos defensores trataban de dar cuenta de los escasos datos experimentales disponibles entonces. El estado estacionario describía un universo que, a gran escala, no mostraba cambio alguno con el paso del tiempo de manera que, y eso era lo más importante, nunca lo había hecho y nunca lo haría en el futuro. Se trataba pues de un universo sin inicio ni fin, contrario por tanto a los modelos de universo con un «principio». Además se satisfacía el principio cosmológico que mencionamos en la Introducción y que asegura un universo con una distribución de materia homogénea e isótropa a escalas suficientemente grandes.

El modelo había sido originalmente propuesto por Jeans a finales de la década de 1920 y fue retomado y revisado en 1948 por los austríacos Hermann Bondi (1919-2005), cosmólogo y matemático, y Thomas Gold (1920-2004), astrofísico, e independientemente por Hoyle, en sendos trabajos publicados en 1948 en *Monthly*

Notices of the Royal Astronomical Society, titulados «La teoría del estado estacionario del universo en expansión» y «Un nuevo modelo para el universo en expansión», respectivamente. Desde el descubrimiento de que el universo se encontraba, sin duda, en expansión, la principal dificultad con la que un modelo como este tenía que lidiar era que la densidad de materia promedio no podía mantenerse constante como el modelo imponía. Para remediar este problema los tres autores añadieron al modelo de Jeans una «fuente de materia», esto es, un mecanismo que creaba materia en el universo de forma continua y espontánea, pero con una tasa extremadamente pequeña, del orden de 10^{-43} g/cm^{3}s, de manera que no podía ser detectada experimentalmente mediante ningún procedimiento conocido.

Volviendo la vista atrás no deja de ser sorprendente lo que escribiera Swedenborg en sus *Principia* en 1734, es decir, más de doscientos años antes de que el modelo del estado estacionario entrara en el juego cosmológico: «Por tanto, nuevos cielos uno tras de otro pueden surgir; en esos cielos, nuevos vórtices y sistemas-mundo; en esos sistemas-mundo, nuevos planetas; alrededor de los planetas nuevos satélites; y de esta manera, según el deseo de la Divinidad, nuevas creaciones pueden resultar en una sucesión sin fin».

BIG BANG... ¡POR FIN!

Es curioso constatar cómo muchos investigadores creen que el nombre de *Big Bang* se debe a Gamow. Nada más lejos de la realidad: a él nunca le gustó. En una entrevista que le realizó poco antes de su fallecimiento el historiador de la ciencia Charles Weiner, Gamow aclaró: «Nunca lo llamé "Big Bang" ya que es una especie de cliché. Fue inventado, creo, por los cosmólogos de la teoría del estado inmutable. Y también lo llamaban "bola de fuego", que no tiene nada que ver con ello, no es una bola de fuego en absoluto, no tiene relación alguna con la bola de fuego de la bomba atómica». Gamow solo utilizó el término una sola vez en un trabajo que publicó en 1961 en *Scientific American* y que se titulaba «Gravedad». En sus escritos él empleaba otras denominaciones como la *teoría de la evolución relativista* o la *hipótesis del principio*. En su libro de divulgación *La creación del universo* en el que describe con todo lujo de detalles su modelo cosmológico, habla de la *gran compresión* del universo que debió anteceder al inicio de su expansión, sin que en ningún momento mencione *Big Bang*.

> No veo la lógica de rechazar datos solo porque parezcan increíbles.
>
> **Fred Hoyle**

La denominación de *Big Bang* fue utilizada por primera vez en el contexto cosmológico en una emisora de radio de la BBC británica y su «inventor» fue Fred Hoyle. En 1949 participaba en un programa de divulgación en el que explicaba a la audiencia las cuestiones básicas de la teoría del estado estacionario, el modelo que él defendía y que se contraponía a los modelos de universo con un principio. Tratando de hacer llegar a los oyentes una imagen que describiera estos últimos, habló de «la hipótesis de que toda la materia del universo fue creada en un *big bang* en un instante particular del pasado remoto». Hoyle, que consideraba falto de lógica y poco científico un proceso como ese, concluyó su intervención en el programa diciendo: «No puedo ver ninguna buena razón para preferir la idea del Big Bang». Con el tiempo, su postura frente al modelo explosivo se fue suavizando hasta que dejó de manifestarse en contra del mismo.

Que Hoyle mencionó el «Big Bang» con tono despectivo e insultante hacia los defensores de la teoría contraria a la suya ha sido argumento de infinidad de escritos, más o menos históricos, al respecto y es una idea bien arraigada en muchos investigadores relacionados con la cosmología y la astrofísica. Sin embargo, es de recibo señalar que Hoyle negó explícitamente en muchas ocasiones que hubiera querido ser hiriente con su descripción. Es más que plausible que, simplemente, necesitado de imágenes sencillas que le permitieran transmitir a la audiencia radiofónica de la BBC los conceptos técnicos que pretendía explicar, Hoyle inventara el término sobre la marcha, sin ningún ánimo peyorativo.

HOYLE, UN VISIONARIO CONTROVERTIDO

Fred Hoyle, quien acuñó el nombre de «Big Bang», fue un astrónomo inglés, nacido en 1925. Estudió matemáticas en la Universidad de Cambridge donde, en 1958, obtuvo la cátedra de Astronomía y Filosofía Experimental. En 1967 fue director fundador del prestigioso Instituto de Astronomía de Cambridge. Nombrado sir en 1972, año en el que renunció a su cátedra, se dedicó a escribir libros de divulgación científica y de ciencia ficción. Falleció en 2001.

Más pesados que el helio

A finales de la década de 1940, Hoyle publicó sus primeros trabajos sobre la generación de elementos más pesados que el helio en las estrellas. Su hipótesis era que los elementos entre el carbono y el hierro se producían en un estado evolucionado estelar previo al de supernova, mediante reacciones nucleares de fusión. En 1957 publicó un trabajo fundamental en el campo de la nucleosíntesis: «Síntesis de los elementos en las estrellas», junto con Eleanor M. Burbidge, Geoffrey R. Burbidge y William A. Fowler (este último ganador del premio Nobel en 1983).

Discusión sobre el Nobel

En 1974 Hoyle denunció que el premio Nobel de Física le fuera concedido a Antony Hewish, compartido con Martin Ryle, por el descubrimiento de los púlsares, que en realidad había descubierto su estudiante de doctorado Susan J. Bell Burnell. Posiblemente esta protesta hizo que él no obtuviera el mismo premio en 1983 cuando le fue concedido, compartido con Subrahmanyan Chandrasekhar, a Fowler por sus estudios de las reacciones nucleares relevantes en la formación de los elementos en el universo.

No cabe duda, en cualquier caso, que la invención fue más que exitosa ya que «Big Bang» es uno de los términos más conocidos en la historia de la ciencia. Su impacto en algunas de las publicaciones populares estadounidenses fue casi inmediato y el físico nuclear y astrofísico estadounidense William A. Fowler fue el primero en utilizarlo en un artículo de investigación publicado en 1957 en *Scientific Monthly* con el título «Formación de los elementos». Sin embargo, no fue hasta la década de 1970 cuando el nombre comenzó a usarse con asiduidad en cosmología.

A VUELTAS CON LA PARADOJA DE OLBERS

Como se vio en el primer capítulo, la paradoja de Olbers había sido planteada y tratada de resolver antes y después de que este médico alemán, astrónomo aficionado, la formulara. También vimos cómo las explicaciones que fueron exponiendo distintos investigadores no permitían resolverla y que, sin embargo, Poe entrevió una solución plausible.

Aunque no resolvieron el dilema, dos relevantes investigadores cuantificaron sendos aspectos fundamentales del mismo. Así, lord Kelvin, en 1901, calculó que un cielo nocturno brillante requeriría la luz de todas las estrellas situadas a una distancia de hasta 3000 billones de años-luz. Y en 1964, Edward R. Harrison estableció que la energía necesaria para producir un cielo nocturno iluminado sería 10 billones de veces mayor que la disponible de acuerdo a las observaciones realizadas hasta ese momento.

Esta paradoja solo puede explicarse si se toman en consideración dos de los aspectos fundamentales que están presentes en la teoría del Big Bang, a saber, la expansión del universo y que este tuviera un principio. Obviamente, en la época en que el modelo del estado estacionario era el más aceptado, solo la primera de ambas razones podía argumentarse (dado que en esa teoría el universo no había tenido un principio). Así había quedado claro en un influyente libro titulado *Cosmología*, que Bondi publicó en 1952. Sin embargo, cuando este modelo quedó superado por el del Big Bang, la argumentación no fue revisada. Y ello ocurrió a pesar de que Harrison, en 1964, y Peebles, en 1971, e incluso el historiador de la ciencia John Gribbin, británico, en un artículo de divulgación aparecido en 1986 en *New Scientist*, habían señalado que no era suficiente la expansión del universo para dar cuenta de la paradoja. Con argumentos correctos que, curiosamente, fueron ignorados, estos autores pusieron de manifiesto que era necesario incluir también el hecho de que las galaxias, que eran las fuentes de luz que se consideraban en la formulación de la paradoja, tenían una edad finita, debido a que el universo también la tenía. Es cierto que la expansión del universo reduce la intensidad de la luz observada, ya que al crecer el volumen del espacio intergaláctico disminuye la densidad de los fotones presentes. Además, el desplazamiento al rojo asociado con la expansión reduce también la energía de esos fotones. En definitiva, la intensidad de la luz es menor a medida que la expansión «actúa». Pero la edad de las galaxias tiene también una implicación relevante en el problema. Solo podemos recibir la luz proveniente de aquellas galaxias que estén situadas a una distancia igual al producto de su edad (unos 10 000 millones de años) por la velocidad de la luz. La luz emitida por las galaxias que estén más alejadas no habrá podido llegar aún a nosotros y, por tanto, no es posible extender indefinidamente lejos una línea de luz tal y como Olbers mencionaba en su formulación de la paradoja. Es decir: la luminosidad del cielo nocturno está limitada por ambos hechos.

En 1987, los astrofísicos Paul S. Wesson, K. Valle y R. Stabell escribieron un programa de ordenador basado en la teoría general de la relatividad y con el que podían determinar la intensidad de la luz en el espacio intergaláctico y, por ende, el nivel de oscuridad del cielo nocturno. Tras realizar sendos cálculos con tasas de expansión nula y distinta de cero, respectivamente, encontraron que la *razón de intensidades* era de tan solo un 50%, por lo que pudieron deducir que el elemento relevante es la edad de las galaxias, que por sí sola sería capaz de explicar la oscuridad del cielo durante la noche.

LOS PADRES DEL MODELO

El espaldarazo a la teoría del Big Bang llegó, como se ha indicado antes, con el descubrimiento de la radiación de fondo de microondas por Penzias y Wilson en 1964. Sin embargo, el primero en hablar de un estado inicial del universo y de su expansión fue Lemaître, quien tras redescubrir los resultados de Fridman, relacionó las soluciones que predecían la expansión del universo con los desplazamientos al rojo experimentales entonces existentes. Y poco tiempo después sugirió por primera vez un estado inicial del universo que habría explosionado dando lugar al inicio del tiempo y a la expansión del universo. Lemaître, con su «átomo primigenio», puede considerarse por tanto como uno de los padres de la teoría del Big Bang.

Los otros fueron, sin duda, Gamow y sus estudiantes Alpher y Herman. Siguiendo un camino bien distinto al de Lemaître y poniendo su interés en la formación de los elementos, adivinaron la existencia de un estado inicial de muy alta densidad y temperatura que habría explosionado en un momento dado. Curiosamente, Gamow atribuyó en su autobiografía esta idea al propio Fridman, aunque en ninguno de los trabajos de este se mencionan las posibles propiedades físicas del estado inicial del universo. Bien es cierto que esas características iniciales podrían haber sido consideradas como obvias en las discusiones de Fridman con sus estudiantes de la Universidad de Leningrado, pero no hay ningún documento que permita suponer que así fue.

LOS AÑOS SILENCIOSOS

Cuando se revisa la historia de los acontecimientos científicos que llevaron a la formulación de la teoría del Big Bang, como hemos hecho aquí, resulta evidente de inmediato un hecho curioso que es interesante analizar brevemente: ¿por qué hubo un lapso temporal tan grande entre la formulación de la ley de Hubble-Lemaître y el descubrimiento del fondo de radiación cósmica de microondas por parte de Penzias y Wilson? Treinta y seis años suenan a muchos, quizá demasiados. Weinberg también se pregunta sobre este hecho en su libro *Los tres primeros minutos del universo*: ¿por qué un hecho tan relevante como ese último, uno de los más importantes descubrimientos científicos de la historia de la ciencia, ocurrió por accidente? Y, sobre todo, ¿por qué nadie buscó ese fondo de radiación a partir de 1948, una vez que Gamow, Alpher y Herman hicieron públicos sus resultados, o más tarde, en 1953, tras haber llevado a cabo los dos últimos un cálculo mucho más refinado junto con el astrofísico estadounidense James W. Follin, Jr.? Los trabajos de estos investigadores habían pasado desapercibidos entre los astrofísicos y cosmólogos, pero ¿por qué nadie más entre ellos siguió la línea de razonamiento de Gamow y colaboradores? En realidad no fue hasta 1964 cuando Hoyle, Peebles y los físicos Yákov B. Zeldóvich (1914-1987), soviético, y Roger J. Tayler (1929-1997), británico, todos ellos de manera independiente, retomaron los cálculos de nucleosíntesis en un modelo tipo Big Bang con un estado inicial muy caliente y denso.

Tal y como Gamow relató a Peebles en 1967, ni él ni sus estudiantes dieron en un principio suficiente importancia a sus estimaciones de la temperatura y no pensaron en posibles experimentos para confirmarla. Al parecer, Alpher y Herman sí que consultaron con varios grupos de investigación que contaban con expertos en medida de radiación, pero con la tecnología entonces disponible no era posible detectar una radiación con una temperatura inferior a unos 10 K. Por otra parte, a finales de la década de 1940 y principios de la siguiente, los astrofísicos y los cosmólogos tenían muchas reticencias sobre cualesquiera teorías que trataran de las características físicas del principio del universo: las altas temperaturas, presiones y densidades que se suponía debían haber existido en el universo primitivo constituían un escenario en el que la aplicación de las leyes de la mecánica estadística, la mecánica cuántica y la física nuclear era, cuando menos, de dudosa fiabilidad.

Pero puede que el impedimento mayor estuviera ligado al propio meollo de la teoría, a saber, la formación de los elementos. A pesar de que, en un principio, los resultados de Gamow, Alpher y Herman daban cuenta de la abundancia relativa de los elementos, que se habrían formado en el Big Bang, se encontró pronto con una dificultad insuperable: la síntesis de los núcleos más pesados mediante el mecanismo de adición sucesiva de neutrones no era viable ya que la cadena ascendente en el número de nucleones se rompería al llegar a los sistemas con 5 u 8 protones y/o neutrones, algunos de los cuales no existen como núcleos estables. Enseguida se descubrió que esos saltos podían obviarse en otro contexto: los núcleos de las estrellas y en las explosiones supernova donde la abundante presencia de helio (He) podría dar lugar a colisiones de hasta tres núcleos de ^{4}He para formar un núcleo de carbono-12 (^{12}C) y salvar así la dificultad. En 1957 apareció el ya citado artículo de los Burbridge, Fowler y Hoyle donde demostraron este extremo, estableciendo los procesos que darían lugar a la formación de los elementos más pesados. A día de hoy se cree que el Big Bang habría sido responsable de la formación del hidrógeno, el helio y, quizá, algunos otros elementos ligeros, estos últimos en parte. Las estrellas y las supernovas serían los lugares en los que se habrían sintetizado el resto de elementos.

EL MODELO CORRIENTE

El hecho de que la teoría del estado estacionario acabara siendo desechada en favor de la del Big Bang no fue debido a nada más (y nada menos) que a lo que en la ciencia, en general, y en la física, en particular, resulta su base más fundamental: los resultados experimentales. En cualquier caso, debemos decir que está fuera del ámbito del modelo del Big Bang establecer los eventos que dieron lugar a que ocurriese. Algunas teorías al respecto resultan demasiado especulativas y, sobre todo, no han permitido hasta la fecha establecer predicciones que pudieran ser comprobables mediante experimentos.

Lo que hoy día se conoce como el «modelo corriente» del universo establece que este surgió de lo que podríamos denominar como una «explosión» que acaeció en todo el espacio disponible

FIG. 3

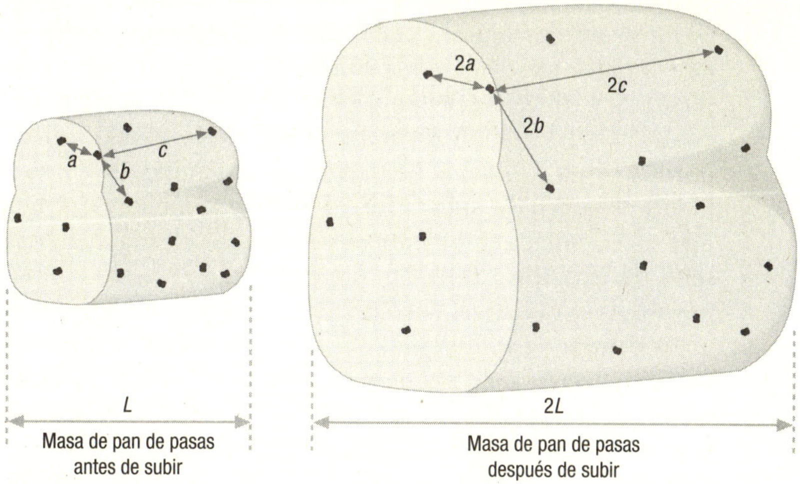

Una manera de entender el proceso de la expansión del universo desde el Big Bang y qué implica para las galaxias es imaginarnos al universo como un pan de pasas durante la fase del proceso de elaboración en la cual la masa de pan aumenta de volumen o «sube». Si el pan duplica sus dimensiones en las tres direcciones (largo, ancho y alto), las distancias entre las pasas (las galaxias) que inicialmente eran *a*, *b*, *c* se habrán duplicado, siendo ahora 2*a*, 2*b* y 2*c*, respectivamente.

de forma simultánea y que provocó que todas las partículas existentes comenzaran a alejarse unas de otras. No se trató pues de una explosión como las que conocemos en la que el estallido se produce a partir de un punto concreto. Una analogía del proceso la podemos hacer con un pan de pasas (figura 3). Al elaborarlo, la levadura hace que la masa se expanda. Las pasas representarían las galaxias que retrocederían unas respecto de otras a medida que la masa de pan fuera creciendo. En realidad, las pasas (las galaxias) no están en movimiento, pero se alejan unas de otras por efecto de la expansión de la masa de pan (la expansión del espacio cósmico).

Apenas una centésima de segundo más tarde de producirse el Big Bang (figura 4), la temperatura estimada era de unos 10^{11} K, muy por encima de la que existe en el interior de las estrellas.

A esa temperatura no existían ni los átomos ni los núcleos atómicos y el universo estaba poblado por electrones y *neutrinos*, por sus antipartículas (partículas con la misma masa y espín que la partícula dada, pero con carga opuesta) respectivas, *positrones* y *antineutrinos*, y por *fotones*. Los electrones y los positrones se podían formar a partir de la energía disponible por los otros tres tipos de partículas, aniquilándose inmediatamente después de haber sido creados y produciendo radiación en esa aniquilación. Se había establecido de esta manera un estado de equilibrio térmico que puede describirse mediante la mecánica estadística. Otro punto importante es que ese estado no dependía de lo que pudiera haber ocurrido con antelación. La densidad de este sistema de partículas elementales era del orden de $4 \cdot 10^9$ veces la del agua. Con estas densidades, también los neutrinos y los antineutrinos (que a duras penas interactúan con la materia en las condiciones que hoy conocemos) se encontrarían en equilibrio con los fotones, los electrones y los positrones, produciéndose colisiones frecuentes entre todos ellos. Por su parte, los protones y los neutrones escaseaban: menos de 1 por cada 10^9 fotones, electrones o neutrinos. En tales circunstancias, los protones interactuarían con estas partículas transformándose en neutrones y viceversa. El tiempo de expansión característico (que viene dado por el inverso de la constante de Hubble en cada momento) era de unas 2 centésimas de segundo.

La explosión inicial había provocado el inicio de la expansión del universo cuya temperatura iría disminuyendo progresivamente. Al cabo de una décima de segundo sería de unos $3 \cdot 10^{10}$ K y 10^{10} K al cabo de un segundo. Los tiempos de expansión característicos habrían aumentado siendo de 0,2 s y 2 s. Transcurrida la primera décima de segundo no se habían producido grandes cambios: las partículas ligeras continuaban estando en equilibrio térmico, seguían sin existir los núcleos y las transformaciones entre protones y neutrones se habían decantado ligeramente de manera que ahora abundaban más aquellos (65%) que estos (35%). Al cabo de un segundo, el descenso de temperatura provocó que los neutrinos y los antineutrinos salieran del equilibrio térmico y em-

FIG. 4

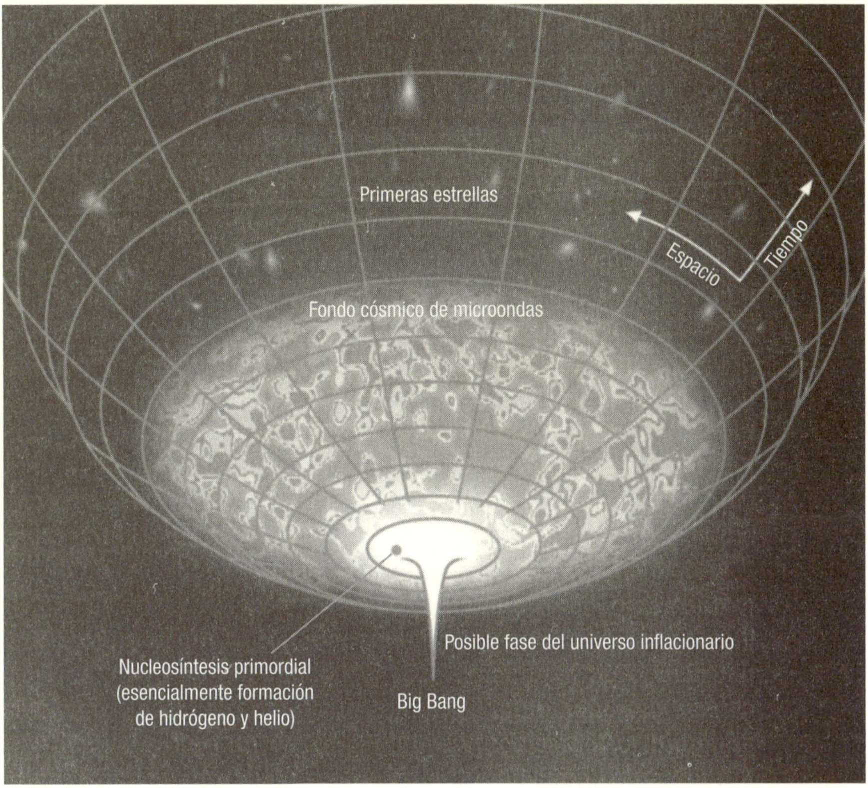

Big Bang y algunos acontecimientos fundamentales en la evolución posterior del universo. Tras el Big Bang, el universo comenzó a expandirse. Es posible que durante un corto periodo inicial lo hiciera de manera extremadamente rápida, en lo que se denomina *fase inflacionaria*. La temperatura era elevadísima pero comenzó a descender. Llegó un momento en que las condiciones permitieron la creación de núcleos atómicos y entonces tuvo lugar la nucleosíntesis primordial (esencialmente formación de hidrógeno y helio). Pocos cientos de miles de años tras el Big Bang, se comenzó a emitir la radiación que hoy detectamos como radiación del fondo cósmico de microondas. El universo empezó a parecerse al actual cuando se formaron las primeras estrellas y galaxias.

pezaran a comportarse como las elusivas partículas que conocemos hoy día, dejando de interaccionar con el resto de partículas presentes. La densidad habría descendido a un valor del orden de

$4 \cdot 10^5$ veces la del agua, y los electrones y los positrones empezaron a aniquilarse con una velocidad mayor que con la que se producían a partir de la radiación; los protones habrían aumentado (75%) a costa de los neutrones que serían menos que antes (25%).

Pasados unos 10 segundos, la temperatura era de $3 \cdot 10^9$ K y la energía disponible para la creación de electrones y positrones ya no bastaba para contrarrestar su aniquilación: la energía neta liberada en el balance de ambos procesos dio lugar a una ralentización de la expansión del universo. Aparecieron los primeros sistemas nucleares ligeros como ^{2}H (deuterio, un isótopo del hidrógeno), ^{3}H (tritio, otro isótopo del hidrógeno), ^{3}He (helio-3) y ^{4}He (helio-4), todos salvo el primero en proporciones muy pequeñas. Los núcleos de deuterio, débilmente ligados, se desintegraban apenas formados por lo que la formación de los otros tres, que requiere que el ^{2}H colisione y absorba un protón o un neutrón, estaba muy penalizada. En ese momento había un 80% de protones y un 20% de neutrones.

La temperatura continuó descendiendo llegando hasta los 10^9 K cumplidos los tres minutos desde el Big Bang. El universo estaba formado fundamentalmente por fotones, neutrinos y antineutrinos ya que los electrones y los positrones se habían aniquilado en su mayoría. Protones y neutrones estaban presentes en una proporción del 85% al 15% y los núcleos ligeros antes mencionados empezaron a sintetizarse en mayor proporción, aunque la aún demasiado rápida desintegración de los núcleos de deuterio mantenía un «cuello de botella» en la cadena de creación de núcleos más pesados. En cuanto la temperatura descendió algo más, los núcleos de ^{2}H se podían mantener ligados durante más tiempo y los procesos de síntesis de los núcleos más pesados empezaron a ser mucho más eficientes.

Después de una media hora, la temperatura había descendido hasta unos $3 \cdot 10^8$ K. En este momento, el universo contenía fotones, neutrinos, antineutrinos y una pequeña cantidad de electrones (que se debían fundamentalmente a la desintegración de neutrones en protones, proceso mucho más probable que el contrario). Además, por cada electrón había un protón que se encontraba formando parte de núcleos de hidrógeno

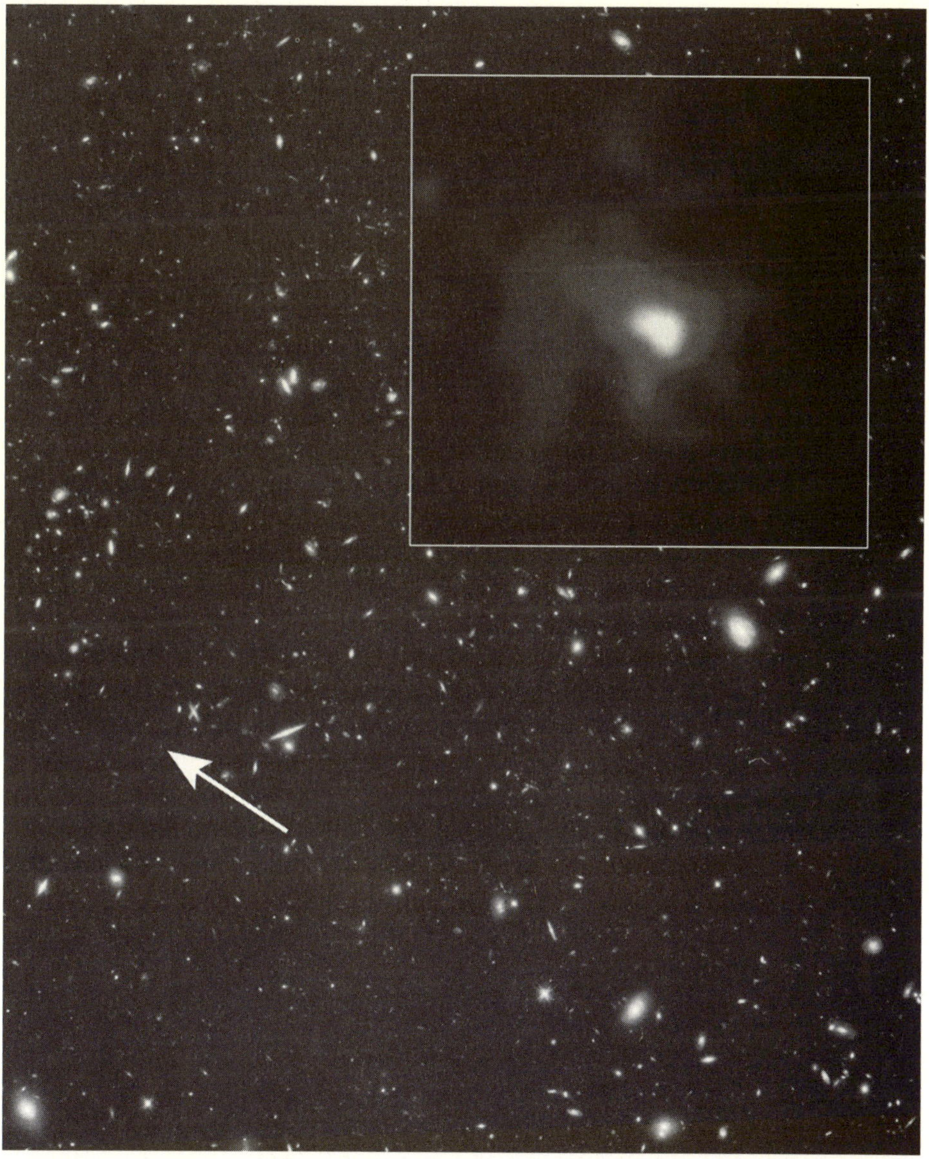

La galaxia EGS-zs8-1, ubicada en el punto del firmamento señalado por la flecha, y ampliada en el recuadro superior, fue una de las primeras que se formaron en el universo. Según las conclusiones de un estudio realizado por el equipo internacional de Pascal Oesch, de la Universidad Yale en Estados Unidos, esta galaxia situada en los confines del universo visible completó su proceso básico de formación unos 670 millones de años después del Big Bang.

(en un 70%) o de helio (en un 30%). El universo continuó con su expansión y su enfriamiento, disminuyendo su densidad, hasta que al cabo de unos cuantos cientos de miles de años la temperatura fue lo suficientemente baja para que los electrones restantes (pocos) pudieran formar con los núcleos (también pocos) los primeros átomos de hidrógeno y helio. Fue en ese momento cuando la gravitación empezó a desempeñar su papel: actuando sobre el gas resultante de la formación de los átomos, produjo reagrupamientos de materia que dieron lugar a la aparición de las galaxias y las estrellas (véase la imagen de la página anterior).

Como dijimos antes, en este modelo corriente no se abordan preguntas tales como: ¿qué ocurrió exactamente durante la primera centésima de segundo? o ¿por qué la proporción entre las partículas nucleares y los fotones era inicialmente de 1 a 10^9? Se supone que las respuestas a ese tipo de preguntas corresponden a las condiciones iniciales del proceso físico que se intenta describir. Pero existen algunos problemas que han sobrevenido con los datos experimentales obtenidos por los nuevos telescopios espaciales. El satélite WMAP *(Wilkinson Microwave Anisotropy Probe)* ha podido determinar que el universo es casi plano, lo que contradice el modelo cosmológico del Big Bang que establece una curvatura creciente con el tiempo. Por otro lado, las distancias observadas entre las regiones más distantes del universo a ambos lados del cielo son tan grandes que la luz emitida por una de ellas no habría podido alcanzar a las otras en un tiempo del orden de la edad del universo si se asume la teoría del Big Bang. Sin embargo, la uniformidad de la temperatura de la radiación del fondo cósmico de microondas indica que esas regiones debieron estar en contacto en el pasado remoto. Por último, la teoría del Big Bang predice la existencia de un gran número de monopolos magnéticos (hipotéticos tipos de partícula con un solo polo magnético, norte o sur) estables que, en cambio, nunca se han observado. Para resolver estos problemas, algunos cosmólogos propusieron alrededor de 1980 la *teoría del universo inflacionario*, una variante de la del Big Bang cuya particularidad esencial es la existencia, justo antes del periodo de expansión gradual que hemos descrito antes, de un periodo de expansión exponencial extremadamente rápida. También el papel que puedan desempeñar la energía y la materia oscuras, ingredientes fundamentales del propio proceso de expansión del universo y de su composición, y las implicaciones que sobre la teoría del Big Bang puedan tener, son aspectos de gran interés para el próximo futuro en cosmología.

LOS AGUJEROS NEGROS

LAS FUERZAS EXTREMAS DE LA GRAVEDAD

Introducción

La idea de compactar toda la materia de la Tierra hasta reducirla a una bola de apenas 2 cm de diámetro, incluidos los continentes, océanos y la inmensa masa de su interior, resulta tan increíble que parece condenada a malvivir en las páginas de una novela barata de ciencia-ficción. El problema práctico reside no ya en la escala planetaria del proceso, sino en la intensidad misma de la compresión, que ninguna apisonadora, prensa hidráulica o máquina alguna creada por el ser humano es capaz de desarrollar ni remotamente.

Ahora bien, ¿existe algún proceso natural capaz de concentrar grandes cantidades de materia hasta alcanzar esa densidad? La respuesta, por sorprendente que parezca, es que sí. Imaginemos una estrella más brillante y con una masa por encima de ocho veces la del Sol. Hay muchas en el universo. De vida más corta que nuestro astro, estas grandes estrellas fusionan nuclearmente elementos cada vez más pesados hasta que ya no pueden mantener el equilibrio, momento en el que se desencadena un proceso que culmina con una formidable explosión: la *supernova*. Parte de su materia, en esencia las capas más externas, es disparada en todas direcciones, conformando una espectacular nube de gas y polvo en expansión que constituye una de las visiones más sobrecogedoras de las que se pueden captar con nuestros modernos telescopios. En la fase de supernova puede decirse que la estrella ha dejado de existir. De sus cenizas, sin embargo, va a surgir algo más extraordinario.

Fijémonos en el núcleo de la estrella muerta. Con el cese de la actividad nuclear y los fenómenos desencadenados a raíz de dicho cese, se pierde el equilibrio de fuerzas que la mantenía en su forma habitual. La estrella es incapaz de soportar su propio peso y se derrumba sobre sí misma, compactándose de manera colosal. Si la masa no es mucha, puede alcanzar un nuevo equilibrio que la convierte en una estrella de neutrones, un objeto de enorme densidad el cual, sin embargo, todavía opera dentro de los límites de una física, digamos, ordinaria. Si, por el contrario, la masa es lo suficientemente grande, la estrella sigue comprimiéndose hasta alcanzar una densidad asombrosa; tan asombrosa que, para hacerse una idea, equivale a compactar la Tierra hasta convertirla en... una esfera de 2 cm de diámetro. El núcleo de esa estrella muerta, encogido hasta ocupar unas pocas decenas de kilómetros, se ha transformado en un *agujero negro*. Debido a la pluma del astrofísico estadounidense John Wheeler, el término «agujero negro» ha capturado la imaginación de legos y especialistas como muy pocos de entre los que integran el amplio léxico de la ciencia moderna. Ahora bien, ¿por qué «negro»? ¿Y por qué «agujero»?

Desde Einstein sabemos que la gravedad es una deformación del espacio-tiempo provocada por la presencia de masa y energía. Un agujero negro es una región del espacio con una concentración de masa muy elevada, de manera que genera un campo gravitacional de magnitud tal que ni siquiera la luz alcanza la velocidad suficiente como para escapar de su atracción. Si la luz misma queda atrapada, está claro que el objeto en cuestión será la definición misma de *negro*. ¿Qué ocurrirá con el resto de materia, que por definición se mueve a velocidades inferiores? Pues que cualquier cosa que se acerque lo suficiente será engullida por él, como por un *agujero* del que no se puede escapar.

Una deformación tal del espacio-tiempo tiene otras consecuencias, todas ellas situadas de lleno en el ámbito de la física relativista. Muy cerca de un agujero negro, por ejemplo, el tiempo transcurre más lentamente que en el espacio circundante: a mayor cercanía, mayor lentitud. Si las condiciones de observación lo permitieran, un observador externo de una nave espacial que se precipitara a un agujero negro la vería moverse cada vez más despacio; entre tanto, desde la nave, los movimientos en el espacio alejado del agujero parecerían más rápidos de lo normal. Si fuera posible sobrevivir al paso por las inmediaciones de un agujero negro, lo que es mucho imaginar, llegaría un punto en que cada minuto de angustia de los tripulantes de la nave sería un año para el observador externo. O un siglo. O, caso de acercarse lo suficiente, una eternidad.

Lo cierto es que nadie sabe qué hay dentro de un agujero negro. Las condiciones físicas que allí deben reinar se apartan tanto de la física cotidiana y hasta de la lógica común que hay que entregarse a lo que dicta la física cuántica. Dichos modelos nos dicen que un agujero negro tiene una frontera, el *horizonte de sucesos*, que marca la distancia mínima a la que un objeto puede acercarse sin quedar atrapado sin remedio. Cuando se cruza el horizonte de sucesos, ya no hay vuelta atrás; es una frontera sin retorno. Nada puede ya salir porque la velocidad de escape necesaria supera a la de la luz. Por la misma razón, desde ese lado interior de la frontera ya no llega ningún tipo de radiación al exterior. El centro del agujero negro, o eso nos dicen nuestros modelos, se comporta como lo que se conoce como una *singularidad*. Ahí dentro el tiempo se detiene, el espacio deja de existir, y magnitudes como la densidad alcanzan valores infinitos. La singularidad es el destino ineludible de todo lo que traspasa el horizonte de sucesos.

Se ha llegado a especular con que la distorsión provocada por los agujeros negros los convierta en «túneles» que enlacen regiones distantes del cosmos. A estas conexiones entre puntos separados del universo o, por qué no, conexiones entre dos universos distintos, se las llama *agujeros de gusano* y constituyen una muestra del enorme potencial especulativo que aquellos objetos ofrecen a la imaginación científica.

Una vez creado, un agujero negro parece ser indestructible. Es como una aspiradora cósmica sin botón de parada y con un depósito de capacidad infinita. Si tiene la oportunidad, un agujero negro es perfectamente capaz de engullir planetas, estrellas, nubes de gas... Por todo ello, puede aumentar de manera espectacular su masa inicial de unas pocas veces la del Sol. Resulta inquietante saber que hay objetos tan voraces en el cosmos. Y quizá lo es aún más el hecho de que, como ni la luz ni ninguna otra radiación electromagnética son capaces de salir del interior de un agujero negro, este puede resultar indistinguible de la propia negrura del espacio. Esto último podría hacer pensar —equivocadamente— que los agujeros negros están condenados al estatus de hipótesis imposible de comprobar.

La idea de una «estrella oscura» fruto de una atracción gravitatoria extrema fue conjeturada ya en vida de Newton, aunque la idea no empezó a adquirir una forma científicamente sólida hasta principios del siglo XX de la mano de la relatividad. Las décadas de 1950 y 1960 vieron grandes progresos teóricos en el estudio de los agujeros negros. De los años sesenta datan asimismo observaciones astronómicas en las que se detectaron ya objetos cósmicos extraños que luego se acabarían identificando como agujeros negros (o como cuerpos relacionados con ellos, tales como los quásar o los púlsar). El primer objeto astronómico en ser aceptado ampliamente por la comunidad científica como agujero negro fue Cygnus X-1. Su condición de tal comenzó a ganar peso en la década de 1970, aunque se necesitó más tiempo y observaciones para convencer a la mayor parte de la comunidad científica.

Llegada la década de 1990, y sobre todo con las observaciones del telescopio espacial Hubble, las detecciones de objetos susceptibles de ser agujeros negros aumentaron con rapidez y se comenzó a imponer la noción de que muchas galaxias típicas albergan en su núcleo a un agujero negro supermasivo. Y no se trata de una hipérbole: algunos de estos auténticos «monstruos» gravitatorios, como el que ocupa el centro de la galaxia M87, alcanzan una masa de decenas de miles de millones de veces la del Sol y ocupan un espacio comparable al de un sistema solar.

Para explorar un agujero negro lo habitual es recurrir a formas indirectas de detección, basadas en saber reconocer las perturbaciones que ocasiona a su alrededor. Como a mayor masa, más probable será encontrar huellas de su presencia en su entorno inmediato, a menudo es más fácil explorar un agujero negro supermasivo que otros objetos similares pero de menor tamaño. En primer lugar, si hay materia lo bastante cerca de él y en cantidades abundantes, se puede apreciar un remolino de gas y polvo, en forma de disco. Otra señal reveladora es la existencia de dos chorros de partículas emitidos en direcciones opuestas alineadas con el eje de rotación del disco y que nacen en las inmediaciones del agujero negro para alcanzar longitudes mayores que las de la galaxia que lo acoge. Si, además, está lo bastante cerca de diversas estrellas, como suele ocurrir cuando reside en el sector central de una galaxia, es factible detectar detalles sospechosos en los movimientos de cada uno de esos soles al orbitar alrededor del centro galáctico. La actividad del agujero arrancando materia de, por ejemplo, una estrella con la que forma pareja en un sistema binario, también ocasiona perturbaciones típicas. Hay que imaginarse el espectáculo: una poderosa estrella siendo desgarrada y arrastrada a la singularidad sin que ningún poder en el universo pueda impedirlo.

Y es que la detección de agujeros negros supermasivos constituye una tarea ardua, rodeada de enormes dificultades técnicas y teóricas. Salvando todos estos escollos, en noviembre de 2019 la ciencia consiguió la primera imagen de un agujero negro supermasivo, el situado en el corazón de la galaxia gigante M87. Tres años más tarde, la siguiente evidencia visual fue el agujero negro que nuestra propia galaxia, la Vía Láctea, acoge en su centro, conocido como Sagitario A* (SgrA*).

Si hasta ahora solo teníamos una visión intuitiva, los objetos más extraordinarios del Universo son ahora una realidad observable.

El fruto más extremo de la gravedad

Si hay una fuerza con la que estamos todos familiarizados es la gravedad. Si se tira una piedra hacia arriba, vuelve a caer. Lo que resulta asombroso es que esa misma fuerza gobierna no solo la subida y la caída de la piedra, sino también los movimientos de los astros en cualquier rincón del universo. Aunque en el reino de lo muy pequeño tienen más poder fuerzas tales como la electromagnética o la nuclear fuerte, cuando ampliamos el *zoom* la gravedad reina. Ella sola es capaz de explicar la estructura a gran escala del universo. En principio, la gravedad tendería a agrupar todo en torno a un centro común, pero, sin embargo, en el universo existen diferentes estructuras, como estrellas, cúmulos estelares, galaxias o cúmulos de galaxias. Ello es debido al equilibrio en que se encuentra la gravedad con otros efectos dispersivos. Incluso, en el universo como conjunto, la gravedad parecería estar perdiendo la batalla, ya que este se encuentra en expansión, debido a un tipo de presión especial que se relaciona con la denominada energía oscura. Pero como se mostrará a lo largo del presente libro, en los agujeros negros la gravedad vence.

Regresemos a nuestra piedra, arrojada hacia arriba en línea recta. La altura máxima que alcanzará será tanto mayor cuanto mayor sea la velocidad inicial que le hayamos dado al arrojarla. Existe, de hecho, una velocidad, conocida como *velocidad de escape*, tal que si la piedra se lanzara a una velocidad superior a ella, sería capaz de escapar de la atracción gravitatoria de la Tierra. Esta velocidad es aproximadamente de 11,2 km/s. Si en lugar de lanzar la piedra desde la superficie terrestre, pudiéramos hacerlo desde la del Sol, la velocidad necesaria para que escapara de la atracción gravitatoria del astro rey sería bastante mayor, unos 620 km/s. El valor de la velocidad de escape, v_e, se obtiene a partir de la ecuación siguiente:

$$v_e = \sqrt{\frac{2GM}{R}}$$

Las otras variables de la expresión son la masa M del objeto que ejerce la atracción gravitatoria, su radio, R, y la constante gravitatoria, G (cuyo valor es $6{,}67 \cdot 10^{-11}$ m^3/kg · s^2). Es decir, si la Tierra tuviera la misma masa ($6 \cdot 10^{24}$ kg), pero su radio fuera dos veces menor (3 185 km en lugar de 6 370 km), la velocidad requerida para escapar de su «abrazo» sería mayor (alrededor de 16 km/s).

Imaginemos ahora un escenario en el que la Tierra siguiera compactándose y, con la misma masa, fuera reduciendo su radio cada vez más, hasta alcanzar un tamaño de 0,9 cm. Haciendo cuentas se puede constatar que, para vencer el campo gravitatorio ejercido por una masa como la de la Tierra concentrada en tan pequeño volumen, la velocidad de escape sería de unos 300 000 km/s, ¡la velocidad de la luz en el vacío! Ahora bien, dado que, según la teoría de la relatividad especial, dicha velocidad es la máxima que se puede alcanzar, nada, ni siquiera la luz, podría escapar de un objeto así. La Tierra se habría convertido en lo que conocemos como *agujero negro*.

De la ecuación anterior se desprende que el tamaño del agujero negro, el radio, depende de la masa. Un agujero negro con la masa de la Tierra tendría, como hemos visto, un radio de 0,9 cm; si su masa fuera la del Sol, tendría 3 km de radio. La fuente SgrA* (léase Sagitario A estrella), un objeto emisor situado en el centro de la Vía Láctea, en la dirección del brazo de Sagitario, parece ser un enorme agujero negro con una masa equivalente a 4 millones de soles y un radio inferior a una unidad astronómica (UA, 150 millones de kilómetros, la distancia media entre la Tierra y el Sol). Finalmente, los agujeros negros supermasivos que se cree que residen en el corazón central de la mayor parte de las galaxias de forma espiral o elíptica (el SgrA* sería el de la Vía Láctea), y que pueden alcanzar una masa de unos mil millones de veces la del Sol, tendrían un tamaño similar al de nuestro sistema solar.

LAS «ESTRELLAS OSCURAS» DEL CLÉRIGO MICHELL

Los agujeros negros se deducen de forma natural de las implicaciones de la gravitación universal, tal como lo demuestra el hecho de que el primero en especular sobre su existencia fue, en vida de Newton, el clérigo y filósofo de la naturaleza inglés John Michell.

Michell estudió en Cambridge, donde con el tiempo pasó a enseñar aritmética, teología, griego, filosofía y su gran especialidad, geología. Cuando contaba con cuarenta y tres años le tocó el equivalente en la época a un billete de lotería: el cargo de rector, en su caso de Thornhill, una pequeña localidad cerca del centro geográfico de Gran Bretaña. Las obligaciones de los rectores, y más en un enclave tan diminuto, eran pocas y requerían aún menos trabajo, a cambio de lo cual tenían asegurada casa, manutención y una renta vitalicia normalmente generosa. Michell abandonó la universidad pero no la ciencia, y desde su humilde rectoría se fue carteando con los científicos más destacados de la época sobre temas tan diversos como los terremotos —de los que se convirtió en el primer estudioso moderno—, el magnetismo, el estudio de la luz, la composición de las Pléyades... y los agujeros negros.

En una misiva de 1783 dirigida a la Royal Society, Michell escribió: «Si en efecto existieran en la naturaleza cuerpos cuyo diámetro excediera 500 veces el del Sol», ejercerían una atracción gravitatoria tan fuerte y la velocidad de escape sería tan alta que «toda la luz emitida por un cuerpo tal se vería obligada a regresar a él por su propia fuerza de gravedad». Por ello, no se tendría de estas «estrellas oscuras», como las bautizó, evidencia visual alguna. Pocos años después de Michell, el gran astrónomo y matemático

Pierre-Simon Laplace, el «Newton francés», dejaba constancia de una idea similar:

> En algún lugar de los cielos pueden existir objetos invisibles tan grandes como las estrellas, y tal vez más numerosos. Una estrella de la misma densidad que la Tierra, y cuyo diámetro fuera doscientas cincuenta veces mayor que el del Sol, no permitiría, a causa de su atracción [gravitatoria], que ninguno de sus rayos de luz nos alcanzara; en consecuencia, es posible que los mayores objetos luminosos del universo sean, por esa razón, invisibles.

Ni Michell ni Laplace consideraban a sus «estrellas invisibles» como otra cosa que meros artefactos teóricos. No solo no se tenía constancia de ningún objeto de una densidad que siquiera se acercara a la necesaria para atrapar la luz, sino que el concepto mismo de que la luz podía ser «atrapada», es decir, afectada por la gravedad, distaba mucho de ser aceptado globalmente por la comunidad científica. Este escollo teórico dejó de serlo a principios del siglo pasado, cuando el físico de origen alemán Albert Einstein propuso que la gravedad no era otra cosa que la curvatura del espacio-tiempo, y que incluso la luz se vería obligada a alterar su trayectoria en presencia de dicha curvatura. Pocos meses después de que Einstein hiciera pública su revolucionaria teoría, su compatriota Karl Schwarzschild aplicó las ecuaciones al caso de una masa esférica no rotante y se dio de bruces con la existencia de una singularidad, es decir, un punto donde las magnitudes físicas, tales como la densidad, pasaban a tener valores infinitos. Esa singularidad se hallaba ubicada en el interior de una superficie circular de un radio determinado. ¿Un punto con densidad infinita? Ocultas durante más de un siglo, las «estrellas oscuras» de Michell emergían de nuevo en las ecuaciones de Schwarzschild.

Todavía habrían de pasar un par de décadas para que otro físico, en este caso el estadounidense J. Robert Oppenheimer, publicara en 1939 un artículo mostrando que era físicamente posible que un colapso gravitatorio de una estrella diera como resultado un agujero negro. Sugirió también que, desde el punto de vista de un observador externo, la implosión estelar parece detenerse en el horizonte, mientras que para un observador situado en la superficie de la estrella no se detendría.

Einstein se equivocaba cuando decía que «Dios no juega a los dados con el universo». Considerando las hipótesis de los agujeros negros, Dios no solo juega a los dados con el universo: a veces los arroja donde no podemos verlos.

Stephen Hawking

A partir de ahí la investigación sobre los agujeros negros se interrumpió debido a que los principales científicos de entre los interesados en el tema, tanto estadounidenses (con Oppenheimer y, posteriormente, John A. Wheeler como responsable de su diseño y simulación en ordenadores) como rusos (con Yakov Zeldóvich como director teórico) se vieron involucrados en el desarrollo de la bomba atómica.

Las cosas empezaron a cambiar unos años más tarde: en 1958 Wheeler abrazó el concepto de la posible implosión de una estrella y se convirtió en el gran defensor de la noción de agujero negro. En 1959, su grupo de investigación planteó que el interior del agujero negro está gobernado por las leyes de la gravedad cuántica, teoría que pretende combinar las leyes de la mecánica cuántica con la teoría gravitatoria. En el año 1961, Zeldóvich reclutó a Igor Novikov y creó un grupo de investigación en astrofísica y relatividad general. Y así hasta que, en 1964, comenzó la época dorada de la investigación teórica en agujeros negros, con la participación de algunos de los grandes nombres de la física: Penrose, Hawking, Novikov, Carter, Rees, por citar algunos. Sus repercusiones llegaron incluso hasta la ciencia ficción: así, en un episodio de *Star Trek* emitido en enero de 1967, la nave *Enterprise* a punto está de caer en el pozo gravitatorio de una «estrella negra». Ese año acabó siendo clave para nuestros protagonistas porque unos meses después Wheeler acuñó un término que haría fortuna: «agujero negro». Él mismo reconoció que se había tratado de una innovación «trivial en lo terminológico pero poderosa en lo psicológico». Más y más físicos empezaron a mostrar interés por estos objetos singulares y su «geometría», es decir, sus características espaciales fundamentales. Por otro lado, a partir de la década de 1970, las observacio-

JOHN WHEELER

John Archibald Wheeler (1911-2008) fue el físico teórico estadounidense al que debemos el término *agujero negro*, que adoptó por primera vez en 1967 durante una conferencia en Nueva York. Él es también el creador del término *agujero de gusano*. Wheeler era un estudiante superdotado: con solo dieciséis años comenzó sus estudios de ingeniería, y con veintitrés ya se doctoró. A lo largo de su carrera trabajó con científicos del prestigio de Einstein y Bohr. Del primero heredó el afán por encontrar la teoría del todo, capaz de explicar la unificación de las cuatro fuerzas físicas de la naturaleza. Ello le llevó a involucrarse en estudios sobre gravedad cuántica, de los que fue pionero y que le acompañaron hasta el final de su existencia. Como muchos otros científicos muy relevantes de la primera mitad del siglo XX, interrumpió su carrera durante la Segunda Guerra Mundial para participar en el desarrollo de la bomba atómica dentro del denominado Proyecto Manhattan.

En Princeton

En 1936 Wheeler obtuvo una plaza de profesor en la Universidad de Princeton. Durante sus primeros años se dedicó al estudio de la denominada *matriz-S*, que relaciona los estados iniciales y finales de un proceso de interacción entre partículas. Tras la guerra, volvió a su cátedra en Princeton y comenzó impartiendo un curso sobre la gravitación de Einstein. Inicialmente no se sentía cómodo con la idea de la existencia de una singularidad como etapa final de la vida de un objeto supermasivo. Sin embargo, con el tiempo quedó convencido de la existencia de los agujeros negros. Wheeler participó activamente en la denominada «Edad de Oro» de la relatividad general, donde los grupos de Yakov Zeldóvich en Moscú, Dennis Sciama en Cambridge y del mismo Wheeler compitieron (y de alguna manera, colaboraron) por la inclusión definitiva de la relatividad general en el marco de la física teórica.

Un único fotón emitido desde un quásar sigue dos rutas hacia la Tierra al mismo tiempo, convertido, por así decirlo, en dos fotones de realidades paralelas. Las trayectorias divergentes se vuelven convergentes al ser distorsionadas por la gravedad de dos galaxias, y los fotones llegan juntos a la Tierra, donde la observación de su llegada determina hoy el camino que emprendió el fotón en el pasado.

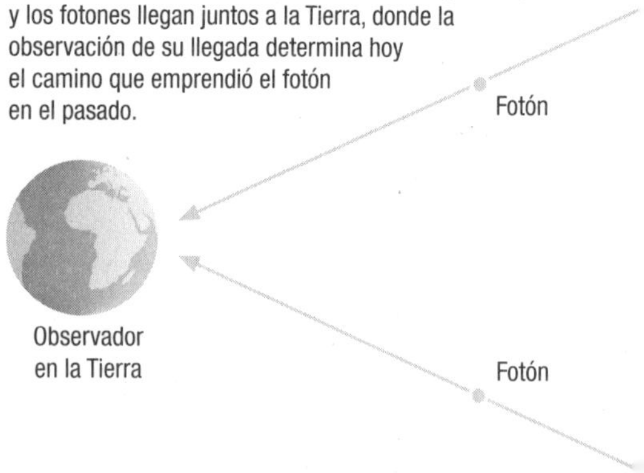

La teoría de campos

En los últimos años de su carrera, ya como profesor emérito, Wheeler se implicó decididamente en la denominada *teoría de campos*. De acuerdo con Wheeler, el universo y las partículas eran manifestaciones de los campos electromagnético y gravitatorio en el espacio-tiempo. Todo era información en su origen. Especuló incluso con la idea de que la realidad la crean los observadores en el universo. Según este chocante concepto, ilustrado en la figura y para el que propuso un experimento, podría darse el caso de que un único fotón emitido desde un quásar lejano siguiera dos caminos hacia la Tierra al mismo tiempo, convertido, por así decirlo, en dos fotones de realidades paralelas. Estos dos fotones, o en cierto modo uno solo, siguen trayectorias que los separan muchos años-luz. La gravedad de dos galaxias masivas cambia sus rutas acercándolos progresivamente el uno al otro y finalmente llegan juntos a la Tierra. Según este extraño concepto, la observación hecha en este caso desde la Tierra decidiría hoy el camino que habría emprendido el fotón miles de millones de años atrás. La realidad observada la crearía el observador. Otro concepto exótico impulsado por Wheeler fue el de la *espuma cuántica*, cuyo nombre también lo acuñó él. Según este concepto, a una escala lo bastante pequeña del espacio-tiempo, no solo se crean y se destruyen partículas incesantemente, como burbujas en espuma de jabón, sino que además el propio espacio-tiempo fluctúa, como parte de esa espuma. En tan singular escenario, incluso sería posible la creación fugaz de «túneles» de tamaño subatómico que conectaran puntos distintos del espacio y hasta del tiempo; dichos túneles se conocen con el nombre de *agujeros de gusano*.

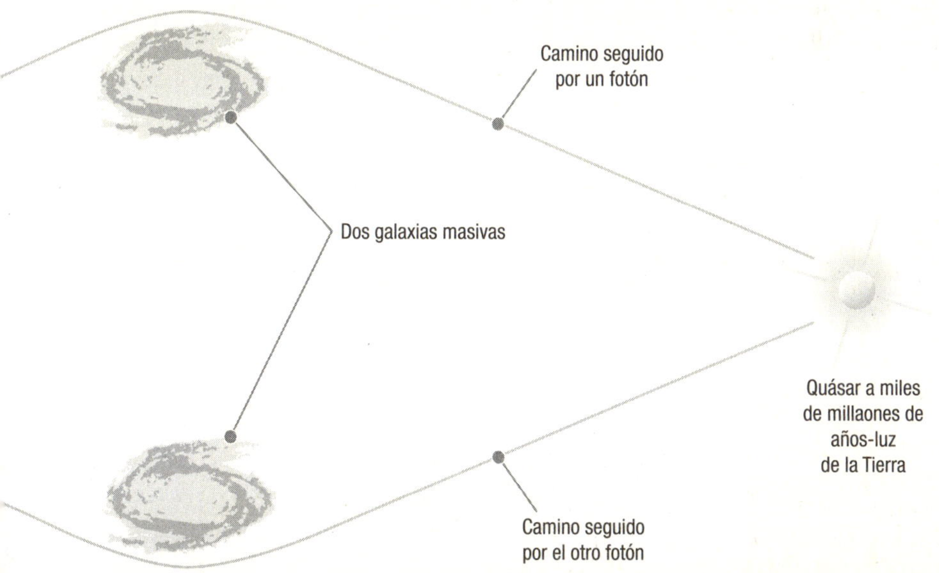

nes astronómicas (de rayos X, de radio, con detectores de ondas gravitatorias) comenzaron a aportar pruebas de que los agujeros negros existían en la naturaleza.

LA GEOMETRÍA DE UN AGUJERO NEGRO

Consideremos un agujero negro y materia orbitando en torno a él. Conforme esta se va acercando al agujero negro aumenta la atracción gravitatoria, y la materia necesita una velocidad mayor para mantenerse en una órbita estable sin ser atrapada por el objeto central. Llegará un momento en que la materia necesitará viajar a la velocidad de la luz para no ser engullida por el agujero negro. Esta sería la última órbita estable del material atraído por el agujero negro, que dibujaría una especie de «última frontera» conocida como *horizonte de sucesos* del agujero negro. Cualquier partícula que superara esta frontera sería atrapada.

El horizonte de sucesos también puede pensarse desde la perspectiva no de un objeto que cae hacia el agujero negro sino desde la de otro que intenta salir de él; en este caso, la frontera corresponde a la luz que, procedente de la estrella, no consigue partir al infinito y permanece allí detenida. Para el caso de un agujero negro estático (los hay rotantes, como veremos) esta frontera se conoce también como *radio de Schwarzschild* o *radio gravitatorio* y se expresa como:

$$r_s = \frac{2GM}{c^2},$$

donde M es la masa del objeto y c, la velocidad de la luz. Con esta expresión, que es válida para todo agujero negro estático y de simetría esférica, también llamado *agujero negro de Schwarzschild,* se calculan los radios de los agujeros negros imaginarios con masas equivalentes a la Tierra y al Sol que hemos citado antes.

Cuando la masa o la luz atraviesan el horizonte de sucesos son atraídos hacia la región central del agujero negro, la *singularidad*

FIG. 1

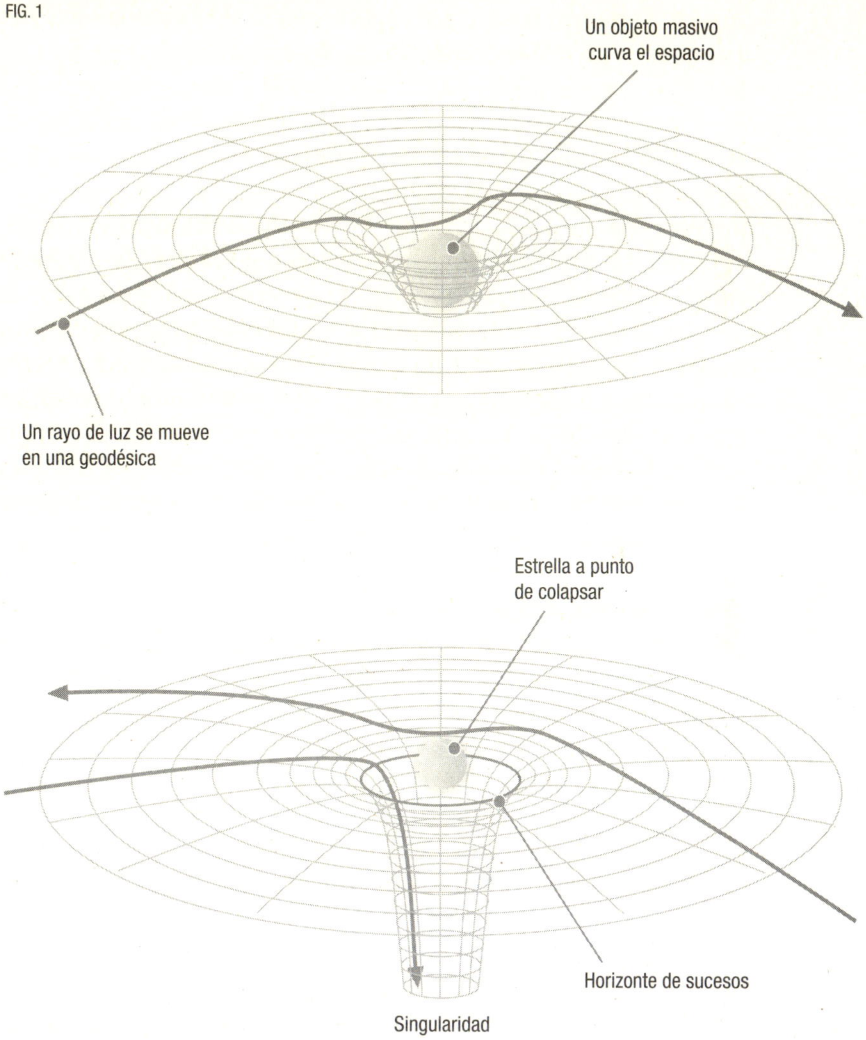

La gravedad no es otra cosa que la curvatura del espacio-tiempo. Un objeto masivo, como la estrella del dibujo superior, curva el espacio-tiempo, lo que a su vez determina el movimiento de la luz y de otros objetos cercanos, que describen curvas llamadas *geodésicas*. Los agujeros negros, como se aprecia en el dibujo inferior, son regiones del espacio-tiempo donde, rebasado un cierto horizonte de sucesos, la curvatura es tal que ni siquiera la luz puede escapar. En el centro de este campo gravitatorio anida el corazón del agujero negro: la singularidad.

(figura 1). Toda la masa del objeto original se concentra en esa región. Podemos imaginar el agujero negro como una especie de embudo, a través del cual la materia se precipita hacia su interior. La curvatura del agujero negro se iría incrementando hasta el extremo de que en su región más interna dicha curvatura se haría infinita. Allí todo se hace matemáticamente infinito: no solo la curvatura del espacio-tiempo, sino también la densidad de la materia, así como en consecuencia la gravedad.

Cualquier objeto cuyo destino fuera caer dentro de un agujero negro acabaría aplastado en la singularidad hasta alcanzar una densidad infinita. Antes que eso, sin embargo, tendría la dudosa suerte de ser víctima de las *fuerzas de marea*, resultado de la diferente atracción gravitatoria experimentada por distintas partes del objeto conforme se aproxima al horizonte de sucesos. Las consecuencias que este proceso tendría sobre el objeto han sido bautizadas por los astrofísicos con un término muy descriptivo: *espaguetización*. De hecho, la transformación inducida por las fuerzas de marea es doble: por un lado, el objeto tendería a alargarse en la dirección radial, es decir, hacia el agujero negro, por la diferente atracción gravitatoria mencionada; por otro, tendería a afilarse en la dirección transversal hasta un tamaño nulo (figura 2). Como la curvatura es enorme cerca del horizonte, el objeto puede hacerse infinitamente largo sin sobresalir del horizonte de sucesos.

Los agujeros negros en rotación

En el caso de un agujero negro que, en lugar de ser estático, esté en rotación (llamado *agujero negro de Kerr*), su estructura tendría la forma de un elipsoide en lugar de una esfera debido al achatamiento producido por la rotación, tal y como sucede con la Tierra. En ese sentido, el horizonte de sucesos sería menor que para un agujero negro estático. El espacio extra que presenta el horizonte de sucesos en forma de elipsoide con respecto al esférico se conoce técnicamente como *ergosfera* del agujero negro (figura 3). La importancia de la ergosfera estriba en que,

FIG. 2

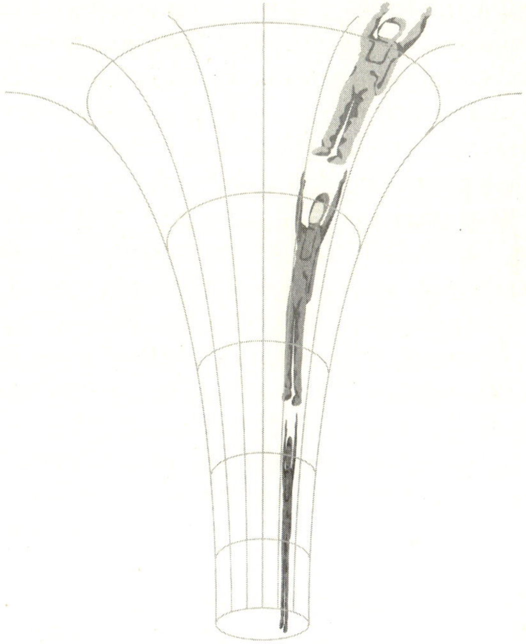

Sería fatal para un astronauta caer en un agujero negro formado por una estrella con una masa equivalente a varias veces la del Sol. A medida que se fuera acercando, iría adoptando una forma cada vez más larga y delgada, hasta que finalmente esta «espaguetización» acabaría destrozándolo.

FIG. 3

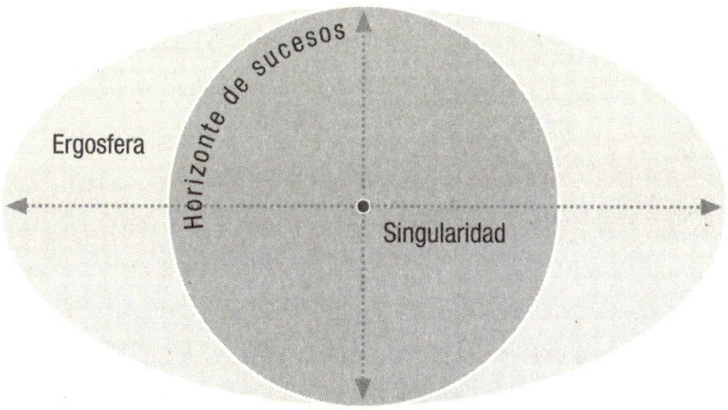

Estructura de un agujero negro en rotación. El eje mayor del elipsoide (situado en dirección perpendicular al eje de rotación) coincidiría con el radio de Schwarzschild, mientras que el eje menor (paralelo al eje de rotación) tendría un tamaño menor, como resultado de la rotación, que achataría la estructura del agujero negro. Este achatamiento está relacionado con una magnitud física llamada momento angular, de la que se hablará más adelante. El eje menor daría el tamaño del horizonte de sucesos.

debido a que se encuentra fuera del horizonte de sucesos, la materia podría escaparse del tirón gravitatorio del agujero negro. Es decir, un objeto podría ganar energía cinética al entrar en el campo gravitatorio del agujero negro en rotación y ser capaz de escaparse llevándose consigo parte de la energía de este.

La rotación de un agujero negro también modifica el «valor» de la última órbita estable del material que está cayendo hacia él, de modo que se consiguen diferentes valores según la orientación relativa de la rotación del agujero negro y de la materia que cae. Cuando ambos rotan en la misma dirección, la materia puede aproximarse hasta distancias de un radio de Schwarzschild o R_{SCH} (el radio mayor del elipsoide), mientras que si lo hacen en sentido contrario, la última órbita estable se situará a una distancia aproximada de 10 R_{SCH} (véase la figura 4). De este modo, si se puede determinar experimentalmente el tamaño físico de la región emisora comparándolo con su radio gravitatorio, puede determinarse el sentido de la rotación del agujero negro.

Una característica muy importante de los agujeros negros, tal y como lo predice la relatividad general, es que su forma es independiente de la manera en que se formaron. En todo su proceso de creación solo se conserva información sobre tres de sus propiedades: la masa, el momento angular (en caso de que se encuentre en rotación) y la carga eléctrica (si está cargado). Técnicamente, a esta propiedad se le conoce como *teorema de la ausencia de pelo* del agujero negro (en realidad, deberíamos decir que tiene «tres pelos»: masa, momento angular y carga, pero si tenía una melena, ¡se ha perdido toda la información sobre ella!).

AGUJEROS NEGROS Y RELATIVIDAD

El principio de relatividad especial establece que la velocidad de la luz es constante en cualquier sistema de referencia, es decir, no depende de la velocidad del observador. Ello trae consigo consecuencias radicales: el espacio y el tiempo deben tratarse de forma conjunta, de modo que no hablamos ya de espacio y de tiempo,

FIG. 4

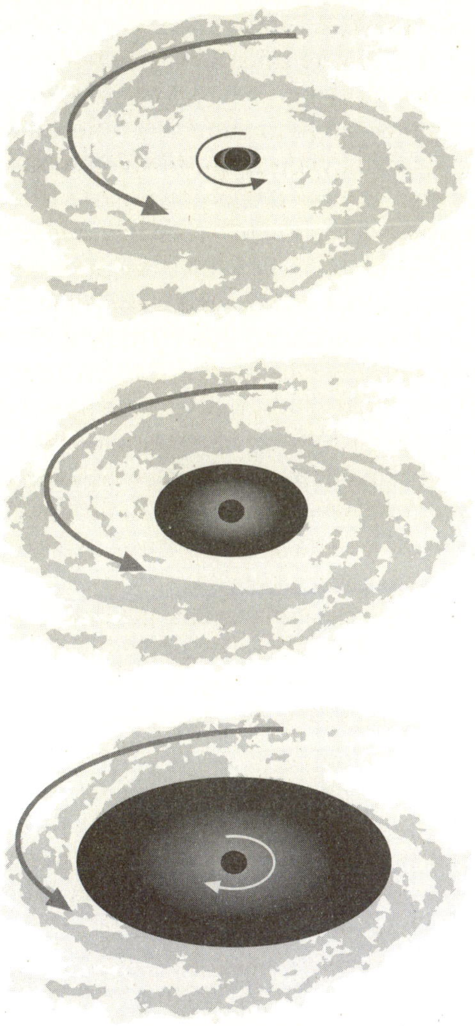

Determinación de la última órbita estable del material cayendo hacia el agujero negro en función de la orientación relativa de su rotación y la del agujero negro. Cuando ambas rotaciones tienen lugar en el mismo sentido (imagen superior), la última órbita estable coincide con el radio de Schwarzschild. En el centro, se muestra el caso de un agujero negro estático. Finalmente, la figura inferior muestra el caso de rotaciones en sentidos opuestos, con la consiguiente ampliación del horizonte de sucesos.

sino de una única entidad conocida como *espacio-tiempo*. Además, tanto el tiempo transcurrido entre dos sucesos como la longitud de un objeto en la dirección del observador dependen, ellos sí, de la velocidad del observador. Así, un reloj que se desplazara a una velocidad cercana a la de la luz con respecto a un sistema de referencia que consideremos en reposo (por ejemplo, el lector de este texto) se atrasaría con respecto a él, es decir, el tiempo medido por el reloj que se desplaza se iría ralentizando progresivamente con respecto al del sistema en reposo. Estos efectos de dilatación del tiempo y de contracción de la longitud únicamente son importantes en el caso de velocidades relativas cercanas a las de la luz. Es decir, no tienen efectos significativos en nuestra vida cotidiana.

Si la relatividad especial trastocó la idea de un tiempo absoluto, la relatividad general, por su parte, cambió nuestras nociones acerca de la gravitación. En la física newtoniana clásica, la gravitación consistía en la atracción entre los cuerpos que tienen masa de acuerdo con la ley de la gravitación universal. En la física relativista, la gravitación es efecto de la deformación o curvatura del espacio-tiempo producida por la masa de los objetos; un agujero negro, por ejemplo, curva el espacio-tiempo. Un objeto que, por esa razón, cayera hacia él libremente describiría una trayectoria llamada *geodésica*. Las geodésicas son, por tanto, las curvas descritas por cuerpos en caída libre y son esenciales para estudiar la estructura del espacio-tiempo.

Según hemos indicado, como consecuencia de los principios relativistas la presencia de masa cambia el modo en que transcurre el tiempo. Para un observador que está muy cerca de la superficie de un objeto masivo, donde la gravedad es más intensa, el tiempo transcurre mucho más lentamente que para un observador muy alejado del objeto. Llegará un momento, muy cerca del agujero negro, donde la materia que cae hacia él alcanzará casi la velocidad de la luz y el tiempo se ralentizará hasta detenerse. Aunque para un observador alejado del agujero negro ha transcurrido un tiempo infinito, para la materia que cae solo «ha transcurrido» un tiempo finito; corto incluso.

¿Cómo debe entenderse esta noción de «tiempo infinito»? Para un observador externo la materia quedaría para siempre suspendida en el horizonte de sucesos. La propia materia, sin embargo, en un intervalo temporal pequeño y medible atravesaría el horizonte de sucesos y descendería hacia la singularidad central.

Lo que allí pueda acontecer es un auténtico misterio. En la vecindad de la singularidad se mezclan las leyes de la mecánica cuántica con la gravedad de Einstein, y lo hacen de una manera desconocida a día de hoy. La denominada *teoría cuántica de la gravedad* está todavía en desarrollo.

TOMÁNDOLE LA TEMPERATURA A UN AGUJERO NEGRO

¿Qué propiedades físicas tiene un agujero negro? Para poder caracterizar tanto su interior como su singularidad es necesario recurrir a sus propiedades microscópicas y, por lo tanto, a la mecánica cuántica. En estos temas la contribución de uno de los grandes físicos de nuestro tiempo, Stephen Hawking, fue fundamental.

Hawking predijo en 1974 que los agujeros negros emiten radiación térmica y que dicha radiación era tanto mayor cuanto menor fuera su masa y, por lo tanto, su tamaño. Así, un agujero negro con la masa del Sol tendría una temperatura de radiación de 0,0000004 K (0 °C corresponden a 273 K); si tuviera la masa de la Tierra, sería de 0,1 K.

Consideremos dos casos extremos: un agujero negro de una masa de mil millones de soles, como los que parecen ser el motor central de las galaxias, tendría una temperatura de 10^{-16} K; sin embargo, un agujero negro con una masa de 10^{18} kg (por ejemplo, la masa de una montaña), la tendría de 7000 K. Teniendo en cuenta que su tamaño sería de 10^{-13} cm (el tamaño de un protón, una de las partículas fundamentales que forman los núcleos atómicos), podría decirse que un agujero negro así es una estrella en miniatura.

¿A qué se podría deber esta temperatura? ¿Acaso no es cierto que nada, absolutamente nada, puede escapar de un agujero negro? Este tipo de situaciones contrarias a la intuición son típicas de la física cuántica, y no es de extrañar que hallemos en ella la respuesta a este particular enigma. Uno de los principios rectores de la teoría cuántica es el principio de incertidumbre de Heisenberg, que indica que dos propiedades relacionadas de un objeto no se pueden medir simultáneamente de forma precisa. Según este principio, es imposible conocer con total precisión e instantáneamente la energía de un sistema cuántico, ya que energía y tiempo son magnitudes vinculadas entre sí. Ahora bien, si el vacío interestelar lo fuera completa y rigurosamente, los campos cuánticos tendrían en él un valor constante para su energía y, por lo tanto, conoceríamos su valor en cualquier instante de tiempo. Como ello contradiría el principio de Heisenberg, debemos concluir que donde había vacío tiene que surgir algo que permita a los campos cuánticos comportarse como los niños traviesos e inconstantes que son. Ese «algo» son pares de partículas que se generan y son nuevamente absorbidas por el vacío casi al instante; por ejemplo, un electrón y un positrón, que son partículas idénticas pero con cargas eléctricas opuestas (estas partículas suelen llamarse «virtuales» debido a que su cortísima vida impide observarlas directamente). En cierto modo, es como si estas partículas tomaran «prestada» una energía para poder formarse, pero la devolvieran de forma inmediata cuando el vacío las reabsorbe.

Ahí es donde Hawking hizo otra aportación genial. Imaginemos que estas fluctuaciones del vacío se dan justo en el límite del horizonte de sucesos. Como la atracción gravitatoria en ese punto es tan brutal, podría suceder que, antes de ser reabsorbida, una de las partículas fuera atraída por el agujero negro y cayera dentro de él, mientras que su compañera, en cambio, escapara. Para un observador externo estaría saliendo energía del agujero en forma de partículas. Por tanto, habría que concluir que, de la pareja de partículas virtuales inicial, la partícula que escapa se lleva energía positiva y la que cae al agujero lo hace con energía negativa; de otro modo, no se conservaría la energía. En resumen, el agujero está cediendo energía a las partículas emitidas. A causa de ello, el agujero negro perdería masa y, por lo tanto, disminuiría su tamaño hasta desaparecer. A este proceso hipotético se le conoce como *evaporación* de un agujero negro, y a la energía emitida, responsable de la temperatura de la que hablábamos al principio del apartado, *radiación de Hawking* (figura 5).

FIG. 5

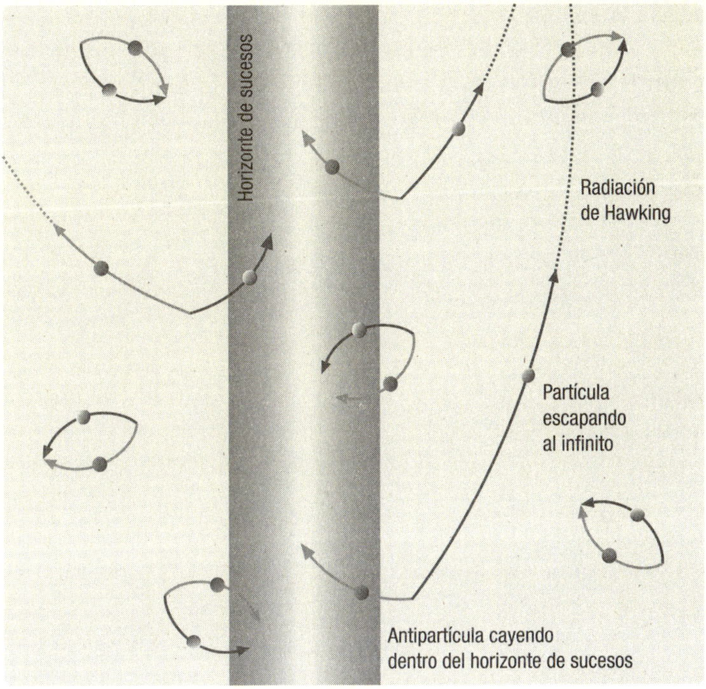

En el vacío interestelar aparecen pares virtuales de partículas y antipartículas que se autodestruyen rápidamente. Puede darse el caso de que la antipartícula de uno de esos pares caiga dentro del horizonte de sucesos, lo que conllevaría, dada su energía negativa, que el agujero negro perdiera masa. Por su parte, la partícula, situada al otro lado del horizonte de sucesos, escaparía al infinito y sería registrada como radiación de Hawking.

La evaporación conduce a que el agujero negro se vaya haciendo cada vez más pequeño, pero también más caliente. Además, la emisión de radiación irá creciendo progresivamente porque a las partículas les resultará más fácil poder escapar. Estos procesos de evaporación de los agujeros negros son muy lentos: la del agujero negro central de la galaxia o incluso la de un agujero negro con una masa idéntica a la del Sol requeriría un tiempo muy superior a los 13 800 millones de años de la edad del universo. Así que una evaporación tal no habría podi-

CAYENDO EN UN AGUJERO NEGRO

Un intrépido astronauta de nuestra tripulación se ha ofrecido voluntario para lanzarse a un agujero negro. Nosotros, menos intrépidos, nos hemos excusado en la necesidad de registrar lo ocurrido y nos quedamos en la nave, detenida a una distancia prudencial. Sabemos que en las proximidades del agujero negro tanto el tiempo como el espacio se comportan de forma, digamos, especial, aunque eso sí, perfectamente predecible gracias al genio de Albert Einstein. Así que, prevenidos de este comportamiento, hemos dotado al astronauta de un reloj de pulsera que podemos monitorizar desde la nave.

Sincronía temporal

Tras la partida del astronauta, los primeros minutos transcurren con normalidad. La hora que marca su reloj de pulsera coincide con la del reloj de la nave. A esta distancia del agujero negro, no hay distorsión sensible del espacio-tiempo (figura 1).

Dilatación del tiempo

A medida que el astronauta se acerca al agujero negro, empiezan a observarse fenómenos físicos extremos. Para empezar, su color tiende al rojo, dado que la luz que nos llega de él pierde energía a causa de su lucha contra la gravedad. El reloj de pulsera empieza a discurrir más lentamente (figura 2). Si el agujero negro tuviera una masa pocas veces superior a la del Sol, el cuerpo del astronauta empezaría a experimentar los efectos terribles de las fuerzas de marea. Al tratarse de un agujero negro supermasivo, sin embargo, su pozo gravitatorio tiene una «pendiente» mucho más suave.

Tiempo infinito

En las inmediaciones del horizonte de sucesos, el astronauta, casi invisible a causa de la elongación de la onda lumínica que emite, se detiene justo antes de caer en el agujero negro, para permanecer allí eternamente. Su reloj de pulsera se detiene para siempre. O, al menos, eso es lo que observamos desde la nave (figura 3). Pero desde el punto de vista del astronauta, la situación es muy diferente: él ve el agujero negro abrirse a sus pies, rodeado de un halo de luz atrapada.

Más allá del horizonte de sucesos

Lo más probable es que el astronauta sea destruido al caer en la singularidad. Ahora bien, hay agujeros negros rotantes que podrían permitir, caso de aproximarse a ellos por uno de los polos, evitar ese destino. ¿Y entonces, qué? En 1935, Einstein escribió un artículo en colaboración con Nathan Rosen en el que mostró cómo la geometría espaciotemporal de un agujero negro hacía posible que estuviera conectado con una «apertura» situada en otro espacio-tiempo. Esa apertura tendría la forma de un «agujero blanco» a través del cual se expulsaría toda la materia absorbida por el agujero negro. Esta conexión se conoce como *agujero de gusano*, un término ideado nuevamente por John Wheeler. ¿Podría nuestro compañero emerger en otro universo? Tal vez, pero lo que es casi seguro es que no podría regresar del mismo modo. De una forma u otra, esto es un adiós.

FIG. 1

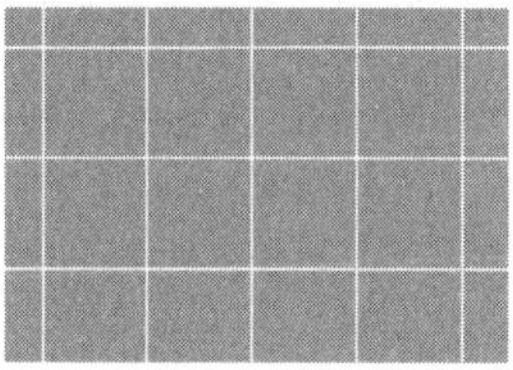

Muy lejos del agujero negro, el espacio-tiempo no se distorsiona

FIG. 2

A medida que nos aproximamos al agujero negro, el espacio-tiempo comienza a distorsionarse

FIG. 3

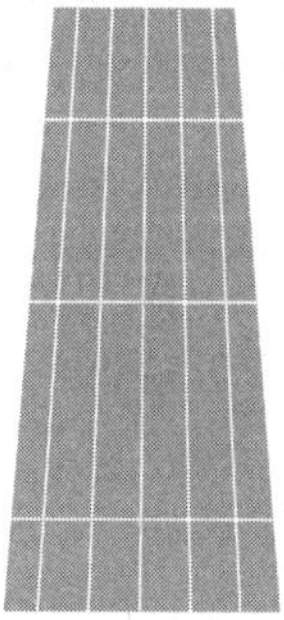

Cerca del horizonte de sucesos, el espacio-tiempo aparece distorsionado

Las ondas luminosas que llegan del astronauta son normales

Las ondas luminosas empiezan a alargarse. La luz adopta un tono rojizo

Las ondas luminosas se alargan hasta la máxima longitud de onda para el rojo

El reloj de la nave y el del astronauta marcan la misma hora

El reloj del astronauta empieza a retrasarse con respecto al de la nave

En el horizonte de sucesos el reloj del astronauta se ha detenido

Recreación de un agujero negro masivo con un anillo de polvo rodeándolo, visto de perfil. Cuando desde la Tierra se observan agujeros negros con esta perspectiva, como es el caso del agujero en el sistema binario Swift J1357.2-0933 (cuyo otro componente es una estrella), algunos detalles son inaccesibles, pero a cambio es posible captar otros reveladores de su actividad. Por ejemplo, al poder observar de canto uno de estos discos, su giro hace que la materia de un extremo se acerque a nosotros, mientras que la del otro lado se aleja, como en un carrusel. Estos movimientos opuestos, que no percibiríamos si viéramos el disco desde «arriba», permiten extraer información analizando el espectro de la luz proyectada por la materia que se acerca o se aleja.

do ser observada. Sin embargo, un agujero negro de la masa de una montaña tardaría en evaporarse un tiempo comparable a la edad del universo, por lo que, en principio, sería observable. Este hipotético agujero negro se haría cada vez menos masivo, más pequeño y más caliente, hasta ser tan compacto (de unos 10^{-33} cm, la que se denomina escala de Planck, con una masa de $2 \cdot 10^{-5}$ g) que la mecánica cuántica entraría en escena. De nuevo necesitaríamos esa teoría de la gravedad cuántica que aún no ha llegado a formularse de forma completa.

Los agujeros negros primordiales

Para que fuera observable en el momento presente la evaporación de un agujero negro, este debería tener una masa muy reducida y, además, haberse formado poco después del Big Bang. Por suerte, agujeros negros de este tipo, digamos «primordiales», podrían existir. Su origen no sería el colapso de una estrella sino las variaciones locales en la densidad, que era en general bastante uniforme, del universo primitivo. Estas fluctuaciones produjeron incrementos de la densidad aleatorios que, si en un instante dado superaban un valor crítico, producían un campo gravitatorio lo suficientemente intenso como para formar un agujero negro.

La masa de estos agujeros negros primordiales iba aumentando rápidamente con el tiempo. Así, 10^{-43} segundos después del Big Bang tenían una masa de 10^{-5} g, pero tan solo un segundo después de la explosión su masa sería ya de 10^{5} masas solares. Las masas de los agujeros negros formados durante la época de reionización (280 000 años después del Big Bang, que corresponde a una época posterior a la formación de las primeras galaxias) serían ya enormes, de 10^{15} masas solares.

Como ya hemos indicado, la temperatura del agujero negro es inversamente proporcional a su masa (conforme la masa aumenta, disminuye la temperatura), de modo que para los agujeros negros de 10^{-5} g sería elevadísima, de 10^{31} K; para los de 10^{15} g, de 10^{11} K, y para los de la masa del Sol, de 10^{-7} K. Sin embargo, el tiempo de vida media aumenta con la masa a la tercera potencia, de modo que para los de una masa de 10^{-5} g, ese tiempo de vida sería de 10^{-30} años; es decir, que se evaporan todos de manera instantánea (es por ello, incidentalmente, que los temores que en su día se vertieron sobre la posibilidad de la creación de agujeros negros microscópicos en el LHC, el acelerador de partículas situado cerca de Ginebra, eran infundados: dada su masa microscópica, estos agujeros negros artificiales se evaporarían instantáneamente sin producir catástrofe alguna). Para los agujeros negros de 10^{15} g (mil millones de toneladas) el tiempo medio de vida sería de unos 10 000 millones de años, y para los de la masa del Sol, de 10^{64} años, una edad muy superior a la edad del universo. En resumen: los agujeros negros primordiales de unos 10^{15} g se estarían evaporando actualmente.

Al evaporarse, estos agujeros negros primordiales deberían producir chorros de partículas muy similares a los que se encuentran en los grandes aceleradores de partículas. ¡Sería como un relámpago de luz! Sin embargo, no se ha detectado ningún agujero negro primordial en evaporación. Para empezar, la detección de estructuras tan minúsculas requeriría que estas emitieran energías monstruosas, de 10^{30} gigaelectronvoltios (GeV), muy superiores a las que se alcanzan en cualquier acelerador terrestre o cósmico (para hacernos una idea, en el LHC se alcanzan energías de alrededor de 7 000 GeV). Y en cuanto a la posibilidad de detectarlos por su temperatura, estamos hablando de un valor tan bajo, de una millonésima de grado por encima del cero absoluto, que queda enmascarada por la que nos llega de la radiación de fondo cósmica, cuyo valor es de 2,73 K.

LOS AGUJEROS NEGROS Y LA ENTROPÍA

¿Qué es la entropía de un sistema? Se puede explicar por medio de un ejemplo ya clásico. Sea el sistema una caja llena de gas. El comportamiento de este sistema está definido por magnitudes observables tales como la temperatura, la presión y el volumen. Ahora bien, estas propiedades del gas pueden ser fruto de más

STEPHEN HAWKING, UN COSMÓLOGO DE EXCEPCIÓN

A principios del siglo XXI, no existía científico más conocido y mediático que Stephen William Hawking. Aunque el suyo es un ejemplo asombroso de superación personal, sobreponiéndose a los daños de la esclerosis lateral amiotrófica (ELA) que padecía, Hawking ha sido también uno de los grandes físicos teóricos de las últimas décadas. Su carrera se centró en la cosmología, campo en el que abordó problemas como la física de los agujeros negros, el Big Bang, la teoría general de la relatividad y su relación con la mecánica cuántica. Hawking nació en 1942 en Oxford, donde en 1959 cursó estudios universitarios. En 1962 se mudó a Cambridge para llevar a cabo su tesis doctoral, y poco después le fue detectada su enfermedad. Tras un primer año de depresión, decidió reintegrarse al mundo de la investigación. Se doctoró en 1967 con un trabajo sobre la aplicación del marco de las singularidades espaciotemporales al origen del universo.

El señor de los agujeros negros

A lo largo de su carrera Hawking formuló una serie de postulados de importancia capital: en 1970 predijo que la superficie de un agujero negro nunca puede disminuir; en 1974 propuso que los agujeros negros podían emitir radiación, que pasó a ser conocida como *radiación de Hawking*; en 1983 propuso que antes del Big Bang el tiempo no existía y que, por lo tanto, el concepto de «comienzo del universo» carecía de sentido; en la década de 1990 estuvo trabajando sobre la paradoja de la pérdida de información cuántica en los agujeros negros. Consideraba que la información arrastrada por la radiación de Hawking era «nueva», en el sentido de que no decía nada de la historia pasada del agujero negro. En 2004 se autoinculpó del error en el tema de la pérdida de información cuántica, y en 2014 lo calificó como el mayor resbalón de su carrera.

Primero fue el universo y luego, su origen

En 2006, junto con Thomas Hertog, Hawking propuso la denominada cosmología *top-down* (del inglés «de arriba abajo»), llamada así para diferenciarla de las cosmologías tradicionales, todas ellas del tipo *bottom-up* («de abajo arriba»). Las cosmologías *bottom-up* parten del Big Bang e intentan explicar cómo se ha llegado al estado presente del universo. La propuesta de Hawking y Hertog hace lo contrario: consideran como dado el universo presente y se preguntan qué características hubo de tener el momento inicial. Su objetivo declarado era construir una cosmología compatible con la teoría de cuerdas, en cuyo marco son posibles otros universos además del nuestro. La solución de Hawking y Hertog fue postular la existencia inicial de una multiplicidad de universos superpuestos, de entre los cuales el universo actual habría «seleccionado», retroactivamente, aquellos compatibles con nuestro presente. Los estados del universo descartados habrían desaparecido muy poco después del Big Bang. Esta «retrocausalidad», en virtud de la cual el pasado sería un efecto del presente y no al revés, es contraria a la intuición, y se reconoce en ella la radical originalidad que caracteriza el trabajo teórico de Hawking. Por último, no se puede olvidar su faceta divulgadora: no solo ha protagonizado innumerables programas televisivos, sino que sus libros, y en especial la *Historia del tiempo*, se cuentan entre los más vendidos de la historia en el ámbito de la divulgación científica. Hawking falleció en su casa de Cambrige el 14 de marzo de 2018 a la edad de 76 años.

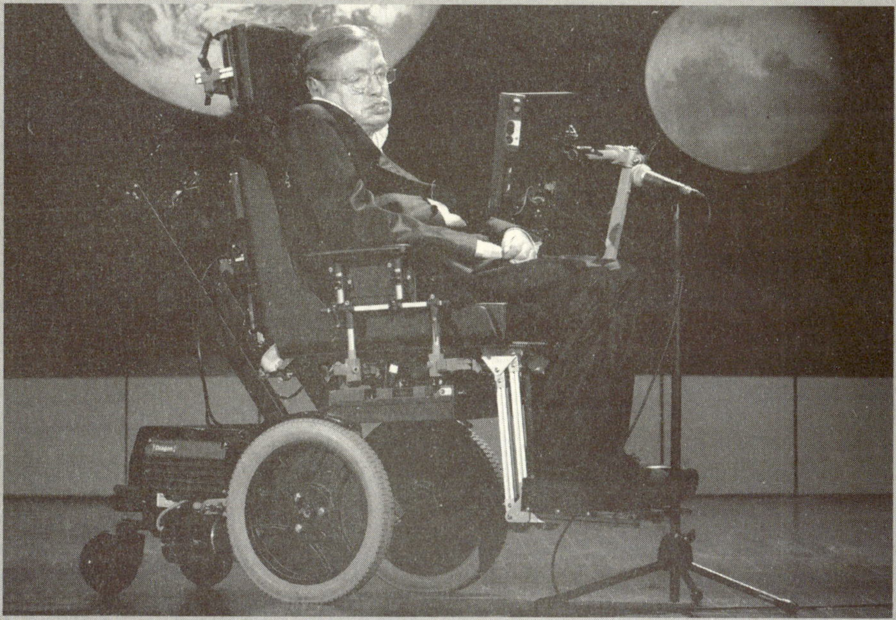

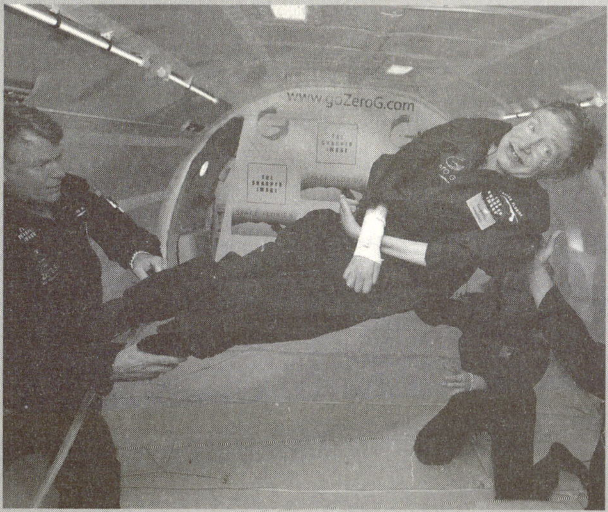

Arriba, Hawking imparte una charla bajo el título «¿Por qué deberíamos ir al espacio?» dentro del ciclo de conferencias que en 2008 tuvieron lugar con motivo del 50º aniversario de la creación de la NASA. Abajo, Hawking en un experimento de ingravidez a bordo de un Boeing 727 modificado, propiedad de Zero Gravity Corporation (abril de 2007).

de una ordenación posible de sus moléculas. Pues bien: cuantas más ordenaciones posibles haya, mayor será la entropía del sistema. Es decir, la entropía sería una medida del número de configuraciones de los elementos microscópicos de un sistema que pueden dar lugar a unos valores macroscópicos dados. En ese sentido, la entropía daría una medida del «desorden» del gas dentro de la caja.

La entropía mide también la falta de información acerca de un sistema. La entropía total aumenta con el tiempo, aunque en sistemas individuales que interaccionan con el medio, la entropía puede reducirse momentáneamente a costa de aumentar mucho la del medio.

Hay una serie de circunstancias que vinculan la superficie del agujero negro, es decir, su horizonte de sucesos, con la entropía. Partamos de la interpretación de la entropía como pérdida de información. En un agujero negro, toda la información sobre lo que sucede más allá del horizonte de sucesos se pierde. Por tanto, puede establecerse una analogía entre entropía y superficie del horizonte de sucesos (los agujeros negros serían así distintos a otros sistemas físicos: su entropía dependería de la superficie del horizonte de sucesos y no de su volumen). Otra analogía es que el horizonte de sucesos, como la entropía, tiende a aumentar con el tiempo: cuando un agujero negro engulle una partícula, su superficie aumenta; cuando se funden dos agujeros negros, la superficie del horizonte de sucesos del agujero negro resultante es mayor que la suma de las superficies de los agujeros negros individuales.

Partamos ahora de la interpretación de la entropía como medida de las posibles ordenaciones internas de un sistema. También en este caso pueden trazarse poderosas analogías con los agujeros negros. Tras el colapso gravitatorio, el agujero negro resultante tiende rápidamente a un estado estacionario caracterizado por solo tres parámetros: la masa, el momento angular y la carga eléctrica. Es decir, que un agujero negro no conserva ninguna otra información acerca del objeto que le dio origen, ya estuviera este compuesto de materia o antimateria, fuera de forma irregular o esférica, etcétera. En resumen, un agujero negro se podría haber formado a partir de muchísimas configuraciones diferentes (siempre que el resultado final tuviera los mismos valores para los tres parámetros indicados). Como ya hemos dicho, este fenómeno de pérdida radical de información se conoce como teorema de la ausencia de pelo del agujero negro.

Sin necesidad de entrar en detalles, en la física clásica la entropía de un agujero negro sería infinita; sin embargo, la mecánica cuántica indica que ese número de estados es muy grande, enorme, pero no infinito. Esta elevadísima entropía sería resultado de pasar de un objeto muy complejo, el objeto original, a otro tan «sencillo» que se caracteriza por solo tres parámetros físicos: el agujero negro resultante. La razón de esa entropía debería estar en la presencia de las partículas elementales, de los cuantos elementales, del espacio-tiempo, sean cuales sean. ¿Cuáles son estas partículas que se mueven de forma aleatoria y dan lugar al calor y la entropía del agujero negro? Sus propiedades térmicas dependerían de la gravedad y de la mecánica cuántica, por lo que nuevamente debemos detenernos en el umbral que nos separa de una teoría completa de la gravedad cuántica.

LA PARADOJA DE LA PÉRDIDA DE INFORMACIÓN

Este es un tema complejo pero apasionante. Todos los agujeros de igual masa, igual rotación y misma carga eléctrica son indistinguibles entre sí, como nos viene a decir el teorema de la ausencia de pelo. No podemos saber a partir de qué objeto ni a través de qué fenómeno se ha llegado a la situación del actual agujero negro. Desde la perspectiva de la física clásica todo ello no presenta mayor problema: la información al respecto estaría contenida en el interior del agujero negro, tras el horizonte de sucesos. No podemos recuperarla pero podemos suponer que está ahí.

El problema viene cuando introducimos argumentos cuánticos y aceptamos que el agujero negro se evapora emitiendo radiación de Hawking. Si esperamos a la total evaporación del agujero y

EL MOMENTO ANGULAR

Es un concepto básico en física, y es importante tanto en la mecánica clásica como en la cuántica y la relativista, con diferentes matices en su definición. Normalmente se asocia a un cuerpo en rotación y caracteriza la resistencia que presenta un cuerpo a alterar su velocidad de rotación. El momento angular está asociado con las simetrías rotacionales que presenta un sistema físico. Un ejemplo tomado de la vida cotidiana lo tenemos en el patinaje artístico. Cuando una bailarina está girando sobre sí misma con los brazos extendidos y de repente los pega a su tronco, su velocidad de rotación aumenta. Su gran interés radica en el hecho de que, bajo ciertas condiciones, mantiene su valor constante con el tiempo. Es, de hecho, lo que sucede tras el colapso de una estrella.

Definición clásica

En su acepción clásica, el momento angular de un cuerpo que gira, por ejemplo, una estrella en rotación en torno a sí misma, viene dado por el producto de su masa (*M*) por el radio ($\vec{r}$) por su velocidad lineal de rotación ($\vec{v}$). En general, el vector momento angular $\vec{J}$ no tiene la dirección del eje de rotación; cuando coinciden se dice que el eje de rotación coincide con un eje principal de inercia. Cuando el sistema no es una esfera, en lugar de considerar la masa se habla de *momento de inercia*, que refleja la distribución de masa de un cuerpo cualquiera (o de un conjunto de partículas) con respecto al eje de giro. El momento angular depende de la geometría del cuerpo y de la posición del eje de giro, pero no depende para nada de las fuerzas que actúan sobre el objeto. El principio de conservación del momento angular afirma que si el momento generado por las fuerzas externas es cero (aunque las fuerzas no lo sean), el momento angular total permanece constante en el tiempo.

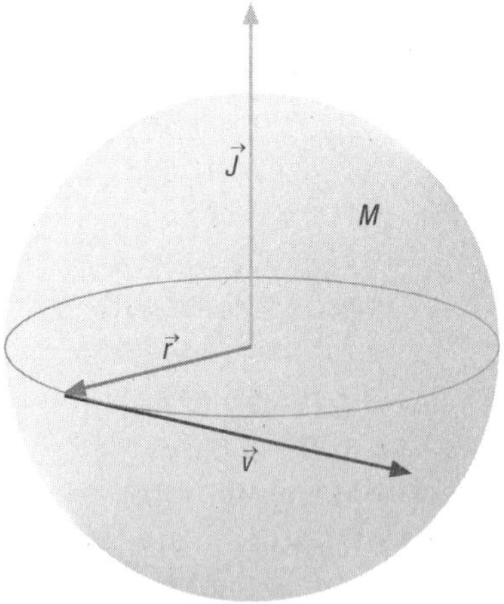

Técnicamente, el momento angular de una partícula es un vector y se define como el producto vectorial del vector posición $\vec{r}$ por el vector momento lineal $M\vec{v}$. Tiene una dirección perpendicular al plano formado por el vector de posición y el vector velocidad. Las partículas de un sólido rígido en rotación alrededor de un eje fijo, como sería el caso de una estrella esférica, describen circunferencias centradas en el eje de rotación con una velocidad que es proporcional al radio de la circunferencia que describen (todos los puntos tienen la misma velocidad angular, pero no la misma velocidad lineal).

«rebobinamos» hacia atrás toda la radiación emitida, ¿acabaremos con el agujero negro inicial? Si seguimos rebobinando, ¿llegaremos al objeto original que formó el agujero? ¿Podríamos reconstruir su historia previa?

La mecánica cuántica exige que la respuesta sea un rotundo sí. La evolución de los sistemas tiene que ser de tal forma que podamos llegar a la situación inicial partiendo de la situación final completa. Es decir, de la radiación de Hawking completa de un agujero negro habría que poder llegar al objeto a partir del cual se formó dicho agujero. Sin embargo, nos topamos con dos problemas. El primero es que todos los agujeros negros de la misma masa, rotación y carga son, como hemos dicho, indistinguibles. El segundo problema es que la radiación de Hawking es de naturaleza térmica, lo que implica que es totalmente aleatoria. Por tanto, no podríamos saber de qué agujero viene.

Así pues, parece que los agujeros negros sí destruyen información (o al menos eso es lo que concluyó Hawking).

El problema de la pérdida de información en los agujeros negros es, a principios del siglo XXI, un campo de investigación muy activo. Hay dos grandes grupos de opinión: los que asumen que la información se destruye en el agujero y los que no. Los primeros sostienen que habría que redefinir la cuántica al completo, mientras que los segundos proponen mecanismos por medio de los cuales recuperar la información de la radiación de Hawking. Hace unos veinte años, Gerard 't Hooft y Leonard Susskind propusieron el principio de complementariedad, que indica que un observador que cayera hacia el agujero negro encontraría la información dentro del horizonte de sucesos, mientras que un observador exterior la vería salir. Y estas ideas no son contradictorias, porque ¡ambos observadores —interno y externo— no se comunican entre sí! Todavía no hay una solución aceptada por todos, pero gracias al problema se ha aprendido mucho acerca de la constitución del espacio-tiempo y se han propuesto interesantes teorías tales como la llamada *teoría holográfica*, que apunta a que los agujeros negros podrían preservar la información mediante la alteración de su horizonte de sucesos durante el proceso radiativo. Según esta teoría, el campo gravitatorio de las partículas que caen en el agujero negro podría deformar el horizonte de sucesos del agujero negro y este a su vez alterar a las partículas salientes, generando así una «sombra» de la cual se podría obtener información sobre las primeras. Esta solución teórica se denomina *holográfica* por plantear una solución similar en lo esencial a un holograma, es decir, una imagen en dos dimensiones que, no obstante, describe perfectamente un objeto tridimensional. En nuestro caso, el horizonte de sucesos sería la superficie bidimensional, y el objeto tridimensional descrito, el que diera origen al agujero negro. La teoría holográfica en su aplicación a la paradoja de la pérdida de información en un agujero negro fue propuesta y desarrollada por los físicos Gerard 't Hooft y Leonard Susskind, y es compatible con una de las más firmes candidatas a «teoría del todo»: la teoría de cuerdas. Esta teoría supone que los elementos fundamentales de la naturaleza son objetos unidimensionales o «cuerdas», y las partículas elementales, diferentes oscilaciones de esas cuerdas.

El físico argentino Juan Maldacena supo encontrar en 1997 una formulación matemática para los principios generales tras el principio holográfico, y fue a raíz de este hallazgo que Hawking reconoció, en 2004, que seguramente se había equivocado en su apreciación inicial.

Irónicamente, poco después de este anuncio un grupo de físicos adujo que si se aceptaba que la información previa a la formación del agujero negro se conservaba, necesariamente había que admitir que bien la teoría cuántica bien la relatividad general contenían algún error fundamental. Esta conjetura fue bautizada en su día como «la paradoja del cortafuego». ¿Se había precipitado Hawking en conceder la derrota? El último episodio de este apasionante debate lo escribieron dos antiguos conocidos, Maldacena y Susskind, que en 2013 publicaron un artículo en el que se proponía la posibilidad de que ambas partículas, la entrante y la saliente, estuvieran de hecho unidas por diminutos «agujeros de gusano» capaces de conectar regiones muy alejadas del espacio y el tiempo, y que de ese vínculo pudiera extraerse la ansiada información.

Tal grado de especulación denota la falta de un sustrato teórico sólido como el que podría ofrecer la ya comentada teoría cuántica de la gravedad. Pero si finalmente se encuentra este Santo Grial de la física, ¿quién puede asegurar que no tendrá deuda alguna con el problema de la pérdida de información de los agujeros negros?

Los agujeros negros estelares

Buena parte de la diferencia entre un agujero negro y una estrella surge de una simple cuestión de densidad, con la gravedad enfrentada a fuerzas que se le oponen. La fuerza gravitatoria que ejerce un objeto dado depende de su masa y de su grado de compacidad. Así, una estrella como el Sol, con una masa de $2 \cdot 10^{30}$ kg y un radio de 696 000 km, ejerce una fuerza gravitatoria que permite mantener ligado al sistema solar, pero, tal como se ha comentado en el capítulo anterior, si su masa estuviera concentrada en tan solo 3 km (si su radio fuera 232 000 veces más pequeño que el que tiene en realidad), la fuerza de la gravedad sería tan monstruosa que se convertiría en un agujero negro.

La fuerza gravitatoria siempre encuentra una fuerza que es más preponderante o que incluso se opone a ella. En un átomo, los electrones, cargados negativamente, son atraídos por el núcleo atómico (formado por protones y neutrones), que se encuentra cargado positivamente. La fuerza *nuclear fuerte*, responsable de mantener unidos a los protones y los neutrones que coexisten en el núcleo atómico, es de hecho 10^{39} veces más intensa que la gravitatoria. Y únicamente en las grandes escalas, en las grandes distancias y en las estructuras del universo de gran tamaño, la gravedad puede competir en igualdad de condiciones, e incluso hacerse dominante y hasta puede que invencible. ¿Por qué sucede esto? A grandes escalas, las cargas positivas y negativas se cancelan entre sí de modo que las fuerzas eléctricas también tienden a cancelarse. Pero la gravedad nunca lo hace: conforme más masa disponible haya y más concentrada esté, mayor será el campo gravitatorio.

NACIMIENTO, APOGEO Y MUERTE DE UNA ESTRELLA POCO MASIVA

Después de que se hubieran sentado las bases teóricas sobre la existencia de los agujeros negros, había que iniciar su búsqueda y su captura observacional. Y las estrellas ofrecían un escenario interesante y único para tal fin.

Todas las estrellas siguen una trayectoria vital muy similar, que depende fundamentalmente de su masa. Se forman en grandes nubes de gas molecular, nubes densas y frías, en las que la gravedad se hace lo suficientemente intensa para que colapsen y se compacten, formando una protoestrella. Es posible estudiar las regiones de las galaxias donde se forman nuevas estrellas gracias a su emisión de gas molecular. El proceso de aumento de masa de una protoestrella tiene lugar mediante el denominado *disco de acreción* (o de *acrecimiento*), un disco de material que va alimentando al embrión estelar. A medida que este va evolucionando puede formar discos protoplanetarios, en los que se forman nuevos sistemas planetarios.

La diferencia básica entre un planeta y una estrella es que en el interior de la segunda se dan las condiciones de presión y temperatura adecuadas para que tengan lugar reacciones de fusión, que se detallan más adelante, y que tienen su origen en el núcleo de la estrella.

El gas más abundante en una estrella es el elemento más sencillo: el hidrógeno. En el Sol, una estrella poco masiva, hay un 73,46% de hidrógeno, un 24,85% de helio, un 0,77% de oxígeno, así como pequeñas cantidades de otros elementos. Todos ellos tienden a formar configuraciones cada vez más estables: los elementos ligeros tienden a fusionarse (procesos de fusión) para formar otros más pesados (el hidrógeno se fusiona para formar helio; el helio para formar carbono, y así sucesivamente). Estos procesos de fusión tienden a formar elementos cada vez más estables, como son el hierro, el cobalto y el níquel, que forman el núcleo de las estrellas más masivas.

El Sol se formó hace 4 650 millones de años y tiene combustible para otros 5 500 millones de años. En su interior los átomos de hidrógeno se fusionan entre sí formando helio; así se produce luz y calor, y la radiación que se origina ejerce una presión que tiende a expandir la estrella. Se podría decir que su tamaño resulta del equilibrio entre la gravedad, que tiende a compactarla, y la presión de radiación, que tiende a expandirla. Pero ¿cuánto tiempo durará esta situación?

Llegará un momento en que el Sol habrá agotado buena parte del hidrógeno de su núcleo y lo habrá transformado en helio. Disminuirá, por lo tanto, la presión de radiación y ya será incapaz de retener las capas superiores de la estrella. En consecuencia, la región central se contraerá por la fuerza de la gravedad y las capas más próximas se calentarán. La nueva ignición del hidrógeno remanente expulsará las capas exteriores, y el Sol se convertirá en una estrella gigante roja, con un tamaño superior al de la órbita de la Tierra. Cuando la región central alcance aproximadamente 100 millones de grados, el helio comenzará a fusionarse en carbono, mientras que alrededor del núcleo se seguirá transformando hidrógeno en helio. Con el tiempo también se agotará el helio del núcleo. Se iniciará una nueva expansión de las capas más externas del Sol, y las más internas se irán contrayendo, permitiendo que el helio se fusione en una nueva capa alrededor del núcleo más profundo de la estrella. Sin embargo, debido a su masa, el Sol no alcanzará las presiones y temperaturas suficientes para que el carbono u otros elementos se fusionen en elementos más pesados. Nos estamos acercando al final de su vida. El astro acabará hundiéndose por su propio peso y expulsando gran parte de su masa en lo que se conoce como *nebulosa planetaria*, quedando únicamente el núcleo, que se convertirá en un tipo de estrella denominada *enana blanca*, en cuyo interior ya no se producirán reacciones de fusión nuclear. Las enanas blancas tienen una masa similar a la del Sol, pero un tamaño unas mil veces inferior, un volumen un millón de veces menor y, por tanto, su densidad es un millón de veces mayor que la del Sol.

El límite de Chandrasekhar

La vida final de las estrellas de baja masa conduce a la formación de una enana blanca. ¿Por qué la estrella no llega a colapsar una vez que la presión de radiación —asociada con las reacciones termonucleares— no es capaz de contrarrestar la acción de la gravedad? La razón está relacionada con la mecánica cuántica: los electrones, protones y neutrones son un tipo de partículas que se conocen como *fermiones*, que tienen la propiedad de poseer un espín semientero. Se podría imaginar el espín de las partículas como si estas giraran en torno a sí mismas, con un giro tan especial que requeriría dos vueltas para recuperar su situación inicial. De acuerdo con la física cuántica, los fermiones no se pueden aproximar indefinidamente. Ello produce una presión, que contrarresta el efecto de la gravedad y que estabiliza la estructura. Esta presión se conoce como *presión de degeneración de los fermiones*. En el caso de las estrellas de tipo enana blanca, sería la *presión de degeneración de los electrones*. Muestra el rechazo que sienten los electrones a estar demasiado apretados. Se intuye fácilmente que si aumenta la masa de la estrella y se incrementa, por lo tanto, la fuerza de la gravedad, puede llegarse a una situación en la que la presión de degeneración electrónica no sea suficiente para contrarrestarla.

Fue el astrónomo indio Subrahmanyan Chandrasekhar quien demostró en 1930 que solo las estrellas de una masa igual o inferior a 1,4 veces la del Sol acaban convirtiéndose en enanas blancas; para estrellas con masa superior a ese valor, conocido como *límite de Chandrasekhar*, la resistencia de los electrones no sería suficiente para impedir el colapso gravitatorio.

PÚLSARES Y ESTRELLAS DE NEUTRONES

Chandrasekhar se tropezó con astrónomos reluctantes con la idea del límite de la masa de las estrellas enanas blancas. El razonamiento era que ese límite llevaría de manera natural a las estrellas con masa superior a 1,4 masas solares a la muerte estelar en forma de agujeros negros. Y la idea de los agujeros negros no les resultaba válida; no aceptaban la idea de una singularidad matemática. Por ello, buscaron explicaciones alternativas: en sus etapas finales, las estrellas debían de perder enormes cantidades de masa en forma de vientos estelares, de modo que esta se redujera hasta un valor inferior a 1,4 masas solares, afrontando una muerte dulce como enana blanca.

Sin embargo, la realidad era tozuda y apuntaba en otra dirección. En efecto, el proceso de implosión de las estrellas muy masivas una vez agotado su combustible nuclear no podía ser detenido por la presión de degeneración de los electrones, pero había otra fuerza que sí era capaz: era nuevamente la presión de degeneración, pero esta vez de los neutrones. Así, cuando las estrellas muy masivas colapsan, las capas más externas son expulsadas en una explosión de supernova. Son eventos muy energéticos, que enriquecen el medio interestelar de elementos metálicos que pueden dar lugar a la formación de nuevas generaciones de estrellas.

En las regiones más internas queda un remanente, la denominada *estrella de neutrones*. Se trata de un objeto extremadamente compacto, con una masa inferior a tres masas solares pero concentrada en un radio de entre 10 y 20 km. La física establece que durante el proceso de colapso deben conservarse dos magnitudes: el momento angular (que caracteriza la velocidad de rotación de la estrella) y el flujo magnético (que caracteriza la presencia de campos magnéticos en la estrella). Como consecuencia de estos procesos de conservación, la estrella de neutrones presenta una rotación muy rápida (hasta decenas o cientos de revoluciones por segundo, por lo que tiene periodos que van desde los milisegundos hasta los segundos) y está altamente magnetizada (el campo magnético es de aproximadamente 10^{13} gauss; por comparación, el campo magnético terrestre está en

RECORRIDO POR LA VIDA DE UNA ESTRELLA

NACIMIENTOS

En grandes nubes de gas, los «grumos» provocan concentraciones, cada vez más densas por efecto de la gravedad. Si hay masa suficiente, de estas concentraciones o protoestrellas pueden nacer estrellas. Las hay de masa mediana como el Sol, otras con menos masa como las enanas rojas, y algunas más masivas que el Sol. Cuando la masa de esas concentraciones iniciales de gas es demasiado escasa, se pueden formar enanas marrones, astros que no son estrellas aunque su masa es mucho mayor que la de un planeta.

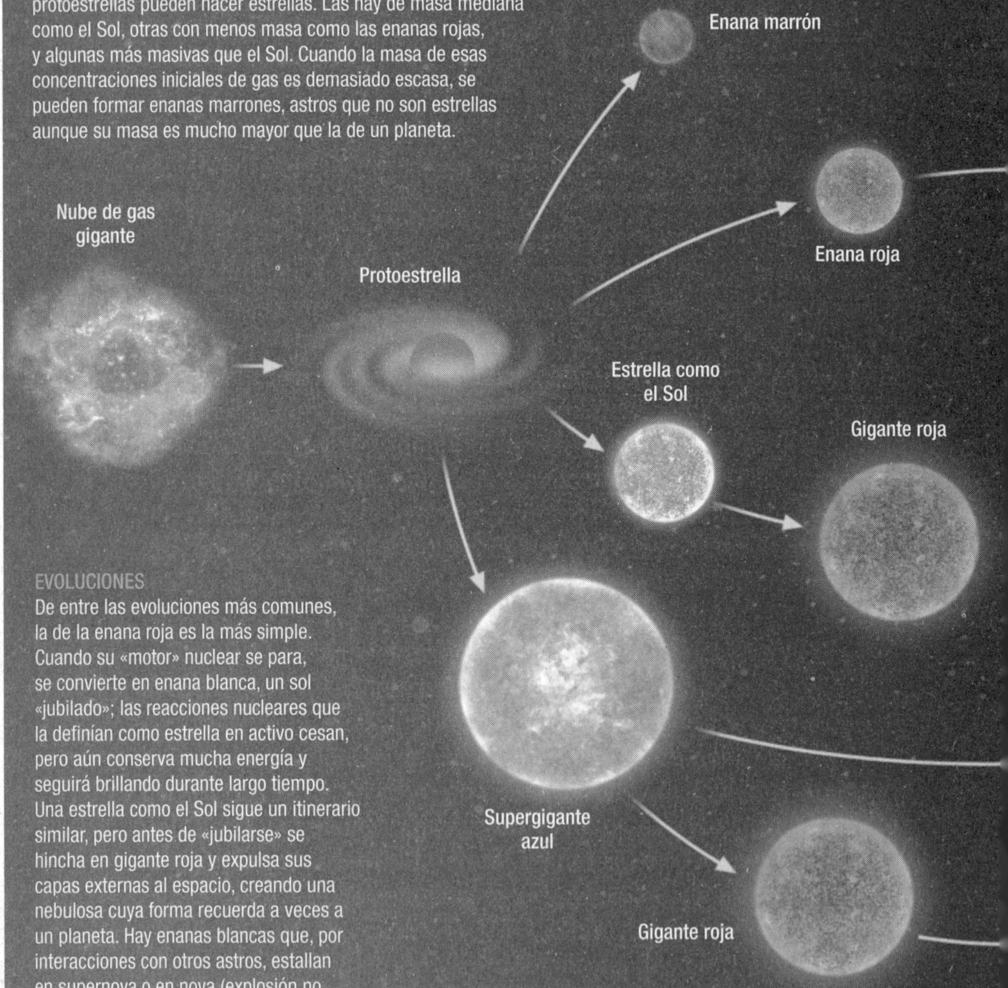

EVOLUCIONES

De entre las evoluciones más comunes, la de la enana roja es la más simple. Cuando su «motor» nuclear se para, se convierte en enana blanca, un sol «jubilado»; las reacciones nucleares que la definían como estrella en activo cesan, pero aún conserva mucha energía y seguirá brillando durante largo tiempo. Una estrella como el Sol sigue un itinerario similar, pero antes de «jubilarse» se hincha en gigante roja y expulsa sus capas externas al espacio, creando una nebulosa cuya forma recuerda a veces a un planeta. Hay enanas blancas que, por interacciones con otros astros, estallan en supernova o en nova (explosión no aniquiladora).

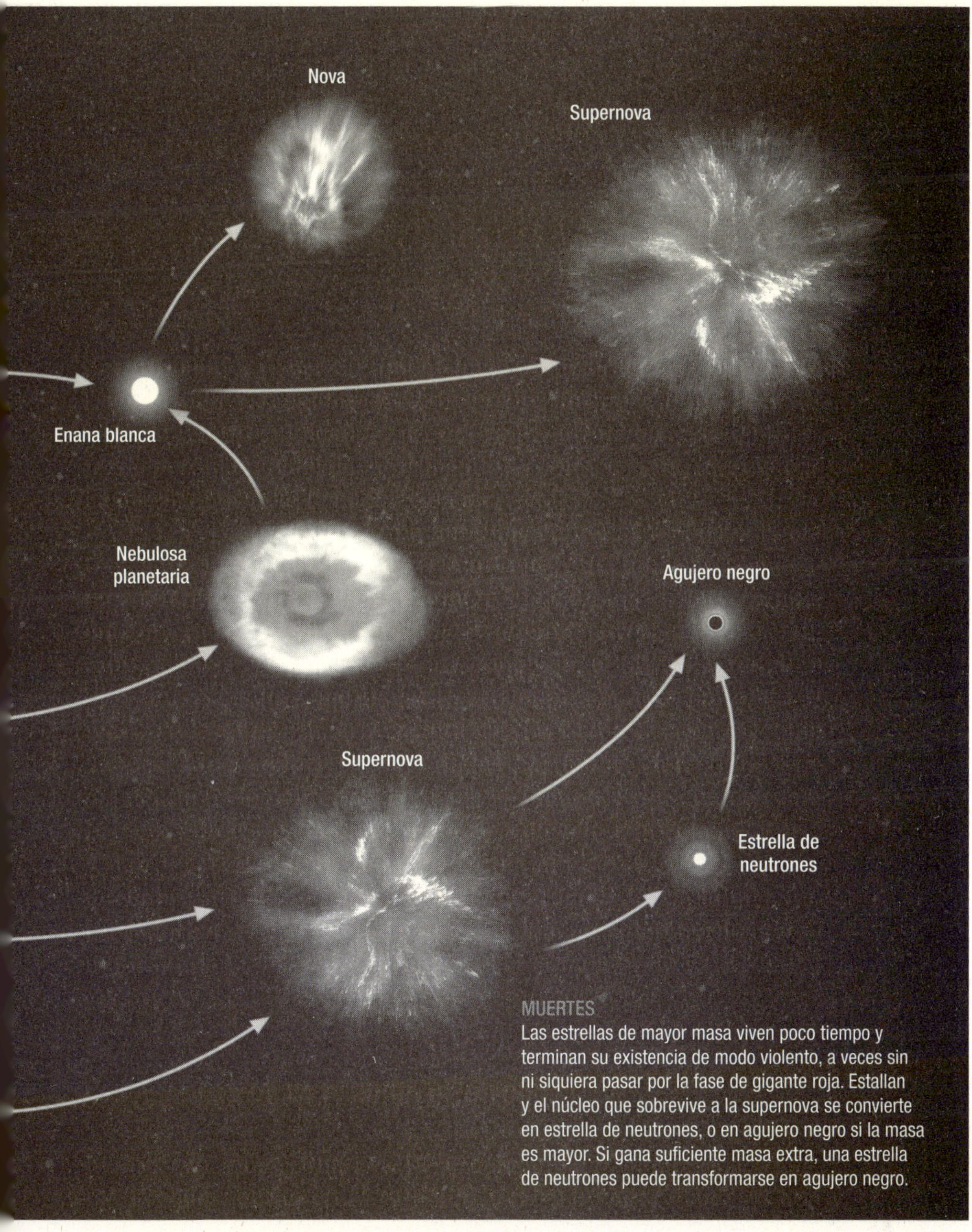

MUERTES

Las estrellas de mayor masa viven poco tiempo y terminan su existencia de modo violento, a veces sin ni siquiera pasar por la fase de gigante roja. Estallan y el núcleo que sobrevive a la supernova se convierte en estrella de neutrones, o en agujero negro si la masa es mayor. Si gana suficiente masa extra, una estrella de neutrones puede transformarse en agujero negro.

torno a 0,5 gauss). Además, la fuerza de la gravedad sobre la superficie estelar es enorme: la aceleración gravitatoria, que en la superficie de la Tierra es de casi 10 m/s^2, alcanza en la estrella 2 billones de m/s^2, de modo que una piedra que cayera de una altura de 1 m, impactaría sobre su superficie a una velocidad de 1800 km/s. Para realizar una descripción adecuada de la física en la vecindad de la superficie de una estrella de neutrones, se necesitaría recurrir a la relatividad general.

La presencia de un campo magnético enorme girando a velocidades altísimas hace que la estrella de neutrones se comporte como un faro: emite luz, pero lo hace concentrada en un chorro de radiación muy fino. Esto sucede porque a muy poca distancia de la superficie de la estrella, algunos electrones son arrancados y acelerados por el campo magnético, emitiendo radiación (fundamentalmente en forma de ondas de radio) en un haz o cono muy estrecho, cuya dirección viene determinada por el campo magnético. Este haz de ondas de radio se hace tanto más estrecho cuanto más energéticos sean los electrones. Así, cuando una estrella de neutrones presenta una orientación tal que el haz de luz apunta directamente hacia la Tierra, es posible detectar dicho pulso de luz, que se interrumpe mientras completa su rotación, tal y como sucede con un faro. Por lo tanto, una antena de ondas de radio situada en la Tierra recibiría pulsos de luz regulares con un periodo igual al de la rotación de la estrella de neutrones, motivo por el cual este tipo de estrellas de neutrones son llamadas *púlsares*.

Los púlsares tienen periodos extremadamente estables, por lo que se comportan como relojes de altísima precisión. En realidad se van frenando progresivamente (y su periodo va aumentando) porque parte de la energía de rotación se transforma en energía electromagnética. Lo que resulta fascinante es que la posición en el cielo de la estrella, su periodo y la ralentización del mismo se miden con una precisión sin equivalente en ninguna otra rama de la física. Por dar algunos números: los periodos de los púlsares se determinan con una precisión de attosegundos (1 attosegundo $= 10^{-18}$ segundos), y sus masas, con una precisión de la milésima de la masa solar aproximadamente.

SUBRAHMANYAN CHANDRASEKHAR

Chandrasekhar (1910-1995) nació en Lahore, India. En 1929 obtuvo su licenciatura en Física, y al año siguiente obtuvo una beca del Gobierno indio para trabajar en la Universidad de Cambridge. Durante el largo viaje en barco estuvo trabajando sobre el gas degenerado de electrones en las estrellas conocidas como *enanas blancas*. Ya en 1930 obtuvo el primer valor para la masa límite que deberían tener las estrellas para que la presión de degeneración de los electrones fuera capaz de evitar el colapso gravitatorio. Dedicó los primeros meses de su estancia en Inglaterra al cálculo de la opacidad estelar (la energía que la estrella absorbe), con el propósito de mejorar su determinación del valor de lo que, *a posteriori*, se conoció como *límite de Chandrasekhar*. Aprovechó su estancia en Cambridge para iniciar una larga lista de colaboraciones, en especial con Max Born y Niels Bohr. Obtuvo su tesis doctoral en 1933; en ella recogía sus principales resultados sobre la presión de degeneración de los electrones en estrellas autogravitatorias en rotación. En 1935 mantuvo un fuerte desencuentro con Arthur Eddington, quien ridiculizó la teoría de la masa límite de Chandrasekhar en una reunión científica mantenida en Londres. Ello molestó a Chandrasekhar, quien se planteó seriamente la posibilidad de abandonar Inglaterra. Así lo hizo en 1937, año en el que se mudó a la Universidad de Chicago y donde desarrolló el resto de su carrera científica.

Por fin el Nobel

La labor investigadora de Chandrasekhar abordó diferentes cuestiones, como la dinámica estelar, la estabilidad hidrodinámica e hidromagnética de estas estructuras, la teoría matemática de los agujeros negros y, en las etapas finales de su vida, la teoría de la colisión entre las ondas gravitatorias. Recibió el premio Nobel en el año 1983, compartido con William A. Fowler, por sus estudios sobre la estructura y evolución de las estrellas.

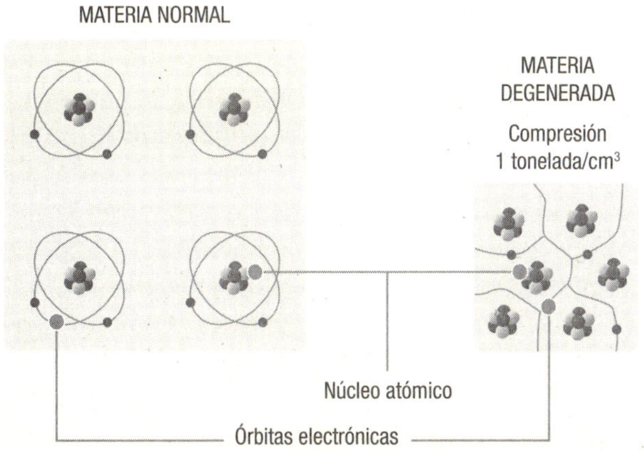

Paso del estado de la materia normal al de materia degenerada por la presión de los electrones. Este principio fue considerado por Chandrasekhar para explicar el límite de masa de 1,44 masas solares.

Es de rigor plantearse una pregunta: ¿todas las estrellas de neutrones son púlsares? Se sabe que todos los púlsares son estrellas de neutrones, pero no todas las estrellas de neutrones presentan emisión tipo púlsar. Puede ser por dos razones:

1. El haz a modo de foco de faro no está orientado hacia el observador y, por lo tanto, no se detecta.

2. La estrella de neutrones está envejecida, y el campo eléctrico no es lo suficientemente intenso para arrancar los electrones de la superficie de la estrella y generar la emisión.

La investigación en púlsares ha merecido el reconocimiento de dos premios Nobel a lo largo de los años. Anthony Hewish lo recibió en 1974 por su descubrimiento observacional, que realizó junto a su doctoranda Jocelyn Bell. En 1993, lo recibieron Alan Hulse y Joseph Taylor por el primer descubrimiento de un púlsar binario. Era el sistema PSR B1913+16, formado por dos estrellas de neutrones de 1,44 y 1,39 masas solares, y una de ellas caracterizada como un púlsar con un periodo de 59 milisegundos. Ambas estrellas forman un sistema unido gravitatoriamente, con una separación de 2 millones de kilómetros y un periodo orbital mutuo de 7,8 horas. Era un escenario perfecto para medir los efectos de la relatividad general y confirmarla como una descripción precisa de las interacciones en campos gravitatorios fuertes. Hulse y Taylor pudieron medir cómo la órbita común iba decayendo, hecho que achacaron a la emisión de ondas gravitatorias.

Los resultados de Hulse y Taylor fueron todavía mejorados por los que obtuvo el científico alemán Michael Kramer con sus colaboradores. En este caso, investigaron un púlsar doble, es decir, un sistema binario formado por dos púlsares. Este sistema se conoce como PSR J0737-3039 A/B y constituye uno de los mejores laboratorios de física fundamental existente en la naturaleza (figura 1). Está formado por dos púlsares en una órbita común, de modo que la luz emitida por cada uno de ellos atraviesa el campo gravitatorio de su púlsar compañero en su camino al observador

FIG. 1

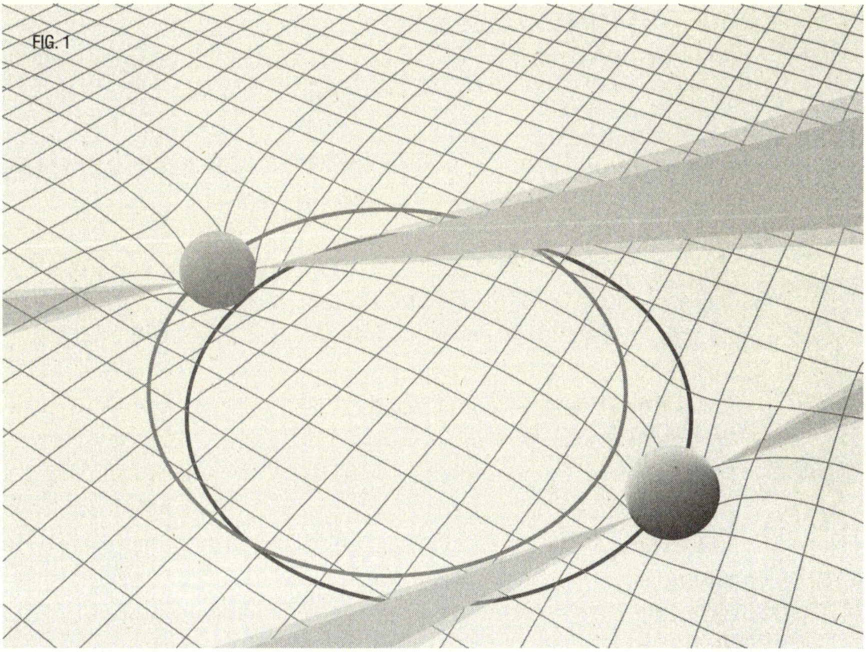

Recreación gráfica del púlsar doble PSR J0737-3039 A/B. La luz emitida por cada uno de los púlsares sufre variaciones en su tiempo de llegada al observador conforme va orbitando en torno al otro, debido a que en ciertas posiciones dicho pulso atraviesa el campo gravitatorio de su estrella compañera. Su órbita se ve alterada conforme a lo que cabría esperar según las leyes de Kepler, debido a los efectos predichos por la relatividad general.

en algunas posiciones de la órbita común. En estas posiciones, el espacio-tiempo se deforma y la luz tiene que recorrer un camino mayor antes de llegar a la Tierra, de modo que parece que el pulso de luz se retrase. ¡Es un objeto astronómico único!

Según lo dicho hasta ahora, estrellas con masas de hasta tres veces la masa del Sol son capaces de impedir el colapso gravitatorio gracias a la presión de degeneración de los neutrones. Pero ¿qué sucederá si las estrellas son más masivas? En ese caso no existirá una fuerza capaz de contrarrestar la enorme fuerza gravitatoria y se formará un agujero negro con una masa de varios soles y con un tamaño de varios kilómetros.

EXPLOSIONES DE SUPERNOVA

La mayoría de las supernovas, aquellas conocidas como *supernovas de colapso nuclear*, están producidas por el colapso gravitatorio de estrellas muy masivas, por encima de ocho veces la masa del Sol. A lo largo de su vida, mediante procesos de fusión nuclear, las estrellas van sintetizando elementos pesados a partir de otros más ligeros. Aquellos que se van generando se estructuran en forma de capas, de manera similar a una cebolla, de forma que los más pesados permanecen en las regiones más internas de la estrella, mientras que los más ligeros ocupan las más externas.

Todo en un segundo

De forma general, cuando en el núcleo de la estrella se va sintetizando hierro y su masa supera cierta cantidad, dejan de producirse reacciones de fusión nuclear. En dicho momento, ni la presión de radiación ni la degeneración de los electrones son capaces de aguantar el enorme peso de la estrella, produciéndose el colapso gravitatorio. En el proceso de caída libre, la densidad y la temperatura alcanzan valores enormes en el núcleo estelar. Todo el proceso de colapso se produce en un tiempo de un segundo aproximadamente, durante el cual se originan enormes cantidades de neutrinos (partículas elementales que se liberan cuando los protones capturan electrones en el proceso de colapso). Cuando la densidad del núcleo estelar se hace enorme, comparable a la densidad típica de un núcleo atómico, el colapso se frena bruscamente, formándose un núcleo estelar interno muy compacto y rígido. Cuando las capas más externas chocan con este núcleo rígido, rebotan de forma extremadamente violenta, barriendo todo el material estelar. Este proceso se produce en un tiempo de una milésima de segundo. Además, los neutrinos se escapan del núcleo de manera explosiva, llevándose consigo prácticamente toda la energía de la supernova (10^{53} ergios). De este modo, todo el material estelar es barrido, chocando con el material circumestelar y, más adelante, con el medio interestelar. En ese momento empiezan a formarse los elementos más pesados que el hierro. Por consiguiente, las supernovas son las responsables de la existencia en el medio interestelar de elementos pesados (en astrofísica, todos los que no son hidrógeno ni helio), que son necesarios para la existencia de vida en el universo.

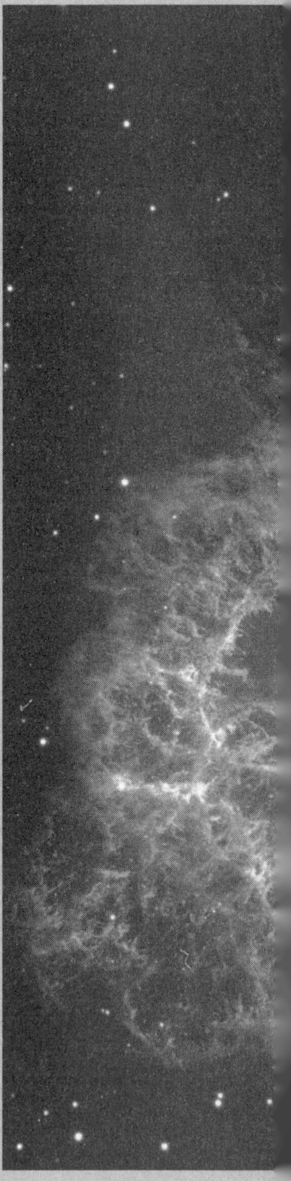

La nebulosa del Cangrejo es el resultado de la explosión de una supernova. En la fotografía se observa cómo las capas más externas envuelven el material filamentoso, resultado de la explosión.

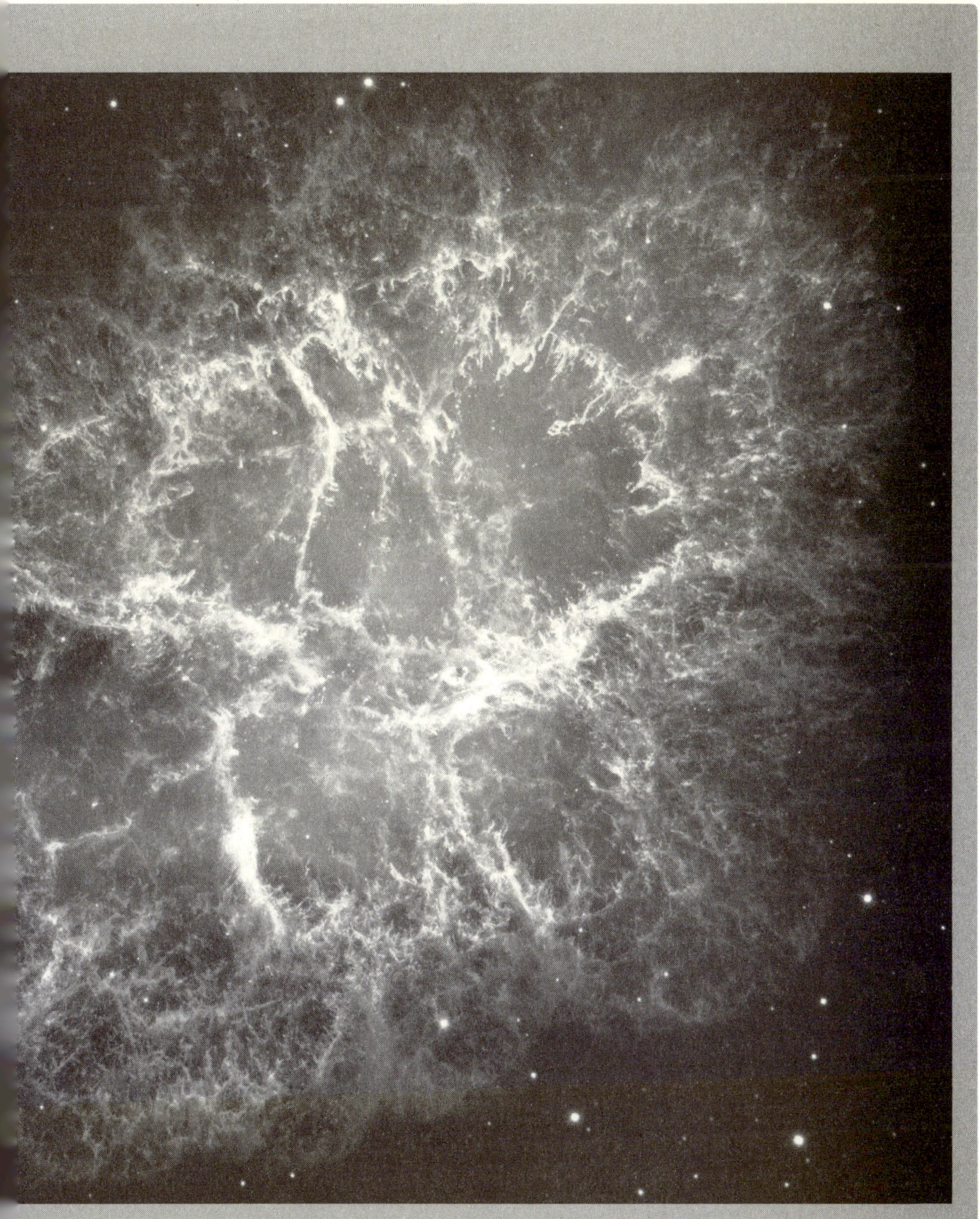

LA FORMACIÓN DE UN AGUJERO NEGRO ESTELAR

Del mismo modo que el límite de Chandrasekhar establece un valor máximo de 1,4 veces la masa del Sol para una estrella en la que la presión de la degeneración de los electrones es capaz de contrarrestar la gravedad, el límite de Tolman-Oppenheimer-Volkoff establece una masa de entre 2 y 3 masas solares para una estrella en la que la presión de degeneración de los neutrones equilibra la gravedad. Si la estrella es más masiva, el colapso no se detendrá y se formará una singularidad en el espacio-tiempo: un agujero negro, protegido por el horizonte de sucesos.

El agujero negro resultado de la implosión estelar gira como resultado del propio proceso del colapso, de modo que en las proximidades de su horizonte de sucesos se genera una especie de remolino. Así, la materia que se encuentra alejada de la región central girará lentamente, mientras que cerca del horizonte lo hará muy rápidamente. Conforme la materia cae hacia el agujero negro, se verifican los principios de la física relativista en la vecindad de su horizonte, tal y como se ha explicado en el capítulo anterior: para un observador externo, el tiempo se ralentiza de tal forma que las partículas que están siendo devoradas por el «monstruo» central permanecerán rotando en el horizonte para siempre; sin embargo, la situación es bien diferente para la propia partícula: su tiempo no se ralentiza, atraviesa el horizonte y se hunde irremisiblemente hacia su interior. Hemos de recordar que, debido a la rotación, el agujero negro no es esférico, sino que se abomba en su región ecuatorial, formando lo que ya definimos como ergosfera. Conforme más rápido gire el agujero negro, mayor será su momento angular y mayor la deformación.

En el año 1969, el británico Roger Penrose realizó un descubrimiento importantísimo: un agujero negro en rotación tiene la capacidad de almacenar energía rotacional en la región turbulenta junto al agujero negro, pero fuera de su horizonte de sucesos. Ello permite que esta enorme energía rotacional pueda ser extraída y utilizada, formando enormes chorros de materia (técnicamente conocidos como *jets*) de partículas relativistas que emanan de las partes centrales del disco (véase la imagen de la doble página siguiente). Estos chorros han sido descubiertos, cartografiados y caracterizados por los astrofísicos a lo largo de los últimos cuarenta años.

La teoría matemática de los agujeros negros es un tema de gran complejidad; pero su estudio me ha convencido de la verdad básica de dos antiguos aforismos: lo simple es el sello de la verdad y la belleza es el esplendor de la verdad.

Subrahmanyan Chandrasekhar en su discurso de aceptación del premio Nobel

Establecidas las bases teóricas para la existencia de los agujeros negros, cabe preguntarse ahora cómo pueden localizarse estos objetos. Teniendo en cuenta que la Vía Láctea tiene una edad de unos 13 000 millones de años y que las estrellas de masa elevada tienen una vida corta, cabe esperar que en nuestra galaxia haya un gran número de ellos.

¿Cómo buscarlos? Como los agujeros negros no emiten luz, su localización no es sencilla. Pero entre las décadas de 1960 y 1970, diversos grupos de investigación ya plantearon la posibilidad de buscarlos en sistemas binarios. Consideremos un sistema binario formado por una estrella normal y un agujero negro estelar que están en órbita el uno con respecto a la otra. Si observáramos el sistema binario con un telescopio, detectaríamos únicamente la luz de la estrella, pero podríamos intuir la presencia de una estrella compañera (en este caso el agujero negro) porque se produciría un desplazamiento de la longitud de onda a la que se emite la luz por el movimiento orbital. Ese desplazamiento sería proporcional a la masa del objeto. Este método, conocido como *método de las velocidades radiales*, es el que se utiliza habitualmente para detectar planetas extrasolares. Sin embargo, no permite detectar con facilidad los agujeros negros porque el acompañante podría ser una estrella de neutrones o una estrella fría, no necesariamente un agujero negro, razón por la cual esta idea tuvo que refinarse a lo largo de los años. Fue el ruso Yakov Zeldóvich quien dio con la idea clave. Las estrellas van perdiendo masa a lo largo de su vida y forman los llamados *vientos estelares*, que envuelven de gas a la estrella. Es lo que se denomina *material circumestelar*. Si una estrella tiene una compañera que es un agujero negro, este podría atraer gravita-

Recreación de uno de los dos chorros de partículas de alta energía comunes en agujeros negros y que emanan de extremos opuestos. Un detalle importante, mostrado en la imagen, es que los chorros de este tipo no surgen realmente del agujero negro, sino de sus inmediaciones. Un remolino de materia (el disco de acreción) rodea el agujero.

toriamente al gas del viento estelar, acelerarlo y hacerlo orbitar en torno a él, aumentando de este modo la temperatura de dicho gas a millones de grados. El gas a esas temperaturas tan altas emite radiación en el rango de energía de los rayos X, luz que podríamos detectar con unas gafas adecuadas: un telescopio de rayos X.

De este modo pudo redefinirse el proceso de búsqueda: había que buscar los sistemas binarios con telescopios ópticos y con telescopios de rayos X, de modo que una de las estrellas (la estrella normal, que donaría material de su viento) se detectara en el visible y fuera oscura en rayos X, mientras que la otra (el agujero negro, que atraparía el material del viento estelar de su compañera) fuera brillante en rayos X y oscura en el óptico. A estos sistemas estelares se les conoce como *binarias de rayos X*.

Recordemos que el agujero negro está rodeado por el disco de acreción, a través del cual la materia va cayendo hacia el objeto central. El material acretado tiene un momento angular que necesita eliminar antes de caer hacia el agujero negro central. Y lo hace a través de un proceso de «fricción» que calienta la materia del disco y transfiere hacia sus regiones externas gran parte de la energía gravitatoria liberada. Esta brillante idea no pudo aplicarse en toda su potencia esos primeros años debido a la ausencia de telescopios de rayos X lo bastante sensibles. En cualquier caso, este fue el método utilizado para el descubrimiento del primer agujero negro estelar: Cygnus X-1, abreviado como Cyg X-1, con una masa superior a 7 veces la masa del Sol. Pudo detectarse porque Cyg X-1 es la segunda fuente del cielo más brillante en rayos X. Su confirmación como agujero negro permitió al físico estadounidense Kip Thorne ganar la apuesta que había hecho con Stephen Hawking sobre la naturaleza del objeto. En 1991, Hawking aceptó su derrota, confirmando que no podía tratarse de una estrella de neutrones.

Hoy en día el descubrimiento observacional de agujeros negros estelares es relativamente más sencillo y, de hecho, se han descubierto varios cientos en nuestra galaxia. Eso atiende a dos razones. Por un lado, existen telescopios espaciales de rayos X mucho más sensibles, como el Chandra y el XMM-Newton. Por

EN COMPAÑÍA: UN SISTEMA BINARIO
LADRÓN DE MATERIA
Los agujeros negros no tienen por qué estar solos. Los agujeros negros estelares cuentan con una estrella compañera muy cercana, como es el caso de Cygnus X-1, aquí ilustrado. Los agujeros negros estelares son sistemas binarios en los que un componente es un sol y el otro un agujero negro que succiona materia de su compañero estelar.
Disco de acreción
Calentamiento generador de rayos X
Chorros de plasma
Punto de impacto del flujo
UN FLUJO CONTINUO
La materia succionada forma un flujo que emana de la estrella y llega al disco de acreción. El proceso calienta el gas de la estrella a temperaturas elevadísimas y se generan emisiones de rayos X.
Flujo de materia succionada
Estrella compañera

otro (tal y como se explicará en detalle en el capítulo dedicado a los agujeros negros que residen en el corazón central de las galaxias), la luz que emiten estos sistemas no es constante, sino que sufre erupciones o estallidos muy intensos, que van acompañados de la eyección de material desde el agujero negro a través de dos chorros de plasma, perpendiculares al disco de acreción, tal como se muestra en la imagen de la página anterior. Esos chorros se detectan con observaciones de ondas de radio, y caracterizan de forma única la existencia de un agujero negro. A estas fuentes se las conoce con el nombre de *microquásares* por su similitud con los chorros que emanan de las regiones internas de los quásares y los núcleos activos de las galaxias.

En la formación de los chorros, los campos magnéticos son fundamentales. En un plasma, las líneas de campo magnético (que no son más que una forma de visualizar la intensidad del campo magnético, como las líneas que se dibujan cuando colocamos un imán bajo unas hojas de papel sobre las que hemos dispersado unas limaduras de hierro) se unen a la materia (técnicamente se dice que se «congelan» al plasma). Así, si la materia rota a altas velocidades en el remolino central, las líneas de campo también lo hacen, de manera que estas se enrollan formando un campo magnético helicoidal que es capaz de arrastrar el material fuera del disco y formar los chorros relativistas, que se convierten de esta manera en una huella indeleble de la presencia de un agujero negro.

En posteriores capítulos se profundiza sobre la física de los chorros relativistas, haciendo especial hincapié en los chorros que nacen en el motor central de los núcleos activos de galaxias. Pero quizá conviene adelantar ahora que son fenómenos similares, aunque con diferentes parámetros físicos: la masa del objeto central en un quásar es de 10^9 masas solares, y en un microquásar, de 10 masas solares; la luminosidad de los microquásares es 10 órdenes de magnitud menor que las de los quásares; el ritmo de acreción de materia hacia el agujero negro es de 10 masas solares por año en los quásares y de 10^{-9} masas solares por año en los microquásares; la temperatura del disco de acreción del quásar es de 10^5 grados (temperatura que corresponde al rango de la radia-

¿QUÉ ES UN PLASMA?

El plasma es un estado de la materia distinto del sólido, el líquido y el gaseoso, aunque es fluido como un gas o un líquido. En muchos aspectos se comporta como un gas, y de hecho a veces se le describe como un gas ionizado de altísima temperatura. A temperaturas muy elevadas, aumenta la cantidad de electrones que abandonan sus átomos, dejando estos convertidos en iones, en este caso con una carga eléctrica positiva; el resultado es el plasma: una mezcla de electrones libres, iones y átomos neutros que presenta algunas características especiales. Por ejemplo, los plasmas son muy influenciables por campos magnéticos y eléctricos, y son buenos conductores de la electricidad. En el cosmos, los plasmas son muy comunes. Algunas de sus fuentes se sitúan en las inmediaciones de los agujeros negros, lo que ayuda a detectarlos. El Sol y las demás estrellas contienen cantidades ingentes de plasma, y también podemos localizarlo en nebulosas y colas de cometas; por regla general, todo objeto cósmico de alta energía exhibe plasma. Es posible detectarlo por la luz que emite, tanto en la longitud de onda visible para el ojo humano como en otras. En ocasiones, también se descubre por las interacciones de sus iones y electrones con su entorno.

Imagen de una erupción solar. Las enormes lenguas que se alzan sobre la superficie de la estrella constituyen un ejemplo de plasma.

FIG. 2

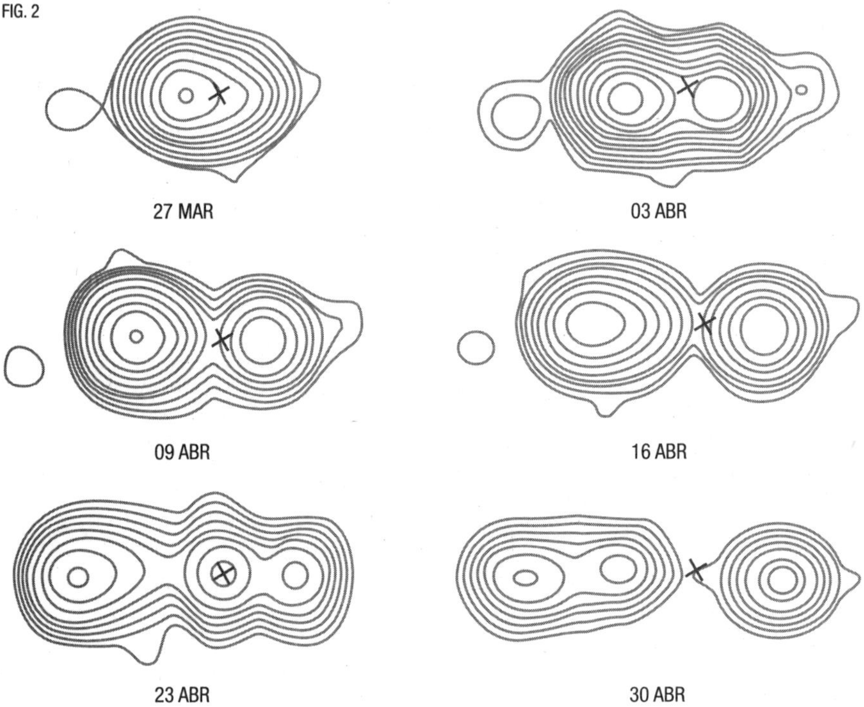

Evolución temporal de la eyección de componentes relativistas en el microquásar GRS 1915+105. La eyección de las componentes sucede tras un vaciamiento del material del disco de acreción hacia el agujero negro.

ción óptica y ultravioleta) mientras que la del microquásar es de 10^7 grados, lo que explica su fuerte emisión en rayos X. Y hay otra diferencia fundamental: los microquásares tienen alta variabilidad en cortas escalas de tiempo. Las escalas de tiempo características con las que varía la luz que emite un objeto astronómico es equivalente a su tamaño dividido por la velocidad de la luz, aproximadamente. Como el tamaño del radio gravitatorio de un agujero negro es proporcional a su masa, en el caso de los microquásares los fenómenos de acreción se manifiestan en variaciones de luz que acontecen mucho más rápidamente que en las galaxias activas. De este modo, unos pocos minutos de observación de un microquásar equivalen a decenas de años en el caso de los quásares. Se espera así que fenómenos como la acreción de materia, acompañada de la producción de chorros de partículas relativistas, se manifiesten en escalas temporales de días, permitiendo hacer física casi en directo. En la figura 2 se muestra la evolución de la estructura del microquásar GRS 1915+105 en un periodo de casi cinco semanas. Como resultado del vaciamiento del disco de acreción hacia el agujero negro (fenómeno que se ha podido testimoniar por la disminución brusca del flujo en rayos X), se ha producido un aumento de la emisión en ondas de radio y la eyección de un chorro de plasma bidireccional, viajando a velocidades relativistas.

La actividad de los agujeros negros con masa estelar constituye en definitiva una magnífica ventana para explorar los misterios de los agujeros negros. A su favor tienen también la gran abundancia de ellos en nuestra galaxia, que permite disponer de cientos de casos observables, a partir de los cuales extraer conclusiones que nos permitan hacernos una idea de cuántos agujeros negros y de qué clases predominantes debe de haber en el universo.

PRIMERA DETECCIÓN DIRECTA DE ONDAS GRAVITACIONALES PROCEDENTES DE LA FUSIÓN DE DOS AGUJEROS NEGROS ESTELARES

El principio de la relatividad general de Einstein establece que cualquier cuerpo es susceptible de generar ondas gravitacionales, que podríamos caracterizar como arrugas del espacio-tiempo. Sin embargo, dada la debilidad de la señal emitida por los objetos cotidianos, únicamente cabría esperar que esta señal se detectara como resultado de fenómenos físicos muy extremos, como la colisión de agujeros negros (figura 3) o de estrellas de neutrones, entre otros escenarios astrofísicos.

El 14 de septiembre de 2015 a las 09:50:45 UTC, el observatorio de ondas gravitacionales LIGO detectó una señal, una sacudida que se prolongó tan solo durante 0,2 segundos. El análisis de dicha señal concluyó que era perfectamente compatible con la

FIG. 3

Simulación de la fusión de dos agujeros negros que daría lugar a la emisión de ondas gravitatorias.

perturbación que cabría esperar de la colisión y posterior fusión de dos agujeros negros. Los datos permitieron determinar que el fenómeno cataclísmico ocurrió a unos 1300 millones de años-luz de la Tierra, en algún punto del hemisferio sur celeste. Este resultado fue anunciado el 11 de febrero de 2016, al tiempo que se publicaban los resultados en las revistas científicas de referencia.

El estudio detallado de la señal demostró que el evento correspondería a la colisión de dos agujeros negros de 36 y 29 masas solares, que se habrían fusionado para dar lugar a un nuevo agujero negro de 62 masas solares. La masa que ha desaparecido, equivalente a 3 masas solares, corresponde a la energía radiada por el evento en forma de ondas gravitacionales. Este resultado se constituye así en una de las mejores evidencias observacionales de la existencia de agujeros negros estelares.

Destellos en la oscuridad: la detección de agujeros negros

Los quásares son fuentes extragalácticas de energía con el aspecto de estrellas muy brillantes rodeadas de halos débiles y difusos. Esta imagen se debe a la gran distancia que nos separa de ellas; en realidad son todavía más brillantes, y el halo difuso no es otra cosa que la galaxia que los acoge. La enorme cantidad de luz que emiten (más de 10 000 veces superior a la luminosidad total de la Vía Láctea), así como el hecho de que lo hagan en todos los rangos de energía del espectro electromagnético, sugerían que su origen es el acrecimiento de material sobre un agujero negro.

Los procesos de acrecimiento son capaces de generar mucha más radiación a partir de la energía de las partículas que los procesos de fusión nuclear propios de las estrellas. Así, la eficiencia de los procesos de acrecimiento se sitúa entre el 7% y el 40%, 10 veces más eficiente, como mínimo, que los procesos de nucleosíntesis que tienen lugar en el interior de las estrellas. Para explicar la enorme cantidad de energía radiada por un quásar se requiere un agujero negro de miles de millones de soles de masa y un acrecimiento de hasta diez masas solares por año.

Una prueba inequívoca de la existencia de un agujero negro estelar o supermasivo, tal y como lo establece la relatividad general, exige poder seguir las trayectorias de las partículas de gas o de las estrellas atraídas por el agujero negro hasta su última órbita cerrada estable. Por desgracia, es muy poco viable obtener imágenes de este fenómeno lo suficientemente nítidas (tan solo está lo bastante cerca el agujero negro del centro de la Vía Láctea). Por ello, hay que «conformarse» con tratar de demostrar que los efectos gravitatorios que el núcleo de una galaxia activa ejerce en su entorno (por ejemplo en las estrellas cercanas) están provocados por una masa compacta, no atribuible, por ejemplo, a un conjunto de estrellas muy cercanas unas de otras, y que esta masa compacta solo puede corresponder a un agujero negro.

Los científicos han ideado una forma relativamente sencilla de determinar una masa a partir de la velocidad de los objetos que orbitan a su alrededor. Veamos cómo. Cuando se tiene una partícula de masa m (sea cual sea su naturaleza) orbitando en torno a una masa M a una cierta distancia R, con una velocidad V, si el objeto se encuentra en una órbita estable, la atracción gravitatoria se compensa con la fuerza centrífuga, de modo que:

$$\frac{GmM}{R^2} = \frac{mV^2}{R}.$$

La masa de la partícula desaparece de la ecuación, de modo que, conociendo la velocidad a la que rota la partícula y la distancia a la que se encuentra, puede obtenerse un valor para la masa en el objeto central:

$$M = \frac{RV^2}{G}.$$

Para una masa dada del objeto central, la velocidad de la partícula aumenta conforme disminuye la distancia al objeto central, de modo que

$$V \propto \left(\frac{1}{\sqrt{R}}\right).$$

Representando la velocidad en función de la distancia se obtiene una curva que habitualmente se conoce como *rotación ke-*

pleriana. En realidad la situación sería más complicada, ya que además de la atracción gravitatoria del objeto central, debe considerarse la influencia gravitatoria del campo gravitatorio del disco galáctico, del halo e incluso de la materia oscura.

Sea como fuere, a partir de mediciones de la velocidad de las estrellas próximas al centro de nuestra galaxia, y gracias a estas sencillas ecuaciones, se ha podido estimar la masa del objeto central alrededor del cual orbitan aquellas. Los datos han permitido descartar que sean uno o varios cúmulos de estrellas de neutrones, enanas marrones u otros objetos cósmicos. Incluso se ha podido rechazar la posibilidad de que se trate de un agujero negro estelar. No, la enorme masa compacta detectada apunta a una única opción: un agujero negro supermasivo. Se le ha bautizado como SgrA* y se ha podido determinar que tiene una masa de 4 millones de soles.

LO QUE CUENTAN LAS ESTRELLAS

Se suele definir como la esfera de influencia del agujero negro a aquella región en la que, para una estrella, la influencia gravitatoria de atracción por parte del agujero negro supera la influencia gravitatoria combinada de las demás estrellas. Este radio es proporcional a la masa del agujero negro, e inversamente proporcional al cuadrado de la velocidad de la estrella. Dicho de otro modo: cuanto mayor sea la masa del agujero negro, mayor será la esfera de influencia; cuanto mayor sea la velocidad de la estrella, menor será dicha esfera. La esfera de influencia es de millones de veces el radio de Schwarzschild, pero su tamaño en el cielo sigue siendo muy pequeño, de modo que se necesitan observaciones de gran nitidez para poder hacer análisis detallados.

La contribución gravitatoria extra del agujero negro produce un segundo efecto: el número de estrellas en la vecindad del agujero negro es mucho mayor que las que habría en el caso de que no existiera. Por lo tanto, el agujero negro produce una gran concentración de estrellas moviéndose a alta velocidad en su entorno. Es lo que a veces se describe como la «cúspide» de estrellas en la zona nuclear de la galaxia, que se traduce en un aumento de luz en dicha zona. Observacionalmente se detectaría un pico de luz en la región central de la galaxia.

Para el caso de la Vía Láctea, se han determinado las órbitas para más de cuarenta estrellas en el mes-luz central, la más rápida de las cuales alcanza una velocidad de más de 1 000 km/s. La estrella más espectacular en este sentido es la denominada S2, que cubre una órbita completa en tan solo dieciséis años (figura 1). La estrella más cercana se ha encontrado a una distancia de unos 1 000 radios de Schwarzschild. Los indicios aportados por las estrellas apuntan de forma convincente a la existencia de SgrA*.

Las estrellas en la región nuclear de una galaxia se mueven en direcciones aleatorias. Cada estrella responde a una influencia gravitatoria que es el resultado de la interacción con todas las demás estrellas y con cualquier otra forma de materia que esté presente, como por ejemplo el agujero negro o la masa de gas que esté en la misma región. Las estrellas se mueven con una cierta velocidad que les permite no caer hacia el centro de la galaxia. La velocidad promedio de las estrellas puede ser distinta a distintas distancias del núcleo de la galaxia, de modo que la forma en que esas velocidades varían con la distancia puede dar una pista inequívoca de la presencia de un objeto supermasivo en su centro. En el caso de que exista un agujero negro, las velocidades aumentarán conforme las estrellas estén más cerca del núcleo galáctico, debido a la atracción gravitatoria del agujero negro, siguiendo una ley kepleriana; al contrario, si no existe tal agujero negro, las velocidades aumentarán tan solo hasta valores de unos cientos de kilómetros por segundo, e incluso podrían disminuir en caso de que las estrellas hubieran vivido siempre en la región más central de la galaxia.

A la hora de hacer observaciones, hay un problema: excepto en el caso de la Vía Láctea, no se pueden detectar las estrellas individuales en la región central de las galaxias. Sin embargo, un análisis de la composición de la luz combinada o superpuesta de todas las estrellas, mediante una técnica que se detallará más adelante, permite obtener información reveladora.

Para explotar esta vía de estudio se han buscado galaxias cercanas con un agujero negro no muy activo, de modo que la acti-

FIG. 1

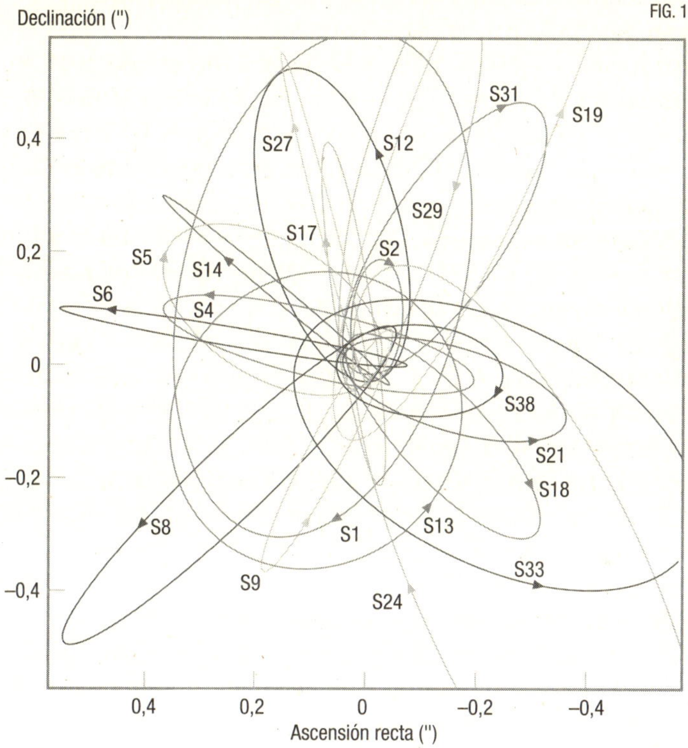

Órbitas de las estrellas en la vecindad de SgrA*, el agujero negro en el centro de la Vía Láctea.

vidad de dicho agujero no escondiera las propiedades de la población de estrellas. El caso más claro que se ha estudiado es el de la galaxia de Andrómeda, M31. De hecho, el estudio observacional de M31 tiene una coincidencia histórica muy sugerente, y es que en el equipo de la Universidad de Princeton que la estudió se encuentra Martin, el hijo de Karl Schwarzschild. Los estudiosos descubrieron que la distribución de las estrellas en los años-luz centrales tenía una forma aplanada. Más adelante se encontró que las velocidades de las estrellas aumentaban hacia el centro y que todas se encontraban rotando en torno al centro de la galaxia, lo que claramente sugería la presencia de un agujero negro con una masa de entre 30 y 70 millones de soles.

Observaciones con mayor nitidez llevadas a cabo por el telescopio espacial Hubble mostraron un resultado sorprendente: se encontraron dos picos en la distribución de luz, de distinta intensidad. Una primera interpretación podría sugerir que se trataba de un sistema binario de agujeros negros, lo cual sería extremadamente complicado desde un punto de vista físico. Sin embargo, los astrónomos proporcionaron una interpretación que resulta más atractiva, y se ha podido probar como más adecuada: en realidad, la imagen estaría mostrando un disco de estrellas no-simétrico. El pico de luz más intenso corresponde a estrellas con las órbitas más externas, que viajan más despacio y, por lo tanto, se acumulan y conjuntamente emiten más luz. El segundo pico, en cambio, se encontraba en las proximidades del agujero negro, con estrellas viajando a mayor velocidad. Se detectó un disco circumnuclear de estrellas rotando a velocidades de alrededor de 900 km/s.

Estas observaciones permitieron delimitar de manera bastante más precisa la masa del agujero negro, que resultó ser de unos 140 millones de soles. La existencia del agujero negro en M31 se considera actualmente uno de los casos científicos mejor establecidos. En galaxias que no son la Vía Láctea no se pueden detectar las estrellas individualmente, debido a su gran lejanía, pero sí es factible medir la luz resultante de sumar la de todas las estrellas individuales. Cuando ello no es suficiente, existe la posibilidad de estudiar el campo gravitatorio del agujero negro, valiéndose para ello de observaciones de su influencia en la dinámica del gas interestelar.

LO QUE CUENTA EL GAS INTERESTELAR

La luz que nos llega del Sol y otros astros se puede descomponer por medios artificiales en mucho más que un arcoíris. Y de cada banda o línea del espectro así examinadas, como también de las relaciones entre ellas, es factible obtener información química y física sobre la fuente emisora de la luz (líneas de emisión),

DETERMINACIÓN DE LAS VELOCIDADES DE ROTACIÓN DEL GAS A PARTIR DE MEDIDAS ESPECTROSCÓPICAS

Los electrones en un átomo o molécula no se ubican en niveles de energía aleatorios, sino en niveles bien determinados. Cuando caen de uno alto a otro de menor energía, emiten luz detectable. Eso permite analizar el contenido en gas atómico o en gas molecular de una galaxia a partir de la luz que emiten al producirse una transición entre sus niveles de energía permitidos. El gas más abundante, hidrógeno atómico, puede estudiarse a partir de cierta transición entre niveles, que se produce en el laboratorio a una longitud de onda próxima a los 21 cm. El gas molecular más abundante, hidrógeno molecular, es indetectable directamente; por ello se recurre a la detección de otras moléculas simples que de modo indirecto señalan la abundancia de la molécula de hidrógeno.

Distintas frecuencias

Cuando observamos estas transiciones en una galaxia distinta de la nuestra, las detecciones no se efectúan a la misma longitud de onda observada en el laboratorio. Ello es debido al denominado *efecto Doppler*, el mismo que explica la transformación del sonido de un tren cuando se acerca o se aleja de nosotros. Como el universo se encuentra en expansión, las galaxias se alejan a una cierta velocidad, de modo que las líneas espectrales aparecerán desplazadas con respecto a su frecuencia en el laboratorio por una cantidad proporcional a la velocidad de alejamiento de la galaxia.

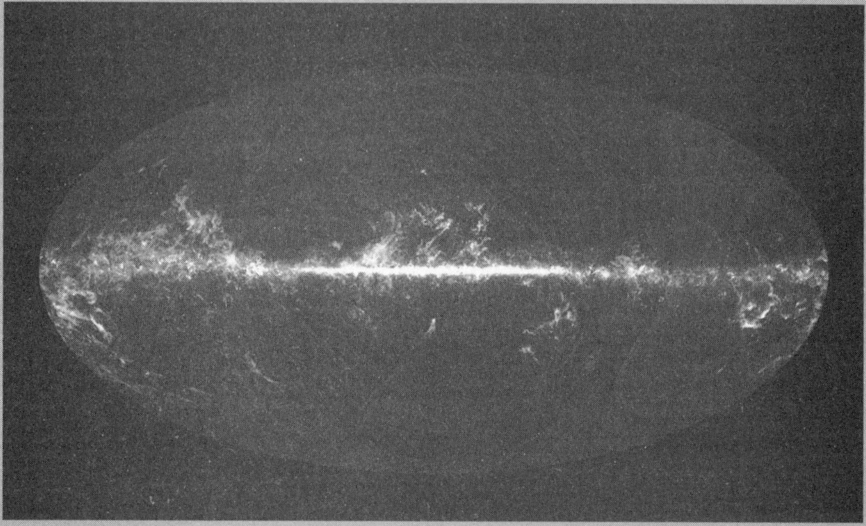

Mapa de la distribución de monóxido de carbono por el firmamento, confeccionado a partir de las detecciones hechas mediante el telescopio espacial Planck, y que delata indirectamente la presencia de hidrógeno molecular.

así como de la materia con la que dicha luz ha interaccionado (líneas de absorción). Esta capacidad de análisis se extiende también a más longitudes de onda que las de la luz visible. Es factible incluso deducir velocidades, gracias al efecto Doppler, el mismo que explica el cambio brusco de tono en el sonido de la sirena de una ambulancia cuando comienza a alejarse de nosotros tras haber estado acercándose. Analizar mediante esta clase de técnicas la dinámica del gas interestelar ofrece varias ventajas, con respecto a otras técnicas, a la hora de buscar en dicha dinámica influencias del campo gravitatorio de un agujero negro. En primer lugar, las líneas de emisión del gas son mucho más fáciles de medir que las de absorción estelares. Además, son líneas más anchas y con un perfil más sencillo, por lo que la medida de las velocidades y su dispersión es muy directa.

Se ha utilizado el telescopio espacial Hubble para observar el movimiento del gas ionizado en galaxias relativamente cercanas. Una de las primeras en ser estudiadas fue M87, cuyo chorro de emisión tanto en ondas de radio como en el óptico la hizo una firme candidata a albergar un agujero negro. Las observaciones del Hubble revelaron un disco de gas alrededor del núcleo de M87. Se puede ver que, a cada lado del núcleo, el gas se mueve a distinta velocidad, por exceso o por defecto, de la que alcanza en el centro, indicando una rotación del mismo. Alcanza velocidades de hasta 1000 km/s, a una distancia de 60 años-luz (figura 2). Teniendo en cuenta la distancia a M87, la distancia angular entre las áreas de integración utilizadas en la imagen y la diferencia de las velocidades obtenidas, la ley de Kepler permite estimar la masa del agujero negro, la cual se calculó en 2019 en unos 6500 millones de masas solares.

Indicios basados en las emisiones máser

A grandes rasgos, un máser es un láser de microondas. En el espectro electromagnético, las microondas son el segmento con longitudes de onda más cortas que las del resto de ondas de radio, y más largas que las de la banda infrarroja.

En algunos escenarios cósmicos se dan las condiciones adecuadas para la generación de ciertas emisiones máser. Uno de estos escenarios es el vecindario de un agujero negro masivo en el centro de una galaxia. Por esta razón, las emisiones máser pueden aportar indicios de la presencia de un agujero negro en el corazón de una galaxia, y han contribuido de manera importante a validar como agujeros negros a objetos masivos y oscuros descubiertos en su día por el telescopio espacial Hubble.

El agua, H_2O, es una molécula sencilla, formada por dos átomos de hidrógeno y uno de oxígeno. Aunque el hidrógeno es el elemento más común en el universo, el oxígeno es también bastante abundante; de hecho es el más frecuente después del hidrógeno y el helio (hay aproximadamente un átomo de oxígeno por cada mil de hidrógeno). Por tanto, resulta razonable pensar que la formación de agua en el universo mediante las

FIG. 2

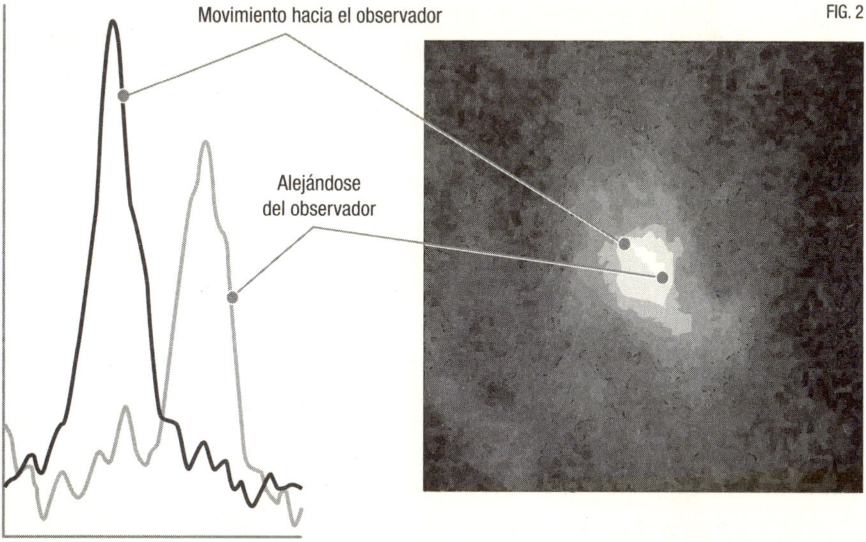

Observaciones del gas ionizado en torno al núcleo de M87. Se alcanzan velocidades de hasta 1 000 km/s, a una distancia de 60 años-luz.

uniones entre estos átomos debe ser un fenómeno bastante común.

Además, las emisiones de microondas que el vapor de agua puede generar tienen una longitud de onda de 1,35 cm, lo bastante característica como para permitir su detección y observación mediante radiotelescopios. Por tanto, los máseres de agua no solo han de ser comunes sino también susceptibles de ser detectados. Y en efecto, en 1969, el equipo del físico Charles Townes, por aquel entonces profesor en la Universidad de California en Berkeley, detectó dicha clase de emisión en tres nubes cósmicas albergando estrellas en proceso de formación.

La galaxia NGC 4258 destaca por poseer en su zona central un disco de acreción que aparece casi de canto desde la perspectiva visual de la Tierra. Estudiando la dinámica del gas en dicho disco, ha sido posible realizar mediciones con una notable precisión. El disco de acreción, con un grosor inferior a 0,01 años-luz, es muy delgado. Sobre él se detectan nubes de gas molecular con la presencia de máseres de agua en rotación.

Como se ilustra en la figura 3, en el caso del agujero negro de NGC 4258 no solo se aprecia la emisión constante del chorro relativista, el cual es eyectado desde las inmediaciones del agujero negro central y es perpendicular al plano del disco, sino que además se detectan tres sistemas de nubes moleculares con emisión máser y que denotan claramente una rotación. El sistema en dirección al centro exhibe una velocidad tangencial causada por la rotación. Los otros dos están situados uno a cada lado del sistema central, y sus velocidades difieren de la del central.

El tiempo que tardan las fuentes de emisiones máser en dar una vuelta alrededor del agujero negro, y la velocidad a la que se desplazan, varían con arreglo a su ubicación en el disco de acreción. Los máseres en la región más interna del disco, a medio año-luz del agujero negro que corresponde a unos 25 000 radios de Schwarzschild, viajan a 1 080 km/s, tardando unos 750 años en completar una vuelta. Los máseres más alejados, a un año-luz de distancia, viajan a 770 km/s, tardando unos 2 100 años en completar una vuelta. Estas y otras observaciones demostraron que la conducta del disco concuerda lo suficiente con las leyes

FIG. 3

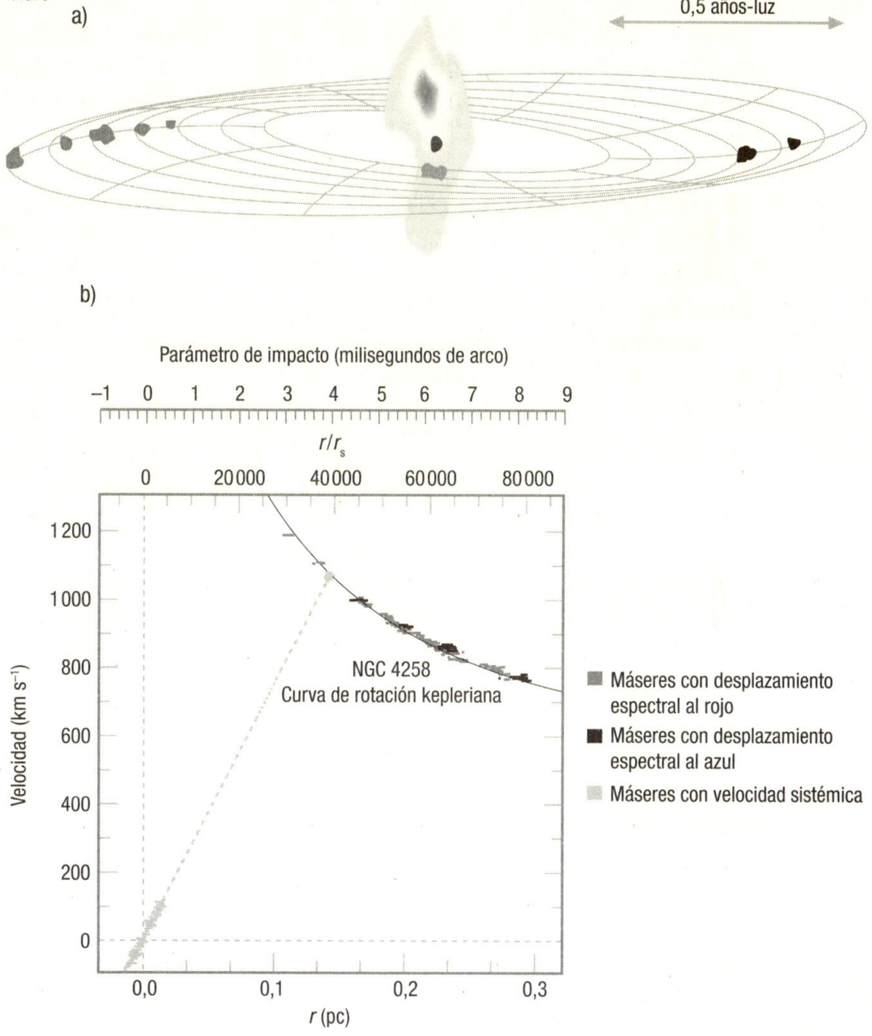

En a) se muestra de manera figurada la región nuclear de NGC 4258, donde se aprecian el jet relativista y el disco con los máseres. Como se observa en la figura b), la velocidad de los máseres de agua aumenta conforme disminuye la distancia al agujero negro central. De hecho, aumenta conforme al inverso de la raíz cuadrada de la distancia, curva que se conoce como *rotación kepleriana*, y que es lo que cabría esperar por la atracción gravitatoria de un objeto central muy masivo.

de Kepler como para poder deducir con arreglo a ello la existencia de un objeto muy masivo y denso en el centro. Sumándose a otros indicios, la masa calculada en 40 millones de veces la del Sol, y el pequeño volumen en el que está concentrada, apuntan claramente a la identidad del objeto central: un agujero negro.

LA EMISIÓN DE RAYOS X: ¿ESTÁ EL AGUJERO NEGRO EN ROTACIÓN?

Una medida independiente de las condiciones de gravitación extrema viene de los espectros en rayos X. El gas que emite rayos X está muy caliente y muy próximo al agujero negro central. Por ello, las observaciones espectroscópicas en rayos X están dando información sobre los discos de material en regiones de unos 10-20 radios de Schwarzschild. La emisión de rayos X se concentra en un conjunto de líneas espectrales, entre las cuales destaca la denominada *línea de fluorescencia del hierro*. La deformación de esta «línea del hierro» apunta a velocidades (ultra-) relativistas.

Los estudios en rayos X no proporcionan de por sí valores para la masa de los agujeros negros, pero sin embargo dan una información única sobre otro ingrediente fundamental en su formación: el momento angular del agujero negro, que está directamente relacionado con la rotación. En vocabulario técnico, los astrónomos se refieren a él como el *espín* del agujero negro. Un espín de valor uno supondrá que está rotando muy rápido. Como ya hemos visto, un agujero negro viene caracterizado por tres parámetros: su masa, su momento angular y su carga. Por ello, la determinación del momento angular es importante. Si el agujero negro creció en uno o en un número limitado de eventos en los que se alimentó de materia, adquirirá el momento angular de la materia que ha ido cayendo, rotará rápidamente y tendrá un espín alto. Si al contrario, la materia va siendo engullida en pequeños paquetes de gas, o incluso pequeños agujeros negros, que están orientados arbitrariamente, el agujero negro resultante rotará con lentitud y tendrá un espín próximo a cero. En este sentido, el espín del agujero negro trae información fósil de su proceso de creación.

> Los agujeros negros de la naturaleza son los objetos macroscópicos más perfectos que existen en el universo: los únicos elementos en su construcción son nuestros conceptos de espacio y tiempo.
>
> **Subrahmanyan Chandrasekhar**

Los resultados obtenidos hasta ahora favorecen valores altos del espín para agujeros negros con masas inferiores a 40 millones de soles, lo que estaría sugiriendo —al menos para estos agujeros negros— que el proceso de acreción de material sucedió mediante eventos muy rápidos. Para agujeros negros mayores de 40 millones de soles, el espín toma valores intermedios, lo que indicaría que podrían venir de procesos de fusión de sistemas binarios o de múltiples eventos de acreción.

ILUMINANDO EL UNIVERSO

No todo el material del disco de acrecimiento acaba alimentando al agujero negro. Parte del material es arrancado del disco a causa, entre otras cosas, de la acción de los campos magnéticos, produciendo unas de las estructuras más espectaculares de la naturaleza: son los chorros de partículas que se eyectan desde las regiones más internas del disco de acrecimiento y viajan a velocidades muy próximas a la de la luz.

Estos chorros se presentan en diferentes «sabores» dentro de la naturaleza: aparecen en las galaxias activas, en los microquásares o en los estallidos de rayos gamma (abreviados comúnmente como GRBs por las siglas GRB del término inglés *Gamma Ray Bursts*). Todos estos sistemas astrofísicos tienen un origen común que es el acrecimiento de materia en torno a un objeto central masivo y compacto: un agujero negro estelar en el caso de los microquásares, un agujero negro supermasivo en el caso de las galaxias activas y un colapsar en el caso de los GRBs. Pueden verse en la figura 4. Comparten además otra característica: la velocidad del material de los chorros debe ser cercana a la velocidad de escape del material en la proximidad del objeto

FIG. 4

Escenarios astrofísicos en los que se forma un chorro relativista: un microquásar, una galaxia activa y un estallido de rayos gamma (GRB). Tanto el microquásar como el GRB corresponden a un agujero negro estelar, mientras que la galaxia activa corresponde a un agujero negro supermasivo. Se muestran en las figuras los diferentes tamaños del disco de acrecimiento y del chorro relativista para los diferentes escenarios, desde los más compactos (GRB, con discos de 100 km y chorros de horas-luz) a los más extendidos (galaxia activa, con discos de 1 000 millones de kilómetros y chorros de millones de años-luz).

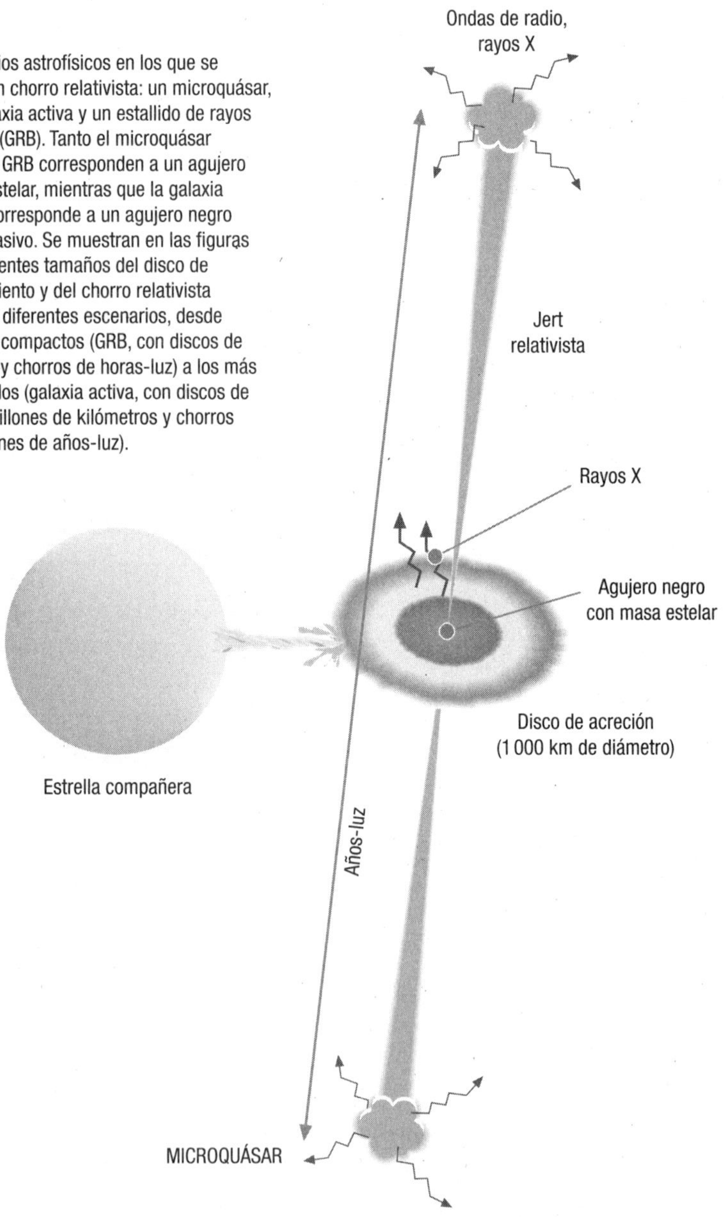

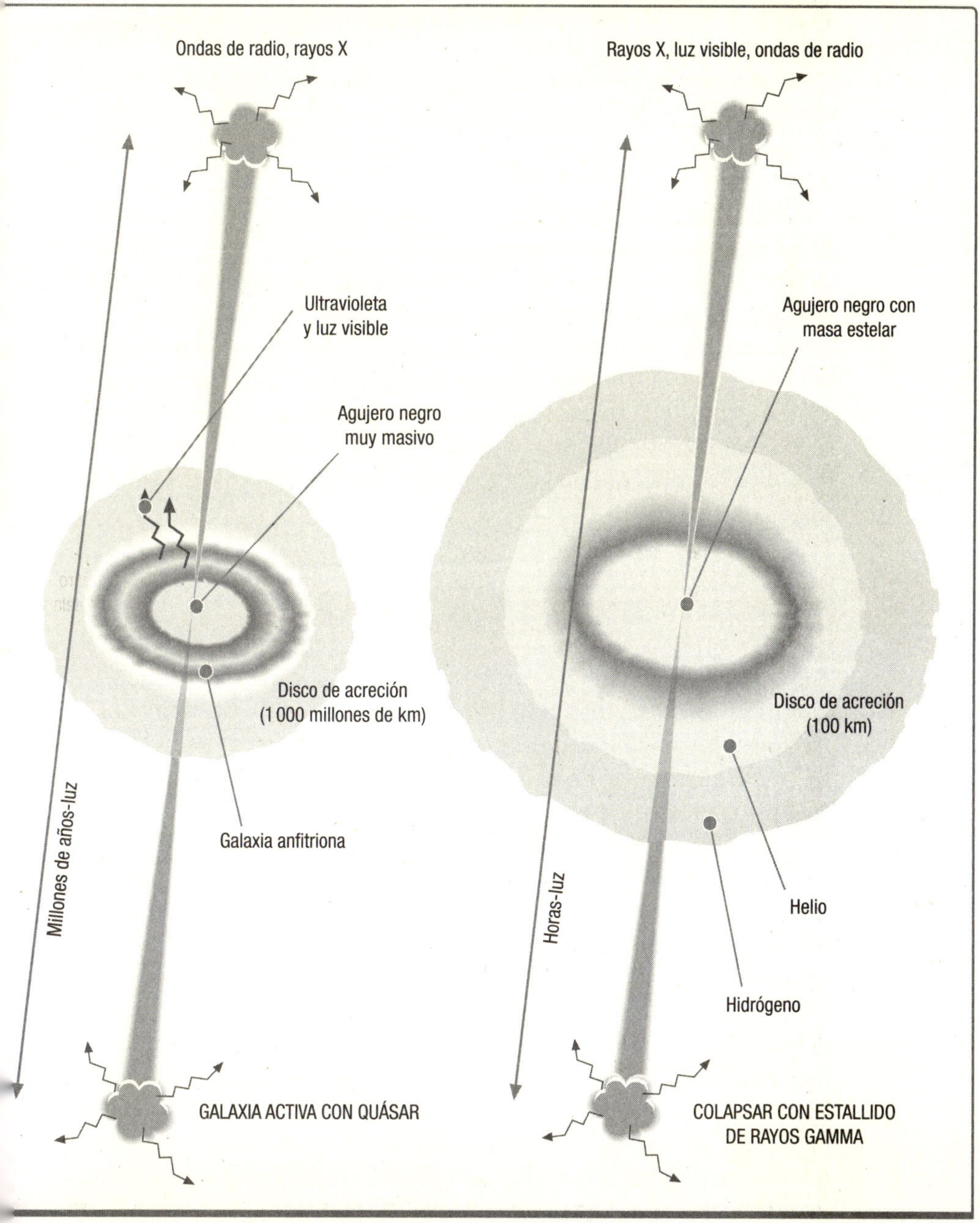
Ondas de radio, rayos X
Rayos X, luz visible, ondas de radio
Ultravioleta
y luz visible
Agujero negro con
masa estelar
Agujero negro
muy masivo
Disco de acreción
(1 000 millones de km)
Disco de acreción
(100 km)
Millones de años-luz
Galaxia anfitriona
Horas-luz
Helio
Hidrógeno
GALAXIA ACTIVA CON QUÁSAR
COLAPSAR CON ESTALLIDO
DE RAYOS GAMMA

central. Como se trata de agujeros negros, la velocidad de escape es la velocidad de la luz.

Las imágenes de estos chorros de materia, su variación con el tiempo, así como sus propiedades físicas confirman esta circunstancia. Ello supone que la física que actúa debe ser explicada aplicando la relatividad de Einstein.

Estos chorros relativistas tienen una morfología similar, si bien presentan diferencias importantes: la longitud del chorro es de millones de años-luz para las galaxias activas, de años-luz para los microquásares y de horas-luz para los GRBs; el tamaño del disco de acrecimiento es de miles de millones de kilómetros para las galaxias activas, de 1 000 km para los microquásares y de 100 km para los GRBs; el material acretado de un microquásar viene de una estrella compañera, mientras que en los otros casos viene del material atraído gravitatoriamente de su entorno por parte del agujero negro central.

COLÁPSARES Y ESTALLIDOS DE RAYOS GAMMA

Una explosión de energía rompe la monotonía del fondo cósmico. En unos pocos segundos se libera una cantidad de energía equivalente a la que nuestro Sol generará en toda su vida. Se trata de los estallidos de rayos gamma, probablemente los eventos más brillantes del universo.

Los GRBs se detectaron por vez primera a finales de la década de 1960 gracias a la tecnología desarrollada al calor de la guerra fría. Eran los años inmediatamente posteriores a la firma en 1963 del Tratado de prohibición parcial de ensayos nucleares entre Estados Unidos y la URSS. Los estadounidenses sospechaban que los soviéticos no estaban cumpliendo su parte del trato y pusieron en órbita una familia de satélites, los Vela, capaces de detectar las emisiones de rayos gamma que delatan la detonación de un ingenio nuclear. Poco después de las 14 horas del 2 de julio de 1967, los satélites detectaron una fuente de rayos gamma diferente en su naturaleza a la emitida por cualquier tipo de arma nuclear conocida. En años sucesivos se pudo calcular en qué posición del cielo se situaba el origen de hasta 16 emisiones de este tipo y se descartó que tuvieran un origen terrestre o incluso solar. Ya en la década de 1990, los datos procedentes del Observatorio Compton de Rayos Gamma permitieron descartar asimismo que procedieran de la Vía Láctea.

Los estallidos de rayos gamma están asociados con explosiones muy energéticas y que suceden en galaxias muy distantes. Pueden ser de dos tipos: las que tienen un tiempo de vida muy corto (de alrededor de milisegundos) y aquellas con tiempos de vida de segundos a minutos. A la explosión inicial en rayos gamma le suele seguir la emisión en rangos menores de energía que se conoce con el nombre de *afterglow*.

Se piensa que los GRBs de larga duración están relacionados con la muerte de una estrella muy masiva, por encima de cuarenta veces la masa del Sol. Es muy similar a una explosión tipo supernova, pero con una particularidad: las estrellas progenitoras rotan muy rápido, de modo que, una vez que la presión asociada con la radiación emitida por las reacciones de fusión nuclear del interior de la estrella no es capaz de contrarrestar la fuerza de la gravedad, la caída del material hacia el objeto central no es idéntica en todas las direcciones, sino que forma un disco de acreción muy denso y compacto (de unos 100 km). Parte del material que va alimentando el agujero negro central a través del disco es eyectado en forma de dos chorros relativistas a lo largo del eje de rotación de la estrella. En el caso de que la densidad de la envoltura estelar sea lo bastante baja, estos chorros viajan más allá de la superficie de la estrella. Como los chorros son muy energéticos, la mayor emisión se produce en forma de rayos gamma. Este esquema se conoce como el modelo del *colapsar* (véase la imagen superior de la pág. 217).

Hay tres condiciones necesarias para que en las etapas finales de la vida de una estrella se produzca una explosión de tipo colapso de un objeto compacto que antecede a una explosión de tipo supernova. Debe tratarse de una estrella masiva, de manera que en su colapso venza la resistencia que ofrecen los neutrones a la formación de un agujero negro. Debe rotar con gran rapidez; la rotación rápida produce un disco y la inmediata emisión de dos chorros relativistas. La estrella debe haber desnudado su envoltura de modo que el jet no tenga ninguna dificultad para avanzar a través de ella.

La gran confirmación del modelo vino con la detección de una supernova en la misma posición del cielo en que se había detectado previamente un GRB. Se ha podido ver la evolución desde una distribución de luz típica de un objeto compacto (lo que sería un GRB) hasta un espectro característico de una supernova. En la mayoría de los casos no se han detectado estas últimas porque los GRBs suceden a una distancia tan grande que las emisiones delatadoras de las supernovas resultan indetectables desde la Tierra por haberse debilitado demasiado.

Los GRBs de corta duración: sistemas binarios

El escenario previamente descrito sería válido para los GRBs de larga duración, pero resulta incapaz de explicar los de tan solo milisegundos. El modelo que hoy en día se considera como más plausible es la fusión de dos objetos compactos, que podrían ser una binaria formada por dos estrellas de neutrones o por una estrella de neutrones y un agujero negro. La teoría de la relatividad general establece que los dos objetos irían orbitando cada vez más cerca uno del otro, al tiempo que emitirían ondas gravitatorias. Llegaría un momento en que ambos se fusionarían en un único agujero negro y ello liberaría enormes cantidades de energía en forma de un estallido de rayos gamma (GRB). Obsérvese que en este caso no hay una estrella que explote, por lo que estos GRBs nunca irían acompañados de una supernova. Y, de hecho, no se ha encontrado ninguna supernova asociada.

Como ya se ha dicho, los GRBs constituyen los eventos electromagnéticos más luminosos del universo. Tanto es así que el GRB 090429B, detectado en 2009, se considera el objeto más alejado del que se tiene constancia.

En teoría, un GRB lo bastante potente y enfocado a la Tierra podría acabar con la vida en nuestro planeta. Se ha llegado incluso a especular con que un evento de este tipo haya sido la causa de la

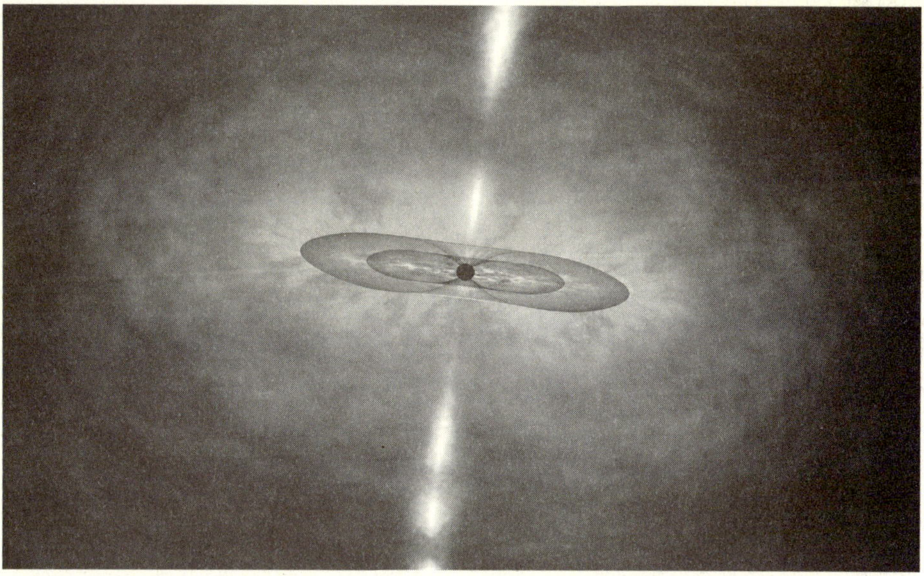

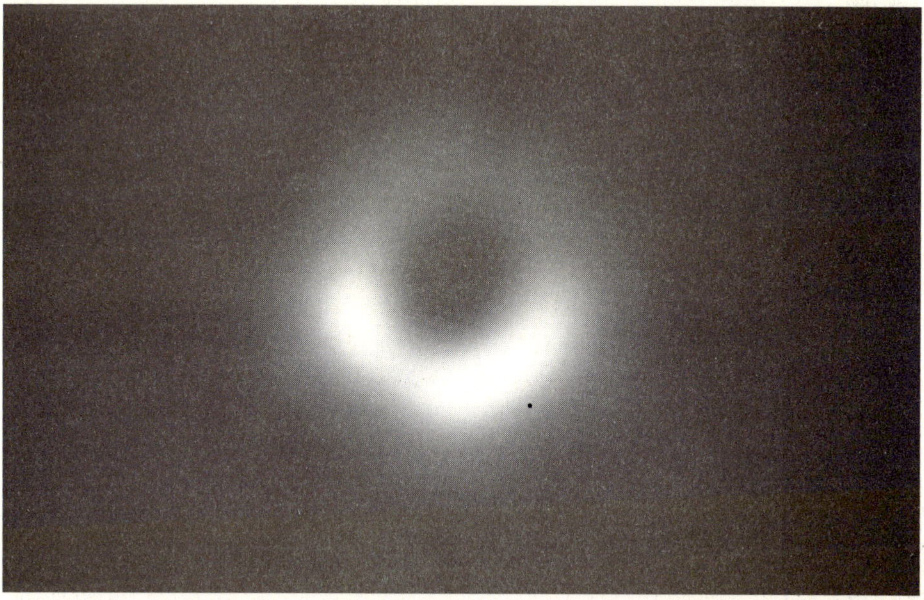

Arriba, imagen de un colapsar. Se distingue el disco de acrecimiento y el chorro relativista atravesando la envoltura gaseosa asociada con la supernova. Abajo, la imagen del agujero negro supermasivo M87*, el primero observado.

extinción masiva del Ordovídico-Silúrico acaecida hace 440 millones de años. Pero ninguna fuente previsible de GRB se encuentra lo bastante próxima como para tomar medidas serias para protegerse de un evento de este tipo.

LA PRUEBA DEFINITIVA: LA IMAGEN DE UN AGUJERO NEGRO

La galaxia M87 es una elíptica gigante con un núcleo activo que emite un chorro de materia, a una velocidad relativista, que se extiende a una distancia de 4900 años-luz. El responsable de esa eyección de materia es el agujero negro supermasivo que se aloja en su centro, uno de los objetos de este tipo con más masa que se conocen, equivalente a la de 6500 millones de soles. Dada esta masa y la distancia a la que se encuentra de la Tierra, ha sido el candidato ideal para protagonizar la primera imagen real de un agujero negro, cuya divulgación tuvo lugar el 10 de abril de 2019.

Para alcanzar este hito histórico, ocho radiotelescopios repartidos por distintos lugares del planeta sincronizaron su señal para formar un telescopio virtual del tamaño de la Tierra mediante la técnica de interferometría de muy larga base (o VLBI, Very Long Baseline Interferometry). Esta red se conoce con el nombre de Event Horizon Telescope (EHT, Telescopio del Horizonte de Sucesos), y es el resultado de años de colaboración internacional. La captura de datos tuvo lugar durante cinco noches seguidas del mes de abril de 2017. Los dos años que pasaron hasta la obtención de la «fotografía» final es el tiempo que tardaron los científicos en analizar y calibrar de forma adecuada los datos obtenidos.

La imagen de M87*, el agujero negro del centro de la galaxia M87 (véase la imagen inferior de la página anterior), muestra un anillo de emisión, más brillante en la región sur, que envuelve una región central más oscura, que corresponde a la sombra del agujero negro producida por la captura de fotones en el horizonte de sucesos. La parte más brillante de dicho disco indica que se está moviendo hacia el observador terrestre, mientras que en la más oscura sucede lo contrario; esto significa que se trata de un agujero negro de Kerr (en rotación). Debido a la enorme curvatura del espacio-tiempo en la proximidad del horizonte de sucesos, se produce por un lado un efecto de lente que curva la trayectoria de las ondas, y por otro hace que los fotones giren alrededor del objeto supermasivo, produciendo el anillo de luz aumentado. La imagen obtenida, que concuerda con la predicción de los modelos basados en la relatividad general, abre una ventana a la comprensión del comportamiento de los agujeros negros. Es un resultado impactante que ha requerido la resolución de retos tecnológicos sin precedentes, que han llevado al límite la técnica de interferometría de muy larga base, proporcionando la nitidez única que ha permitido este descubrimiento.

El 12 de mayo de 2022, el mismo equipo que capturó la imagen de M87* dio a conocer otra imagen de un agujero negro supermasivo, esta vez el que preside el centro de la Vía Láctea.

En el corazón de las galaxias

Para que los componentes de una galaxia se mantengan unidos, tiene que haber en su centro un objeto compacto y supermasivo que proporcione la atracción gravitatoria necesaria. Un agujero negro supermasivo, cuya masa se encuentre comprendida entre millones y miles de millones de veces la masa del Sol, es el candidato ideal. Los agujeros negros de este tipo no siempre se encuentran activos, pero cuando lo están generan uno de los escenarios más luminosos y espectaculares que pueden contemplarse en el universo.

A pesar de la relativa poca distancia que nos separa del agujero negro del centro de la Vía Láctea, la captura de su imagen ha sido más compleja que en el caso de M87* debido al tamaño de aquél, mucho menor, y a las dificultades técnicas que tal empresa conlleva. Ello se debe principalmente a la dispersion de la luz en el entorno del centro galáctico, que sigue siendo importante aun en ondas milimétricas, y a la gran variabilidad que presenta la fuente en escalas temporales, del orden de los minutos. Esto hace que, más que una imagen, haya habido que recuperar una película de la evolución temporal del agujero negro de nuestra galaxia.

El estudio de Sagitario A* ha permitido detectar los efectos que produce sobre el gas y las estrellas en su vecindad, la forma en que se alimenta, su tamaño y otros aspectos de su naturaleza. Además, constituye el escenario perfecto para comprobar los efectos de la relatividad general, porque las observaciones astronómicas nos han permitido aproximarnos a él hasta distancias inferiores a la decena de radios de Schwarzschild. Se trata, sin ningún género de dudas, de uno de los temas más fascinantes de la astrofísica del siglo XXI.

NUESTRA GALAXIA

El sistema solar se encuentra dentro de la Vía Láctea, de cuyo centro nos separan unos 26 000 años-luz. Estamos situados en uno de los brazos espirales de la galaxia, el denominado brazo de Orión. Utilizando diversos telescopios, tanto en tierra como en el espacio, que funcionan en diferentes rangos del espectro electromagnético (desde el universo más frío estudiado, con ondas de radio, al más caliente, estudiado con ondas en rayos X y rayos gamma) podemos conocer con gran detalle todos sus componentes, dado que se encuentran a diferentes temperaturas y, por consiguiente, emiten luz a diferentes frecuencias. Sin embargo, por encontrarnos dentro de la galaxia, no podemos cartografiarla globalmente, aunque existen numerosos resultados observacionales, tales como la distribución del gas atómico y molecular, que nos confirman que se trata de una galaxia de tipo espiral.

La Vía Láctea tiene una edad de unos 12 000 millones de años, un diámetro de 90 000 años-luz, más de 200 000 millones de estrellas, una masa de mil millones de veces la del Sol, tarda unos 225 millones de años en dar una vuelta sobre sí misma y tiene una barra central de 25 000 años-luz. Las barras de esta clase no son más que bandas de estrellas que se encuentran en su región nuclear y que ayudan a canalizar el gas interestelar desde los brazos espirales, donde se están formando nuevas estrellas, hacia el centro de la galaxia.

En la Vía Láctea, como en otras muchas galaxias, se encuentran tres componentes básicos (figura 1): el bulbo, que es una zona esférica central formada sobre todo por estrellas viejas; el disco, que muestra diferentes capas y tiene un tamaño de unos mil años-luz, formado por estrellas tanto jóvenes como viejas, además de gas y polvo, y que se encuentra sobre el plano de rotación de la galaxia, y el halo, que es una enorme esfera compuesta en una gran proporción de materia oscura. En el centro de la galaxia reside el denominado centro galáctico (CG), donde estaría el motor central de diversos fenómenos energéticos y que además mantiene unida a toda la galaxia.

El centro de la Vía Láctea también alberga un agujero negro, aunque su emisión no parece ser muy intensa. Por ello, el gran reto de la astronomía en los últimos años y en la actualidad ha sido hallar indicios observacionales de su existencia y determinar sus propiedades físicas.

Las observaciones del CG se topan con un problema: en él hay cantidades enormes de polvo que, al igual que una capa de niebla,

FIG. 1

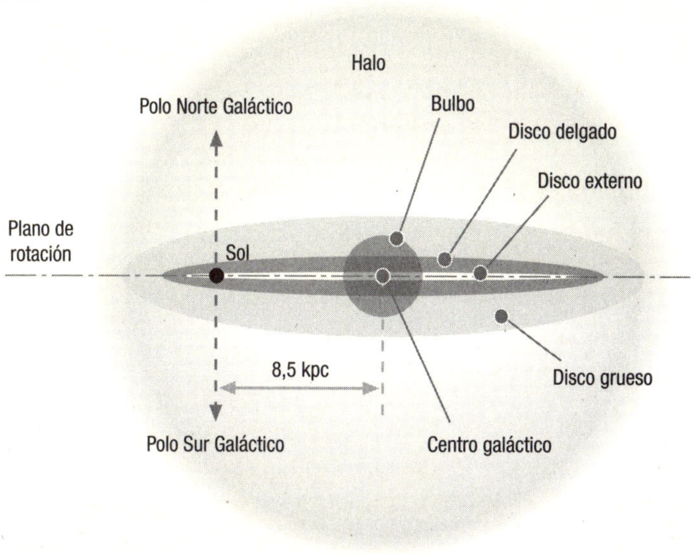

Esquema de la estructura básica de la Vía Láctea. La distancia que separa al Sol del centro galáctico es de unos 7,9 kilopársecs (1 kpc = 3 262 años-luz).

Imagen de la Vía Láctea desde el observatorio de La Silla, en Chile. Su ubicación, a 2 400 m de altitud, lo convierte en un lugar ideal desde el que contemplar el majestuoso cielo austral. Como se aprecia en la fotografía, las nubes de gas ocultan la mayor parte de las estrellas que se concentran en la región central de la galaxia.

absorben la radiación que allí se emite. Es lo que técnicamente se conoce como *extinción*, y en el CG es tan enorme que impide las observaciones en el óptico: el rango de frecuencias que nuestros ojos y los telescopios ópticos pueden ver. Sin embargo, como la extinción depende de la frecuencia, puede estudiarse el CG en otras regiones del espectro electromagnético en las que dicha extinción es despreciable. Ese es el caso de las ondas de radio, el infrarrojo o los rayos X y gamma. Los radiotelescopios son capaces de detectar ondas de radio, de tal modo que con ellos es factible cartografiar regiones donde se están formando estrellas a partir de la emisión del gas ionizado o estrellas moribundas a partir de la radiación que emiten las radiosupernovas. Si se utiliza un telescopio en el infrarrojo, es plausible detectar la emisión de estrellas más frías que el Sol. Si el telescopio trabaja en rayos X o gamma, es posible observar las regiones más energéticas del CG, detectando agujeros negros estelares o gas muy caliente. Así, los astrónomos disponen de diversas ventanas de observación desde las que asomarse a los secretos de la galaxia.

A escalas de 1 000 años-luz, se observa fundamentalmente el disco galáctico. El telescopio espacial Spitzer, que opera en el infrarrojo, permite observar la población de estrellas más jóvenes y el polvo interestelar. Por otro lado, los telescopios en ondas de radio muestran regiones más frías, donde hay nubes de gas que están formando nuevas estrellas.

Se observa también una gran concentración de luz en la región central, con una enorme acumulación de estrellas: la densidad de estrellas en la región central es unos mil millones de veces mayor que en la vecindad del Sol. Es una región muy violenta, con chorros de materia que salen del disco de la galaxia a velocidades altísimas, alcanzando alturas de hasta 500 años-luz. Como existen cargas eléctricas en movimiento, se detectan también campos magnéticos muy intensos. En esta región, los telescopios de rayos X descubren objetos muy energéticos, muchos de ellos asociados con la presencia de agujeros negros estelares (microquásares), tal y como se ha descrito anteriormente.

A escalas de 20 años-luz, nos aproximamos ya al motor central de la Vía Láctea. Observaciones en el infrarrojo muestran que hay

¿CÓMO SORTEAR LA ATMÓSFERA PARA OBTENER IMÁGENES NÍTIDAS?

Cuando se observa en el visible o en el infrarrojo cercano, las imágenes de los objetos se emborronan debido a las turbulencias de la atmósfera. Por ello, la identificación de una misma estrella en épocas diferentes se hace complicado, pero es un requisito esencial para poder determinar su movimiento propio. Dos desarrollos técnicos han contribuido a solucionar el problema del emborronamiento: la tecnología *speckle*, que consiste en tomar imágenes con tiempos de exposición muy cortos de modo que no estén afectadas por la turbulencia atmosférica, y la tecnología de la *óptica adaptativa*, que consiste en medir en tiempo real la distorsión de las imágenes producida por el vapor de agua presente en la atmósfera (con un sensor de frente de onda) y corregirlas haciendo uso de espejos deformables (utilizando un reconstructor y un dispositivo corrector; véase la figura). Mediante estas técnicas se mejora la nitidez de las imágenes hasta el límite de lo que permite la óptica del telescopio. De este modo es posible detectar las estrellas individuales en todas las épocas de observación y medir su movimiento en el plano del cielo.

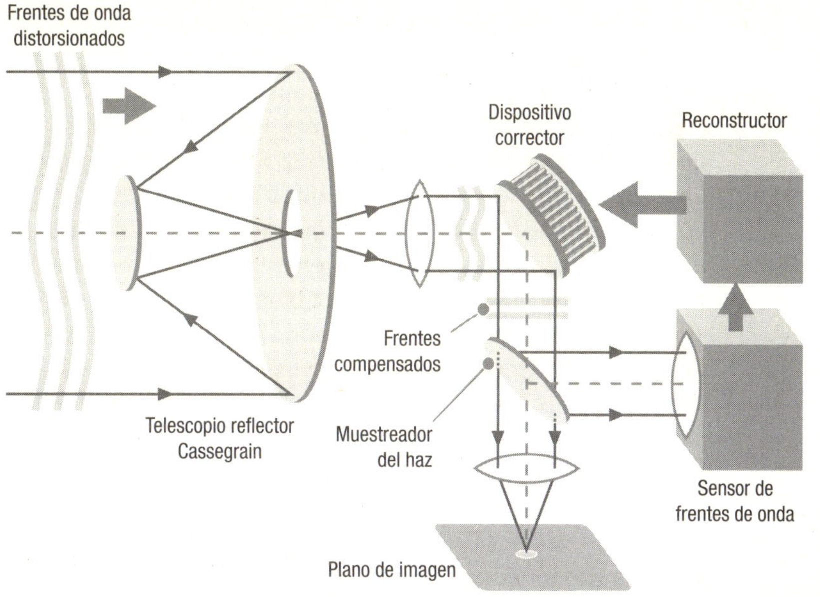

La imagen distorsionada que llega al telescopio es dividida en el muestreador del haz, que evalúa dicha distorsión. Un espejo deformable hace las correcciones oportunas y adapta la imagen para que se muestre con nitidez.

más de 20 000 estrellas, además de mucha luz de fondo. Pero son las observaciones en ondas de radio las que dan una información única.

Aquí merece la pena detenerse un poco: las observaciones a diferentes longitudes de onda permiten estudiar diferentes componentes de la galaxia en diferentes condiciones físicas. Si observamos en longitudes de onda milimétricas, podemos estudiar el gas molecular, que es el combustible fundamental para la formación de nuevas estrellas. Así, las imágenes muestran un disco muy denso, caliente y turbulento de gas molecular (llamado *disco circumnuclear* o *CND*), de un radio de unos 10 años-luz. Puede verse, señalado con una flecha, en la imagen superior de la página contigua. Y lo que es todavía más interesante, las observaciones indican que desde este anillo parte un flujo de material hacia el interior, hacia el corazón de la galaxia, de unas 0,01 masas solares por año. Es decir, 10^{28} kg por año de material, sea cual sea su origen, son atraídos por el objeto central.

Las observaciones en radio a longitudes de onda centimétricas dan información complementaria y adicional muy interesante. Estas observaciones cartografían la distribución del gas ionizado; dado que en los 4 años-luz centrales de la galaxia existen todavía más de 10 000 estrellas, el gas se ioniza fácilmente y emite luz en ondas de radio. En la imagen inferior de la página contigua se muestra que el gas se distribuye en tres brazos espirales, que se encuentran dentro del disco circumnuclear, y que conducen material hacia el centro galáctico. Este gas ionizado se está moviendo y dicho movimiento se ha podido medir con gran detalle, lo que ha conducido a las siguientes conclusiones: en estos brazos, el gas se mueve con una dirección predominante hacia la región central de la galaxia, y su velocidad aumenta conforme se acerca a la región central. Una vez que el gas se encuentra en las proximidades de dicha región central, curva su trayectoria y, o bien es atrapado o, si su velocidad es lo suficientemente alta, logra escapar de la atracción, disminuyendo su velocidad conforme se aleja. Parece que hay algo en el centro de la galaxia que atrae a este gas, que trata de «engullirlo» y que, sin embargo, no es tan voraz como para hacerlo en su totalidad.

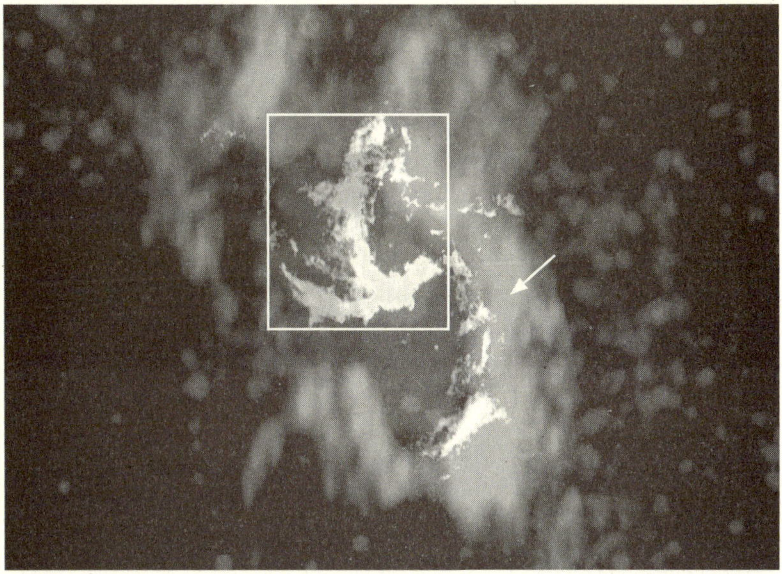

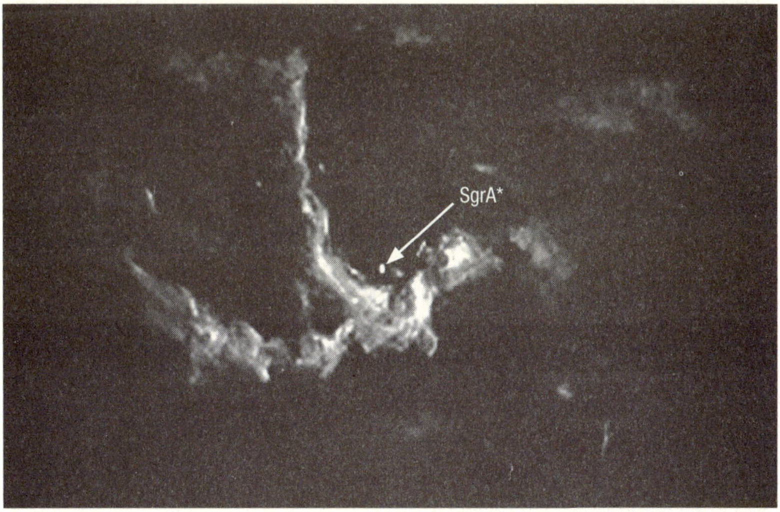

La imagen superior ilustra los 10 años-luz centrales del CG. El anillo circumnuclear de gas molecular está señalado con una flecha (en rojo en la imagen original), mientras que los brazos de gas ionizado se muestran enmarcados con un rectángulo (en cian en la imagen original). Estos últimos aparecen aislados en la imagen inferior, que recoge los 4 años-luz centrales del CG y la localización del agujero negro SgrA*.

Adentrándonos todavía más hacia las «tripas» de la Vía Láctea, a escalas de 4 años-luz, las imágenes en rayos X muestran la presencia de gas muy caliente (con temperaturas por encima del millón de grados), y en las imágenes en ondas de radio se cartografían las regiones más internas de los brazos de gas ionizado detalladamente. Es en estas imágenes de radio donde se detecta un objeto muy compacto, situado en el centro dinámico de nuestra galaxia. Este objeto se denomina SgrA*, y parece ser la fuente de luz astronómica en torno a la cual estaría orbitando el gas ionizado. Todo indica que es el agujero negro central de la Vía Láctea. Puede verse en la imagen inferior de la página anterior.

NUESTRO AGUJERO NEGRO

Desde su descubrimiento en longitudes de onda de radio, SgrA* era el candidato natural a ser el agujero negro supermasivo del centro de nuestra galaxia, dado que era un objeto compacto y se encontraba en su centro dinámico. Sin embargo, tenía ciertas propiedades que lo hacían diferente: comparado con los agujeros negros de otras galaxias, era demasiado débil. De hecho, con su luminosidad no se detectaría si estuviera situado en una galaxia muy lejana. Una tan baja emisión solo puede obedecer a que se trata de un agujero negro no muy voraz. Un agujero negro supermasivo se alimenta, por término medio, con la masa de un sol por año, y sin embargo SgrA* se alimenta tan solo con una cienmilésima de esa dieta. Y existe un problema adicional: la eficiencia con la que la materia que cae sobre SgrA* es transformada en luz es muy baja, muy por debajo de lo que ocurre en los grandes monstruos que residen en el centro de otras galaxias.

Por ello, a lo largo de décadas se han dedicado enormes esfuerzos observacionales a tratar de confirmar que SgrA* es un agujero negro, cuestión finalmente resuelta con la obtención de su imagen, presentada en 2022. Hasta ese momento, los principales resultados observacionales se han basado en dos técnicas: el estudio de la dinámica de las estrellas en la vecindad de SgrA* y el

RESOLUCIÓN ANGULAR DE UN TELESCOPIO

Se denomina *resolución angular* a la capacidad de detalle que tiene un telescopio cuando se observa con él un objeto astronómico. Es lo que coloquialmente se califica como «nitidez» de la imagen. Es una magnitud angular. Dependiendo de la distancia a la que se encuentra el objeto, variará la resolución lineal de la imagen, que es el tamaño del detalle más pequeño que se puede distinguir inequívocamente en ella. Suponiendo que la influencia de la atmósfera haya sido corregida, la resolución angular puede estimarse como el cociente entre la longitud de onda de observación y el diámetro del telescopio: la resolución angular mejora conforme disminuye la longitud de onda o conforme aumenta el diámetro del telescopio. Para hacernos una idea: si observamos en el rango visible a una longitud de onda de 500 nanómetros con un telescopio de 2 m se alcanzaría una resolución angular de 50 milisegundos de arco. Si estuviéramos observando en ondas de radio a una longitud de onda de 4 cm, los diámetros requeridos para alcanzar las mismas resoluciones angulares serían telescopios (o en su caso radiotelescopios) con diámetros de 160 km.

Los astrónomos buscan en sus observaciones la mejor resolución angular para captar más detalles de los objetos astronómicos. A modo de ejemplo pueden verse imágenes de Júpiter con diferentes resoluciones angulares, mostrando la imagen inferior mucha mejor nitidez.

La alternativa: unir fuerzas

Construir instrumentos así de grandes es imposible, por lo que se recurre a una solución alternativa que es la interferometría. Esta técnica permite construir instrumentos virtuales de hasta decenas de miles de kilómetros mediante la estrategia de observar un objeto astronómico simultáneamente por instrumentos separados por esas distancias, y combinar la señal procedente de cada uno de ellos. En ondas de radio se pueden combinar instrumentos separados por miles de kilómetros, mientras que en el óptico y el infrarrojo se limita a distancias de cientos de metros.

estudio de SgrA* con la técnica de interferometría de muy larga base (VLBI).

SgrA* se encuentra en el centro del cúmulo estelar más denso de la Vía Láctea, con una densidad un millón de veces superior a la existente en la vecindad solar. Las estrellas más próximas a SgrA*, situadas a distancias de hasta 10 días-luz, sufren la influencia de su campo gravitatorio, de modo que determinando sus movimientos propios en el plano del cielo y usando los principios de la gravedad, es posible obtener una cota para la masa de SgrA*.

Gracias a que se dispone de imágenes de gran nitidez de las regiones centrales del centro galáctico, se han podido determinar los movimientos propios de las estrellas en la vecindad de SgrA*. Son muy rápidos, de alrededor de varios cientos de kilómetros por segundo. Se encontró un resultado adicional, muy importante desde el punto de vista de la física: la velocidad media de las estrellas aumenta conforme más próximas se encuentran a SgrA*, y lo hacen como el inverso de su distancia. Esto lo predecía ya la ley de Kepler y es lo que sucede con los planetas del sistema solar en sus órbitas en torno al Sol. Este comportamiento sugiere que las estrellas se mueven bajo la influencia gravitatoria de un objeto masivo y compacto.

En las primeras épocas de observación, en el infrarrojo cercano no se detectaba a SgrA*. Sin embargo, cuando se medía la posición en torno a la cual las estrellas estaban describiendo sus órbitas, coincidía con su posición obtenida mediante ondas de radio. Era una prueba indirecta clave de que SgrA* era un excelente candidato a ser el agujero negro central de la Vía Láctea.

A lo largo de los últimos años se han podido medir las órbitas de más de una decena de estrellas. Dos de ellas han completado su órbita: la estrella S02 (también conocida como S2) lo hace en menos de dieciséis años y llega a estar a una distancia de 17 horas-luz (124 UA) de SgrA*; la estrella S0-102 completa su órbita en 11,2 años y llega a estar a distancias similares. Pueden verse en la figura 2. A partir de todas estas medidas, y utilizando las leyes de Kepler, se ha establecido que la masa de SgrA* es de unos 4 millones de veces la masa del Sol. Y que dicha masa

FIG. 2

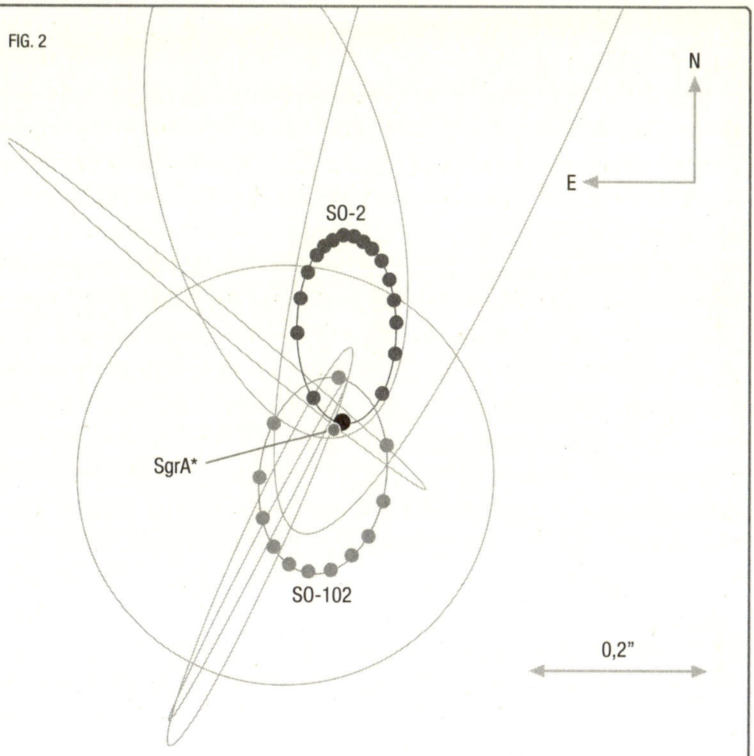

Órbita de las estrellas S0-2 y S0-102 en torno a SgrA*.

se concentra en una región inferior a 15 horas-luz, por lo que se trata inequívocamente de un agujero negro, el más cercano a nosotros de entre todos los supermasivos.

No debe olvidarse que en la Vía Láctea se han encontrado también otros agujeros negros, pero de masas estelares. Son el resultado de la muerte de estrellas muy masivas, como se ha descrito. De hecho, hay varios de ellos no muy lejos del centro de la galaxia: tienden a concentrarse en el plano galáctico. Pero es SgrA* el único de efectos «globales» sobre la Vía Láctea: es el objeto responsable de proporcionar la gravedad suficiente para mantenerla unida en su totalidad.

Observaciones con VLBI de SgrA*

Tal y como se ha descrito a lo largo de este capítulo, en el centro de nuestra galaxia hay mucho gas y polvo concentrados. Esta especie de «velo» intercepta la radiación emitida desde allí en la banda de la luz visible, impidiendo que llegue hasta nosotros. Debido a ello, las observaciones de esta zona deben hacerse en las bandas del espectro electromagnético capaces de traspasar dicha barrera. Y este es el caso de las ondas de radio.

Cuando se observa un objeto astronómico a longitudes de ondas de radio, existe una técnica que permite mejorar de manera espectacular la capacidad de detalle de las observaciones, siempre y cuando dicho objeto sea lo bastante brillante en el cielo: es, como ya hemos mencionado, la interferometría de muy larga base, VLBI. Consiste en observar simultáneamente un objeto astronómico con distintos radiotelescopios distribuidos en la superficie terrestre, situados a distancias de miles de kilómetros. Las señales que capta cada uno de los radiotelescopios individuales pueden combinarse entre sí, de forma que es como si observáramos el objeto con un radiotelescopio del tamaño de la distancia que los separa, es decir, un radiotelescopio de miles de kilómetros. Con la técnica de VLBI se logran resoluciones angulares mejores que un milisegundo de arco.

A lo largo de los últimos años se han realizado observaciones de SgrA* con la técnica de VLBI para obtener imágenes con la mayor nitidez posible. Con observaciones realizadas a una longitud de onda de 1,3 cm, se pudo obtener una imagen de SgrA* con un detalle del orden del milisegundo de arco. Las observaciones han mostrado que en el centro de la Vía Láctea hay un objeto compacto con un tamaño de 2,5 milisegundos de arco, que corresponde a un tamaño lineal de 12 UA. El resultado es fundamental: en el mismo centro de la Vía Láctea hay un objeto compacto más pequeño que 12 UA: SgrA*. Como a partir de las medidas de las órbitas de estrellas situadas a distancias de hasta 110 UA se había determinado que en el interior de SgrA* había una masa de 4 millones de soles, los resultados radiointerferométricos permitían conocer que esa masa está concentrada en una región menor de 12 UA, una región de tamaño inferior al del sistema solar.

Para caracterizar con mayor precisión a SgrA*, se han ido realizando nuevas observaciones de VLBI a longitudes de onda más cortas, en el rango de las ondas milimétricas. De esta forma, se aumenta la nitidez de las imágenes y se mejora la determinación de su tamaño. Observaciones de VLBI con longitudes de onda todavía más cortas establecieron que el tamaño intrínseco de SgrA* a estas longitudes de onda es inferior a 1 UA. En consecuencia, los 4 millones de masas solares se encuentran concentrados en un espacio menor que la distancia entre la Tierra y el Sol.

Debido a que las aplicaciones prácticas [del agujero negro] son tan remotas, muchas personas asumen que no deberíamos estar interesados. Pero esta búsqueda de entender el mundo es lo que nos define como seres humanos.

Yuri Milner, físico y emprendedor ruso

Pero todavía se pudo observar SgrA* con mayor nitidez. En 2013 se realizaron observaciones de VLBI a 1,3 mm que mostraron que SgrA* tiene un tamaño inferior a 0,4 UA, que para su masa corresponde a valores de 4 radios de Schwarzschild aproximadamente.

Las observaciones de SgrA* con VLBI están ya muy próximas al agujero negro, a las regiones que corresponden a la última órbita estable (recordemos que es la última órbita donde el material puede girar en torno al agujero negro sin caer en él). La medición de la más alta resolución, realizada a una longitud de onda de 1,3 mm, indicaba un diámetro para la fuente de 60 millones de kilómetros, además de una morfología simétrica. Es importante remarcar que, dadas su masa y su proximidad, SgrA* es uno de los pocos agujeros negros supermasivos a los que ha sido posible acercarse tanto con las observaciones, dada la configuración actual del EHT.

El material más próximo a SgrA* está orbitando prácticamente a la velocidad de la luz y está sintiendo los efectos extremos de la relatividad general. Las teorías predicen que incluso los rayos de luz emitidos desde las inmediaciones de SgrA* se curvan por el efecto de la gravedad. Al curvarse, no llegan hasta el observador y producen una sombra del propio objeto. Así lo verificaron

ALBERT EINSTEIN

Einstein es quizás el científico más conocido del siglo xx. Su compleja personalidad estuvo influida sin duda por las circunstancias históricas del periodo en que le tocó vivir. Se pronunció públicamente sobre los temas de interés social, estando a favor del pacifismo, del socialismo democrático, de la libertad individual... Nació alemán, en 1879, y murió estadounidense, en 1955, en Princeton, donde finalizó su carrera académica como docente en el Instituto de Estudios Avanzados.

Teorías que transformaron el mundo

Su carrera como investigador es extraordinaria. En 1905, publicó la teoría de la relatividad especial, basada en dos principios fundamentales: la velocidad de la luz es constante para cualquier observador y las leyes de la física son invariantes para observadores que se mueven a velocidad constante uno con respecto al otro. Estos dos principios básicos dieron lugar a las leyes de transformación y explicaron los fenómenos de la dilatación del tiempo y de la contracción de la longitud entre los referenciales. Como efecto directo de esta teoría se probó la equivalencia entre masa y energía, que tantas consecuencias tendría para el futuro de la física. En el año 1905 también publicó otros dos resultados fundamentales: el efecto fotoeléctrico y el movimiento browniano. El primero consiste en la emisión de electrones cuando se hace incidir la luz sobre una placa metálica. El descubrimiento del efecto fotoeléctrico trajo, como consecuencia, la propuesta de Einstein de que la luz está formada por cuantos, un número finito de partículas denominadas *fotones*. Ello suponía, además, que los sistemas físicos presentaban un doble comportamiento, como onda o como corpúsculo, principio que constituiría la base de la física cuántica. Estos resultados le valieron el premio Nobel de Física en 1921. El otro gran hallazgo de 1905 fue la descripción matemática del movimiento browniano, que hace referencia al movimiento aleatorio que presentan algunas partículas microscópicas cuando se encuentran disueltas en un medio fluido. Einstein desarrolló una teoría matemática completa capaz de explicar los resultados basándose en la mecánica estadística y en la teoría cinética de los fluidos. Supuso un apoyo definitivo a la existencia de los átomos, las unidades elementales de la materia.

El espacio y el tiempo se unen

El año 1905 está considerado el *annus mirabilis* del científico alemán por la cantidad y brillantez de los resultados que publicó, si bien 1915 también fue de excepcional importancia, pues fue entonces cuando publicó los principios de la relatividad general: la gravedad pasa de ser una fuerza a distancia a una consecuencia de la curvatura de una nueva entidad que es el espacio-tiempo (un nuevo escenario en el que se producen todos los sucesos físicos del universo, verificándose los principios de la relatividad general). Estos principios supusieron una base fundamental para el desarrollo de la cosmología. Una de las consecuencias de la relatividad general es la curvatura de los rayos de luz cuando pasan cerca de un cuerpo masivo, como por ejemplo la luz procedente de las estrellas al pasar cerca del Sol. El legado de Einstein se mide no solo por lo que hizo sino por lo que inició y sugirió. Murió trabajando sobre la unificación de las grandes fuerzas de la naturaleza, una tarea que a día de hoy sigue pendiente.

Arriba, Einstein durante una conferencia en Viena en 1921, año en el que le fue concedido el premio Nobel. Los cambios que las teorías de Einstein provocaron en el avance del conocimiento científico de su época y en la sociedad en general fueron de tal magnitud que la revista *Time* llegó a considerarlo el personaje más influyente del siglo xx.
Abajo, Einstein recibe del juez Phillip Forman su certificado de ciudadano estadounidense (1940).

ya las primeras imágenes del agujero negro supermasivo de la galaxia M87, que también confirmaron ciertas predicciones de la teoría de la relatividad general de Einstein en condiciones extremas.

Las observaciones interferométricas proporcionan una confirmación experimental muy importante: la posición de SgrA* se ha medido con gran precisión a lo largo de las últimas décadas con relación a la posición de diversos quásares. Estos quásares se encuentran a gran distancia, por lo que su movimiento propio es despreciable, de modo que se convierten en un sistema de referencia muy adecuado y estable para medir la posición de SgrA*. Los resultados confirmaron la estacionariedad de SgrA*, que es lo que cabría esperar para el agujero negro en el centro de la Vía Láctea. Se confirmaba de este modo que el agujero negro marca el centro dinámico, el motor central de nuestra galaxia.

Otra propiedad importante que presenta SgrA* es que su emisión varía con el tiempo y lo hace en escalas temporales muy cortas. SgrA* se ha detectado tanto en el infrarrojo cercano como en rayos X, y se ha comprobado que su emisión parece variar de forma periódica, con un periodo típico de decenas de minutos. Utilizando un argumento muy sencillo de causalidad, que indica que si la luz proviene del mismo objeto emisor durante el periodo de variación, el tamaño del objeto debe ser menor que el espacio recorrido por la luz durante ese tiempo, se concluye de una forma independiente que el tamaño de SgrA* debe ser inferior a 100 minutos-luz, lo que corresponde a unas 10 UA, en perfecto acuerdo con las medidas obtenidas por VLBI.

Si se compara la luminosidad de SgrA* con la de otros agujeros residentes en el centro de galaxias, los cuales tienen masas de 100 a 1000 veces la masa de aquel, se concluye que es relativamente poco luminoso. Tiene elementos comunes con ellos: el disco circumnuclear de material molecular que sirve de depósito de alimento para el agujero negro central; los brazos de gas ionizado que son atraídos por el campo gravitatorio del agujero negro y conducen el alimento hasta sus proximidades; el objeto compacto en su interior... Pero también tiene diferencias: no vemos un chorro (técnicamente conocido como jet) de material expulsado, ni tampoco vemos imágenes del disco de acrecimiento de material cayendo hacia el interior, aunque sí deducimos su presencia a partir de la forma en que varía la energía proveniente de los alrededores de SgrA*. Cuando el objeto supermasivo central de una galaxia, como es el caso del de la Vía Láctea, coexiste físicamente con regiones donde se están formando nuevas estrellas, tiende a ser menos luminoso. Es como si los procesos de formación de nuevas estrellas limitaran o inhibieran su alimentación, haciendo que tuviera menos masa y emitiera menos luz.

Y es que no debemos olvidar que nuestro agujero negro «pasa hambre»; poco alimento cae hacia su garganta. ¿Puede haber algo que le permita darse un empacho y aumente su brillo? Si existieran nubes de gas que se aproximaran hacia el corazón de la galaxia y que fueran atraídas y capturadas por SgrA*, las observaríamos desgarrándose y con un aumento enorme de su brillo. Pueden verse cuatro secuencias de la simulación de este desgarro en la imagen de la pág. 241.

¿Son muy densos los agujeros negros? Considerando el caso de SgrA*, hoy se sabe que hay una masa de 4 millones de veces la del Sol en una zona que mide menos de 0,3 UA. El enorme campo gravitatorio que siente la materia que cae hacia la región central proviene de la enorme concentración de masa. Pero si se calculara la densidad del agujero negro, suponiendo que la materia se distribuye de forma uniforme dentro de su horizonte, se comprobaría que es inferior a la densidad del agua (1 g/cm^3).

GALAXIAS Y AGUJEROS NEGROS SUPERMASIVOS: UN DELICADO EQUILIBRIO

El conocimiento de la física de las galaxias ha avanzado enormemente en los últimos años gracias a la disponibilidad de imágenes y de datos de toda índole (fotométricos y espectroscópicos) en todo el rango del espectro electromagnético, de modelos teóricos muy avanzados y de simulaciones numéricas muy detalladas.

Pese a todo, no se conoce con precisión cuál es el mecanismo que conduce a su formación. Se sabe que los ingredientes básicos que intervienen son:

1. Un conjunto inicial (espectro) de fluctuaciones de densidad en el universo primitivo (grumos con una densidad un poco más elevada en una sopa uniforme).

2. La gravedad como motor (la gravedad amplifica los grumos iniciales).

3. La materia oscura.

Tomando en consideración argumentos teóricos y observaciones recientes, parece que las fluctuaciones de masa más pequeñas irían colapsando para dar lugar a estructuras mayores. Sin embargo, todavía se desconocen los periodos temporales de la formación de las grandes estructuras, periodos que dependerán fuertemente de los detalles del modelo cosmológico (el estudio del origen, la evolución y el destino del universo). Por ello, nuestra comprensión del proceso de formación de las galaxias es todavía incompleta. Las observaciones más profundas obtenidas con los telescopios más sensibles han demostrado que ya existían galaxias 480 millones de años después del Big Bang. Y se sabe también que en sus épocas más tempranas el universo era muy violento y que las galaxias crecieron muy rápidamente debido a la acreción de otras muy pequeñas.

Se conoce también que todas las galaxias pueden contener en su interior un agujero negro. En la mayoría de ellas parece estar dormido o inactivo. Todavía no está claro cómo pudo formarse este agujero negro supermasivo en el centro de ellas. Algunas teorías parecían apuntar a que la formación de los agujeros negros antecedía a la formación de las galaxias. Sin embargo, otras sugieren que el agujero y la galaxia tendrían un origen y una evolución comunes, de manera que, al tiempo que la galaxia fuese creciendo, el agujero negro iría incorporando masa y devolviendo energía a la galaxia. Llevarían de este modo un destino paralelo.

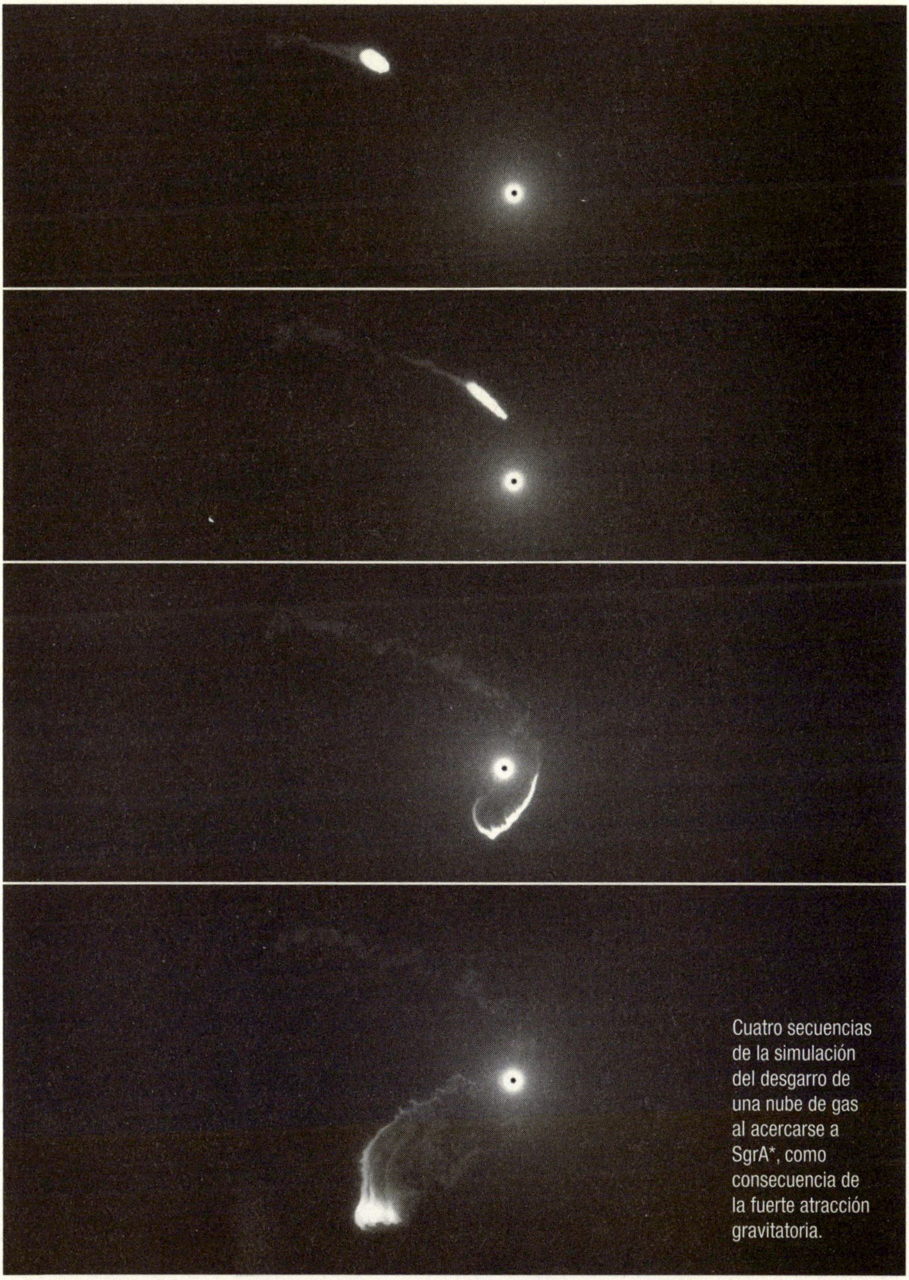

Cuatro secuencias de la simulación del desgarro de una nube de gas al acercarse a SgrA*, como consecuencia de la fuerte atracción gravitatoria.

Esta relación íntima entre la galaxia y el agujero negro se ha visto apoyada por un resultado reciente: la masa total de estrellas y la dispersión de velocidades son directamente proporcionales a la masa del agujero negro central.

Los agujeros negros supermasivos mantendrían unida la galaxia, pero ¿por qué no colapsa? La fuerza que se le opone está asociada con el movimiento de las estrellas en el seno de la galaxia, cada una de ellas con una órbita diferente, lo que produce una distribución de velocidades variada, con un efecto dispersivo, que es capaz de compensar la atracción gravitatoria y mantener el equilibrio.

Una imagen bastante fidedigna de una galaxia espiral sería la de una estructura formada por gas y estrellas concentrados en un disco plano y esencialmente circular. Una galaxia espiral contiene unos 100 000 millones de estrellas y un 10 % de masa adicional en forma de gas en una región de unos 100 000 años-luz de diámetro. Las estrellas y el gas están describiendo órbitas circulares, compensando la atracción gravitatoria del agujero negro central con la fuerza centrífuga (dependiente de la velocidad orbital). Una estrella cualquiera tardaría unos 200 millones de años en completar una órbita alrededor del agujero negro central, con una velocidad promedio de 200 km/s. Eso significa que, una galaxia con una edad típica de 10 000 millones de años, habría completado ya unas 50 órbitas en torno a su centro dinámico. En el caso de la Vía Láctea, se ha podido medir con extremada precisión que el periodo de rotación del Sol alrededor de SgrA* es de 226 millones de años, con un movimiento propio de 198 km/s.

Existe un tipo particular de galaxias que se denominan *galaxias activas*. Se caracterizan por tener un núcleo central (el denominado *núcleo activo de la galaxia*, *AGN* por las siglas del término en inglés) que brilla hasta el punto de poder llegar a ser más luminoso que el resto de la galaxia que lo alberga. Los AGNs presentan rasgos que los distinguen de otros núcleos galácticos:

— Emiten enormes cantidades de energía, excediendo la emisión del resto de estrellas de la galaxia por un factor superior a 100. Además, los episodios de actividad pueden durar millones de años.

— Su emisión se extiende a lo largo de todo el espectro de energías, como puede verse en la figura 3. Como se aprecia, los AGNs emiten cantidades de energía similares en todo el espectro electromagnético. Las estrellas y el gas tienden a concentrar su emisión en determinados rangos del espectro, dependiendo de la temperatura a la que se encuentren. Así, la emisión del polvo aparece en las ondas milimétricas, y las estrellas con temperatura muy alta emitirán en rayos X, pero los AGNs presentan emisión en todo el ancho del espectro electromagnético.

— Son fuentes muy compactas. Se conoce que es así gracias a que la luz que emiten es extremadamente variable, con escalas temporales de meses, días e incluso horas. Como he-

FIG. 3

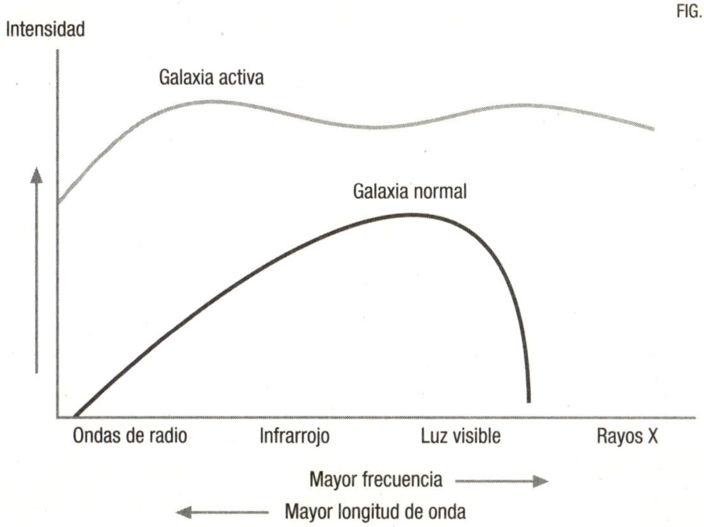

Distribución de energía de una galaxia normal y de una galaxia activa.

mos visto, estas escalas de tiempo de variabilidad imponen un límite superior al tamaño de la fuente emisora: debe ser menor que la distancia que ha recorrido la luz durante ese intervalo de tiempo característico. Este argumento sitúa el tamaño de los AGNs por debajo de las horas-luz, es decir, más o menos el tamaño del sistema solar.

— En la vecindad de los AGNs existe gas que se mueve a velocidades muy altas, de unos 10 000 km/s, resultado que se ha podido medir a partir del desplazamiento por efecto Doppler de las líneas espectrales del gas emisor.

La existencia de un agujero negro supermasivo en el interior de estos AGNs explicaría de forma natural sus propiedades: emiten gran cantidad de energía, que estaría asociada con procesos gravitatorios vinculados a la materia que sería atraída y acretada hacia el agujero negro y la emisión cubriría todos los rangos del espectro electromagnético, tal como veremos en las páginas siguientes. La presencia de este agujero negro supermasivo da lugar a la formación de discos de gas y polvo girando en torno a él. Cuanto más cerca se encuentra del agujero negro esta materia, mayor es su temperatura y emite luz en diferentes regiones del espectro electromagnético; las velocidades muy altas del gas en las proximidades del agujero negro son una consecuencia del campo gravitatorio; su compacidad es el resultado natural de considerar la velocidad de escape igual a la velocidad de la luz.

Falta un ingrediente fundamental: parte del material del disco acaba siendo triturado por el agujero negro. Atraviesa el horizonte de sucesos y desaparece definitivamente. Pero una pequeña parte del material del disco es extraído y expulsado en forma de unos jets o chorros que se propagan desde las regiones más internas del disco hasta distancias de millones de años-luz. Pueden verse en la imagen de la página contigua. La formación de estos chorros tiene que ver con otro ingrediente fundamental en la física de los agujeros negros: la presencia de campos magnéticos.

Imagen en ondas de radio de la radiogalaxia Hércules A. Pueden distinguirse los espectaculares chorros relativistas que emanan desde la vecindad del agujero negro central.

ANATOMÍA DE UN MONSTRUO

En la página contigua se muestra una recreación de la anatomía de un agujero negro, donde puede verse que la emisión está estratificada a diferentes longitudes de onda según la temperatura de la región emisora. Las regiones más internas del disco giran a mayor velocidad (la velocidad aumenta de forma inversamente proporcional a la raíz cuadrada de su distancia al agujero negro, lo que se conoce como *rotación diferencial*). Como el material del gas rota a diferentes velocidades, las diferentes capas se rozan entre sí, produciéndose un calentamiento. Ese calor se libera en forma de energía, tanto más caliente y más energética cuanto más cerca se encuentre dicho material del agujero negro central.

Se podría realizar una tomografía del disco, al modo que lo hacen los aparatos médicos con el interior de un ser vivo, permitiendo trazar las diferentes regiones según su emisión en el espectro de luz. Yendo desde las regiones externas hacia el interior, el disco de acrecimiento comienza a formarse a una distancia de unos 10 años-luz, donde el disco está esencialmente formado por gas y polvo a baja temperatura.

Profundizando un poco más en el disco, hasta distancias del agujero negro de 0,5-1 años-luz, se encuentra una región de gas y polvo ya tibio (de entre 40 y 60 K, frente a los 20 K del gas molecular) que emite principalmente en el infrarrojo. Cuando se habla de polvo se habla de partículas sólidas, del tamaño de la micra, que se forman en las envolturas de las estrellas y que enriquecen el medio externo en las explosiones de las estrellas masivas como supernovas.

A distancias inferiores a 0,1 años-luz, las temperaturas son ya tan altas (unos 1 500 grados) que todo el polvo se evapora. Se produce la sublimación de sus partículas, pasando directamente de estado sólido a gaseoso. A estas escalas, la emisión es debida al gas a altas temperaturas y se detecta sobre todo en el rango visible y el ultravioleta. Son regiones con un tamaño parecido al de un sistema planetario, pero con una emisión muy superior a la generada por la suma de todas las estrellas de la galaxia. De

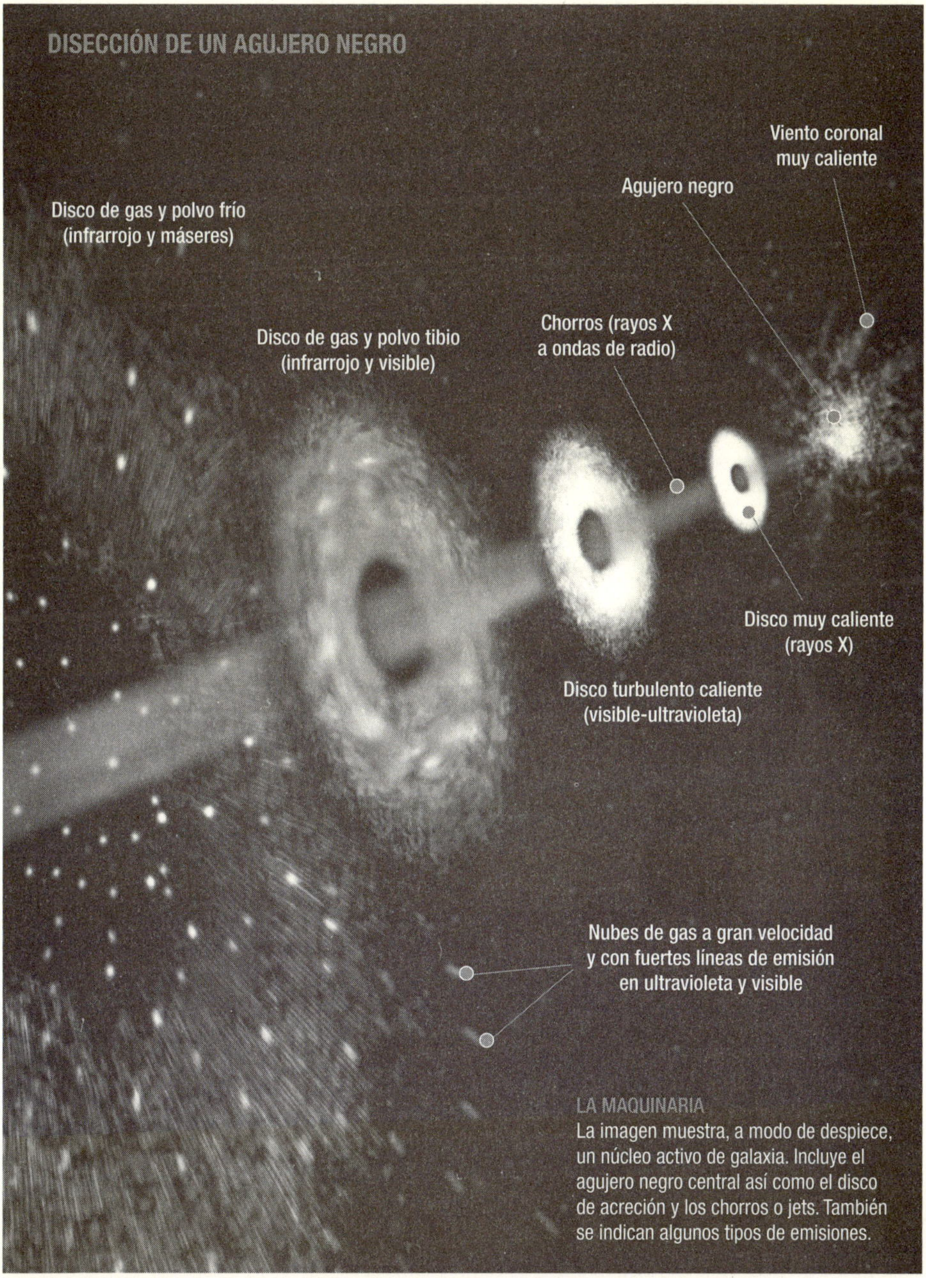

LA MAQUINARIA
La imagen muestra, a modo de despiece, un núcleo activo de galaxia. Incluye el agujero negro central así como el disco de acreción y los chorros o jets. También se indican algunos tipos de emisiones.

ROGER PENROSE

Roger Penrose nació en 1931 en la ciudad de Colchester, Inglaterra, en el seno de una familia de biólogos y médicos. Eran cuatro hermanos, de los cuales el primero era físico, el segundo se dedicaba con entusiasmo al ajedrez, y una tercera hermana no tenía una vocación clara, por lo que sus padres veían en el joven Roger la gran y única esperanza de que se dedicara a la biología. Sin embargo, Penrose mostró desde muy joven una fuerte inclinación hacia las matemáticas. Su padre, para intentar frenar su vocación, se puso en contacto con un profesor del University College de Londres, proponiéndole que le preparara un examen dificilísimo para su hijo, de modo que fallara en la resolución de los problemas y se sintiera profundamente desmotivado. Pero el joven Penrose supo resolver los doce problemas y su padre no tuvo otra opción que ceder. En pocos años, su carrera científica se fue inclinando hacia la física y la astrofísica.

Roger Penrose durante una conferencia celebrada en la ciudad india de Calcuta en 2011.

Interesado en los agujeros negros

Penrose hizo una aportación fundamental en la física de los agujeros negros a través de la combinación de la geometría y la topología. Aprovechándose de su excelente formación matemática, Penrose aportó dos principios fundamentales. En primer lugar, estableció la necesidad de que un agujero negro tenga una singularidad. Planteó además la conjetura de la censura cósmica, que establece que «no se puede formar una singularidad desnuda. Si se forma una singularidad, debe de estar protegida por un horizonte, de modo que no podamos verla desde el universo externo». La presencia de singularidades desnudas implicaría que podrían ser observadas desde cualquier otro lugar del espacio-tiempo y, por lo tanto, la física podría perder la capacidad predictiva y rompería el principio de causalidad que establece que la causa precede al efecto. Penrose finalizó su carrera científica como *Full Professor* en la Universidad de Oxford. A lo largo de sus años de carrera abordó el tema de la espinosa relación entre la relatividad general y la mecánica cuántica, fundamental para establecer las condiciones de la gravedad cuántica que gobernarían las regiones más próximas a la singularidad.

hecho, cuando se observa la luz que emiten las galaxias activas se ve que tienen una componente muy importante en el ultravioleta.

En las regiones más internas del disco (tamaños de 0,12 días-luz, 3 horas-luz) el gas alcanza temperaturas de millones de grados, de modo que emitirán en rayos X. El gas tendrá que orbitar a velocidades cada vez mayores para mantener una órbita estable en torno al agujero negro y no ser tragado por este. Cuando la velocidad que necesite para contrarrestar a la gravedad sea la de la luz, ya no podrá mantener una órbita estable y caerá irremediablemente hacia el agujero negro. Pero la emisión en rayos X no vendrá tan solo de las regiones más calientes del disco: como sucede en el Sol, alrededor del disco se forma una especie de atmósfera con un gas caliente y turbulento —a modo de la corona solar— que emite luz en rayos X.

Pero no todo el material del disco acaba consumido en forma de alimento del agujero negro, sino que parte del material acaba siendo arrancado del disco y eyectado en forma de chorros o jets, que son uno de los fenómenos más espectaculares de la naturaleza. Tal y como se mostró en el caso de los microquásares, estos chorros tienen un tamaño mucho mayor que el de las galaxias que los albergan y su presencia constituye una de las pruebas fundamentales de la existencia de un fluido relativista. ¿De dónde toman la energía? Como ya se comentado anteriormente, Penrose dio una solución: parte de la energía rotacional del material del disco de acreción en rotación se almacena en la ergosfera y puede ser reutilizada para extraer material del agujero negro.

Y hay un ingrediente también esencial: dadas las altas temperaturas, el gas se encuentra ionizado y, por consiguiente, existen cargas eléctricas en movimiento —corrientes eléctricas— generando campos magnéticos. Sucede algo similar a lo que ocurre en el interior de nuestro planeta: el campo magnético terrestre está producido fundamentalmente por las corrientes eléctricas que se dan en el núcleo de la Tierra, que presenta naturaleza líquida, pues está compuesto de hierro fundido altamente conductor.

Los chorros relativistas

La formación y evolución de estos grandes chorros de partículas requieren de la participación de tres ingredientes básicos: el agujero negro supermasivo, el disco de acreción que lo alimenta y los campos magnéticos. Lo que sí es claro es que la velocidad del material que forma los chorros es cercana a la velocidad de escape del sistema. Tratándose de un agujero negro, la velocidad de escape es la velocidad de la luz, por lo que el plasma que forma los chorros relativistas debe viajar a velocidades muy cercanas a ella.

Cuando se trata de entender cómo funcionan estos grandes chorros de emisión, hay que responder a tres preguntas:

1. ¿Existe un mecanismo capaz de producir un chorro bidireccional, con una orientación bien definida?

2. ¿Existe una fuente de energía que acelere las partículas hasta velocidades relativistas?

3. ¿Existe un mecanismo físico capaz de concentrar el plasma que se ha eyectado en un haz muy estrecho?

Responder a la primera pregunta es sencillo: los chorros tienen que surgir en una dirección marcada por el eje de rotación del disco de acrecimiento.

Para responder a la segunda y a la tercera preguntas, hay que recurrir a la presencia de un campo magnético. Dado que el chorro está formado por partículas cargadas en movimiento, la presencia de campos magnéticos está asegurada.

Las líneas del campo magnético, cuando cruzan el disco de acreción, son forzadas a rotar con el propio disco. Por lo tanto, las partículas que forman el plasma —situadas a ambos lados del disco— son forzadas a rotar con las líneas de campo y expulsadas hacia el exterior. Este fenómeno se muestra en la figura 4. Lo que sucede es que las líneas de campo magnético son muy testarudas y quieren recuperar su orientación original. Así se forma un cam-

FIG. 4

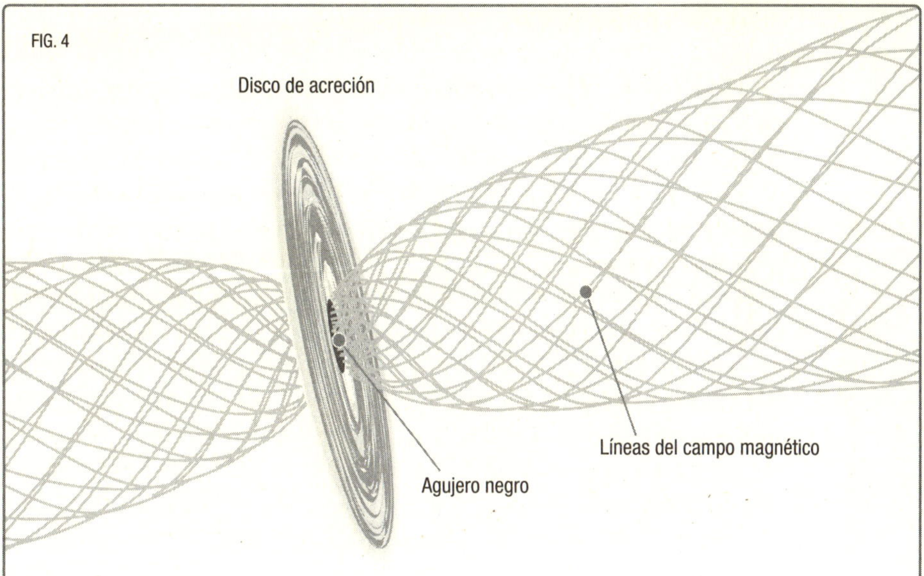

Esquema de la formación y colimación de un chorro relativista.

po magnético que tiene forma de hélice, convirtiéndose en lo que se denomina un *campo helicoidal.*

Y pueden hacerlo hasta que se cierran las líneas. En este momento, el campo magnético deja de ser «informal» y de oponerse a ser arrastrado por el plasma, y tiende a comprimir y afinar el chorro. Este fenómeno produce la colimación del chorro y la aceleración del plasma.

Pero como se ha mencionado con anterioridad, existe un ingrediente adicional: parte de la energía rotacional del agujero negro. La única limitación que tiene un agujero negro es que no puede disminuir su área, su entropía. Como un agujero negro en rotación tiene menor superficie que su equivalente en reposo, el agujero negro podría perder parte de su energía rotacional y transmitirla al material que es eyectado desde sus inmediaciones.

¿Por qué emiten luz las partículas que forman el chorro relativista? Hay distintos mecanismos que pueden producir luz, todos ellos con una firma bien caracterizada. Las estrellas, por ejemplo, emiten luz en longitudes de onda que captan nuestros ojos gracias a las reacciones de fusión nuclear que suceden en su interior. Del mismo modo, el gas muy caliente (¡temperaturas por encima de un millón de grados!) presente en la vecindad del agujero negro emite en rayos X. Las partículas del plasma relativista son aceleradas en presencia del campo magnético que ayuda a formar, colimar y acelerar el chorro. Como resultado de la aceleración, las partículas emiten luz que se denomina *radiación sincrotrón*. Esta radiación sincrotrón tiene la misma naturaleza que la luz que se emite en un acelerador de partículas. La radiación sincrotrón obtenida es muy brillante, mucho más que cualquier otra fuente de luz de laboratorio, y además está colimada, esto es, que forma un haz de luz finísimo de muy baja dispersión angular. Por ello, resulta especialmente útil para estudiar la estructura electrónica de los materiales.

Las partículas que forman los chorros de material viajan a velocidades relativistas y ello hace que se produzcan una serie de efectos físicos que no sucederían en el caso de la física de Newton. Existen situaciones que se ven de manera distinta desde el punto de vista del observador y desde el punto de vista de la propia partícula emisora cuando esta viaja a velocidades relativistas. Las longitudes medidas en la dirección de movimiento de un sistema de referencia con respecto al otro se ven contraídas, mientras que el tiempo entre dos eventos se dilata, de acuerdo con la teoría de la relatividad especial. Ello quiere decir que las velocidades se verán alteradas entre ambos referenciales y de forma diferente, según sean en la dirección de movimiento o perpendicularmente a ella. Esto supone que también cambiará la dirección de movimiento de la luz y los ángulos en que se está emitiendo, produciéndose un efecto que se conoce como *aberración* de la luz. Todas estas leyes de transformación están basadas en el hecho de que la velocidad de la luz debe ser constante en ambos sistemas de referencia. Pueden destacarse una serie de efectos detallados a continuación.

La luz que emite la partícula —la radiación sincrotrón— es emitida en todas las direcciones y con la misma intensidad (técnicamente, se dice que es una radiación isótropa). Sin embargo,

LA RADIACIÓN SINCROTRÓN RELATIVISTA

Las partículas relativistas, cuando se encuentran inmersas en un campo magnético, describen una trayectoria en forma de hélice en torno a las líneas del campo magnético (véase la figura). El valor de la velocidad no cambia, pero sí su dirección, del mismo modo que lo hacen, por ejemplo, las agujas del reloj. Por lo tanto, al cambiar la dirección de la velocidad, las partículas se están acelerando. Y las teorías del electromagnetismo indican que las partículas aceleradas emiten luz. Esa luz se denomina *radiación sincrotrón,* y permite que los grandes chorros de partículas puedan fotografiarse y estudiarse.

Producida por los electrones

Para una partícula dada, la radiación sincrotrón aumenta con su energía y con la intensidad del campo magnético. Dicho de otro modo: cuanto más energéticas sean las partículas o cuanto más intenso sea el campo magnético, tanto mayor será la radiación que emitan. Por otro lado, la radiación emitida tiende a disminuir conforme aumenta la masa de las partículas. Por ello, la radiación emitida por un electrón será 2000 veces mayor que la emitida por un protón, en el caso de que tengan la misma energía. La radiación emitida por iones más pesados será todavía mucho menor. Debido a esto, en el jet relativista es frecuente hablar de electrones en lugar de partículas en general, ya que son ellos los que producen la mayor parte de la luz. Muy cerca del agujero negro, los electrones que emiten luz tienen mucha energía y emiten en rayos X. Lo que sucede es que rápidamente gastan toda su energía y «mueren» porque tienen un tiempo de vida media muy corto. De este modo, la radiación pasa a estar dominada por electrones menos energéticos y la mayoría de su radiación se emite en ondas de radio. Los chorros relativistas emiten fundamentalmente en ondas de radio y pueden estudiarse con gran detalle con los interferómetros, sobre todo con la técnica de interferometría de muy larga base. Los chorros relativistas tienen tamaños enormes, algunos de hasta millones de años-luz. Las partículas se van decelerando, pero dado que los chorros se siguen observando, ello significa que, a estas distancias tan enormes del agujero negro, las partículas mantienen la suficiente energía y el campo magnético es lo suficientemente intenso para seguir emitiendo luz sincrotrón.

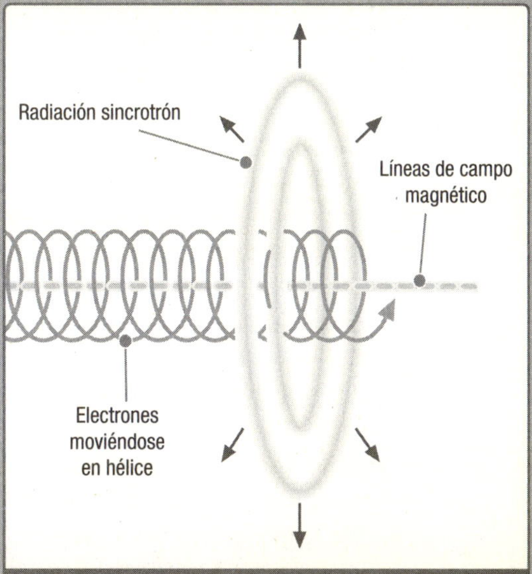

desde el punto de vista de un observador externo, esa luz se concentra en un chorro de radiación muy estrecho, tanto más estrecho conforme más relativista sea la partícula.

La frecuencia con la que el observador capta la luz no es la frecuencia a la que se ha emitido, sino que está desplazada por el denominado *factor Doppler relativista* (incluye tanto el factor Doppler clásico, un ejemplo del cual es la alteración del sonido de un tren conforme se acerque o se aleje de nosotros, como una contribución adicional por tratarse de un plasma relativista).

La luz emitida por los chorros se ve profundamente alterada por el denominado factor *Doppler Boosting* de reforzamiento de la emisión. Por su propia naturaleza, los chorros tienen que ser bidireccionales e igualmente intensos en ambas direcciones con respecto al disco de acrecimiento. Sin embargo, en muchos de los chorros se encuentra que, o bien existe uno solo o uno de ellos es mucho más intenso que el otro. Ello es debido a que cuando se observan chorros relativistas, aquel que está más dirigido hacia el observador —referido aquí como el *jet*— aumenta su emisión, tanto más cuanto más enfocado esté hacia él; por el contrario, el chorro que apunta en dirección opuesta al observador —el *contrajet*— disminuirá su emisión. De este modo, el contraste de brillo entre el jet y el contrajet aumenta conforme más orientado esté el jet hacia el observador. Este contraste puede llegar a ser de hasta un millón de veces, por lo que en realidad solo se detectaría uno de los chorros. Este hecho es una nueva comprobación indirecta de la existencia de un flujo relativista. Si las velocidades tuvieran valores normales, estos efectos de alto contraste serían despreciables.

Los chorros no muestran un brillo uniforme, sino que presentan ciertas regiones de emisión más brillantes. Se denominan *componentes*, y están asociadas con eyecciones de plasma desde el vecindario del agujero negro. Normalmente, la formación de estas componentes sigue en el tiempo a un vaciado de material desde el disco de acrecimiento hacia el agujero negro. Experimentalmente puede verse que la luz en rayos X disminuye, la luz en ondas de radio aumenta y se forma una nueva componente en el chorro. Estas componentes suelen ser viajeras y muchas de ellas parecen

¿VELOCIDADES SUPERIORES A LAS DE LA LUZ?

Los chorros relativistas no son homogéneos. Tienen un motor central, denominado núcleo, y están formados por una serie de regiones de emisión, denominadas componentes, que se desplazan con el tiempo a lo largo del chorro. Al estudiar los movimientos proyectados en el plano del cielo, se han medido velocidades aparentes mayores que la velocidad de la luz.

Simple percepción

Evidentemente las velocidades reales no pueden ser mayores que la velocidad de la luz, por lo que es necesario buscar una explicación al fenómeno. Consideremos una región de emisión que viaja a lo largo del chorro relativista a una velocidad v, formando un ángulo θ con la dirección del observador. Supongamos que dicha componente emite dos pulsos de luz separados por un tiempo Δt: el primero recorrerá durante ese intervalo de tiempo una distancia $c\Delta t$; sin embargo, dado que la componente ha ido viajando a lo largo del chorro relativista en ese intervalo de tiempo, el segundo pulso de luz recorrerá una distancia menor que el primero, por lo que tardará un tiempo inferior a Δt en llegar hasta el observador. De este modo, si el observador considera tan solo el movimiento perpendicular en el plano del cielo, tendrá la impresión de que el cuerpo se ha movido a más velocidad de la real. En las observaciones de VLBI, se han medido velocidades aparentes de varias decenas de veces la velocidad de la luz. Para que los movimientos superluminales puedan producirse, el plasma relativista tiene que viajar necesariamente a velocidades muy próximas a la de la luz. Constituyen, por lo tanto, una prueba indirecta de la presencia de un plasma relativista. Si viajara a una velocidad no relativista, el «ahorro» de camino del segundo pulso de luz sería despreciable, y no se medirían velocidades superluminales.

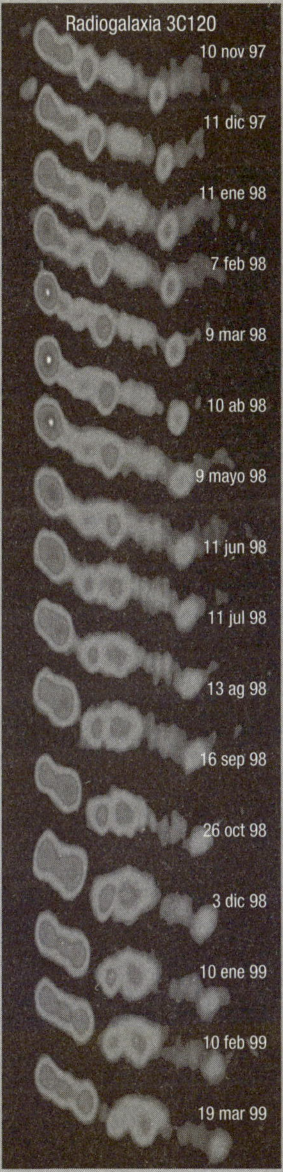

Imágenes mensuales del jet relativista de la galaxia activa 3C120 a lo largo de dos años. Puede verse la existencia de componentes (regiones emisoras) que viajan a lo largo de su estructura. Se han medido para ellas velocidades aparentes mayores que la velocidad de la luz, lo que requiere que el plasma que lo forma sea relativista.

En esta imagen de la galaxia Centaurus A se han combinado observaciones en luz visible, microondas y rayos X para poder mostrar los dos chorros de partículas delatadores de la presencia de un agujero negro masivo en su centro. Las estructuras en forma de llamarada, una al final de cada chorro, generan fuertes emisiones de ondas de radio.

moverse a velocidades superiores a la velocidad de la luz. A este fenómeno se le conoce como *movimiento superluminal*.

Chorros relativistas en microquásares y en galaxias activas

La presencia de los chorros relativistas en las galaxias activas y su existencia en los microquásares responden a un mismo fenómeno: la acreción de materia hacia el agujero negro central. La fenomenología física es la misma, pero las magnitudes son muy diferentes, por lo que ambos fenómenos presentan diferencias importantes. La diferencia fundamental radica en la masa del objeto central: en el caso de los agujeros negros supermasivos se habla de masas de miles de millones de veces la masa del Sol (o incluso más), mientras que en el caso de los microquásares se habla de objetos de unas diez veces la masa del Sol. Ello se traduce inmediatamente también en una diferencia en la tasa de acreción de materia hacia su interior, que en el caso de los agujeros negros supermasivos puede ser de hasta 10 soles por año y en el caso de los agujeros negros estelares sería de una milmillonésima de sol en un año. Esta diferencia tan enorme (de un factor de diez mil millones) implica una diferencia en la luz que emiten, por lo que los núcleos de las galaxias activas son mucho más luminosos, razón por la que se detectan prácticamente hasta en los confines del universo, mientras que los microquásares se detectan tan solo en nuestra galaxia o, en todo caso, en las galaxias vecinas. Sin embargo, la temperatura en las regiones más internas del disco es mayor para los microquásares, donde es de unos 10 millones de grados, frente a los 100 000 grados del disco de las galaxias activas. La primera temperatura corresponde al rango de energía de los rayos X, mientras que la segunda está más cerca de la radiación visible y ultravioleta, y de ahí que las galaxias activas fueran descubiertas antes que los microquásares.

Como el tamaño del agujero negro es proporcional a su masa, las escalas de tiempo características en las que variará la luz que emite un objeto serán proporcionales a su tamaño dividido por la velocidad con la que se transmite la información, que es la veloci-

KIP THORNE

Kip Thorne, nacido en 1940 en Logan, Utah, Estados Unidos, fue discípulo de John Wheeler y viejo amigo de los grandes nombres que desarrollaron la física gravitacional. Como miembro del equipo de Wheeler, compitió con los grupos de Zeldóvich y Sciama en el análisis de la física que caracteriza a los agujeros negros. Con algunos de ellos estableció una relación de amistad como es el caso de Stephen Hawking e Igor Novikov, su *alter ego* en el equipo de Zeldóvich. Fue un espectador privilegiado de la edad de oro de la física gravitacional y del avance del conocimiento en el campo de los agujeros negros. Thorne se licenció en el Instituto Tecnológico de California (Caltech) en 1962 y se doctoró en la Universidad de Princeton en 1965. Volvió como investigador posdoctoral al Caltech, donde obtuvo una plaza de profesor de física teórica en 1970.

Ondas gravitatorias y agujeros negros

Thorne ha abordado problemas muy atractivos. Fue uno de los grandes promotores del experimento LIGO, que ha detectado ondas gravitatorias a partir de la medición de las fluctuaciones o variaciones de la distancia entre dos puntos estáticos. Para ello se han desarrollado interferómetros láser capaces de medir distancias con gran precisión y algoritmos matemáticos que analizan de modo semiautomático los datos captados por el instrumento. La importancia de los detectores de ondas gravitatorias es que pueden dar información sobre el origen mismo del universo. Las contribuciones de Thorne a la física de los agujeros negros han sido fundamentales y variadas: aplicó la teoría de la relatividad general a los discos de acrecimiento delgados, y demostró que la entropía del agujero negro se relaciona con el número de configuraciones que pudo dar lugar a su formación, entre otros resultados.

Agujeros de gusano

Thorne fue uno de los primeros científicos que abordó la posible conexión entre posiciones distantes del espacio-tiempo a través de «atajos» conocidos como *agujeros de gusano* e incluso la posible existencia de máquinas del tiempo. De momento es solo una posibilidad teórica. Según Thorne, el agujero de gusano uniendo dos regiones cósmicas distantes podría mantenerse abierto si en su interior existiera una clase hipotética de materia con antigravedad y energía calificable de negativa. Sin esta ayuda crucial, la parte delgada del doble embudo se estrecharía más y más de manera inexorable, hasta desaparecer.

Los agujeros de gusano están a nuestro alrededor, en las grietas del espacio y del tiempo, pero son demasiado pequeños para poderlos ver.

Stephen Hawking

dad de la luz. Por lo tanto, se espera que fenómenos como la acreción de materia, acompañada de la producción de chorros relativistas, se manifiesten en variaciones de la luz que emiten mucho más rápidas en los microquásares que en las galaxias activas. De este modo, en la práctica unos pocos minutos de observación en la vida de un microquásar equivalen a decenas de años en la vida de un agujero negro supermasivo. Y por ello, muchos de los fenómenos que se han descrito en este libro, se pueden manifestar de forma mucho más ágil en los microquásares.

LOS AGUJEROS NEGROS, ¿PUERTAS A OTROS UNIVERSOS?

El universo es enorme. Si se quisiera viajar desde el sistema solar al centro de nuestra galaxia se necesitarían más de 25 000 años. ¿Existiría alguna opción de acortar ese tiempo de viaje? En teoría, la hay, y podría llevarse a la práctica aprovechando la «maquinaria» de los agujeros negros. La idea sería viajar a través de los denominados agujeros de gusano, que son túneles hipotéticos en el espacio-tiempo en cuyo extremo de entrada estaría un agujero negro y en el de salida, un «agujero blanco» (figura 5), o bien dos agujeros negros en los que no existieran horizontes de sucesos. La apertura del agujero de gusano se vería como una gran esfera que actuaría a modo de una lente óptica. Se produciría un efecto de lente gravitacional sobre los objetos astronómicos que se ubicaran al otro lado del agujero de gusano. La forma en que usualmente se describe el concepto se basa en imaginarnos el universo como una hoja de papel. En este universo cuyo espacio es bidimensional, para viajar de un punto a otro de la hoja lo normal es recorrer toda la porción de superficie entre ambos. Sin embargo, si se dobla la hoja del modo adecuado es posible poner en contacto los dos puntos distantes. La estructura creada en la hoja al doblarla es un agujero de gusano en ese universo bidimensional. En nuestro universo,

FIG. 5

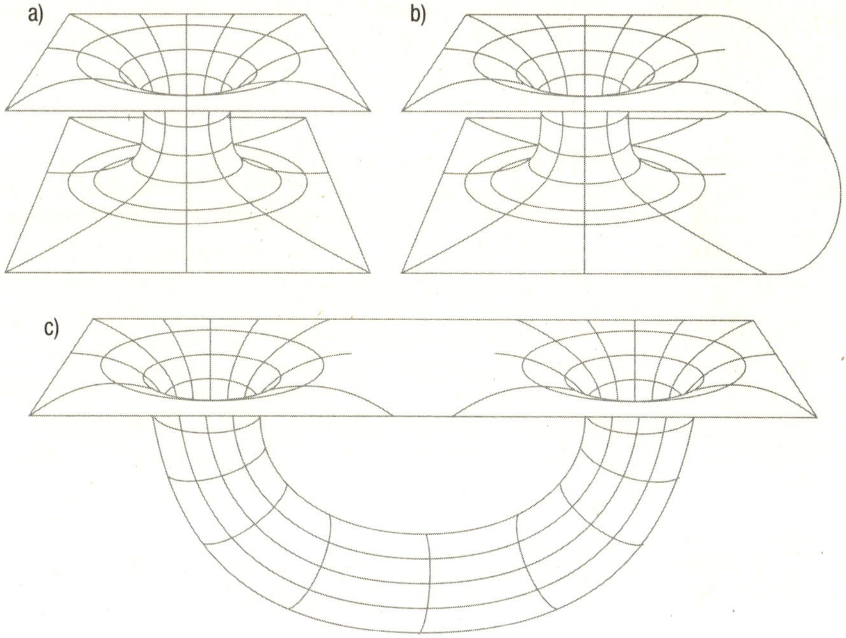

La imagen muestra tres topologías diferentes para un agujero de gusano: en el caso a), el agujero conecta dos universos distintos; en los casos b) y c), se conectan diferentes regiones de un mismo universo, acortando y alargando el camino con respecto al trayecto normal de conexión de las regiones dentro del mismo. Un agujero de gusano conecta dos gargantas de entrada similares a las de dos agujeros negros, pero al no tener horizonte de sucesos, se posibilita la entrada y la salida de él.

cuyo espacio es tridimensional, quizá podría existir un agujero de gusano gracias a la acción de una gravedad muy intensa distorsionando el espacio, como la de un agujero negro. Una distorsión apropiada del espacio lograría «encogerlo» o «desgarrarlo». Se formaría así un agujero de gusano.

¿Son realizables estos túneles físicamente? Los agujeros de gusano encajan en la teoría de la relatividad general, y también en la descripción de la gravedad como la teoría que explica la deformación del espacio-tiempo. En 1935, Einstein y su colega Nathan Rosen publicaron un artículo científico en el que defen-

¿PODRÍAN EXISTIR OTROS UNIVERSOS?

Toda la física que hemos descrito en este libro tiene un escenario común que es nuestro universo. Si se quisiera definir en uno o dos *tweets*, se podría decir: «El universo es una región infinita del espacio-tiempo que se expande aceleradamente y que surgió a partir del Big Bang», o «en las primeras etapas del Big Bang se produjeron perturbaciones muy pequeñas que posibilitaron que cada región evolucionara de una forma ligeramente distinta». Sin embargo, hay un hecho que siempre ha de tenerse en cuenta: la velocidad de la luz en el vacío es enorme, de casi 300 000 km/s, pero es finita. El conocimiento que se tiene llega hasta los 13 800 millones de años-luz, que es la distancia recorrida por la luz a lo largo de la edad del universo. Pero ¿podría haber algo más allá? Efectivamente, podría haber otro universo, que no estaría en contacto con el nuestro porque la propia velocidad de la luz impediría esa conexión. De este modo podría hablarse de un multiverso, que estaría formado por un conjunto de universos que serían regiones con la misma concepción del espacio-tiempo, con las mismas leyes de la física, pero con una evolución diferente y sin conexión alguna entre ellos. Esta realidad plantearía un resultado inquietante y apasionante a la vez: diversos estudios han mostrado que el número de evoluciones que puede seguir un universo dado con las mismas leyes de la física es enorme, pero no infinito. Ello significa que, dado que las regiones inaccesibles a nuestro universo podrían ser infinitas, ¡en alguna otra región del multiverso podría existir un universo similar al nuestro, con sus propios agujeros negros!

Universos paralelos... y diferentes

Pero podría ampliarse el concepto: no necesariamente las constantes de la física tendrían que ser similares en todos los universos. Y esto no es baladí: cualquier pequeño cambio en la masa de las partículas elementales alteraría, por ejemplo, la estabilidad de los núcleos atómicos y, por lo tanto, de la vida. Cada uno de estos tendría su propio origen (un Big-Bang *ad hoc*), con diferentes características: diferentes partículas elementales, diferentes fuerzas, diferentes formas de vida... Se formaría así un multiverso de multiversos. El lector se dará cuenta de que todavía hay más: todos los multiversos que se han mencionado hasta ahora comparten las leyes de la física (la física cuántica, la relatividad general, las leyes de la naturaleza) pero podría pensarse en otro conjunto de universos en los que no se verificara la física cuántica o la relatividad general y no existieran los agujeros negros. Se estaría hablando de nuevas leyes, nuevos universos, nuevas realizaciones matemáticas de nuevas realidades. Un tema que, aunque apasionante, excede el objetivo de este libro.

Hay hipótesis que plantean la posibilidad de que nuestro universo esté experimentando alguna influencia de tipo gravitatorio proveniente de un universo paralelo. Si esto es cierto, la detección de patrones extraños de ondas gravitatorias podría aportar indicios de la existencia de universos paralelos. Predichas por Albert Einstein como parte de su teoría de la relatividad general, dichas ondas, descritas a menudo como ondulaciones o arrugas en el espacio-tiempo, se propagan de un modo que recuerda en algunos aspectos a las ondas en el agua de un charco formadas cuando una piedra cae en él. Las ondas gravitatorias son muy difíciles de detectar y constituyen un campo de investigación muy activo. Se emiten sobre todo en fenómenos en los que esté implicada la acción de masas enormes, como los púlsares binarios o el acercamiento entre dos agujeros negros y su fusión en uno solo, proceso mostrado en la ilustración. Esta imagen corresponde a una simulación de tal proceso realizada con una supercomputadora de la NASA.

dían la existencia de estos túneles, pero tendrían un tiempo de vida media muy corto, de modo que ni la luz tendría tiempo de atravesarlos. En los años ochenta, el físico estadounidense Kip Thorne dio un paso adelante en estos estudios: la única manera de mantener un agujero negro abierto es asumir que en su interior existe lo que Thorne denominó materia exótica. La materia exótica ejercería una especie de antigravedad y tendría energía negativa. Si la Tierra tuviera energía negativa y se dejara caer una pelota sobre su superficie, saldría disparada hacia afuera en vez de caer hacia la superficie terrestre. Es esta masa o energía negativa lo que impediría el cierre del agujero de gusano y su colapso. Sin embargo, los estudios más recientes indican que conseguir grandes cantidades de energía negativa parece muy difícil. Todo apunta a que para mantener operativo un agujero de gusano, se necesitaría mayor energía negativa de la que las leyes de la física permiten. Se ha calculado que para conseguir un agujero de gusano del tamaño del grano de una uva se necesitaría toda la energía que el Sol produce en 100 millones de años. Algunas teorías físicas tratan de buscar una explicación alternativa: materia extraña que no necesitaría tener energía negativa, teorías de la gravedad diferentes a la relatividad general de Einstein... Pero por ahora no hay soluciones claras.

Kip Thorne planteó también la posibilidad de que agujeros de gusano minúsculos pudieran formarse en la *espuma cuántica* del espacio-tiempo. La espuma cuántica es una consecuencia de la física cuántica. Surge a partir de las fluctuaciones del espacio-tiempo: debido al principio de incertidumbre de Heisenberg, del que ya hemos hablado, pueden crearse partículas virtuales y existir brevemente antes de volver a aniquilarse produciendo energía. Manejando escalas tan pequeñas, las turbulencias de energía pueden ser enormes, con grandes curvaturas del espacio-tiempo, de modo que se produciría una textura espumosa. Estos agujeros de gusano se formarían a escalas cuánticas, con un tamaño muchísimo más pequeño que el de un núcleo atómico, de manera que en la práctica no podrían ser atravesados por nada. Un agujero de gusano de esta clase tendría que crecer, y para ello se necesitaría inyectar energía negativa. Sin embargo, hoy en día no existe una teoría de la gravedad cuántica que explique la forma de hacerlo. No hay una solución sencilla.

Parece que el sueño del viaje interestelar a través de una «autopista» de agujeros de gusano deberá quedarse en eso: un sueño. No obstante, es muy posible que en los próximos años se produzcan importantes avances en esta y otras conjeturas de entre las muchas que rodean a los agujeros negros. Y esto es así no solo porque la comunidad astrofísica lo desee, sino porque la nitidez y resolución temporal de las observaciones mejora rápidamente.

Se trata de un periodo apasionante en la investigación de los agujeros negros, con fenómenos extraordinarios a la espera de ser acogidos por una interpretación definitiva que arroje luz sobre otros ámbitos de la astrofísica: los estallidos de rayos gamma, la teoría holográfica del universo, la evidencia de la emisión de ondas gravitatorias en sistemas binarios...

Un futuro apasionante abierto a todos aquellos que tengan las suficientes dosis de curiosidad.

LA MATERIA OSCURA

EL ELEMENTO MÁS MISTERIOSO DEL UNIVERSO

Introducción

El descubrimiento tanto de la *materia oscura* como de la *energía oscura* supone uno de los acontecimientos científicos más importantes de los últimos tiempos. Para hacernos una idea de su trascendencia hay que pensar que estas dos misteriosas sustancias constituyen el 95% del contenido del universo. El 5% restante es la *materia ordinaria*, de la que están hechas las estrellas, los planetas, el gas y el polvo cósmico... y nosotros mismos. Hasta hace no mucho, creíamos que esta materia ordinaria era todo lo que había en el universo; ahora sabemos que es solo una parte muy modesta.

Pero la materia y la energía oscuras no solo son importantes por ser tan abundantes; lo son también porque son *diferentes*. Las teorías actuales de la física de partículas describen de forma excelente el comportamiento y las propiedades de la materia ordinaria, pero son insuficientes para entender la existencia y características de la materia y la energía oscuras. Por tanto, cuando seamos capaces de describirlas con precisión esperamos comprender aspectos nuevos y profundos, tal vez revolucionarios, acerca del universo.

Hasta el momento la presencia de estos dos ingredientes mayoritarios del cosmos se ha puesto de manifiesto gracias a los efectos gravitatorios que producen en su entorno, localmente, y en el universo como un todo. Las evidencias, como veremos, son realmente abrumadoras, sobre todo en el caso de la materia oscura, pero aún carecemos de una detección directa que nos informe sobre sus características concretas. Así que puede decirse que estamos «a medio camino» de su descubrimiento, y por ello en un momento excitante, tanto desde el punto de vista teórico como desde el experimental y observacional.

Puede compararse esta situación con la época de los grandes navegantes y descubridores del Renacimiento. Europa empezaba a ser consciente de que no era el centro del mundo, sino solo una parte más, y no de las más grandes. Se sabía muy poco del resto: había muchas zonas inexploradas y lo que pudiera haber en ellas era una incógnita. Paradójicamente, a la vez que se estaba conociendo mejor cómo era realmente el mundo, este se hacía más misterioso... y también más prometedor. Al fin y al cabo, esa «terra incógnita» no dejaba de ser una oportunidad, dependiendo de lo que contuviese y cómo se aprovechara.

De manera semejante, sabemos que la materia y la energía oscuras están ahí, aunque todavía ignoramos mucho sobre su naturaleza. Y no solo están *ahí* fuera, sino también *aquí*, entre nosotros, ya que se extienden por todo el universo. Su enigmática presencia despierta nuestra curiosidad y nos transmite con fuerza el mensaje de que nuestro conocimiento de la naturaleza es incompleto. Por ello, su estudio representa una gran oportunidad para conocer mejor los entresijos más profundos de la naturaleza. Esta es la razón esencial por la que la comunidad científica las está investigando intensiva y apasionadamente, tanto desde el punto de vista teórico como observacional.

La materia y la energía oscuras comparten algunas características: son invisibles, son muy abundantes y están por todas partes. Pero, en realidad, son radicalmente diferentes entre sí.

La materia oscura está distribuida de manera desigual en el universo, formando nubes gigantescas de densidad variable dentro y alrededor de las galaxias, y, en menor medida, en otras zonas aparentemente «vacías», por las que se extiende como jirones de niebla. Según las últimas estimaciones, la materia oscura representa aproximadamente el 27% del contenido total del universo, siendo por tanto cinco o seis veces más abundante que la materia ordinaria. Posiblemente está constituida por algún tipo de partículas elementales o cuasi elementales, aún desconocidas, que están ahora mismo atravesando nuestros cuerpos con un flujo de miles de partículas por segundo, quizá muchas más.

Aunque existían indicios anteriores, las primeras pruebas sistemáticas de la presencia de la materia oscura fueron obtenidas en los años setenta del siglo pasado, observando su potente efecto gravitatorio sobre las estrellas que orbitan en la periferia de las galaxias. Pero incluso entonces se dudó de su existencia, ya que esos efectos gravitatorios podrían deberse tal vez a que la ley de gravitación universal de Newton no fuera válida a esas distancias gigantescas. De hecho, desde el trabajo excepcional de Einstein se sabe que la ley de Newton no es correcta en ciertas situaciones. Sin embargo, en este caso hay pruebas convincentes de que la materia oscura está realmente ahí. Como veremos, estas evidencias provienen del estudio de situaciones cósmicas singulares, como choques de cúmulos galácticos, que suponen auténticos experimentos naturales de dimensión colosal.

Por otro lado, se planteó también la duda de si la materia oscura no sería en realidad materia ordinaria que hubiese adoptado una forma difícil de detectar; por ejemplo, pequeños planetoides vagando por el espacio interestelar e intergaláctico. Sin embargo, esta posibilidad está prácticamente descartada. Para entenderlo, nos remontaremos a los primeros instantes de vida del universo, la época del Big Bang. Aquella gran explosión dejó tras de sí reliquias que aún podemos observar en el universo y que certifican lo ocurrido en aquel periodo primitivo y violento. Por ejemplo, cuando se formaron los primeros átomos el universo se volvió transparente y lleno de luz. Esa luz ha llegado hasta nuestros días en la forma de un débil fondo de radiación de microondas, que se detectó por vez primera en 1964. Pues bien, la materia oscura estaba ya presente en aquella época remota y dejó unas huellas inconfundibles en ese fondo de radiación, de forma semejante a las huellas que dejaría un imaginario hombre invisible caminando sobre la nieve. El estudio de estas huellas, realizado ya en el siglo XXI, ha proporcionado información valiosísima sobre la naturaleza de la materia oscura, y que virtualmente excluye la posibilidad de que se trate de materia ordinaria.

Pero entonces, ¿qué es la materia oscura? Para acercarnos a esta cuestión, repasaremos lo que conocemos sobre la materia ordinaria, la cual también encierra secretos y rompecabezas teóricos fascinantes. La solución a estos rompecabezas parece requerir la existencia de física nueva aún desconocida, pero para la que hay propuestas apasionantes, por ejemplo la existencia de dimensiones espaciales extras (además de las tres ordinarias). Es posible que la materia oscura sea una consecuencia de esa nueva física, y de hecho, como veremos, los candidatos más estudiados surgen de estas propuestas teóricas.

En todo caso, la comunidad científica está realizando un gran esfuerzo por detectar la materia oscura siguiendo distintas estrategias y realizando experimentos de tipos muy diversos, situados, por ejemplo, en minas profundas, en el hielo del polo Sur o en sondas espaciales. Además, puede que se consiga producirla artificialmente en los aceleradores de partículas modernos, como el LHC. Aunque la deseada detección directa no haya ocurrido todavía, estos esfuerzos experimentales no han sido en vano. Ahora sabemos muchas cosas que la materia oscura *no* puede ser; de lo contrario ya habría sido detectada.

Por su parte, la energía oscura es aún más extraña. Consiste en una especie de energía asociada al propio espacio, que llena de manera uniforme todo el universo, incluso los espacios aparentemente vacíos. Podemos imaginarla como un campo (semejante al campo eléctrico pero con características distintas) que llena el cosmos de forma homogénea. Aunque su densidad es realmente minúscula —en el volumen de la Tierra hay solo unos 7 mg de energía oscura—, el hecho de que se extienda por los grandes espacios aparentemente vacíos del cosmos hace que su contribución total sea muy significativa, representando aproximadamente un 68% del contenido del universo (el 32% restante es la suma de la materia oscura y la ordinaria). Las primeras indicaciones de su existencia se obtuvieron en 1998, cuando, contra todo pronóstico, se observó que el universo estaba acelerando su ritmo de expansión, un efecto que no puede causar la materia, ni ordinaria ni oscura.

La energía oscura es el ingrediente más abundante del universo, y el que marcará su destino, ya que la expansión acelerada que produce terminará por separar las galaxias de forma tan extrema que solo las más cercanas permanecerán visibles. El resto desaparecerá de nuestro universo observable a todos los efectos. Los futuros habitantes de nuestra galaxia contemplarán un cosmos completamente vacío y oscuro.

Explicar el origen y la abundancia de la energía oscura supone un reto extraordinario para la física. Las posibles explicaciones que ahora mismo maneja la comunidad de física teórica entran de lleno en el campo de la especulación. Entre ellas está la noción de *multiverso*. Cabe la posibilidad de que la evolución cósmica haya generado zonas en el universo desconectadas unas de otras y con propiedades físicas diferentes (de ahí la palabra multiverso). El hecho de que los seres humanos solo podamos existir en un universo con las propiedades adecuadas para el surgimiento de la vida (lo que se conoce como el *principio antrópico*) podría explicar la abundancia de energía oscura que observamos, y también otras propiedades intrigantes de las leyes físicas. Un multiverso así pudo haber sido generado por otro proceso de expansión acelerada, semejante al que estamos viviendo ahora, pero ocurrido al comienzo del universo y de una magnitud colosal. En un escenario de este tipo, denominado universo inflacionario, nuestro universo particular sería una burbuja habitable dentro de un «océano» espacial que podría seguir expandiéndose indefinidamente de manera vertiginosa. En este hipotético caso nuestro universo se apagará, pero la producción de nuevas burbujas, es decir nuevos universos, continuará eternamente. Se trata de hipótesis audaces, cierto, pero la historia de la ciencia nos ha enseñado que, a menudo, la realidad supera la más atrevida de nuestras conjeturas.

El descubrimiento de la materia oscura

La Tierra tiene una masa de unos seis cuatrillones de kilogramos (un 6 seguido de 24 ceros). Esto se sabe desde hace más de doscientos años, pero ¿cómo se supo? Desde luego, no era posible poner la Tierra en el platillo de una balanza. Tampoco era muy útil hacer una estimación de la densidad media de la Tierra para multiplicarla por su volumen y así deducir su masa. Aunque el tamaño de la Tierra era bastante bien conocido desde el griego Eratóstenes en el siglo II a.C., no se sabía nada acerca de su densidad, excepto en lo que concierne a la corteza terrestre, que es una parte mínima del volumen total del planeta. Ciertamente, hoy en día conocemos bien el interior de la Tierra y podemos estimar correctamente su densidad media, pero hace siglos se desconocía completamente ese misterioso interior, ¡incluso había quien sostenía que estaba hueca!, por lo que era imposible hacer una suposición sensata sobre su densidad. Entonces, ¿cómo se pudo determinar la masa de nuestro planeta? El método para hacerlo se lo debemos al ingenio extraordinario de Isaac Newton, y merece la pena recordarlo.

La famosa *ley de gravitación universal*, establecida por Newton alrededor de 1665, afirma que dos cuerpos cualesquiera se atraen con una fuerza proporcional al producto de sus masas e inversamente proporcional al cuadrado de la distancia que los separa (figura 1). En otras palabras, para calcular esa fuerza no tenemos más que multiplicar las dos masas, dividir por el cuadrado de la distancia y multiplicar ese resultado por una constante de proporcionalidad, llamada constante de Newton, la cual suele denominarse por la letra G. Es importante recordar que G es una constante universal: siempre es la misma, en cualquier lugar del espacio y sean cuales sean los cuerpos que se atraen.

Si se reflexiona sobre ella, la ley de gravitación universal es sumamente misteriosa: ¿por qué diablos se tienen que atraer los cuerpos, y por qué lo hacen con la intensidad que lo hacen? ¿Y cómo «sabe» un cuerpo de la presencia de otro a una gran distancia y que por tanto debe sentirse atraído por él? ¿Es que se mandan señales? Estas preguntas no tenían respuesta en la época de Newton (más adelante comentaremos la perspectiva moderna sobre ellas).

Consideremos ahora el efecto que produce la fuerza gravitatoria en los cuerpos que la sufren. Según la segunda ley de la mecánica (¡también establecida por Newton en los mismos años!), el efecto de una fuerza sobre un cuerpo es producir una aceleración. Numéricamente, esa aceleración es igual a la fuerza ejercida sobre el cuerpo, dividida por su masa. Dado que la fuerza gravitatoria es proporcional a la masa del objeto, al dividirla por esta última se obtiene que la aceleración producida es independiente de la masa del objeto acelerado. Por ejemplo, la Tierra acelera del mismo modo dos cuerpos situados a la misma distancia, aunque uno sea la Luna y el otro una piedra.

Podemos aplicar esta ley a los objetos ordinarios que están cerca de la superficie terrestre, y que caen atraídos por la Tierra. Para todos ellos la masa que les atrae es la misma, y también es (aproximadamente) igual la distancia de separación, ya que coincide con el radio terrestre, unos 6 370 km. Por tanto, la aceleración que experimentan ha de ser la misma. Y en efecto, cerca de la superficie terrestre todos los objetos, con independencia de su masa, caen con la misma aceleración. Este hecho había sido ya observado por Galileo medio siglo antes que Newton, y experimentalmente se sabía que esa aceleración es de 9,8 m/s^2.

FIG. 1

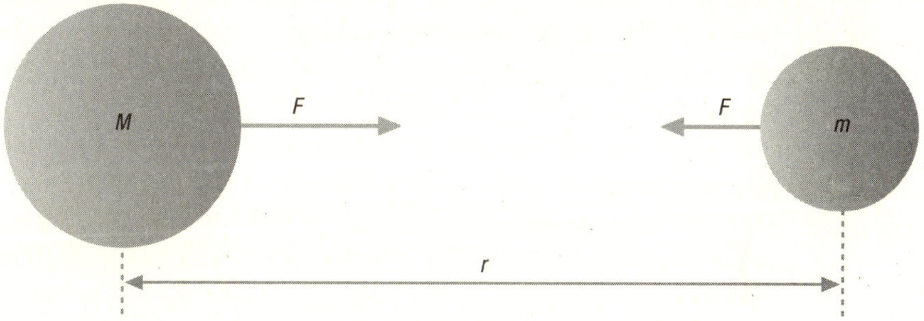

Representación gráfica de la ley de gravitación universal. La fuerza *F* con la que se atraen dos cuerpos de masas *M* y *m*, separados por una distancia *r*, está dada por la fórmula

$$F = G\frac{M \cdot m}{r^2},$$

donde *G* es una constante, llamada constante de Newton. *G* es siempre la misma, sean los cuerpos que sean y sea cual sea la distancia de separación ($G = 6{,}67 \cdot 10^{-11}\ m^3/kg \cdot s^2$). La aceleración que sufre el cuerpo de masa *m* está dada por la relación $a = F/m$, es decir

$$a = G\frac{M}{r^2}.$$

Hay que notar que esta aceleración no depende de la masa *m* del objeto acelerado, ya que *m* no aparece en la última ecuación. La aceleración gravitatoria solo depende de la masa *M* del objeto que produce la atracción y de la distancia *r* entre ellos. Cuanto más grande es *M* y más pequeño *r*, mayor es la aceleración generada. Todos los objetos cerca de la superficie terrestre sufren la misma aceleración, ya que son atraídos por la misma masa (*M* = masa de la Tierra) y desde la misma distancia (*r* = radio de la Tierra).

Notemos que el valor de esta aceleración depende solo de la masa de la Tierra, del radio terrestre y de la constante de proporcionalidad *G*. Dado que el radio terrestre era conocido, Newton pudo deducir cuál debía ser la masa de la Tierra para que la aceleración de la gravedad en su superficie coincidiera con el valor experimental. Sin embargo, para realizar el cálculo, Newton necesitaba saber el valor de la constante de proporcionalidad, *G*, que aún no se conocía. Por ello, tuvo que contentarse con calcular el valor del producto de *G* por la masa de nuestro planeta, pero no ambos por separado. No obstante, el propio Newton propuso un método para determinar *G*: medir la fuerza gravitatoria que se ejercen dos pesadas bolas metálicas a una distancia corta. Esta fuerza está dada también por la ley de gravitación universal. Como en el experimento propuesto se conocen las masas y la distancia entre ellas, midiendo la fuerza producida podemos deducir el valor de la constante de proporcionalidad, G.

La primera persona que consiguió hacer esto, usando dos bolas de plomo, fue el físico británico Henry Cavendish en 1798, más de un siglo después de la propuesta de Newton. Una vez conocido G, Cavendish pudo finalmente determinar la masa de la Tierra, es decir los seis cuatrillones de kilogramos. Por cierto, la densidad media de la Tierra resulta ser unas 5,5 veces la densidad del agua.

ÓRBITAS

Acabamos de ver cómo, siguiendo el procedimiento de Newton, se pudo determinar la masa de nuestro planeta. Sin embargo, nuestro objetivo es determinar la masa de una galaxia entera (o de estructuras incluso más grandes, como cúmulos de galaxias), ya que es en esas escalas donde se puede apreciar la contribución de la materia oscura a la masa total. Pero, naturalmente, para calcular la masa de una galaxia no podemos seguir exactamente el procedimiento anterior: no podemos viajar hasta el borde de la galaxia para dejar caer un objeto y medir su aceleración de caída hacia el centro galáctico. De hecho, tampoco podemos seguir ese método para entes más modestos, como el Sol. Entonces, ¿cómo puede hacerse? La clave está en las órbitas seguidas por los objetos que giran alrededor de las grandes masas que queremos conocer. Por ejemplo, estudiando las órbitas de los planetas se puede deducir la masa del Sol. El ingenioso método para conseguirlo fue desarrollado por el propio Newton, cuyos pasos seguimos a continuación.

Consideremos primero el sistema formado por la Tierra y la Luna. Newton fue la primera persona en comprender que el giro de la Luna alrededor de la Tierra está simplemente causado por la fuerza de la gravedad que la Tierra ejerce sobre ella. Pensemos en un portero de fútbol dando una fuerte patada a un balón, haciendo que este describa una trayectoria curva: mientras avanza, primero sube y luego baja. Si no existiera la gravedad, el balón seguiría simplemente una trayectoria recta y escaparía de la Tierra. La fuerza gravitatoria, ejercida por la Tierra, es la responsable de curvar su trayectoria. En la jerga de los físicos, el balón sigue una trayectoria de *caída libre* (aunque primero suba y luego baje). Lo que se quiere indicar con ello es que la única fuerza que sufre el balón, después de recibido el primer impulso, es la de la gravedad. Exactamente del mismo modo, la Luna está sencillamente en caída libre. Es como si en un comienzo hubiera recibido una patada tan colosal que la curva que sigue tiene un radio mayor que el de la propia Tierra, por lo que describe una circunferencia gigantesca alrededor de ella: la órbita lunar. Al ser una trayectoria cerrada, la Luna la recorre una y otra vez, o sea, sigue cayendo «eternamente».

Newton no solo tuvo esta intuición genial, sino que la demostró matemáticamente. La idea es la siguiente: la Luna sigue una trayectoria curva, por lo que la dirección en la que apunta su velocidad cambia continuamente. Por tanto la Luna está experimentando una aceleración, llamada *aceleración centrípeta* por estar dirigida hacia el centro de la circunferencia (figura 2). Tal como demostró el propio Newton (y un poco antes el físico holandés Christiaan Huygens) la aceleración centrípeta depende solo de la velocidad del objeto que gira y del radio de la circunferencia que describe (concretamente, es igual al cuadrado de la velocidad dividido por el radio de giro). Dado que, tanto la velocidad de la Luna como su distancia a la Tierra eran conocidas, era posible determinar el valor de la aceleración centrípeta de la Luna.

Por otro lado, una aceleración está siempre causada por una fuerza. La idea de Newton fue que la fuerza causante de la aceleración centrípeta de la Luna era simplemente la fuerza de la gravedad ejercida por la Tierra sobre ella. En otras palabras, la aceleración centrípeta de la Luna debía coincidir con la aceleración gravitatoria. Pero esto solo se cumple si la velocidad de la Luna tiene un valor preciso, que se deduce de igualar la expresión de la aceleración centrípeta con la de la aceleración gravitatoria. Concretamente, la velocidad de la Luna debía ser

$$v = \sqrt{\frac{G \cdot M}{r}}. \qquad [1]$$

Es importante notar que esta ecuación es simplemente una consecuencia de la ley de gravitación universal de Newton, y en realidad es válida para cualquier cuerpo orbitando alrededor de una gran masa M a una distancia r. Para el caso de la Luna, su distancia a la Tierra era conocida desde los tiempos de Aristarco de Samos, en el siglo III a.C. Por otro lado, Newton no conocía el valor de G ni el de M por separado, pero (como vimos anteriormente) sí había podido determinar el valor de su producto, $G \cdot M$, que es precisamente la cantidad que aparece en la ecuación anterior. Si efectivamente la Luna está en caída libre, su velocidad ha de ser necesariamente la que nos indica esta ecuación. ¡Y lo es! El propio Newton pudo comprobar, para su satisfacción, que la velocidad predicha para la Luna coincidía con la observada, obteniendo así una confirmación de que su ley de gravitación no se cumplía solo en la superficie terrestre, sino también en distancias planetarias, lo que le dio una enorme confianza en su universalidad.

Es interesante mencionar que Newton realizó este trabajo excepcional sobre el movimiento de la Luna en 1666, al poco tiempo de proponer su ley de gravitación, y cuando solo contaba veintitrés años de edad.

CÓMO «PESAR» EL SOL

La ecuación [1] anterior tiene una importancia vital para nosotros, ya que relaciona la velocidad de un cuerpo en órbita con la masa del objeto que lo tiene atrapado gravitatoriamente. Notemos que en la relación [1] no aparece la masa del cuerpo que está en órbita: la velocidad es la misma, se trate de un cuerpo de masa grande (como la Luna) o pequeña (como un satélite artificial).

FIG. 2

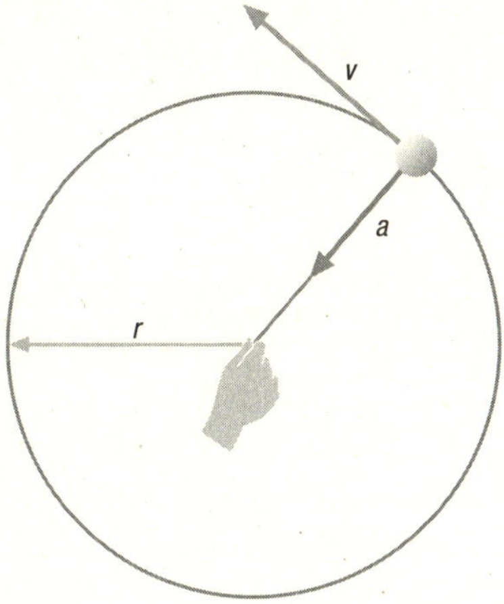

Un cuerpo que siga una trayectoria circular con velocidad v, como la bola atada a un cordel de la figura, experimenta una aceleración, a, llamada aceleración centrípeta, que está dada por la expresión

$$a = \frac{v^2}{r},$$

donde r es el radio de giro. Esta fórmula fue obtenida por primera vez por Huygens en 1659, unos años antes de que Newton abordara el problema de la órbita lunar. Posiblemente Newton conocía el resultado de Huygens, aunque él también obtuvo la misma fórmula de forma independiente (y mucho más elegante). A partir de ella, podemos escribir la velocidad del cuerpo como $v = \sqrt{a \cdot r}$. En el caso de un cuerpo en órbita, a es la aceleración de la gravedad, $a = G \cdot M/r^2$. Sustituyendo este valor en la raíz cuadrada anterior, deducimos la velocidad de un cuerpo en órbita, $v = \sqrt{G \cdot M / r}$. Esta es la expresión obtenida por Newton, y que obedece la Luna y cualquier objeto en órbita circular alrededor de otro.

Imaginemos ahora a un ser extraterrestre inteligente, que, con su potente telescopio, observa la Tierra desde su lejano planeta y desea conocer su masa. Para ello no puede utilizar el procedimiento seguido por Newton que expusimos inicialmente, ya que desde su lejanía no puede medir cuál es la aceleración de caída de los cuerpos en la superficie terrestre. Sin embargo, este ser extraterrestre sí que podrá ver la Luna girando alrededor de la Tierra, y podrá medir su velocidad, v, y la distancia de separación Tierra-Luna, r. Entonces, usando la ecuación [1], será capaz de

EL JOVEN NEWTON

En 1661, Isaac Newton ingresó en el Trinity College de Cambridge, y recibió el título de Bachelor en 1665, a los veintidós años. No había sido un estudiante brillante, sino más bien introvertido y autodidacta. Sin embargo, en ese momento ya había descubierto una fórmula matemática importante: el teorema del binomio generalizado. En agosto de 1665 se declaró una epidemia de peste y la Universidad de Cambridge fue cerrada temporalmente. Newton regresó a la granja familiar en su pueblecito, Woolsthorpe, donde permaneció la mayor parte del tiempo hasta su regreso a Cambridge, en abril de 1667.

Un bienio milagroso

En ese periodo de dos años escasos, y prácticamente aislado del mundo, el joven Newton, con poco más de veintidós años, realizó algunas de las aportaciones más importantes de la historia de la ciencia. Concretamente, empezó a desarrollar el cálculo diferencial, una nueva y extraordinariamente fértil rama de las matemáticas; estableció las leyes de la mecánica, que fueron la base de esta rama científica hasta la llegada de la relatividad y la mecánica cuántica 250 años después; formuló la ley de gravitación universal y la aplicó a cuerpos celestes como la Luna y los planetas, deduciendo el periodo de rotación de la Luna, y realizó descubrimientos fundamentales sobre la naturaleza de la luz, demostrando experimentalmente que la luz blanca estaba compuesta de luces de colores. No es posible encontrar en la historia de la ciencia un periodo de semejante fecundidad científica, exceptuando el *annus mirabilis* (año de las maravillas) de Einstein (1905). En la misma época se produjo la famosa anécdota de la manzana, que, aunque parezca una leyenda, está bien documentada. En 1666 Newton vio caer una manzana, lo que le condujo a preguntarse por la naturaleza de la fuerza gravitatoria. Dedujo que debía tratarse de una fuerza de largo alcance y que, seguramente, debía afectar también a la Luna, cosa que demostró al poco tiempo. Fue la primera persona en comprender que dos hechos familiares, como la caída de los cuerpos y el movimiento de la Luna, obedecían a la misma causa. Newton siempre fue retraído, competitivo y poco divertido. Sin embargo, era humilde respecto a la trascendencia de sus propios logros, lo cual no impide que suela ser considerado el mayor genio científico de todos los tiempos.

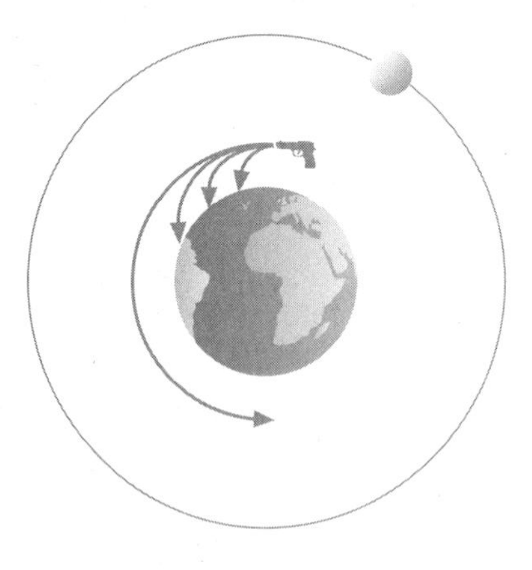

La gran unificación de Newton. Los objetos caen al suelo siguiendo las mismas leyes que gobiernan el movimiento de los astros.

deducir el valor de M que reproduce correctamente la velocidad lunar: habrá deducido así la masa de la Tierra. Notemos que, para ello, necesitará también conocer el valor de G, pero como se trata de una constante universal, cuyo valor es el mismo en la Tierra o en cualquier otro lugar del universo, su civilización ya lo habrá determinado hace tiempo (gracias a algún «Cavendish extraterrestre»).

De forma exactamente análoga, nosotros podemos determinar la masa de los objetos celestes, simplemente midiendo la velocidad de los cuerpos que orbitan en torno a ellos, y usando la ecuación [1]. Por ejemplo, podemos determinar la masa del Sol usando la velocidad de traslación de la Tierra en torno al Sol y la distancia de separación entre ellos. Nuevamente, esto fue llevado a cabo por Newton, que pudo así evaluar cuántas veces es la masa del Sol mayor que la de la Tierra. Su cálculo fue correcto, pero como la distancia Tierra-Sol no estaba todavía bien medida, el valor que obtuvo se quedó algo corto. Hoy sabemos (usando el mismo procedimiento que Newton) que la masa del Sol es unas 333 000 veces la masa de la Tierra. Como veremos enseguida, fue el uso de esa misma relación [1], el que permitió poner de manifiesto la presencia de la enigmática materia oscura.

Merece la pena comentar que el genio de Newton fue aún más allá. Desde la época de Kepler (medio siglo antes) se sabía que los planetas describían realmente órbitas elípticas (una circunferencia es un caso especial de elipse). Newton pudo demostrar que su ley de gravitación universal producía precisamente este tipo de órbitas, y también pudo calcular la velocidad de los planetas al recorrerlas; o sea la generalización de la ecuación [1] para órbitas elípticas. Una vez más, Newton comprobó que las órbitas y las velocidades de los planetas conocidos seguían con disciplina sus predicciones, resolviendo así un problema que había intrigado al mundo durante milenios. En otras palabras, Newton demostró que los planetas se mueven como lo hacen porque sencillamente están cayendo de manera incansable alrededor del Sol. Antes de conseguir esta proeza intelectual, Newton creó una nueva y potentísima rama matemática: el cálculo diferencial (desarrollado de forma contemporánea e independiente por el alemán Gottfried Leibniz). Esta aportación a las matemáticas es tan gigantesca que le sitúan como uno de los grandes matemáticos de todos los tiempos. Aunque parezca increíble, Newton comenzó a desarrollar estas fecundas ideas matemáticas también en los dos mágicos años de 1665 y 1666, si bien fue madurando su trabajo a lo largo de los años siguientes.

En el caso de las órbitas elípticas, la ecuación [1] no se cumple exactamente, ya que, para empezar, la velocidad no es constante. Sin embargo sí que se cumple *en promedio* a lo largo de la órbita. Por tanto, si medimos las velocidades de muchos cuerpos orbitando alrededor de una gran masa, realizando un promedio estadístico podremos seguir usando la ecuación [1] para determinar el valor de esa gran masa, incluso sin saber si las trayectorias de los cuerpos son elípticas o circulares.

CÓMO «PESAR» UNA GALAXIA

El Sol es solo una estrella más entre los centenares de miles de millones que forman nuestra galaxia, la Vía Láctea, que aparece representada en la doble página siguiente. Como muchas otras galaxias, la Vía Láctea tiene la forma de un disco gigantesco, que contiene varios brazos espirales que se enroscan alrededor de un núcleo más denso.

La Vía Láctea tiene grandes cantidades de estrellas, gas y polvo. En uno de los brazos exteriores está situado el Sol, nuestra estrella. El núcleo galáctico tiene forma de «barra» (razón por la que la Vía Láctea se considera actualmente una galaxia del tipo «espiral barrada»). Existen claros indicios de que en el interior del núcleo hay un agujero negro con una masa de más de cuatro millones de veces la masa del Sol.

Es difícil concebir el tamaño de la Vía Láctea. El diámetro del disco es aproximadamente 100 000 años-luz. Podemos compararlo con el tamaño de la órbita de la Tierra alrededor del Sol, que tiene un (gigantesco) diámetro de 300 millones de kilómetros. Si nos imaginamos el círculo descrito por la órbita

> La cosa más bella que podemos experimentar es el misterio. Es la fuente de toda ciencia y arte verdaderos.
>
> **Albert Einstein**

terrestre como una letra «o» tipográfica, entonces la Vía Láctea tiene un tamaño equivalente a África. Según las últimas estimaciones, la Vía Láctea contiene entre 200 000 y 400 000 millones de estrellas. Repartidas entre todos los habitantes de la Tierra, tocaríamos a unas cuarenta por persona. Además, hay un número aún mayor de planetas, muchos orbitando en torno a las estrellas y muchos vagabundeando por los inmensos espacios interestelares; no obstante, al ser extremadamente más ligeros que las estrellas, su aportación a la masa total de la galaxia es despreciable. Actualmente se conoce la existencia de unos 100 000 millones de galaxias, número parecido al de estrellas dentro de la Vía Láctea.

¿Es posible determinar la masa de la Vía Láctea o cualquier otra galaxia? Sí, naturalmente, usando el mismo procedimiento que utilizó Newton para medir la masa del Sol: estudiando las velocidades de objetos (típicamente estrellas) que orbitan alrededor de la galaxia en cuestión, y utilizando nuestra relación [1] para determinar la masa de la galaxia capaz de producir esas velocidades. Además, considerando las velocidades de estrellas a diferentes distancias del centro galáctico, lo que se determina en realidad es la cantidad de masa rodeada por la órbita de cada estrella, que es la que de forma efectiva la atrae. De este modo se puede descifrar cómo está distribuida la masa de la galaxia. Este fue el trabajo que en los años setenta del siglo XX llevó a cabo la astrónoma Vera Rubin, formando equipo con Kent Ford, ambos estadounidenses.

En principio, esta labor podría parecer algo «sencillo»: medir velocidades de estrellas rotando en torno a una galaxia y aplicar la ecuación [1] para deducir la masa de dicha galaxia. Pero no lo es tanto: en primer lugar, es difícil seguir estrellas individuales en galaxias distantes (y mucho más en los años setenta). Además, aunque las estrellas se mueven a gran velocidad, la dimensión de su órbita es gigantesca, por lo que parecen estar quietas en un punto de la misma. No es posible medir la velocidad de las

Recreación artística de la Vía Láctea, una galaxia espiral barrada. Se estima que su diámetro es de unos 100 000 años-luz o tal vez mayor.

> La ciencia avanza mejor cuando las observaciones nos obligan a cambiar nuestras ideas preconcebidas.
>
> **Vera Rubin**

estrellas en galaxias lejanas siguiendo su movimiento con un telescopio, como se hizo en su día con la Luna y los planetas. Esto lo sabemos por experiencia propia: las posiciones relativas de las estrellas en el cielo *parecen* inmutables. Por ejemplo, la Osa Mayor conserva noche tras noche su forma característica, aunque en realidad sus estrellas se mueven a gran velocidad relativa entre ellas, por lo que la constelación perderá esa forma en unos milenios.

Para superar estas dificultades Rubin y Ford utilizaron la técnica del *efecto Doppler*. Imaginemos a un tenista que nos lanza pelotas desde el fondo de una pista, al ritmo constante de una por segundo. Lógicamente, nosotros las recibiremos también al mismo ritmo de una por segundo, ya que cada pelota tarda el mismo tiempo en llegar a nosotros (imaginamos que todas son lanzadas con la misma velocidad). Supongamos que el tenista comienza a correr hacia nosotros, sin dejar de lanzar pelotas al mismo ritmo. Ahora las recibiremos con una frecuencia mayor de una por segundo, ya que cada nueva pelota, al tener que recorrer una distancia cada vez menor, tardará menos en llegar que la anterior. Cuanto mayor sea la velocidad del tenista, mayor será el aumento de la frecuencia con que recibiremos las pelotas. De hecho, midiendo ese aumento de frecuencia, podríamos deducir la velocidad con que se acerca el tenista, aunque no lo viéramos aproximarse.

Si en vez de lanzarnos pelotas, el tenista emite un sonido con un silbato, el fenómeno es el mismo. Las ondas sonoras se parecen a pequeñas compresiones de aire, que se producen con una cierta frecuencia y viajan a velocidad constante, como las pelotas de tenis anteriores. Si el tenista corre hacia nosotros, la frecuencia con que nos llegarán esas pequeñas compresiones de aire aumentará, y por tanto percibiremos que el sonido de su silbato se hace más agudo. Esa es la razón por la que cuando una ambulancia se acerca, el sonido de su sirena suena más agudo, y al alejarse se vuelve más grave (figura 3).

FIG. 3

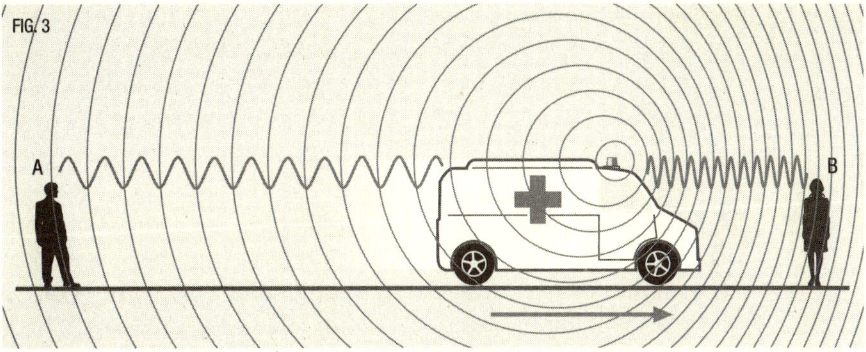

El efecto Doppler es el cambio de frecuencia de una onda cuando la fuente emisora se encuentra en movimiento respecto a un observador. En la figura, la ambulancia se aleja del observador A y se acerca a B, de manera que el primero percibirá un sonido más grave, y el segundo, más agudo.

Esta modificación de la frecuencia de una onda, debida a la velocidad del objeto emisor, es el llamado efecto Doppler, y tiene una enorme importancia en astronomía y astrofísica. La luz es también una onda, en este caso una onda electromagnética, en la cual lo que vibran son los campos eléctricos y magnéticos. Para la luz visible, la frecuencia más baja corresponde a la luz roja, y la más alta, a la azul y violeta. Si un objeto emisor de luz, de una cierta frecuencia, se acerca a nosotros, la frecuencia luminosa que mediremos será mayor (la luz se habrá «desplazado al azul») y si se aleja será menor («desplazamiento al rojo»). Por tanto, midiendo el desplazamiento al rojo o al azul de las frecuencias de las ondas luminosas que nos envían las estrellas (o cualquier otro objeto del cielo), podemos deducir su velocidad de acercamiento o alejamiento de nosotros. Para hacer un estudio de este tipo hay que considerar luces con frecuencias conocidas a priori. Concretamente, el hidrógeno y otros elementos presentes en las estrellas poseen líneas de emisión y absorción de luz con frecuencias perfectamente establecidas en el laboratorio. El estudio del desplazamiento hacia el rojo o el azul de esas líneas es el que permite determinar la velocidad de las estrellas emisoras respecto a nosotros.

Rubin y Ford aplicaron esta conocida técnica, de forma perfeccionada y sistemática, a las estrellas de muchas galaxias, evaluando así sus velocidades. Esto les permitió, por primera vez, determinar la masa total de cada galaxia y su distribución dentro de la misma. Lo que encontraron fue sorprendente.

LA MATERIA OSCURA HACE SU APARICIÓN

La cuestión es que existía una *expectativa* razonable sobre cuál sería la masa de las galaxias. Al fin y al cabo, en apariencia una galaxia está constituida principalmente por estrellas que brillan. Como conocemos bien el funcionamiento de las estrellas, es posible hacer una buena estimación de la masa total de estrellas a partir del brillo total de la galaxia. Además, está el gas de la galaxia (fundamentalmente hidrógeno y helio), que puede tener una masa comparable a la de las estrellas. Actualmente conocemos bien la masa contenida en el gas galáctico, gracias al estudio de los rayos X que ese gas emite. Toda esa materia, gas y estrellas, constituye la mayor parte de la masa *ordinaria* de la galaxia, la única conocida en tiempos de Rubin. Por tanto, a priori se creía tener una idea clara de cuál debía ser la masa de las galaxias y cómo estaba distribuida. Concretamente, a una distancia grande del centro, apenas hay ya estrellas y gas que contribuyan a la masa galáctica. Por ello, para las estrellas distantes del centro galáctico, la velocidad debía disminuir *rápidamente* con la distancia.

Para entender mejor esto último, recordemos la ecuación [1] que nos da la velocidad de un cuerpo en órbita, $v = \sqrt{G \cdot M/r}$. Para estrellas distantes, la masa de materia visible rodeada por la órbita de la estrella apenas aumenta al aumentar el radio de la órbita, ya que apenas hay materia visible en la periferia de la galaxia. Por tanto, la masa M que atrae a una estrella distante y a una estrella *aún más* distante es prácticamente la misma. Sin embargo, la distancia r es mucho mayor para la segunda, por lo que su velocidad ha de ser mucho menor. En otras palabras, la velocidad de las estrellas debería ser menor cuanto mayor sea su lejanía respecto

FIG. 4

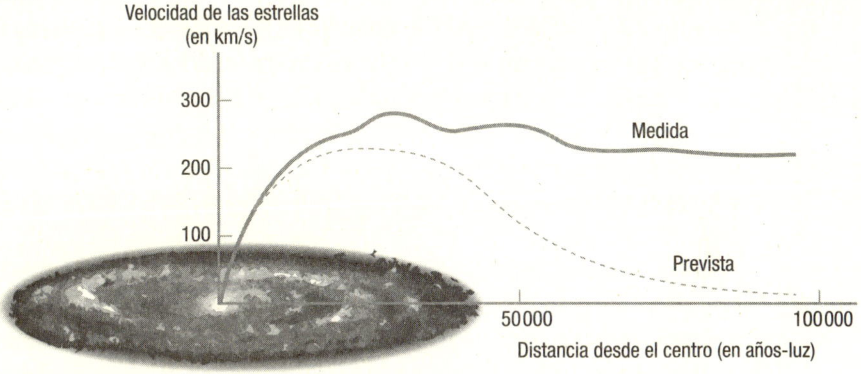

al centro de su galaxia. Pero esto *no* es lo que encontraron Rubin y Ford.

Lo que encontraron fue que la velocidad de las estrellas distantes parecía ser siempre aproximadamente la misma, aunque r fuera muy grande. Esto está reflejado, usando datos actuales y para el caso de la galaxia Andrómeda, la más próxima a la nuestra, en la figura 4. La línea discontinua corresponde a la distribución de velocidades esperada (en km/s) si no hubiera más materia que la visible. Como se puede ver, en zonas alejadas del centro, las velocidades que uno esperaría disminuyen rápidamente con la distancia. La línea continua muestra lo que realmente se mide: las velocidades de las estrellas apenas descienden con la distancia, en flagrante contradicción con lo previsto. La explicación más sencilla, pero que supone un descubrimiento revolucionario, es que, además de la materia visible, existe otra materia invisible, bautizada como materia oscura, que se extiende mucho más allá de los confines aparentes de la galaxia, y que contiene mucha más masa que la primera. De esta forma, cuanto más distante se encuentre una estrella, mayor es la masa efectiva que la atrae. El aumento de la distancia, r, en el denominador de la ecuación $v=\sqrt{G\cdot M/r}$ se ve así compensado por el aumento de la masa, M, en el numerador, de manera que la velocidad de la estrella no disminuye con la distancia, tal como nos dicen las observaciones.

Rubin y Ford estudiaron unas sesenta galaxias, encontrando el mismo fenómeno una y otra vez. Generalmente se considera que esta fue la primera evidencia clara y general de la presencia de materia oscura en el universo. Desde luego, fue la primera evidencia tomada en serio por la comunidad científica, lo que situó el estudio de la materia oscura entre las prioridades de la investigación astrofísica.

Las conclusiones del pionero estudio de Rubin y Ford han sido confirmadas posteriormente por muchas observaciones independientes. Típicamente, la masa visible (ordinaria) de una galaxia es del orden del 10% de la misma; el 90% restante es materia oscura. Este es el caso también de nuestra galaxia, la Vía Láctea. De hecho, existen algunas galaxias, normalmente galaxias pequeñas, formadas casi por entero (en un 99%) por materia oscura. A nivel cósmico, sin embargo, la proporción de materia oscura es algo menor: entre un 80% y un 85% de la materia total del universo, siendo el 15-20% restante materia ordinaria. La razón es que la mayor parte de la materia ordinaria del universo no está en las galaxias, sino en el gas intergaláctico que flota entre ellas, constituido fundamentalmente por hidrógeno y helio. Estos números son porcentajes respecto al total de *materia* del universo. Además de esta, tenemos la energía oscura, que es más abundante que las materias oscura y ordinaria juntas, y que será examinada más adelante.

El hallazgo de Rubin y Ford supuso un jalón histórico en el descubrimiento de la materia oscura. Sin embargo, ellos no fueron los primeros en observar indicios de su existencia. Posiblemente, tampoco percibieron al principio toda la trascendencia de lo que estaban encontrando. De alguna forma, el descubrimiento de la materia oscura y de su importancia ha tomado su tiempo, del mismo modo que los europeos necesitaron algún tiempo para percibir la magnitud del descubrimiento de América. Normalmente se considera que el primer astrónomo en proponer el concepto de materia oscura, basado en una evidencia observacional sólida, fue Fritz Zwicky en 1933. Zwicky no estudió galaxias individuales, sino el Cúmulo de Coma, formado por unas mil galaxias. De la misma forma que

EXPLORADORA DE GALAXIAS

La astrónoma estadounidense Vera Rubin (1928-2016) se mostró interesada por las estrellas desde niña. En 1948, después de obtener el título de «Bachelor» por la Universidad de Vassar, intentó inscribirse en el programa de astronomía de la prestigiosa Universidad de Princeton. Vergonzosamente, fue rechazada porque dicho programa no aceptaba mujeres (una práctica que se mantendría hasta 1975). Entonces Vera Rubin se inscribió en la Universidad de Cornell, donde tuvo como profesores a físicos de la talla de Richard Feynman y Hans Bethe. Más tarde (en 1954) se doctoró en la Universidad de Georgetown, dirigida por el también gran físico George Gamow, y algunos años después (en 1965) consiguió un puesto en la Institución Carnegie de Washington. En aquel mismo año fue la primera mujer autorizada a utilizar el observatorio de Monte Palomar.

El hallazgo de la materia oscura

En la década de 1960, Rubin formó equipo con el astrónomo Kent Ford, que había desarrollado un espectrómetro de alta sensibilidad, para estudiar la dinámica de las estrellas en las galaxias espirales. Los cálculos de Rubin indicaban que el movimiento de las estrellas requería que las galaxias tuvieran mucha más masa de la que se podía observar. Rubin recordó la antigua afirmación de Zwicky en el sentido de que en el universo había una gran cantidad de materia «oscura». Sus resultados confirmaban esta idea. Aunque inicialmente las observaciones de Rubin también fueron recibidas con escepticismo, el trabajo era tan cuidadoso y concluyente que al poco tiempo fueron aceptadas por la comunidad. Como Vera Rubin afirmó: «La ciencia avanza mejor cuando las observaciones nos obligan a cambiar nuestras ideas preconcebidas».

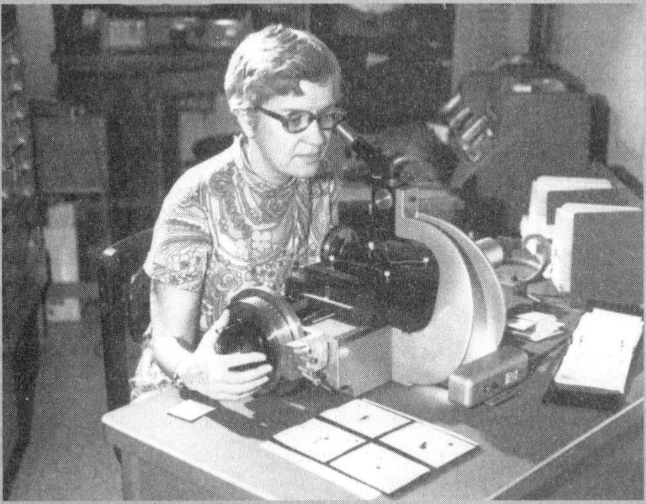

Estudiando el movimiento de las estrellas, Vera Rubin obtuvo las primeras pruebas convincentes de que en las galaxias lo que se ve es solo una pequeña parte de lo que hay. En la fotografía, Rubin estudiando espectros luminosos galácticos en la década de 1970.

> **En las galaxias espirales la proporción entre la materia oscura y la luminosa es de diez a uno. Posiblemente esta es también la proporción entre nuestra ignorancia y nuestro conocimiento.**
>
> **Vera Rubin**

se puede «pesar» una galaxia, se puede pesar un cúmulo de galaxias. Esto es lo que hizo Zwicky, estudiando las velocidades de las galaxias (no de las estrellas individuales) dentro del cúmulo. Al igual que Rubin y Ford cuarenta años después, Zwicky observó que dichas velocidades eran mucho más altas de lo esperado, por lo que debía existir algún tipo de «materia oscura» en el cúmulo.

En realidad, Zwicky sobreestimó el porcentaje de materia oscura en el Cúmulo de Coma, debido a que no consideró el gas intergaláctico presente en el cúmulo, y que de hecho representa la mayor parte de la materia ordinaria en el mismo. No pudo considerarlo porque aún no se disponía de la instrumentación necesaria para poder observarlo. Además Zwicky partió de estimaciones erróneas acerca del ritmo de expansión del universo, un parámetro importante cuando se quieren determinar posiciones de galaxias lejanas. Aun así, acertó en lo esencial. Sin embargo, su trabajo apenas fue tenido en cuenta por la comunidad científica. Los astrónomos y astrofísicos tendieron a pensar que, cuando se dispusiera de mejores datos, los hechos encontrados por Zwicky se podrían explicar de otra manera, sin recurrir a una misteriosa materia oscura.

El caso es que, para desesperación de Zwicky, la investigación en este campo estuvo prácticamente detenida durante casi cuarenta años, hasta el trabajo de Rubin y Ford en los setenta.

Merece la pena señalar que Fritz Zwicky fue un auténtico genio adelantado a su época y poco reconocido en vida, quizá debido en parte a su carácter cáustico con sus colegas. Además de su trabajo pionero en la materia oscura, fue el primer astrofísico en proponer que las supernovas eran explosiones de estrellas, que dejaban tras de sí una estrella de neutrones como remanente. Y también el primero en proponer que los cúmulos de galaxias podían actuar como lentes gravitacionales, un fenómeno interesantísimo que encontraremos en el próximo capítulo y que tardó cuarenta años en ser observado.

En todo caso, hay que decir que, incluso después de Rubin y Ford, no estaba claro si la materia oscura era solo materia ordinaria cuya presencia, por algún motivo, era difícil de detectar, o si realmente se trataba de un tipo de materia nuevo y desconocido. Más adelante aclararemos esta cuestión.

También se especulaba con la posibilidad de que no hubiera materia oscura en absoluto, sino que *a grandes distancias* la ley de Newton fallara y con ella la relación utilizada entre la velocidad de un cuerpo en órbita y la masa que lo atrae. En ese caso, se habría estado utilizando una fórmula incorrecta para deducir la masa de las galaxias, y de ahí la conclusión (que sería errónea) de que dicha masa fuera mucho mayor que la masa visible.

Se tardaron todavía bastantes años en aclarar esta importantísima cuestión: ¿Lo que se observa es materia oscura o son fallos en la ley de Newton?

Experimentos cósmicos

En páginas precedentes hemos repasado algunas de las contribuciones más importantes de Newton a la física y las matemáticas. Cuando se piensa en su significación, se comprende que Newton fuera reverenciado en su época y en épocas posteriores como ningún científico lo ha sido. Concretamente, su ley de gravitación universal demostró funcionar con maravillosa precisión en las escalas de distancia más variadas: desde unas bolas de plomo atrayéndose a pocos centímetros, hasta el Sol, planetas, lunas y cometas atrayéndose a distancias de miles de millones de kilómetros.

Sin embargo, en ciencia no hay verdades ni científicos sagrados. Todas las teorías, por robustas que parezcan, están permanentemente sometidas al veredicto de la propia naturaleza: son los experimentos y las observaciones los que han de respaldarlas o rechazarlas, o bien fijar sus límites de aplicabilidad. Esto vale también para un coloso como Newton y su ley de gravitación universal. Ciertamente, esta funciona espléndidamente para la masa del Sol y las distancias típicas entre objetos del sistema solar. Pero la masa de una galaxia es cientos de miles de millones de veces mayor que la del Sol, y las distancias típicas a las que orbitan las estrellas respecto del centro galáctico son miles de millones de veces mayores que las de una órbita planetaria (recuerden la comparación de una letra «o» con el tamaño de África). Así que

¿es realmente sensato dar por supuesto que la ley de Newton se ha de seguir cumpliendo a esas gigantescas escalas de masa y distancia?

De hecho, como ya se ha mencionado, la idea de algunos científicos fue que la ley de Newton dejaba de funcionar bien a grandes distancias, hipótesis con la que simpatizaba (y simpatiza) la propia Vera Rubin. En el capítulo anterior utilizamos repetidamente la ecuación [1] que relaciona la velocidad de un cuerpo en órbita, v, con la masa que lo atrae, M, y su distancia a la misma, r (recordemos, $v = \sqrt{G \cdot M/r}$). En esta relación se ha supuesto que G es una constante universal, tal como se asume en la ley de Newton. Pero ¿y si no lo fuera? Por ejemplo, para objetos muy alejados de la masa central, el valor de G «podría» aumentar con la propia distancia, r. Concretamente, si a grandes distancias G *fuera* proporcional a r, un aumento de r en el denominador de la expresión anterior quedaría exactamente compensado por el aumento de G en el numerador. De esta forma, para una misma masa de la galaxia, M, la velocidad con la que orbitan las estrellas periféricas sería la misma, independientemente de su distancia al centro galáctico. ¡No haría falta postular ninguna materia oscura para entender las velocidades anómalamente grandes de las estrellas en la periferia de las galaxias!

A las teorías de este tipo, que postulan que, a grandes distancias, la atracción gravitatoria difiere de la predicha por la ley de Newton, produciendo un efecto que parece debido a una materia oscura, se les ha llamando teorías MOND, acrónimo inglés de *Modified Newtonian Dynamics* («dinámica newtoniana modificada»).

Hay que decir que el descubrimiento de fallos en la ley de Newton supondría un descubrimiento todavía más importante que el de la propia materia oscura, de manera que la hipótesis MOND es cualquier cosa menos conservadora. Pero ¿puede ser cierta?

LA TEORÍA DE LA RELATIVIDAD

Es hora de aclarar un hecho que posiblemente el lector ya conozca: en realidad, la venerable ley de gravitación universal de Newton *no* siempre es correcta. Hoy conocemos bien sus limitaciones gracias al trabajo realizado hace cien años por Albert Einstein, posiblemente el único físico de la historia que puede codearse con Newton por su genialidad y sus extraordinarias contribuciones. En 1915 Einstein era ya un físico mundialmente reconocido por su teoría de la relatividad especial y otras aportaciones que habían revolucionado la física. Pero su máxima contribución, la teoría de la relatividad general, culminó en aquel 1915 tras ocho años de intenso trabajo. La relatividad general es una teoría que describe la forma en la que un mismo fenómeno es contemplado por observadores diferentes, sea cual sea la posición, velocidad o aceleración de estos. En ese sentido supone una extensión de la relatividad especial, formulada por Einstein en 1905, y que se refería solo a observadores con velocidad constante. La teoría de la relatividad (especial y luego general) supuso una revolución científica de primer orden, que trastocó profundamente conceptos familiares que parecían intocables. Concretamente, la nueva teoría implicaba que las nociones de espacio y tiempo no son como parece decirnos nuestra intuición, es decir magnitudes inertes e inmutables. El espacio-tiempo como un todo se puede estirar y encoger, curvar y retorcer. Su textura se parece más a la de la goma que a la del cristal.

Pero, además, la relatividad general es una teoría de la gravitación. El punto importante es que, según ella, el espacio-tiempo se curva debido a la presencia de masa y energía. Si no se curvara, cualquier objeto abandonado a sí mismo mantendría su estado de movimiento de forma indefinida: si estaba inicialmente en reposo, permanecería en reposo, y si no, seguiría moviéndose en línea recta con velocidad constante. Esto es exactamente lo que les sucede a los objetos aislados de todo tipo de fuerzas e influencias, algo que ya comprendió Galileo en el siglo XVII. Sin embargo, de acuerdo con la relatividad general, en las cercanías de una gran masa el espacio-tiempo se curva. Un objeto abandonado a sí mismo, al aproximarse a esa gran masa, entra en una zona de espacio-tiempo curvado y su trayectoria se altera, acelerándose y torciéndose, tal como está representado en la figura 1. La aceleración experimentada por el objeto es la que atribuimos al efecto de una fuerza, bautizada como «fuerza de gravedad», pero en realidad es una consecuencia de que el espacio-tiempo está curvado. Podemos decir que, según la relatividad general, las masas cambian la geometría del espacio-tiempo, curvándolo. Y este cambio de geometría es el que dicta a los objetos cómo se tienen que mover, provocando la sensación de que hay una fuerza que los dirige: la fuerza gravitatoria.

Por supuesto, estos conceptos son terriblemente antintuitivos. Además, la figura 1 capta la esencia de lo que sucede, pero no es completa. En la figura es solo el espacio el que está curvado en las inmediaciones de la gran masa, pero en la formulación completa de la teoría es el espacio-tiempo como un todo el que se curva, un concepto imposible de visualizar, pero que matemáticamente se puede formular de manera precisa.

Hasta ahora hemos hecho una descripción cualitativa de cómo surgen las fuerzas gravitatorias a partir de la geometría del espacio-tiempo. Podemos ir un poco más lejos. Einstein propuso la forma exacta en la que la masa y la energía curvan el espacio-tiempo. La ecuación que describe este fenómeno es la ecuación principal de la relatividad general, una de las más profundas que se hayan escrito jamás:

$$R^{\mu\nu} - \frac{1}{2} g^{\mu\nu} R = T^{\mu\nu}. \qquad [2]$$

No pretendemos explicar con precisión la definición de los símbolos de esta fórmula (que por simplicidad han sido escritos en ciertas unidades convenientes); solo acercarnos al significado de la misma. En el miembro de la izquierda encontramos dos símbolos, $R^{\mu\nu}$ y $g^{\mu\nu}$, que son, respectivamente, la *curvatura* y la *métrica* del espacio-tiempo. Sin entrar en tecnicismos, estas variables describen la geometría del espacio-tiempo, cómo está de curvado en cada punto. Esa geometría es la que determinará las trayectorias de los objetos. En el miembro de la derecha encontramos otro símbolo, $T^{\mu\nu}$, el llamado *tensor energía-momento*. Nuevamente sin entrar en tecnicismos, esta variable representa la cantidad de materia y energía que hay en el universo. Por con-

FIG. 1

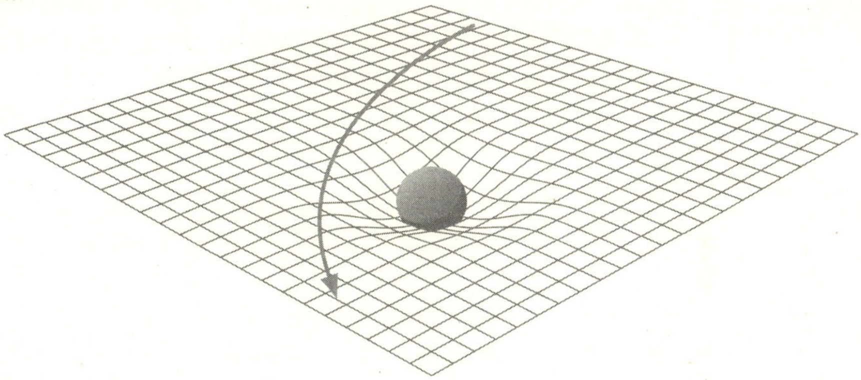

Un objeto masivo distorsiona la geometría del espacio-tiempo a su alrededor, provocando un cambio de trayectoria en los objetos que se encuentran dentro de su radio de acción. El efecto es como si una fuerza misteriosa los dirigiese: la fuerza de la gravedad.

siguiente, la ecuación anterior dicta la forma precisa en la que la materia y la energía (representadas por $T^{\mu\nu}$) producen curvatura en el espacio-tiempo (codificada en $R^{\mu\nu}$ y $g^{\mu\nu}$). La ecuación [2] se puede aplicar en el caso de que la materia sea una gran masa central, *M*. Entonces, la ecuación nos dicta cómo el espacio-tiempo se curva alrededor de ella, es decir el efecto que se ha ilustrado en la figura 1. Tal como hemos dicho, esa curvatura es a su vez la causante de que los objetos cambien sus trayectorias cuando se acercan a la masa, exactamente como si sufrieran una fuerza gravitatoria newtoniana. Bueno..., en realidad no «exactamente». Lo que se deduce de la ecuación [2] es que la fuerza gravitatoria efectiva es muy parecida a la famosa ley de gravitación universal de Newton, pero con pequeñas modificaciones:

$$F = G\frac{M \cdot m}{r^2} + f. \qquad [3]$$

Como se puede ver, la fuerza es idéntica a la postulada por Newton, más una pequeña corrección que hemos llamado *f*, y que representa la contribución relativista a la fuerza gravitatoria. Realmente f es una suma de términos que, a su vez, dependen, en una forma complicada, de la distancia r e incluso de las velocidades de las dos masas que se atraen. No escribiremos aquí la forma completa de f, ya que es engorrosa, pero para los lectores curiosos reproduciremos el más importante de esos términos:

$$f = -\frac{4}{c^2} \cdot \frac{G^2 \cdot M^2 \cdot m}{r^3} + \cdots \qquad [4]$$

Aquí c es la velocidad de la luz (un parámetro omnipresente en las ecuaciones relativistas). Como se puede ver, se trata de una contribución negativa; por tanto la fuerza gravitatoria real es más pequeña que la predicha por Newton. El valor de f suele ser diminuto, pero siempre está ahí, y modifica sutilmente las trayectorias de los objetos que sufren atracción gravitatoria.

Un punto importante es que f no disminuye con el cuadrado de la distancia, como en la ley de Newton, sino con el cubo de la misma, tal como nos indica la r^3 en el denominador. ¿Por qué es tan importante esto? En realidad, Newton era consciente de que tal vez su ley de gravitación no era exacta, y anticipó un método inteligente para ponerla a prueba. Concretamente, una de las consecuencias de la ley de gravitación newtoniana es que las órbitas de los planetas debían ser elipses cerradas, tal como, en efecto, parecen ser en la práctica. Sin embargo, si la fuerza de atracción no es *exactamente* inversamente proporcional al cuadrado de la distancia, sino que tiene pequeñas correcciones, entonces las órbitas dejan de ser cerradas y estables: van cambiando con el tiempo. Newton propuso hacer un seguimiento de las órbitas de los planetas, para detectar cualquier posible desviación de su forma elíptica estable, lo que hubiera supuesto una señal de que su celebrada ley necesitaba modificaciones. Y esto es lo que se hizo a lo largo del tiempo, encontrándose que los planetas permanecían obedientemente en órbitas cerradas... excepto por una pequeña anomalía. Concretamente, a comienzos del siglo XX era bien sabido que la órbita de Mercurio presentaba una extraña *precesión*: el punto más alejado de la órbita se iba

EL JOVEN EINSTEIN

A comienzos de 1905 Albert Einstein era un joven a punto de cumplir veintiséis años sin especial brillo. Había terminado sus estudios de física en la Escuela Politécnica de Zúrich en 1900, donde intentó, sin éxito, permanecer como profesor contratado. En 1902 consiguió un empleo en la Oficina de Patentes de Berna, que le proporcionó seguridad económica, pero le distanció del mundo académico. Sin embargo, en 1905, desde aquella oscura oficina, Einstein publicó una serie de artículos que iban a revolucionar la física y que, por sí solos, bastarían para situarle entre los más grandes científicos de la historia. En el primer artículo explicó el efecto fotoeléctrico, trabajo por el que recibiría el premio Nobel en 1921, y que fue esencial para establecer las bases de la mecánica cuántica, uno de los dos pilares básicos de la física moderna. En el segundo artículo Einstein explicó matemáticamente el movimiento browniano, lo que proporcionó pruebas convincentes de la existencia real de átomos y moléculas.

Una revolución conceptual

En los dos artículos siguientes Einstein estableció las bases de la teoría de la relatividad especial, que vendría a sustituir las leyes de la mecánica establecidas por Newton (y en parte por Galileo) en el siglo XVII. El primero de estos artículos revolucionó los conceptos de espacio y tiempo, que dejaron de ser concebidos como inertes, inmutables y desconectados entre sí. En el segundo formuló por primera vez su famosa ecuación $E = mc^2$, que establece la equivalencia entre los conceptos de masa y energía. La relatividad especial fue generalizada años más tarde por el propio Einstein, con su teoría de la relatividad general, constituyéndose en el segundo pilar conceptual de la física moderna.

Por ello, 1905 ha sido denominado el *annus mirabilis* de Einstein. No hay en la historia de la ciencia un año que pueda comparársele, excepto el periodo 1665-1666 de Isaac Newton. De hecho, hay algunas curiosas similitudes entre ambos: tanto Einstein como Newton eran jóvenes (veintiséis y veintitrés años respectivamente), que no habían brillado especialmente hasta ese momento, y que se encontraban en lugares alejados del mundo académico (una oficina de patentes y un pueblecito aislado). ¿Meras coincidencias?

Einstein en 1904, justo un año antes de su *annus mirabilis.*

desplazando ligerísimamente a cada nueva vuelta del planeta, tal como muestra la figura 2. Esta precesión se debía en parte al efecto de la atracción gravitatoria ejercida sobre Mercurio por otros planetas. Pero, incluso teniendo en cuenta ese efecto, seguía existiendo un minúsculo, pero inquietante, desacuerdo con las predicciones de la gravitación newtoniana. El efecto es muy pequeño y está exagerado en la figura. Si imaginamos Mercurio como un cronómetro que se retrasa un poco a cada nueva vuelta, el retraso misterioso sería solo de la milésima parte de una vuelta por cada 750 000: cuantitativamente insignificante, pero de una importancia teórica crucial.

Es interesante mencionar que el matemático francés Le Verrier intentó, en 1859, explicar la anomalía de la órbita de Mercurio postulando la existencia de un nuevo planeta, más cercano al Sol que Mercurio, y al que bautizó con el nombre de Vulcano. La atracción gravitatoria de Vulcano sobre Mercurio sería, según Le Verrier, la responsable de la enigmática precesión de este último. Notemos que Le Verrier estaba en cierto modo proponiendo la presencia de «materia oscura» (el planeta Vulcano) como la responsable de la trayectoria anómala de Mercurio, una suposición realmente más conservadora que aceptar que la ley de Newton fallaba para Mercurio. El matemático francés estaba razonando de la misma forma que había hecho veinte años antes para entender las anomalías en la órbita de Urano, que también parecía desobedecer la ley de Newton. Le Verrier conjeturó entonces la existencia de un planeta aún no descubierto, Neptuno, como responsable de las mismas, acertando de pleno. Sin embargo, en este caso resultó no haber ninguna «materia oscura», ningún planeta Vulcano. La causa de la enigmática precesión de Mercurio era la pequeña corrección relativista, f, a la fuerza gravitatoria newtoniana. Esto pudo verificarlo el propio Einstein con todo detalle en 1915, y supuso una de las comprobaciones más espectaculares de su teoría.

¿Por qué era Mercurio el único planeta que «desobedecía» a Newton? La razón está en la forma de la corrección relativista f, tal como la hemos escrito en la ecuación [4]. Al ser inversamente proporcional al cubo de la distancia, r^3, el valor de f es relativa-

FIG. 2

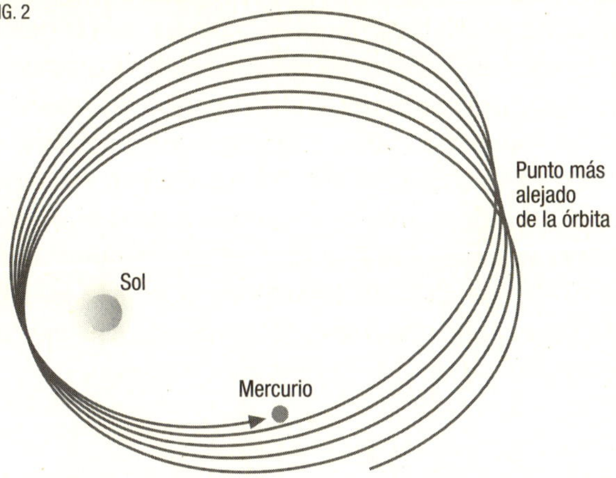

La teoría de la relatividad general conlleva pequeñas correcciones a la ley de gravitación universal de Newton. Dichas modificaciones hacen que la fuerza de atracción gravitatoria no sea exactamente inversamente proporcional al cuadrado de la distancia. Como consecuencia, las órbitas de los planetas no son elipses cerradas y estables, sino que «preceden» lentamente. Mercurio fue el primer planeta en el que se observó este fenómeno.

mente más importante cuanto menor sea esa distancia; por tanto, es más fácil detectar desviaciones a la ley de Newton en los planetas más cercanos al Sol, y Mercurio es el más cercano. Actualmente, la precesión relativista ha sido también medida en otros planetas (incluyendo la Tierra), y se ajusta en todos los casos a la predicción relativista de forma exquisita.

Aquí enlazamos con el problema que enunciábamos al comienzo de este capítulo. Del mismo modo que la órbita anómala de Mercurio no se debía a ninguna materia oscura, sino a un fallo de la ley de Newton para planetas cercanos al Sol, ¿no podría ser que la ley de Newton fallara también para estrellas muy lejanas que orbitan alrededor de una galaxia?

Lo primero que hay que aclarar es que en ningún caso la corrección relativista a la ley de Newton, que acabamos de describir, puede ser la responsable del extraño movimiento de esas estrellas periféricas. La razón para ello está nuevamente en la forma de la corrección f, tal como está escrita en la ecuación [4]. Cuanto más grande sea r, más insignificante es dicha corrección. Dado que las estrellas describen órbitas de radio gigantesco, los efectos relativistas son absolutamente despreciables. Para ellas, las predicciones de Newton y Einstein son totalmente equivalentes.

Bien, tal vez las predicciones de Einstein tampoco sean perfectas, y a esas distancias gigantescas la fuerza gravitatoria real sea distinta de la dictada por sus ecuaciones (y las de Newton), provocando un efecto que *parece* producido por materia oscura; igual que las anomalías de la órbita de Mercurio parecían el efecto de un misterioso, y al final inexistente, planeta Vulcano. Recordemos que esta era la hipótesis MOND. Muchos físicos han jugado con esta idea, pero actualmente hay evidencias abrumadoras de que este no puede ser el caso. Precisamente, la propia teoría de la relatividad da lugar a un efecto que ha resultado esencial para establecer esas evidencias, como enseguida veremos.

LENTES GRAVITACIONALES

La curvatura del espacio-tiempo en las proximidades de una gran masa no solo hace que los objetos que se acercan a la misma tuerzan sus trayectorias, sino que los propios rayos de luz se tuercen de forma análoga. Por ejemplo, los rayos de luz procedentes de una estrella se curvan cuando pasan cerca del Sol. Esto provoca que la posición aparente de esa estrella, vista desde un observador en la Tierra, aparezca desplazada cuando el Sol se interpone entre ambos (figura 3).

Esta predicción extraordinaria de la relatividad general fue comprobada en 1919 por el físico británico sir Arthur Eddington. Naturalmente, la gran luminosidad del Sol hace imposible observar estrellas en las inmediaciones de la corona solar. Sin embargo, sí es posible observarlas durante un eclipse de Sol total. Eddington aprovechó un eclipse de este tipo que, en aquel 1919, fue visible en una estrecha franja que atravesaba América del Sur y África, adonde se desplazaron sendas expediciones científicas lideradas por él. Las fotos tomadas, antes y después del eclipse, demostraron con rotundidad que la posición aparente de las estrellas se desplazaba durante el eclipse. Aún más importante: el desplazamiento observado coincidía con el predicho por la relatividad general de Einstein. Esta observación crucial supuso un respaldo decisivo para la teoría. Además provocó que

Albert Einstein, cuyo prestigio ya era inmenso en la comunidad científica, se convirtiera en una celebridad mundial, como pocos científicos lo han sido. El fenómeno, conocido como *deflexión de la luz* producida por el Sol, ha sido observado una y otra vez con precisión cada vez mayor, siempre ajustándose a las predicciones de la relatividad general.

La deflexión de la luz predicha por la teoría de la relatividad está tan comprobada que puede usarse como un procedimiento alternativo para determinar la masa de un objeto celeste. En el capítulo anterior describimos el procedimiento ideado por Newton para evaluar la masa de cualquier objeto celeste masivo: medir la velocidad de los cuerpos que orbitan en torno a él. Vimos que de esta forma se pueden calcular las masas de planetas, estrellas, galaxias, etc. Así pudo demostrar Vera Rubin por primera vez que

FIG. 3

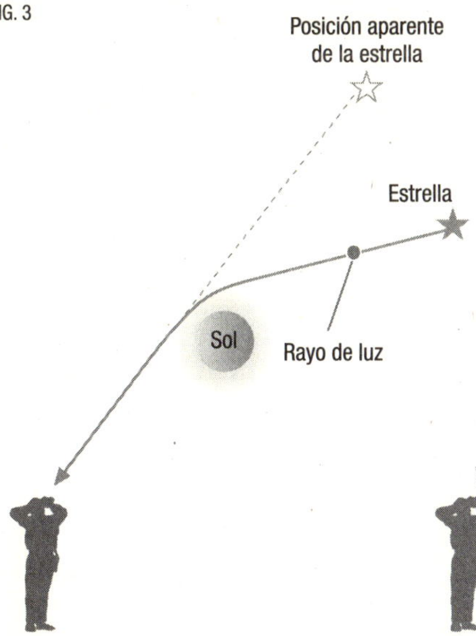

FIG. 4

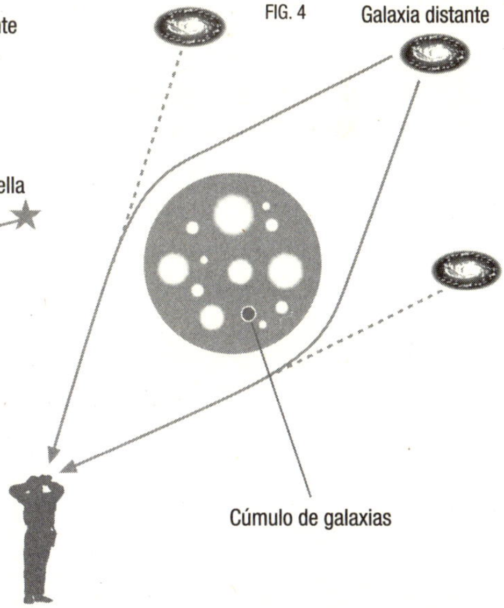

Un objeto masivo como el Sol curva la trayectoria de la luz procedente de una estrella, de manera que su posición aparente difiere de la que ocupa en realidad. En la figura de la derecha, el objeto masivo es un cúmulo galáctico, y el observador recibe la luz de una galaxia distante en más de una dirección, motivo por el que ve imágenes múltiples. El efecto se conoce como «lente gravitacional».

en las galaxias hay mucha más masa de la que parece. Pues bien, como acabamos de ver, los objetos masivos curvan los rayos de luz en su entorno. Midiendo *cuánto* los curvan, y aplicando las ecuaciones de la relatividad general, se puede deducir la masa del objeto en cuestión. El procedimiento es más eficiente cuanto mayor sea su masa, ya que la deflexión producida en los rayos de luz es más acusada.

En general, a los objetos celestes capaces de producir una deflexión perceptible de la luz se les llama *lentes gravitacionales*. Realmente todos los objetos son lentes gravitacionales (incluso un modesto meteorito), pero el efecto que producen es mucho más visible cuando se trata de objetos muy masivos como las estrellas y, especialmente, las galaxias y los cúmulos de galaxias. Si el objeto en cuestión está suficientemente lejos de la Tierra, es posible que produzca imágenes dobles o múltiples de los cuerpos situados a gran distancia, justo detrás de él. Esto está ilustrado en la figura 4, en la que el objeto masivo es un cúmulo de galaxias y el objeto distante situado detrás de él es una galaxia.

En la figura se observa que los rayos de luz provenientes de la galaxia distante se curvan al pasar por la zona del cúmulo de galaxias, de forma que el observador terrestre recibe luz de la galaxia en dos direcciones distintas; por tanto la ve duplicada en dos posiciones diferentes del cielo. El efecto recuerda al que produciría una lupa o una esfera de cristal colosales, de ahí el nombre de «lente gravitacional».

En la fotografía superior de la página contigua vemos un ejemplo espectacular de este fenómeno, donde el papel de lente gravitacional está jugado por una galaxia, concretamente la PGC 69457. En su interior se puede distinguir un punto brillante, que corresponde al núcleo galáctico, rodeado por otros cuatro puntos brillantes. En realidad, los cuatro puntos son cuatro imágenes de un mismo objeto: un quásar muy lejano situado justo detrás del núcleo de la galaxia. (Los quásares son núcleos galácticos muy activos y brillantes, que probablemente encierran agujeros negros.) Los rayos de luz provenientes del quásar se curvan al pasar cerca del núcleo de la galaxia y llegan a la Tierra con diferentes inclinaciones, por lo que vemos una imagen múltiple, a la que se ha

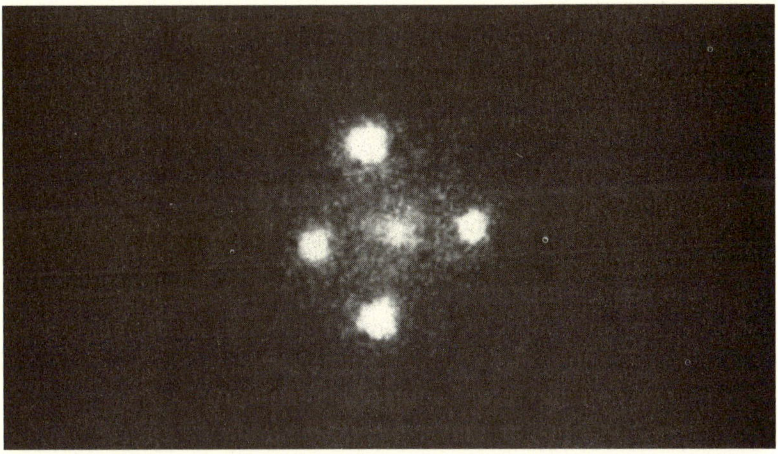

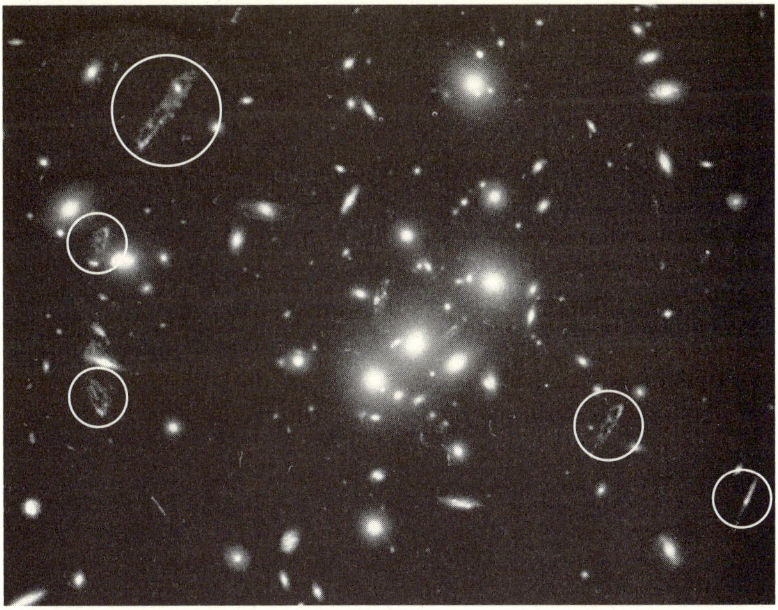

Las fotografías muestran dos casos de lente gravitacional, fenómeno que da lugar a formaciones tan curiosas como la llamada «Cruz de Einstein» (arriba), compuesta por una galaxia central y cuatro imágenes de un mismo quásar situado a gran distancia detrás de ella. La fotografía inferior muestra el cúmulo de galaxias 0024+1654 y las imágenes múltiples que produce (rodeadas por círculos para mayor claridad) de una galaxia muy distante situada detrás de él. El efecto óptico recuerda al que produciría una gran bola de cristal.

No hay oscuridad sino ignorancia.

William Shakespeare

llamado «Cruz de Einstein», en honor del autor de la relatividad general.

La fotografía inferior de la página anterior muestra otro ejemplo interesante. En este caso la lente gravitacional es el cúmulo galáctico 0024+1654. Todas las galaxias de la fotografía son miembros de ese cúmulo. Además vemos unas pequeñas manchas alargadas (azuladas en la imagen original) en diferentes lugares, y que hemos rodeado con círculos para mayor claridad. En realidad se trata de imágenes múltiples y distorsionadas de un mismo objeto: una galaxia muy lejana situada justo detrás del cúmulo. En este caso el efecto se parece mucho al que produciría una gran bola de cristal.

El punto importante para nosotros es que, examinando estas bellas imágenes, y aplicando las ecuaciones de la relatividad general, se puede deducir la cantidad de materia causante del efecto de lente gravitacional y cómo está distribuida en el espacio. Por un lado, esto nos permite comprobar que las estimaciones de la masa en cuestión, realizadas «al viejo estilo», o sea a partir de las velocidades de los objetos que orbitan a su alrededor, son correctas. Por otro lado, el efecto de lente gravitacional nos permite medir la distribución de la masa incluso en regiones donde no hay ningún objeto orbitando. Todo lo que nos hace falta es medir de qué modo la luz de objetos lejanos se curva y distorsiona al pasar cerca de la gran masa. Se trata, por tanto, de un método alternativo, elegante y poderoso para determinar la cantidad *total* de materia en una galaxia o un cúmulo de galaxias, y su distribución. Comparando esa determinación con la cantidad de materia ordinaria (visible) presente, podemos deducir la materia «que falta» para completar el total, y que ha de corresponder con la materia oscura (invisible).

El método de las lentes gravitacionales ha permitido, en efecto, comprobar que la materia oscura del universo es cinco o seis veces más abundante que la materia ordinaria, en perfecto acuerdo con las estimaciones hechas con el método de las órbitas. Pero además, como anunciábamos anteriormente, ha proporcionado una evidencia impresionante de que la materia oscura está realmente ahí, no es una «ilusión óptica» debida a que, a grandes distancias, la atracción gravitatoria funcione de forma extraña (la hipótesis MOND). Veamos cómo se ha obtenido esa evidencia.

UN EXPERIMENTO CON GALAXIAS

Los cúmulos galácticos son estructuras colosales formadas por cientos o miles de galaxias que se mantienen ligadas por la fuerza de la gravedad. En realidad, las galaxias solo constituyen una parte pequeña de la materia ordinaria del cúmulo. La mayor parte se encuentra en forma de gas (principalmente hidrógeno y helio), que se extiende por los espacios intergalácticos. Este gas está normalmente muy caliente, a temperaturas del orden de 100 millones de grados, debido a la alta velocidad de las moléculas, provocada por la propia dinámica gravitatoria. Conviene mencionar, sin embargo, que un explorador que viajara por estos inmensos espacios intergalácticos no apreciaría esas temperaturas, ya que el gas está extremadamente diluido. De hecho, a ese explorador le costaría apreciar la existencia del gas, a menos que transportara instrumentos de observación sofisticados, y lo que sí notaría es un frío glacial. Como decimos, la presencia de este gas es importante, ya que contiene mucha más materia (insistimos, materia ordinaria) que las propias galaxias, del orden de 15 veces más masa. Este gas puede ser observado gracias a la emisión de rayos X que produce (precisamente debido a su alta temperatura). Esta emisión permite determinar tanto su temperatura como su abundancia, y de ahí su masa total.

Pero, además de toda esta materia ordinaria se encuentra la materia oscura, que contiene unas cinco o seis veces más masa que la materia ordinaria, y es, por tanto, la mayor contribuyente a la masa total del cúmulo. Su abundancia puede ser determinada por los métodos que hemos discutido anteriormente; por ejemplo estudiando el efecto de lente gravitacional que produce. Tengamos presente la jerarquía de masa dentro de un cúmulo galáctico: la mayor parte es materia oscura; el resto es materia ordinaria, principalmente gas intergaláctico, y, en mucha menos cantidad, galaxias individuales. Estas últimas representan del orden del 1 % de la masa total de un cúmulo.

Recordemos ahora las teorías MOND, que sostienen que la materia oscura no existe, sino que es un efecto óptico producido por la extraña forma en que, supuestamente, la fuerza gravitatoria se comporta a grandes distancias. Si esto fuera así, en un cúmulo galáctico la mayor parte de la masa total correspondería al gas intergaláctico. Y este sería, por tanto, el máximo responsable del efecto de lente gravitacional que exhiben los cúmulos. Por supuesto, si aplicamos estrictamente las ecuaciones de la relatividad general, la masa contenida en el gas no es capaz de producir por sí sola el potente efecto de lente gravitacional que muestra un cúmulo, de donde se deduce precisamente que ha de haber mucha más masa en forma de materia oscura. Pero justamente las teorías MOND afirman que la relatividad general (en su forma más simple y pura) no funciona bien a las grandes escalas de un cúmulo, por lo que el gas intergaláctico podría ser capaz por sí solo de producir todo el efecto de lente gravitacional observado, una vez que las ecuaciones de la relatividad general fueran convenientemente corregidas.

¿Cómo podríamos demostrar que la hipótesis MOND es incorrecta? Una forma sería despojar al cúmulo de su gas intergaláctico, y comprobar si sigue exhibiendo el mismo efecto de lente gravitacional. Esto sería una prueba prácticamente irrefutable de que ese efecto no está causado por el gas, sino por otro tipo de materia, mucho más abundante, que permanece en el cúmulo. Y esta sería naturalmente la materia oscura. Pero... ¿como es posible despojar a un colosal cúmulo galáctico de su gas? Bien, esa titánica tarea puede ser realizada por otro cúmulo que choque con él, como vamos a ver.

La fotografía de la página contigua muestra el llamado *Cúmulo Bala*, que son en realidad dos cúmulos galácticos en colisión. Se trata de una colisión gigantesca, no solo en escalas de distancia, sino también de tiempo. Pensemos que los dos cúmulos llevan cientos de millones de años chocando, y sus centros ya se atravesaron hace unos 150 millones de años; actualmente se están alejando uno de otro.

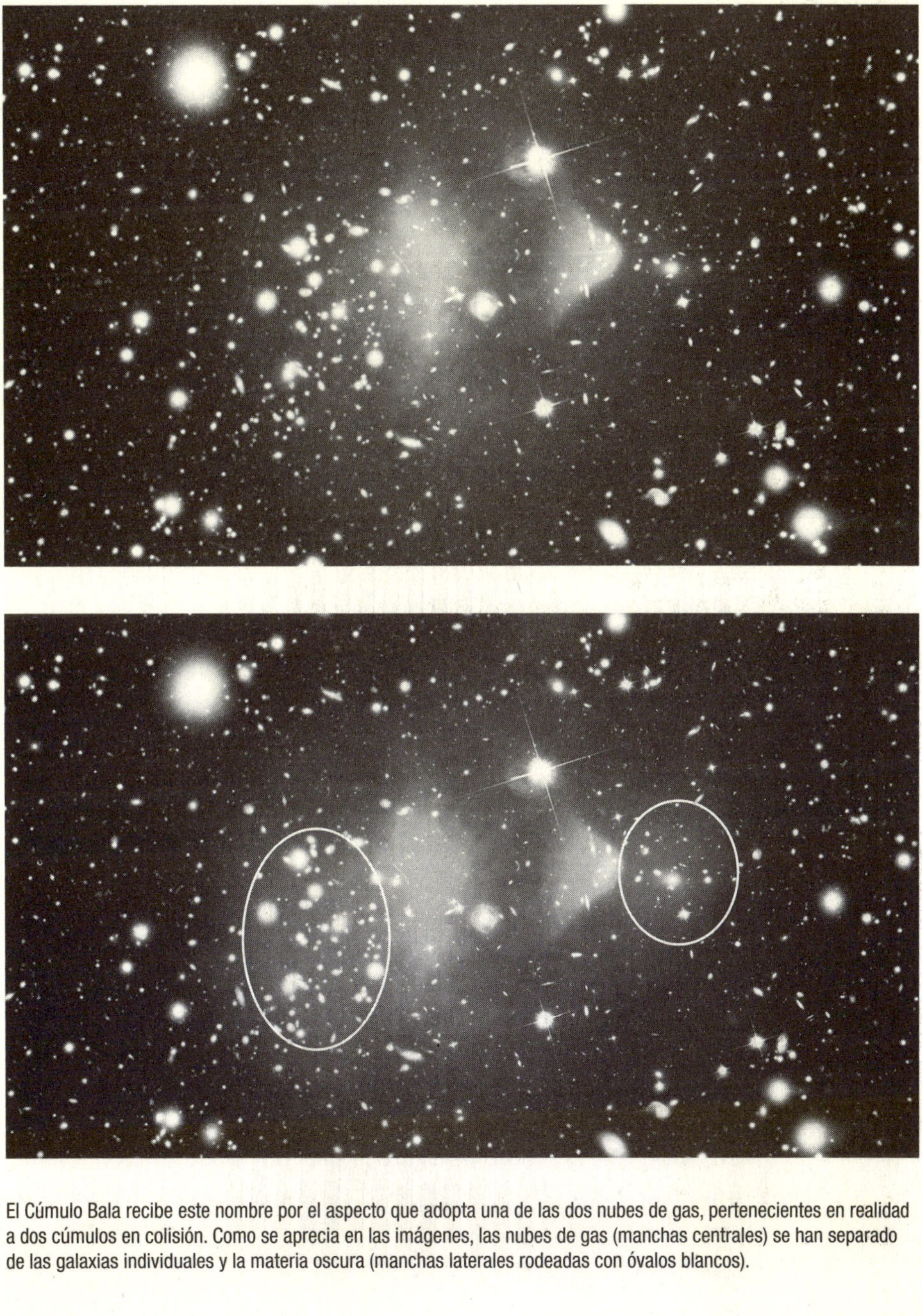

El Cúmulo Bala recibe este nombre por el aspecto que adopta una de las dos nubes de gas, pertenecientes en realidad a dos cúmulos en colisión. Como se aprecia en las imágenes, las nubes de gas (manchas centrales) se han separado de las galaxias individuales y la materia oscura (manchas laterales rodeadas con óvalos blancos).

En la fotografía se aprecian dos manchas centrales. Esas manchas son las nubes de gas intergaláctico de los dos cúmulos, captadas por el observatorio de rayos X de la NASA, *Chandra*, en 2004. Su tono gris (rosa en la imagen original) está generado artificialmente para que resulten visibles en la imagen. Ambas nubes se están alejando, cada una hacia un lado. Además de las nubes de gas, están las galaxias individuales. Lo extraordinario es que estas últimas no se encuentran en el mismo sitio que las primeras, sino desplazadas, concretamente están más alejadas del centro de la figura que las propias nubes. Esto se percibe especialmente en el cúmulo de la izquierda: un grupo de galaxias (puntos o manchitas de color claro brillante) apiñadas a la izquierda de la nube. Algo parecido pasa en el cúmulo de la derecha. ¿Por qué no están las galaxias en el mismo sitio que las nubes de gas? La razón es que, al atravesarse, las dos nubes de gas friccionan entre ellas, frenándose. Sin embargo, las galaxias están tan alejadas unas de otras dentro de cada cúmulo, que los dos enjambres galácticos se atraviesan casi sin tocarse, por lo que no frenan su movimiento. Por eso están más adelantadas que las nubes de gas. ¡La colisión ha conseguido el efecto excepcional de separar las galaxias de las nubes de gas en cada cúmulo! Además, la observación de la emisión de rayos X permite comprobar que, efectivamente, la materia contenida en el gas es mucho más abundante que la de las galaxias individuales, como es habitual. También nos da otro dato interesante: la temperatura de las nubes de gas es mucho mayor de la acostumbrada, ya de por sí altísima. Ello se debe a la fricción provocada por el choque. Esa fricción es también la causante de la curiosa forma de bala que presenta la nube de la derecha, de ahí el nombre de la estructura.

Así que el Cúmulo Bala ofrece exactamente la situación que deseábamos: dos cúmulos galácticos cuyas nubes de gas se han separado de sus galaxias. Ahora hay que considerar cuál es el efecto de lente gravitacional producido por los cúmulos. Dicho estudio fue llevado a cabo a partir de las imágenes del Cúmulo Bala captadas por el telescopio Hubble, el telescopio europeo del hemisferio Sur y el telescopio de Magallanes. El resultado está

> No importa lo bonita que sea tu teoría. No importa lo listo que seas. Si no está de acuerdo con el experimento, está equivocada.
>
> **Richard Feynman**

mostrado en la fotografía inferior de la pág. 313.

Las manchas claras sobreimpuestas a los lados (azuladas en la imagen original), y rodeadas por óvalos, representan las zonas donde el efecto de lente gravitacional es mayor, y por tanto donde se encuentra la mayor parte de la materia. Como se puede ver, estas manchas están en la misma zona que las galaxias, y separadas de las nubes de gas. Por tanto, la mayor parte de la materia de los cúmulos *no* está en las nubes de gas. En consecuencia, la hipótesis MOND no es sostenible, ya que, si no hubiera materia oscura, las manchas claras deberían haber aparecido en el mismo sitio que las nubes de gas, ya que es allí donde hay más masa ordinaria. Este estudio extraordinario fue presentado en 2006.

En la actualidad, se considera que el Cúmulo Bala es posiblemente la prueba más impresionante y directa de la existencia de la materia oscura. Además nos da pistas adicionales sobre su naturaleza. Concretamente, la materia oscura no solo interacciona muy poco con la materia ordinaria (de ahí su invisibilidad), sino muy poco con ella misma. De lo contrario, las nubes de materia oscura también habrían friccionado entre sí al atravesarse, como las de gas, y se habrían quedado retrasadas. Hay que decir que, posteriormente al Cúmulo Bala, se han analizado otros choques de cúmulos galácticos (como el MACS J0025.4-1222), que exhiben también una separación entre las nubes de gas y la materia oscura, parecida al Cúmulo Bala.

El Cúmulo Bala y otros parecidos son una prueba contundente contra las teorías MOND, pero de hecho hay más evidencias. Por ejemplo, como se mencionó en el capítulo anterior, el porcentaje de materia oscura de las galaxias varía de unas a otras, y existen incluso galaxias enanas con un porcentaje de materia oscura elevadísimo, de hasta un 99%. Es difícil imaginar una situación así si la materia oscura fuera una ilusión óptica producida por una gravedad modificada. Uno esperaría que si la cantidad de materia ordinaria de dos galaxias es parecida, la cantidad de materia oscura aparente que produciría la gravedad modificada también debería serlo.

Todas estas pruebas nos dan una respuesta convincente a la pregunta inicial de este capítulo: la materia oscura está verdaderamente ahí, aunque aún no sepamos en realidad lo que es.

El rastro de lo invisible en las reliquias del Big Bang

El hecho asombroso de que el universo surgiera de una gran explosión es un conocimiento científico de enorme trascendencia, que ha pasado a la cultura popular. Todo el mundo ha oído hablar del Big Bang y tiene una idea de lo que significa. La propia historia de cómo se llegó a ese conocimiento es también fascinante, y en este capítulo repasaremos sus hitos más importantes. En ese viaje encontraremos las pruebas que poseemos para poder afirmar que, efectivamente, las cosas sucedieron así, pruebas que también nos hablan de la existencia de la enigmática materia oscura, e incluso de la energía oscura.

En capítulos anteriores discutimos la ecuación principal de la teoría de la relatividad general, formulada por Einstein en 1915 (véase la ecuación [2], en la pág. 300). Recordemos: la presencia de materia y energía determina la manera en la que el espacio-tiempo se curva. Es sin duda un concepto muy difícil de imaginar, pero perfectamente posible de formular matemáticamente. En nuestra discusión enfatizamos el hecho de que una gran masa, por ejemplo el Sol, curva el espacio-tiempo a su alrededor. Pero las ecuaciones de la relatividad general se pueden aplicar también al universo como un todo. En ese caso, es el contenido *total* de materia y energía del cosmos el que determina la curvatura global del espacio-tiempo. Este concepto de la teoría de la relatividad tiene una importancia crucial: la geometría del universo y su evolución están determinadas por la materia y la energía que contiene.

¿Y qué dicen las ecuaciones de la relatividad sobre la dinámica del universo? El propio Einstein comprobó que estas no admitían una solución en la que el universo fuera estático. Las ecuaciones indicaban que el universo debía atravesar necesariamente una fase de expansión. Esto le perturbó enormemente, ya que todas las observaciones de la época parecían mostrar un universo aproximadamente estático, en el que no se evidenciaba ninguna expansión cósmica. Debido a ello, Einstein modificó la forma original de sus ecuaciones, añadiéndoles un término, el llamado término de la «constante cosmológica», que hacía posible una solución estática. En cierto modo, la actitud de Einstein fue la de un científico consecuente: si las observaciones experimentales refutan las teorías, hay que renunciar a las segundas, o ajustarlas hasta que sean consistentes con los datos. Eso es exactamente lo que hizo. Sin embargo, la realidad es que los datos de la época no eran lo suficientemente buenos para refutar la teoría. Algunos años después, en 1929, el astrónomo estadounidense Edwin Hubble, estudiando las velocidades de alejamiento de decenas de galaxias, pudo determinar que el universo se halla realmente en expansión, tal como predecían las ecuaciones originales de la relatividad general. Einstein se lamentó entonces de haber modificado sus ecuaciones, lo que consideró el mayor error científico de su vida. Ciertamente, su «excesiva» confianza en los datos, o tal vez el prejuicio de que el universo debía ser estático, le privó de hacer una predicción extraordinaria: que el universo debía hallarse en expansión. La ironía histórica es que, como veremos, el denostado (por el propio Einstein) término de la constante cosmológica regresaría muchos años después, en 1998, de la mano del descubrimiento de la energía oscura.

Otros investigadores, como el ruso Alexander Friedmann y el belga Georges Lemaître tuvieron más confianza que el propio Einstein en las ecuaciones originales de la relatividad general y predijeron, en los años veinte del siglo pasado, el fenómeno de la expansión del universo, e incluso llegaron al concepto de Big

Bang, el instante de la gran explosión que dio origen a la expansión subsiguiente. Resulta sobrecogedor pensar que se pueda llegar a resultados tan formidables, nada menos que sobre el origen del universo, razonando sobre unas ecuaciones matemáticas que caben en una línea (recordemos la ecuación principal de la teoría de la relatividad general, pág. 300), pero así sucedió. Naturalmente, en ciencia no basta con escribir bellas teorías y hacer especulaciones brillantes: hay que buscar pruebas experimentales que las avalen.

Es importante tener en mente que la teoría del Big Bang, desarrollada por Friedmann, Lemaître y científicos posteriores, no es una mera descripción cualitativa de la gran explosión, sino una teoría precisa, cuantitativa, que explica en detalle cómo el universo fue expandiéndose, a la vez que su densidad y su temperatura disminuían. Este último punto es crucial: el universo se enfría a la vez que se expande. No es algo muy extraño, todos hemos experimentado el mismo fenómeno a la inversa: cuando un gas se comprime, se calienta; por ejemplo, cuando apretamos el émbolo de una bomba de inflar ruedas de bicicleta. Por tanto, cuanto más retrocedemos en el tiempo hacia el instante del Big Bang, lo que encontramos es un universo cada vez más denso y caliente. La figura 1 muestra cuál era la temperatura correspondiente a cada instante posterior al Big Bang, según la teoría. Como se puede observar, si nos acercamos lo suficiente al instante inicial, la temperatura crece de forma gigantesca. Por ejemplo, cuando el universo tenía un segundo su temperatura era de 10 000 millones de grados.

Todo esto es tan extraordinario que podría parecer una mera especulación, imposible de comprobar. Sin embargo, lo maravilloso es que tenemos pruebas abrumadoras de que las cosas transcurrieron tal como dice la teoría. La primera prueba es la propia expansión cósmica, que es una continuación de aquella explosión inicial, y dentro de la cual estamos nosotros. Pero tenemos más pruebas. La idea básica es la siguiente: cuando la materia se enfría experimenta cambios. Por ejemplo, si la temperatura del vapor de agua desciende por debajo de los 100 °C, este se condensa en forma de agua líquida, y si la temperatura sigue descendiendo hasta alcanzar los 0 °C, esa agua se convierte en hielo. Estos cambios pueden dejar marcas perdurables. Por ejemplo, cuando el agua que se filtra en las pequeñas fisuras de las rocas se congela, puede causar grandes grietas y roturas en las mismas. Esas grietas son visibles millones de años después de que se hayan producido y, analizadas por los geólogos, ofrecen un testimonio de los fenómenos atmosféricos ocurridos en el pasado. En nuestro caso la temperatura del universo muy primitivo era gigantesca, y al ir descendiendo produjo cambios sucesivos en la materia. Algunos de esos cambios han dejado en el universo huellas visibles hoy en día, huellas que confirman la teoría del Big Bang con enorme precisión... y que también nos hablan de la materia y la energía oscuras.

LA NUCLEOSÍNTESIS PRIMITIVA

Todas las sustancias ordinarias están hechas de átomos. Recordemos la estructura de un átomo: un núcleo formado por protones (partículas de carga positiva) y neutrones (partículas neutras), alrededor del cual giran electrones (partículas de carga negativa). La carga eléctrica de un electrón es igual a la de un protón, pero de signo contrario. Como en un átomo hay tantos protones como electrones, su carga eléctrica total es cero. Por otro lado, el número de neutrones varía de unos átomos a otros.

El átomo más simple es el de hidrógeno, cuyo núcleo está constituido por un solitario protón, alrededor del cual orbita un electrón. Los átomos de los demás elementos químicos (helio, oxígeno, hierro, etc.) son más complejos y siempre tienen un número sustancial de neutrones en el núcleo. La figura 2 muestra un átomo de helio, cuyo núcleo está formado por dos protones y dos neutrones.

Así es como se nos presentan las sustancias ordinarias hoy en día, pero no siempre fue así. Según la teoría del Big Bang, cuando el universo tenía unos cien segundos de vida su temperatura era de unos mil millones de grados (véase la figura 1). ¿Cómo era el universo en ese momento? La temperatura era tan alta que las

FIG. 1

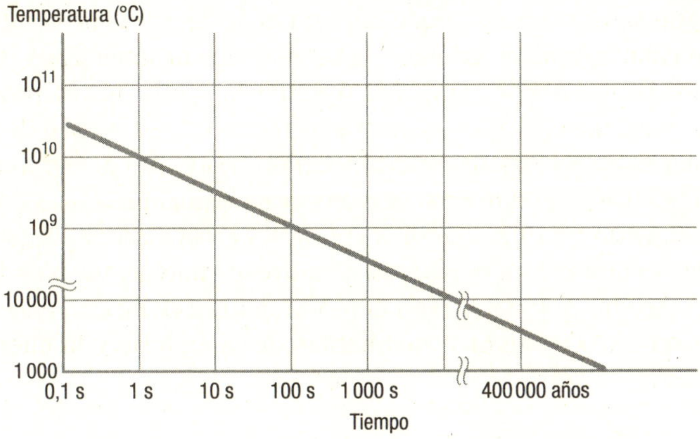

FIG. 2

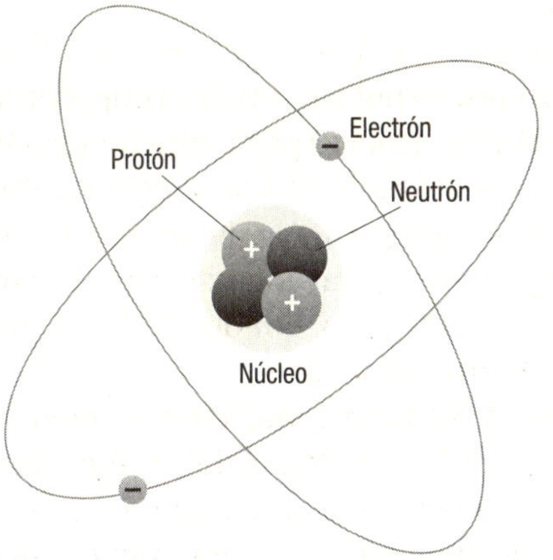

La gráfica representa la temperatura del universo desde los primeros instantes después del Big Bang hasta que tenía unos cientos de miles de años. Se observa que el universo, en su expansión, se fue enfriando significativamente. A la izquierda, representación esquemática de un átomo de helio. En los primeros momentos del universo, debido a la altísima temperatura reinante, no existían núcleos compuestos, como los del helio, sino que las partículas que los componen estaban desgajadas unas de otras.

partículas que componen los átomos (protones, neutrones y electrones) estaban desgajadas unas de otras y se movían a grandes velocidades. Además de protones, neutrones y electrones, había muchos fotones (partículas de luz), neutrinos (partículas neutras muy ligeras de las que hablaremos más adelante) y posiblemente partículas de otros tipos. El universo era un lugar infernal y no

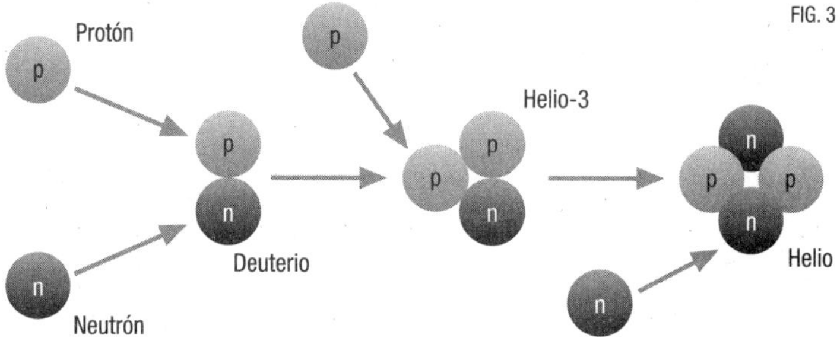

FIG. 3

Cuando el universo tenía unos pocos minutos, parte de los protones y neutrones se agruparon, formando núcleos de átomos complejos ligeros, como los de deuterio, helio-3 o helio. Aquel proceso se conoce con el nombre de nucleosíntesis, y es semejante al que tiene lugar en el interior de las estrellas.

presentaba las estructuras que ahora nos resultan familiares: galaxias, estrellas, planetas. Ni siquiera poseía átomos o núcleos atómicos, con la excepción de núcleos de hidrógeno, o sea protones.

Pero en ese momento se dieron las condiciones adecuadas de densidad y temperatura para que se produjera un fenómeno llamado *nucleosíntesis*, gracias al cual una parte de los protones y neutrones se fusionaron para formar núcleos atómicos complejos, por ejemplo, de helio. Es el mismo tipo de procesos que tienen lugar en el interior de las estrellas, y en los cuales se libera la luz y el calor que emiten. Son también los procesos que tienen lugar en la explosión de una bomba nuclear de fusión, y los mismos que se espera poder controlar algún día para producir energía limpia y prácticamente inagotable.

Volviendo al universo primitivo, una parte de los neutrones se fusionó con los protones para producir helio y otros núcleos compuestos. La figura 3 muestra una cadena de dichos procesos. En ella vemos cómo un neutrón se fusiona con un protón para formar un núcleo de deuterio, el cual puede captar un protón adicional formando un núcleo de helio-3, que a su vez puede captar un nuevo neutrón, dando lugar a un núcleo de helio (dos protones y dos neutrones). De esta manera, según la teoría del Big Bang, se tuvo que generar una gran cantidad de núcleos de helio y cantidades más pequeñas de otros núcleos ligeros, como deuterio, helio-3 y litio. (Núcleos más pesados, como los de carbono, oxígeno y hierro, se formaron mucho después en el interior de las estrellas; mientras que los núcleos más pesados que el hierro, como los del oro y el plomo, se han formado en circunstancias especiales, como las supernovas, es decir, estrellas en explosión.) Además, una parte importante de los protones originales, o sea núcleos de hidrógeno, permanecieron desligados. Más adelante, todos estos núcleos atraparon electrones a su alrededor formando los átomos ordinarios. Utilizando las ecuaciones de la relatividad general y todo lo que se sabe acerca de los procesos nucleares es posible calcular qué porcentaje de helio y de otros núcleos se formó en aquellos primeros minutos; estos valores se muestran en la tabla siguiente:

Tipo de núcleo	Proporción respecto al total
Helio	25 por ciento
Deuterio	3 partes por cada 100 000
Helio-3	1 parte por cada 100 000
Litio	5 partes por cada 10 000 millones

Esta es la predicción de la teoría. Pues bien, midiendo en el universo actual la abundancia de estos elementos, se encuentran porcentajes que concuerdan perfectamente (dentro de los errores teóricos y experimentales) con los números de la tabla. Esto representa un gran triunfo de la teoría. Las abundancias cósmicas de los elementos ligeros ofrecen un testimonio impresionante de lo que aconteció cuando el universo tenía apenas unos minutos de existencia.

La idea de evaluar la producción de elementos en el universo primitivo fue propuesta en la década de 1940 por varios científicos: Ralph Alpher, Hans Bethe, Robert Herman y George Gamow.

¿QUÉ HABÍA ANTES DEL BIG BANG?

La respuesta habitual a esta cuestión es que «según la teoría, el tiempo (y el espacio) nació en ese instante; por lo tanto, no tiene sentido preguntarse qué había antes de ese primer instante». Esto es correcto, pero se puede matizar un poco. En primer lugar, hay que entender que muchas veces se tiende instintivamente a extrapolar conceptos que funcionan bien en las escalas cotidianas más allá de las mismas, como si tuvieran validez universal. Pero, a menudo, esa actitud falla estrepitosamente. Por ejemplo, si juzgáramos la forma de la Tierra por lo que vemos en nuestra experiencia cotidiana, diríamos que la Tierra es plana (como les pareció a la mayor parte de las civilizaciones antiguas). Por tanto, uno podría caminar en una dirección cualquiera, por ejemplo hacia el Sur, de forma indefinida. Pero, una vez que sabemos que la Tierra es redonda, comprendemos que hay un punto, el polo Sur, más allá del cual no podemos continuar en esa dirección.

El «polo Sur» del tiempo

Del mismo modo, las ecuaciones de la relatividad general nos muestran que el espacio-tiempo tiene una especie de «polo Sur» más allá del cual no podemos remontarnos en el tiempo. Esto se ilustra en la figura, que representa el espacio-tiempo del universo como un inmenso dedal. En ella el tiempo avanza hacia arriba. Si cortamos rodajas del dedal a diferentes alturas, lo que encontramos son anillos que representan el universo en diversos momentos. A medida que avanzamos en el tiempo los anillos son cada vez más grandes, debido a la expansión del universo. El punto de la base del dedal representa el Big Bang. En esta imagen, retroceder (mentalmente) en el tiempo equivale a deslizarse por la superficie del dedal hacia abajo. Pero está claro que una vez que alcanzamos el «polo Sur» del tiempo (el Big Bang), ya no podemos remontarnos más atrás. Si insistimos en «continuar en la misma dirección», lo que conseguimos es volver a avanzar en el tiempo.

Cautelas

Sin embargo, hay que añadir dos advertencias. La primera es que las ecuaciones de la relatividad muestran una sospechosa singularidad en el Big Bang. Concretamente, ciertas cantidades físicas se hacen allí infinitas, y las ecuaciones se vuelven inmanejables. Esto tal vez signifique que la descripción que hace la teoría del preciso instante inicial no es fiable, por lo que quizá no fuera exactamente como acabamos de describir; incluso podría haber una historia anterior al mismo. De hecho, debido a esta y otras dificultades teóricas, la mayoría de los físicos teóricos creen que la teoría de la relatividad no es completa. La segunda advertencia se refiere a las pruebas experimentales que tenemos del Big Bang. Si nos remontamos hasta un segundo después del instante inicial, estamos muy seguros de que las cosas transcurrieron como nos dice la teoría porque tenemos pruebas abrumadoras de ello, concretamente la abundancia de elementos ligeros producidos en la nucleosíntesis primitiva. Si seguimos acercándonos hasta una diezmilmillonésima de segundo, aunque no tenemos pruebas, estamos razonablemente seguros de saber lo que pasó, ya que disponemos de una teoría de las partículas elementales (comprobada experimentalmente) que describe muy bien la materia a las gigantescas temperaturas que reinaban entonces. Pero si seguimos acercándonos al Big Bang, la temperatura crece de tal manera que ni siquiera disponemos de una teoría *comprobada* para describir la materia a esas energías.

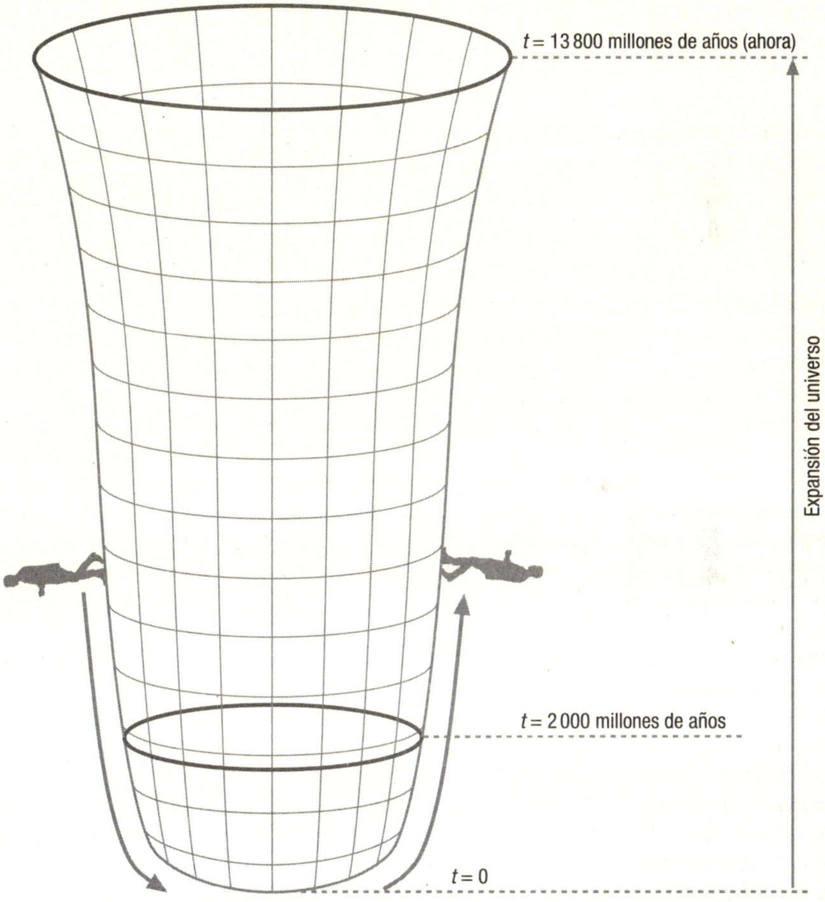

Según la teoría del Big Bang, si pudiéramos retroceder en el tiempo, llegaría un instante, correspondiente a la «Gran Explosión», en que no podríamos remontarnos más allá. Si insistiéramos en seguir retrocediendo en el tiempo, lo que haríamos sería volver hacia delante; como cuando se alcanza el polo Sur de la Tierra y uno insiste en seguir en la misma dirección: lo que se consigue es avanzar en dirección Norte. No obstante, muy cerca del primerísimo instante inicial, la incertidumbre teórica y experimental crece enormemente, por lo que la descripción anterior podría necesitar modificaciones.

En la década de 1970, los cálculos fueron enormemente refinados y, de hecho, contienen muchas sutilezas en las que no vamos a entrar, aunque sí es preciso destacar un aspecto: para realizar los cálculos hay que utilizar el valor de una magnitud importante, la densidad de materia *ordinaria* del universo. Esta magnitud está bien medida a partir de las observaciones de las galaxias y el gas intergaláctico. Cuando se utiliza ese valor en los cálculos de la nucleosíntesis se obtienen las abundancias de elementos ligeros mostradas en la tabla anterior, que concuerdan admirablemente con las abundancias observadas. Esto quiere decir que la materia oscura (recordemos: seis veces más abundante que la ordinaria) *no* puede ser materia ordinaria que, por algún motivo, no hayamos sido capaces de detectar; por ejemplo, pequeños asteroides vagando por el espacio interestelar. Si la materia oscura fuera alguna forma de materia ordinaria, eso significaría que la densidad auténtica de materia ordinaria no sería la que observamos, sino siete veces mayor. Pero entonces los cálculos de la nucleosíntesis primitiva para la abundancia de elementos ligeros no concordarían en absoluto con las observaciones. Las abundancias de los elementos mostradas en la tabla de la pág. 323 nos indican que esencialmente no hay más materia ordinaria que la que realmente se puede observar en el universo. Por tanto, la materia oscura ha de ser «otra cosa».

LA RECOMBINACIÓN

Cuando el universo tenía unos 300 segundos, su temperatura había descendido a unos 600 millones de grados y el proceso de nucleosíntesis de elementos ligeros prácticamente había concluido. El universo había quedado lleno de núcleos atómicos (cargados positivamente), fundamentalmente de hidrógeno y helio, y electrones (cargados negativamente); además, había gran cantidad de fotones (partículas de luz). Este tipo de materia, formado por partículas cargadas interaccionando con fotones, es lo que se denomina *plasma*. Por tanto, la mayor parte de la materia ordinaria se encontraba en forma de plasma.

> **La verdad es más extraña que la ficción, porque la ficción ha de ser verosímil.**
>
> **Mark Twain**

Curiosamente, esto sigue siendo cierto hoy en día: la mayor parte de la materia ordinaria se encuentra en forma de gas intergaláctico, compuesto básicamente de hidrógeno y helio, cuyos átomos están totalmente ionizados, es decir, han perdido todos sus electrones, los cuales viajan desgajados de sus núcleos. Así que el gas intergaláctico es también un plasma, pero de densidad muy inferior al que reinaba en el universo en aquella época primitiva. Las estrellas, como el Sol, también están hechas de plasma muy semejante al del universo primitivo, aunque de mayor densidad.

Además del plasma, en el universo primitivo había una cierta densidad de materia en forma de neutrinos, y también estaba la materia oscura. Pero tanto los neutrinos como la materia oscura apenas interaccionaban con el plasma de materia ordinaria. Esta situación se mantuvo durante varios cientos de miles de años, durante los cuales apenas sucedieron acontecimientos reseñables, excepto que el universo siguió expandiéndose y enfriándose. ¿Qué aspecto tenía el universo en ese periodo? En aquel plasma primitivo, los fotones no podían recorrer mucha distancia sin ser interrumpidos por las partículas cargadas (núcleos atómicos y electrones). Esto se debe a que la luz no es otra cosa que radiación electromagnética, que interacciona fuertemente con las partículas cargadas eléctricamente. Esta idea está ilustrada en la parte izquierda de la figura 4, donde vemos la trayectoria zigzagueante de un fotón.

Por tanto, el universo era luminoso, dado que había muchos fotones, pero no era transparente, ya que estos cambiaban continuamente de dirección. Podemos decir que el universo era translúcido, como si estuviera lleno de una niebla luminosa y muy homogénea. A medida que siguió enfriándose, las partículas fueron frenándose y los fotones haciéndose menos energéticos. Cuando el universo tenía 380 000 años, la temperatura había descendido hasta unos 3 000 °C, y los electrones ya eran suficientemente lentos para ser capturados por los núcleos. Este acontecimiento trascendental se denomina *recombinación*, aunque sería más exacto llamarle «combinación», ya que nunca antes los electrones habían estado ligados a los núcleos. Fue el nacimiento de los átomos, igual que la nucleosíntesis primitiva supuso el nacimiento de los primeros núcleos atómicos complejos. Todo el plasma se convirtió en un gas de átomos (básicamente hidrógeno y helio). Como consecuencia, el universo se hizo transparente, puesto que los átomos son neutros y no interaccionan fuertemente con la luz. Los fotones pudieron por fin viajar en línea recta sin interrupciones. Aquellos fotones liberados cuando el universo tenía 380 000 años han seguido viajando sin cesar, y actualmente constituyen la llamada *radiación de fondo* (o fondo cósmico de microondas), que fue detectada por vez primera por dos jóvenes radioastrónomos estadounidenses, Arno A. Penzias y Robert W. Wilson en 1964-1965, trabajo por el que recibieron el premio Nobel en 1978.

Una confusión común cuando se piensa en la radiación de fondo es creer que es un «fogonazo» que proviene del lugar donde ocurrió el Big Bang. Esta creencia contiene dos errores importantes. Primero, el Big Bang no ocurrió en ningún lugar concreto del universo: según la teoría de la relatividad, cuando el universo se expande es el propio espacio el que se estira como un trozo de goma, por lo que las galaxias situadas en él se separan unas de otras. Una buena imagen de esto, en dos dimensiones, es la de un globo con las galaxias dibujadas en su superficie, que van separándose a medida que el globo se hincha. Si echamos marcha atrás en el tiempo (globo deshinchándose), las galaxias aparecen cada vez más juntas, hasta que el globo está totalmente contraído. En ese momento («Big Bang»), no solo las galaxias están juntas, sino que el propio espacio (la superficie del globo) está reducido a «un punto». De la misma forma, todo nuestro espacio observable estuvo reducido a «un punto», por lo que puede decirse que el Big Bang sucedió en todos los puntos a la vez, solo que en aquel momento estaban todos reunidos. El segundo error es creer que la radiación de fondo se produjo en el mismo instante del Big Bang. Realmente se produjo 380 000 años después. En ese momento el universo ya era grande, y entonces se hizo transparente y se llenó de luz

FIG. 4

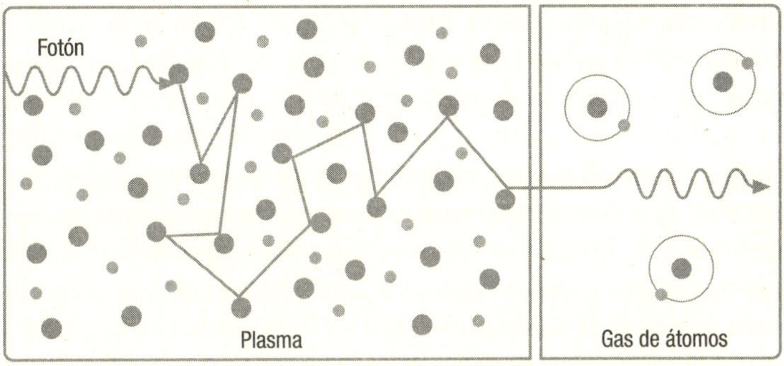

En el universo primitivo, las partículas cargadas eléctricamente (núcleos atómicos y electrones) interactuaban con los fotones de luz, creando un tipo de materia denominado plasma. El enfriamiento progresivo permitió a los núcleos capturar los electrones, convirtiendo el plasma en un gas de átomos, eléctricamente neutros. A partir de entonces los fotones viajaron libremente hasta nuestros días, constituyendo el fondo cósmico de radiación.

que se propagaba en todas las direcciones. Debido a ello, los fotones de la radiación de fondo nos llegan hoy en día desde todas las direcciones.

Los fotones que fueron liberados en el momento de la recombinación eran todavía muy energéticos, con una temperatura de 3000 °C. Sin embargo, a medida que el universo se ha ido expandiendo, aquellos fotones han ido perdiendo energía. Para entender esto hay que recordar que la luz son ondas luminosas, parecidas a las que se forman en el agua cuando arrojamos una piedra a un estanque, solo que, en vez de ser agua lo que oscila, son los campos eléctricos y magnéticos. La distancia entre dos crestas de una onda es la llamada *longitud de onda*. Como el espacio ha ido estirándose a lo largo de estos 13800 millones de años, las ondas luminosas también lo han hecho; en otras palabras, su longitud de onda ha aumentado. Esto está ilustrado en la figura 5.

En realidad, el estiramiento ha sido mucho mayor de lo que representa la figura: aproximadamente un factor mil, por lo que aquella luz primitiva, que en un principio era visible, se ha convertido en una radiación de microondas, parecida a la que produce un horno de microondas doméstico, pero mucho más débil. Sucede que los fotones son *menos* energéticos cuanto mayor sea la longitud de la onda a la que están asociados (un resultado de la física cuántica). Por tanto, los fotones de la radiación de fondo son hoy en día mil veces menos energéticos que en el momento de la recombinación. Si entonces correspondían a una temperatura de 3 000 °C, ahora corresponden a una temperatura mil veces menor: unos tres grados por encima del cero absoluto de temperaturas, o, lo que es lo mismo, unos −270 °C. Esta fue la radiación encontrada por Penzias y Wilson, en perfecto acuerdo con las predicciones de la teoría del Big Bang.

Por cierto, Penzias y Wilson no buscaban detectar la radiación de fondo, en realidad ni siquiera sabían que la teoría del Big Bang predecía dicha radiación. Lo que querían era reutilizar una antena de la compañía Bell Telephone, construida para comunicaciones por satélite, para detectar ondas de radio emitidas por nuestra galaxia. Sin embargo, al hacer pruebas con la antena encontraron una extraña radiación de microondas, cuyo origen no conseguían identificar. Aquella radiación parásita tenía propiedades sorprendentes: no cambiaba con la hora del día ni la estación del año; tampoco dependía de la orientación, ya que por todas las direcciones llegaba exactamente la misma enigmática señal. Su honestidad profesional hizo que no se rindieran en la búsqueda del origen de esa radiación, hasta que, gracias a la labor mediadora de importantes físicos, supieron que se ajustaba a la predicción teórica del Big Bang. Notemos de paso que la radiación de fondo no es algo que está solo en el espacio exterior, sino que se encuentra en todas partes, razón por la que Penzias y Wilson pudieron detectarla con una antena en tierra.

La radiación de fondo es la reliquia más importante que poseemos de la época del Big Bang. La información que hay codificada en la misma acerca del universo primitivo es realmente extraordinaria. En los últimos veinte años se han dado grandes pasos para descodificar esa información, pero es una tarea que

FIG. 5

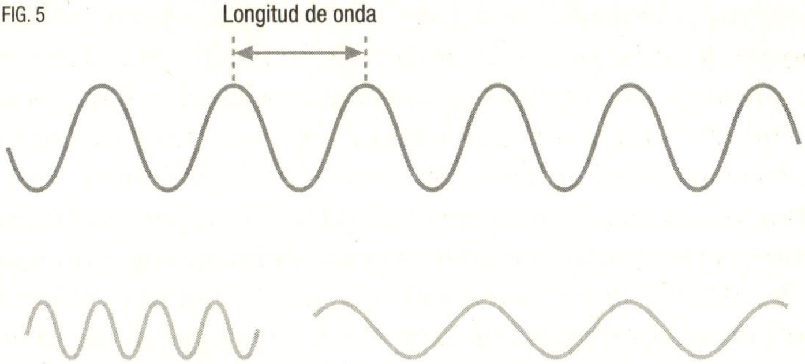

Onda luminosa en el momento de la recombinación

La misma onda 13 800 millones de años después

aún no ha concluido y que constituye un campo de investigación puntero.

FLUCTUACIONES EN LA RADIACIÓN DE FONDO

En 1969 se descubrió que la radiación de fondo no es perfectamente isótropa, o sea, igual en todas las direcciones, sino que muestra una dirección «privilegiada» desde la que nos llegan fotones ligeramente desplazados hacia el rojo, es decir, menos energéticos, mientras que en la dirección opuesta nos llegan ligeramente desplazados al azul, más energéticos. Este hecho se debe a que nuestra galaxia, la Vía Láctea, se mueve con una velocidad peculiar respecto al fondo de microondas. Los fotones que nos llegan «por detrás» los percibimos menos energéticos (su frecuencia se desplaza al rojo), y los que nos llegan «de frente» los vemos más energéticos (su frecuencia se desplaza hacia el azul). Precisamente gracias a esta anisotropía sabemos que nos estamos desplazando a 380 km/s con respecto al fondo de radiación, en dirección hacia la constelación de Virgo. Una vez que esta anisotropía, debida a nuestro movimiento peculiar, fue «extraída» de los datos, la radiación de fondo parecía absolutamente homogénea: miráramos hacia donde miráramos la temperatura era la misma, o sea, los fotones nos llegaban «igual de calientes» en todas las direcciones. Y esto es lo que se observó durante muchos años.

Sin embargo, los científicos sospechaban que esta homogeneidad absoluta no podía ser perfecta. De haberlo sido, no podrían haberse formado las estructuras que vemos en el universo, como galaxias, cúmulos de galaxias, etc., o lo habrían hecho en mucha menor medida. Por fin, en 1992, el satélite COBE detectó las deseadas inhomogeneidades o fluctuaciones en la radiación de fondo. Se trata de variaciones de temperatura muy pequeñas, del orden de las diezmilésimas de grado (que es lo que se esperaba). Los responsables del experimento, George Smoot y John Mather, recibieron por ello el premio Nobel en 2006. Desde entonces las medidas de estas fluctuaciones se han refinado extraordinariamente. El último mapa completo de las mismas, y el más preciso, es el trazado por el satélite europeo Planck, reproducido en la doble página siguiente, y que ya se ha convertido en una imagen popular. Ese mapa representa el cielo, y el color de cada punto indica la temperatura de los fotones que nos llegan desde ese lugar del cielo: los más claros (rojos en la imagen original), más calientes que el promedio; los más oscuros (azules en dicha imagen), más fríos.

Pensemos ahora en lo siguiente: los fotones de la radiación de fondo que llegan en este instante a la Tierra desde todas las direcciones fueron liberados en el momento de la recombinación. Por tanto, todos ellos partieron de una esfera imaginaria gigantesca, en cuyo centro estamos nosotros. Debido a ello, la temperatura que leemos en cada fotón refleja la temperatura del punto de esa esfera del cual partió en aquel instante de la recombinación. Más exactamente: la temperatura que tenía aquel punto era la temperatura que medimos ahora multiplicada aproximadamente por mil, ya que, como hemos dicho, los fotones se han ido enfriando en esa proporción debido a la expansión del universo. En definitiva, el mapa representa las pequeñas variaciones de temperatura que había en una gran esfera del universo primitivo, en cuyo centro estamos nosotros.

¿Por qué es tan importante todo esto? Al fin y al cabo, esas variaciones eran pequeñísimas; ¿por qué habrían de preocuparnos? La razón es que es precisamente en esas fluctuaciones donde se encuentra codificada una extraordinaria cantidad de información acerca del universo primitivo. Para entenderlo mejor debemos avanzar un poco más en el significado del mapa reproducido en la doble página siguiente. Recordemos que hasta el instante de la recombinación el universo había estado lleno de un plasma, una sopa de núcleos atómicos y electrones. Nuestro mapa de temperaturas refleja, por tanto, la distribución de temperaturas en dicho plasma. Por otro lado, en un plasma como aquel, las zonas más calientes eran también las más densas: recordemos que la masa y la energía son conceptos equivalentes, por lo que las zonas con fotones más energéticos (más calientes) tenían una densidad mayor. Así que el famoso mapa de temperaturas es también un mapa de *densidades* del universo primitivo. Realmente, el mapa es una foto de cómo era el universo en el momento de la recombinación, 380 000 años después del Big Bang, y es, de hecho, la imagen más antigua que tenemos del universo. En ella se observa que era casi perfectamente homogéneo... pero no del todo. ¿A qué se debían esas pequeñas fluctuaciones de temperatura y densidad?

El sonido del universo primitivo

El origen de las fluctuaciones de densidad eran simplemente las ondas sonoras que surcaban aquel espacio primitivo. De hecho, las ondas sonoras ordinarias no son más que perturbaciones minúsculas de presión y densidad que se propagan por el aire a la velocidad del sonido, como ilustra la figura 6.

La distancia entre dos zonas con la máxima densidad es lo que se llama una longitud de onda. Por tanto, la distancia entre un punto de máxima densidad y uno de mínima es *media* longitud de onda. Imaginemos una habitación llena de sonido. Si hiciéramos un mapa de la densidad de aire en un instante dado, también encontraríamos minúsculas variaciones de densidad debidas a las ondas sonoras. Si el sonido fuera una nota musical pura (como la que produce un diapasón), lo que veríamos sería

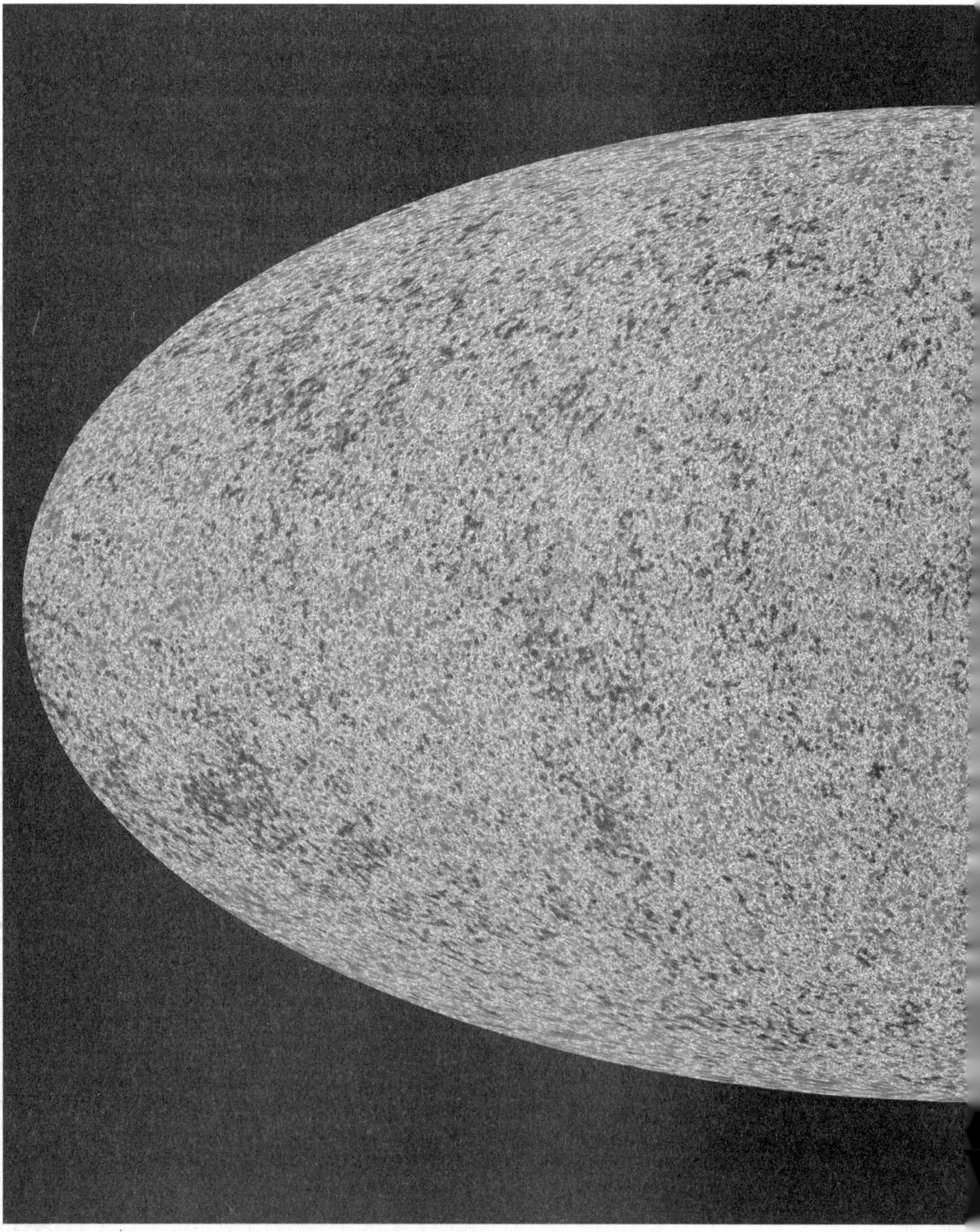

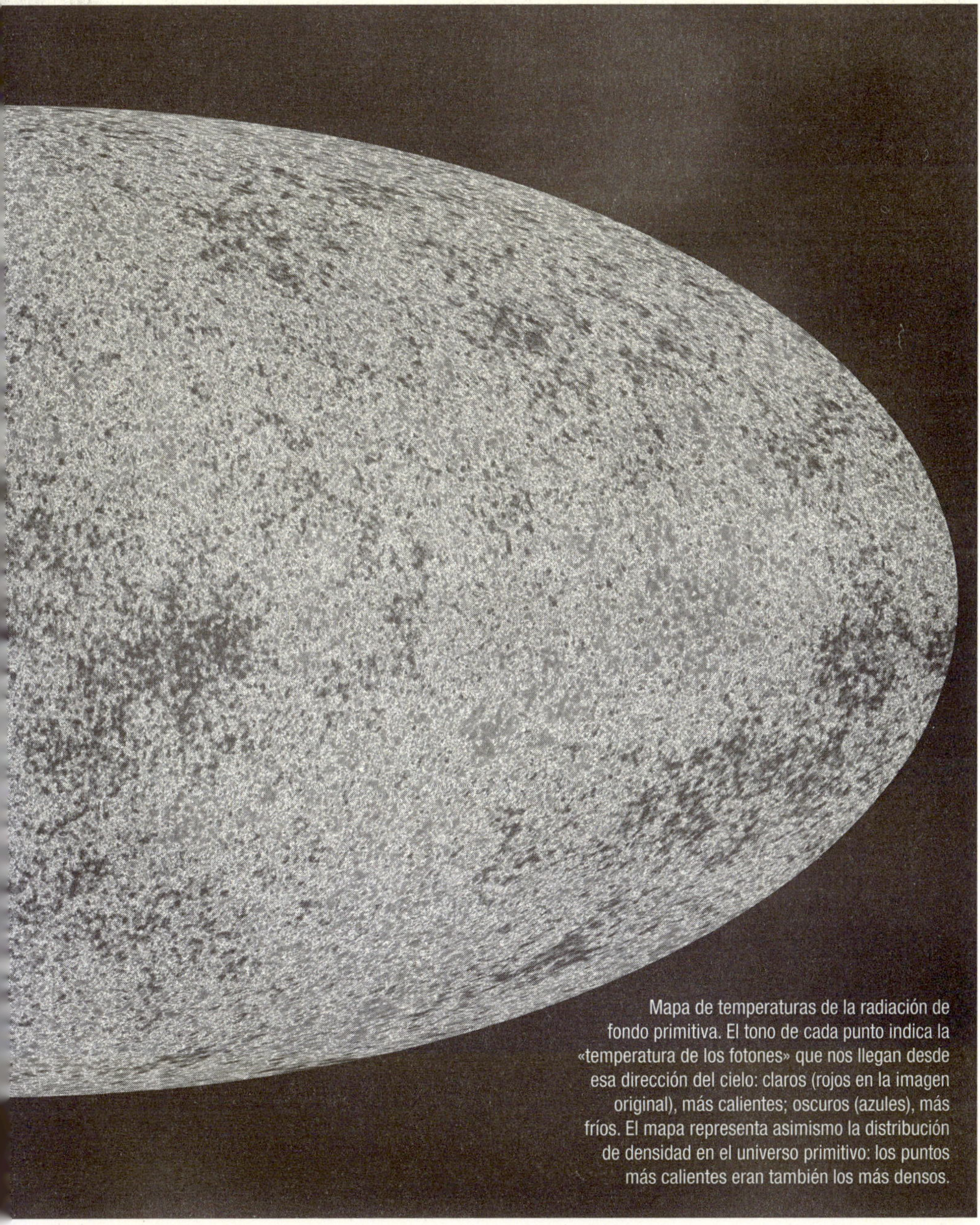

Mapa de temperaturas de la radiación de fondo primitiva. El tono de cada punto indica la «temperatura de los fotones» que nos llegan desde esa dirección del cielo: claros (rojos en la imagen original), más calientes; oscuros (azules), más fríos. El mapa representa asimismo la distribución de densidad en el universo primitivo: los puntos más calientes eran también los más densos.

un mapa perfectamente regular, en el que las zonas más densas se alternan con las menos densas de forma sistemática, con una separación de media longitud de onda entre ellas.

Del mismo modo, si el universo primitivo hubiera estado lleno de una onda sonora pura, el mapa de densidades que observaríamos se parecería a un tablero de ajedrez, como el que muestra la figura 7. La distancia entre «dos casillas» consecutivas de ese tablero, correspondientes a puntos de máxima y mínima densidad, es de *media* longitud de onda, así que a la vista del mapa podríamos deducir inmediatamente la longitud de onda del sonido puro que llenaba el universo. Pero el mapa real (doble página anterior) es bastante más caótico que un tablero de ajedrez, debido a que el universo primitivo estaba poblado por ondas sonoras de diferentes longitudes de onda. Las notas producidas por un instrumento musical tampoco son puras, sino que están constituidas por un tono dominante o *fundamental*, correspondiente a la nota pura, acompañado por tonos con otras longitudes de onda, llamados armónicos. Cada instrumento tiene un tipo de armónicos distinto, y esto es lo que hace que una nota musical producida por un violín suene distinta que la misma nota producida por una flauta. Aunque el tono fundamental es idéntico para ambos, el contenido de armónicos es diferente.

Volviendo a nuestro mapa sonoro del momento de la recombinación, podemos preguntarnos: ¿cuál es la longitud de onda del tono fundamental y cuáles las de los armónicos? Esta información se puede obtener a partir de un análisis matemático cuidadoso del mapa, como enseguida comentaremos, pero incluso a simple vista se aprecia en él un «granulado básico», es decir, una distancia típica en la que es más frecuente que un punto caliente pase a frío y viceversa. Esa distancia corresponde a media longitud de onda del tono fundamental, y su tamaño aparente en el cielo subtiende un ángulo visual de un grado aproximadamente (para hacerse una idea: la Luna subtiende un ángulo de medio grado). Como hemos dicho, si solo existiera ese tono fundamental, el mapa sería totalmente regular, como un tablero de ajedrez con muchas casillas, y el hecho de que no lo sea indica que había otras ondas pululando por el espacio primitivo: los armónicos.

FIG. 6

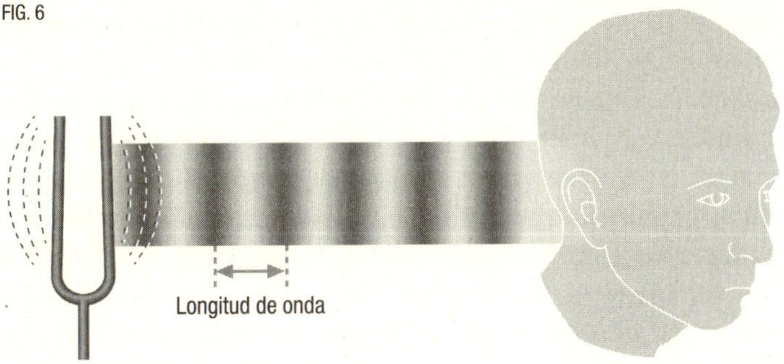

En las ondas sonoras, las zonas de máxima densidad están espaciadas por una longitud de onda.

FIG. 7

Aspecto esquemático que tendría el mapa de densidades del universo primitivo si solo contuviera ondas sonoras de una misma longitud de onda. El mapa recuerda a un tablero de ajedrez.

El análisis matemático confirma esta impresión visual. La figura 8 representa el contenido de cada longitud de onda en el mapa de la radiación de fondo, lo que podemos llamar el «espectro sonoro» primitivo, tal como ha sido medido y analizado por el proyecto Planck en 2013.

En la figura vemos varios picos, correspondientes a las ondas sonoras dominantes que se propagaban por el universo en el momento de la recombinación. Concretamente, el primer pico está asociado al tono fundamental, y el resto de los picos a los armónicos. Sobre los ejes horizontal y vertical podemos leer sus longitudes de onda y sus intensidades, respectivamente. Notemos que el eje horizontal está en grados, ya que estamos midiendo las longitudes de onda por sus tamaños aparentes: los ángulos visuales que subtienden en el cielo. La altura de cada pico indica la amplitud de la onda correspondiente, es decir su intensidad.

Por ejemplo, el primer pico está situado en torno a un ángulo de un grado. Con las convenciones de la figura, eso significa que *media* longitud de onda del tono fundamental ocupa un ángulo de un grado en el cielo. Además vemos que el primer pico es el más alto, lo que significa que el tono fundamental era la onda sonora más intensa, la que dominaba el sonido de aquel universo primitivo. Esto confirma la impresión visual de que, en el mapa de densidades, los puntos más densos (claros) y menos densos (oscuros) están típicamente separados por distancias aparentes del orden de un grado. Ese granulado básico es, efectivamente, debido al tono fundamental. Los tonos armónicos, asociados a los otros picos de la figura 8, tienen longitudes de onda más cortas (corresponden ángulos menores de un grado) y sus intensidades son también más pequeñas.

Centrémonos un poco más en el primer pico (tono fundamental). Como se ha dicho, la mitad de su longitud de onda ocupa en el cielo un arco de aproximadamente un grado, o sea la longitud de onda completa ocupa dos grados. Ese es el tamaño aparente con que la vemos en el cielo. ¿Cuál era su tamaño real (en kilómetros)? Recordemos que el mapa de la radiación de fondo que vemos corresponde a una esfera gigantesca desde la que, en el momento de la recombinación, partió la luz que ahora mismo nos llega. Así que es posible calcular cuánta distancia ocupaba en esa esfera un arco de dos grados: esa era la longitud de onda del modo fundamental. El resultado es, aproximadamente, un millón de años-luz. Notemos que se trataba de una longitud de

FIG. 8

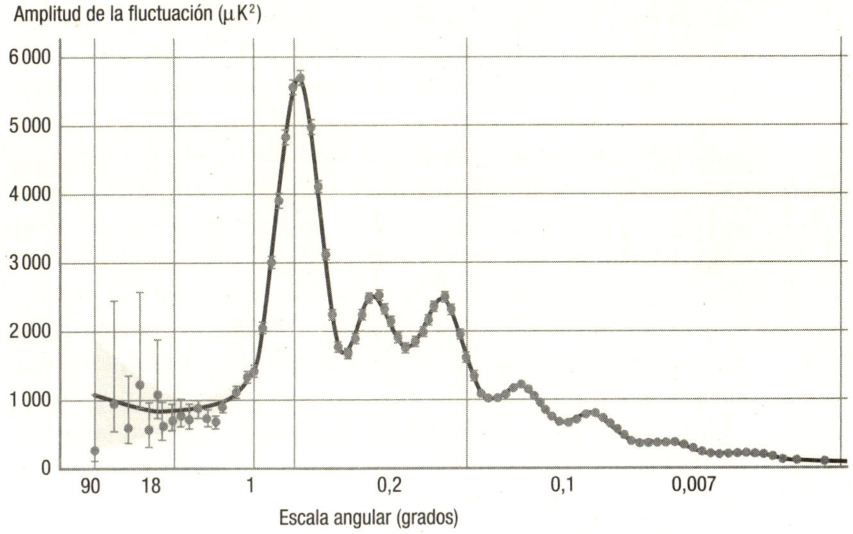

Espectro sonoro del universo en el momento de la recombinación. Los puntos representan las observaciones con sus errores, mientras que la línea continua representa la predicción teórica. Se puede apreciar un magnífico acuerdo entre ambos.

onda extraordinariamente larga. En cualquier caso, podemos preguntarnos: ¿Por qué el modo fundamental tenía precisamente esa longitud de onda?

Las ondas que recorrían el universo primitivo se movían en todas las direcciones. Al superponerse dos ondas de la misma longitud de onda, moviéndose en sentidos contrarios, se formaban las llamadas *ondas estacionarias*. Es el mismo tipo de ondas que se forman cuando se pulsa la cuerda de una guitarra.

En la figura 9 observamos una cuerda vibrante cuyos extremos están fijos, como en una guitarra. Las ondas que se propagan en la cuerda rebotan en los extremos y se superponen con ellas mismas, produciendo la onda estacionaria dibujada. Las tres líneas, continua, de puntos y discontinua, representan la posición de la cuerda en tres momentos sucesivos. La línea continua representa el estado inicial de la cuerda. La línea discontinua representa el estado alcanzado después de media oscilación, que es exactamente opuesto al inicial. Al final de una oscilación completa la cuerda vuelve a recuperar su forma inicial (línea continua). Tras una nueva media oscilación vuelve a adquirir la forma de la línea discontinua, y así sucesivamente. Notemos que cuando la cuerda está en uno de los dos estados extremos (línea continua o discontinua) es cuando la diferencia de altura entre una cumbre y un valle es mayor. En cualquier otro estado intermedio esa diferencia o «contraste» de alturas es menor, ya que las cumbres no son tan altas ni los valles tan profundos. De hecho, en el estado intermedio correspondiente a la línea de puntos, no hay cumbres ni valles en absoluto, no hay contraste de alturas.

En el caso de las ondas sonoras, las ondas estacionarias tienen exactamente las mismas características que acabamos de describir para una cuerda vibrante. La única diferencia es que, en vez de contraste de alturas, lo que presentan es contraste de densidades, ya que en una onda sonora lo que se propagan son variaciones de densidad. Así que, de forma totalmente análoga, para una onda sonora estacionaria el contraste máximo de *densidades* se consigue cuando la onda ha realizado media oscilación, o bien una oscilación completa, o una oscilación y media, etc.; es decir, un número exacto de medias oscilaciones.

Podemos aplicar estos conceptos al universo primitivo. Aunque inicialmente existieran ondas de todos los tipos, aquellas que *en el instante de la recombinación* hubieran realizado un número exacto de medias oscilaciones tendrían que ser las que en ese momento produjeran un mayor contraste de densidades. Concretamente, el modo fundamental debería corresponder a una onda sonora que, después de los primeros 380 000 años (desde el inicio del universo hasta el momento de la recombinación), hubiera tenido el tiempo justo de realizar *media* oscilación. Si esto es así, su periodo de oscilación, es decir, el tiempo que dura una oscilación completa, debería ser el doble de 380 000 años. Se trata de un periodo de oscilación enorme, muy distinto al de las ondas sonoras habituales, como enseguida comentaremos.

FIG. 9

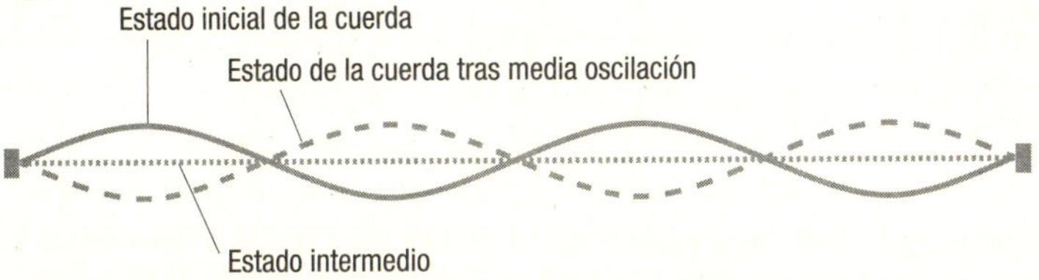

El universo primitivo contenía ondas sonoras estacionarias, similares a las que se crean al pulsar la cuerda de una guitarra. El esquema reproduce el estado de una cuerda vibrante en tres instantes sucesivos.

Por otro lado, sabiendo el periodo de oscilación de una onda y su velocidad de propagación (en este caso la velocidad del sonido en aquel plasma, que es conocida) se puede calcular su longitud de onda, que resulta ser de aproximadamente... un millón de años-luz. Notemos que todo esto es un razonamiento teórico, basado en lo que le sucede a una onda estacionaria. Pero antes vimos que las observaciones del mapa de fluctuaciones indican que el modo fundamental que quedó «inmortalizado» en aquella imagen tenía una longitud de onda precisamente de un millón de años-luz. ¡La predicción teórica y la observación concuerdan perfectamente! El razonamiento anterior implica asimismo que las ondas que en el momento de la recombinación habían realizado un número exacto de medias oscilaciones (una oscilación completa, una oscilación y media, etc.) estaban también en un momento propicio para producir máximo contraste de densidades. Puesto que en el mismo tiempo habían oscilado más veces, esto significa que sus periodos eran más cortos que el de la fundamental, concretamente la mitad, un tercio, un cuarto, etc. Y sus longitudes de onda eran también más cortas en la misma proporción. Esas ondas son los armónicos, cuyas longitudes de onda corresponden a los picos segundo, tercero, cuarto, etc., que se observan en el espectro sonoro de la figura 8, de nuevo en perfecto acuerdo con la teoría. Indudablemente, el mapa de densidades del universo primitivo constituye una prueba sensacional de la teoría del Big Bang.

Reconstruyendo el universo a partir de su espectro sonoro

Resulta muy llamativo que, cualitativamente, el espectro sonoro del universo tenga un aspecto semejante al de un instrumento musical. Esto se ilustra en la figura 10, que representa el espectro sonoro de cuatro instrumentos musicales, y que puede compararse con el del universo, figura 8.

Sin embargo, a pesar de las apariencias, hay algunas diferencias importantes. En primer lugar, los periodos de oscilación de las ondas sonoras producidas por los instrumentos musicales son muy cortos: varían, aproximadamente, entre cincuenta millonésimas de segundo (sonidos muy agudos) y cincuenta milésimas de segundo (sonidos muy graves). Fuera de ese rango las ondas sonoras no son audibles. Pues bien, recordemos que el modo fundamental del universo primitivo había realizado media oscilación en 380 000 años, lo que significa que su periodo de oscilación era el doble: 760 000 años... ¡Absolutamente inaudible! Los armónicos tenían periodos más cortos, pero de un orden parecido, es decir, también inaudibles. Por tanto, aunque a veces se hable del «sonido del Big Bang» (¡incluso hay páginas web que lo reproducen!), lo cierto es que si un espectador hubiera podido presenciar aquella primera expansión no hubiera oído absolutamente nada. El Big Bang se produjo en un silencio sepulcral para el oído humano.

Otra diferencia que a menudo se ignora es la siguiente. Para un instrumento musical, el espectro sonoro indica la proporción del modo fundamental y de armónicos en la composición del sonido. Sin embargo, en el espectro sonoro del universo, reproducido en la figura 8, lo que vemos en realidad es qué modos estaban produciendo un contraste máximo de densidad *en el momento* de la recombinación. Si se hubiera hecho la foto 100 000 años antes, el modo fundamental habría sido otro: el que en ese momento hubiera terminado de realizar media oscilación, y que, por tanto, tenía un periodo de oscilación más corto. En realidad, el contenido de modos del universo primitivo era bastante uniforme: existían modos de todas las longitudes de onda en cantidades parecidas. Pero en el momento de la recombinación unas longitudes de onda

FIG. 10

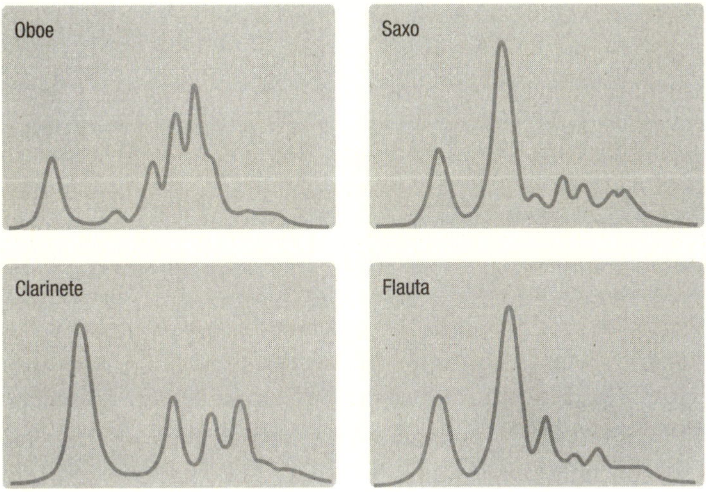

Las gráficas corresponden al espectro sonoro de cuatro instrumentos musicales. Puede compararse su similitud cualitativa con el espectro sonoro del universo, representado en la figura 8.

eran más visibles que otras, y fueron esas las que quedaron impresas en la famosa instantánea de la radiación de fondo.

No obstante todas las diferencias mencionadas, podemos establecer una analogía interesante entre el universo primitivo y un instrumento musical. A partir del espectro sonoro de un instrumento se pueden conocer muchos datos acerca del mismo. Por ejemplo, estudiando el espectro sonoro de una flauta se puede deducir de qué material está hecha e incluso su forma y longitud. Del mismo modo, el espectro sonoro primitivo nos proporciona información valiosa acerca de la forma geométrica del universo y su contenido de materia.

Pensemos en lo siguiente: después de media oscilación, la onda sonora del modo fundamental produjo un cierto contraste de densidades, lo que hizo que en algunas zonas aumentara ligeramente la densidad del plasma; es decir, en esos lugares la materia se comprimió. A este fenómeno colaboró la fuerza de atracción gravitatoria, que hace que la materia tienda a concentrarse. La fuerza gravitatoria depende a su vez de la cantidad de materia presente. Por tanto, la altura del primer pico de la figura 8 (que representa cuánto se comprimió la materia después de media oscilación) está relacionada con la densidad total de materia: a mayor densidad de materia, mayor contraste de densidades, y por tanto, mayor altura del pico. En otras palabras, a partir de la altura del primer pico se puede deducir la densidad total de materia del universo. ¿Y qué resultado se obtiene?

Conviene realizar aquí un inciso para explicar que la densidad del universo suele expresarse en unidades de una cantidad llamada *densidad crítica*, sobre la que enseguida volveremos. Por el momento nos basta con decir que la densidad crítica es de aproximadamente un miligramo por cada *billón* de kilómetros cúbicos. Pues bien, lo que se deduce de la altura del primer pico de la figura 8 es que la densidad de materia es aproximadamente un 32% de la densidad crítica. Lo fantástico es que ese es también el valor al que se llega a partir de las medidas actuales de las densidades de materia ordinaria y materia oscura del universo. La suma de ambas representa, aproximadamente, el 32% de la densidad crítica, en perfecto acuerdo con lo que nos dice la altura del primer pico del espectro sonoro primitivo.

El segundo pico de la figura 8 tiene que ver con la onda sonora que terminó de realizar una oscilación completa en el momento de la recombinación. Durante dicha oscilación, en algunos lugares la materia se comprimió y posteriormente sufrió una expansión o rebote, como un muelle que se comprime y luego se descomprime. La fuerza que impulsó el rebote provenía de la presión de la radiación del plasma, por lo que solo afectó a la materia en forma de plasma, es decir, la materia ordinaria. La materia oscura continuó comprimiéndose, mientras que el plasma se descomprimió. Esto hace que la altura del segundo pico sea menor que la del primero, a lo que contribuye también un efecto disipativo general. Así que la altura del segundo pico está relacionada con la cantidad de materia ordinaria. Y lo que se deduce de dicha altura es que la densidad de materia ordinaria es un 5% de la densidad crítica, de nuevo en extraordinario acuerdo con las medidas directas. Esto

> El sentido común es la colección de prejuicios que una persona ha adquirido antes de los dieciocho años.
>
> **Albert Einstein**

significa que el 27% restante (hasta completar el 32% mencionado) es un tipo de materia distinto de la ordinaria y que no interacciona con ella; de haberlo hecho hubiera formado parte del plasma y habría rebotado con él. Esa es, naturalmente, la materia oscura. ¡Es realmente impresionante que, estudiando con ingenio las fluctuaciones de la radiación de microondas que nos llega del universo se pueda llegar a deducir la existencia de la materia oscura y su abundancia! Y eso no es todo...

Hemos dicho que el granulado básico del mapa de la radiación de fondo indica que la mitad de la longitud de onda del tono sonoro fundamental subtiende en el cielo un ángulo de un grado aproximadamente. Esto se puede leer directamente de la posición del primer pico del espectro sonoro en la figura 8, y está simbolizado en la figura 12a. Ahora bien, al dibujar el triángulo de esta última figura estamos dando por sentado que el universo tiene geometría plana. Pero hemos dicho que, según la teoría de la relatividad, el espacio-tiempo del universo podría estar curvado *globalmente*. Recordemos que esa curvatura global depende de la densidad total de materia y *energía* del universo. Denotemos esa densidad con la letra griega ρ («ro»). Según las ecuaciones de la relatividad, si ρ tiene un valor especial, precisamente la ya mencionada *densidad crítica* (ρ_c), entonces el espacio es plano e infinito, que es como uno se imagina normalmente el espacio. Sin embargo, si ρ es mayor que ρ_c, entonces el espacio se curva (como ocurre cerca de una gran masa) y está cerrado de forma global, como la superficie bidimensional de una esfera, pero en tres dimensiones. Se escapa a la imaginación, pero no hay problema para formularlo matemáticamente. En ese caso el universo sería finito, aunque no tendría límites, igual que la superficie de la esfera. Por último, si ρ es menor que ρ_c, el espacio también está curvado, pero con curvatura negativa (la de la esfera es positiva). En la figura 11 están ilustrados, en dos dimensiones, esos tres tipos de espacio. Notemos que el espacio de curvatura negativa (parecido a una silla de montar) se extiende infinitamente, al contrario que el de curvatura positiva. En consecuencia, estos tres tipos de espacio se denominan espacio (o universo) *plano*, *cerrado* y *abierto*. Hemos trazado un triángulo en cada tipo de superficie. Naturalmente, en el caso del plano los ángulos del triángulo suman 180°, mientras que en el universo cerrado la suma es mayor de 180°, y en el abierto es menor.

Por tanto, en un universo cerrado o abierto la figura 12a tendría el aspecto de la figura 12b y 12c, respectivamente. El ángulo visual aparente que ocuparía media longitud de onda del tono fundamental sería, respectivamente, mayor o menor que en el caso plano. Pero como ya hemos dicho, el ángulo que ocupa la longitud de onda fundamental en el cielo concuerda perfectamente con el que uno vería si el universo fuera plano. De ahí deducimos dos cosas importantes: que el universo es perfectamente, o casi perfectamente, plano, y que su densidad es, con gran exactitud, igual a la densidad crítica.

Recordemos que, a partir de las alturas de los dos primeros picos, se podía deducir que la suma de la materia ordinaria y la oscura representaba una densidad igual al 32% de la densidad crítica. Entonces, ¿dónde está el 68% que falta para completar la densidad crítica, que es la que tiene el universo, de acuerdo con la posición del primer pico del espectro sonoro? Ese 68% no puede ser materia ordinaria ni materia oscura, sino que ha de ser «otra cosa», y esa otra cosa es la energía oscura, de la que aquí encontramos un indicio importante, aunque históricamente no fue el primero, como veremos más adelante.

De todo lo dicho hasta ahora resulta claro que la radiación de fondo es un tesoro que contiene información valiosísima sobre el origen del universo, su forma y su composición. Es también admirable que la estructura de picos del espectro sonoro de la radiación de fondo fuera predicha mucho antes de que pudiera ser medida. Esto se debe al trabajo de muchos cosmólogos sobresalientes, como Sakharov, Peebels y Yu, y Sunyaev y Zeldóvich, en la década de 1960. Posteriormente sus cálculos fueron refinados por otros muchos autores. Por cierto, como se puede apreciar en la figura 8, el acuerdo entre teoría y observación es realmente maravilloso.

FIG. 11

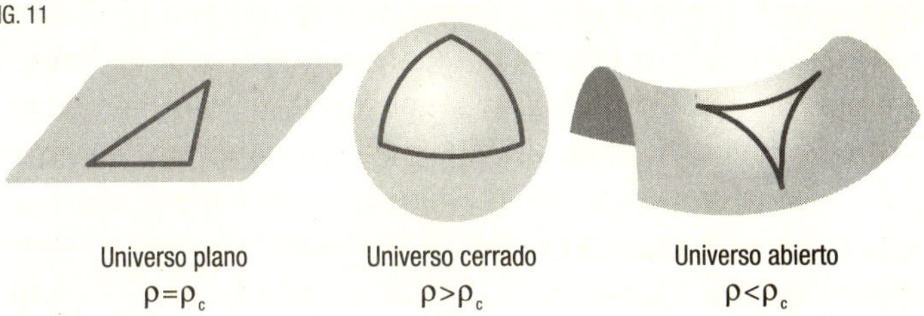

FIG. 12

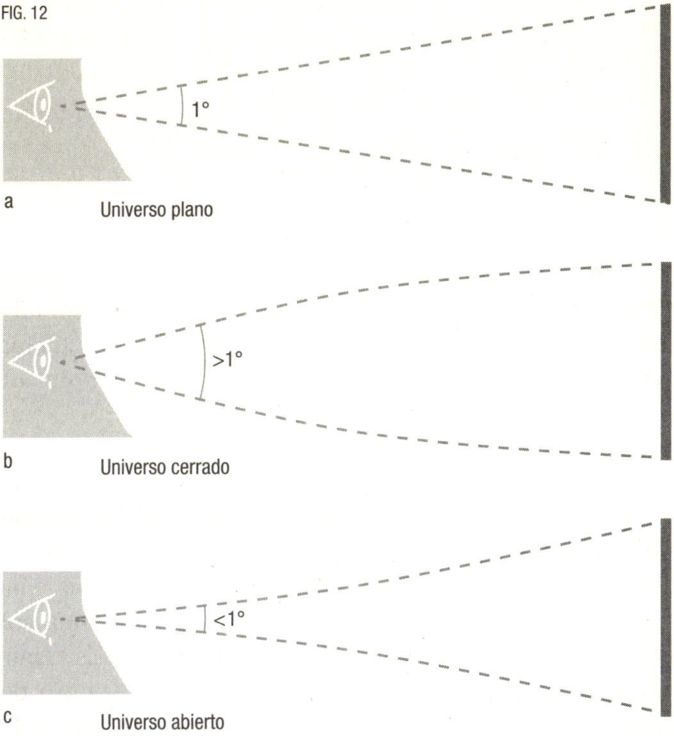

La figura 11 ilustra los tres tipos de geometría posibles del universo: plana, cerrada o abierta. La suma de los ángulos de un triángulo en cada uno de estos tipos de universo es igual, mayor o menor que 180º, respectivamente. En un universo plano la longitud característica de las fluctuaciones de la radiación de fondo subtiende en el cielo un ángulo aproximado de un grado (fig. 12a). En un universo cerrado o abierto esa misma longitud subtiende un ángulo ligeramente mayor o menor, respectivamente (figs. 12b, 12c).

Mencionemos también que este tesoro de información es algo que está flotando a nuestro alrededor: recordemos que la radiación de fondo nos llega hasta la misma superficie de la Tierra de forma constante y desde todas las direcciones. Pero, naturalmente, detectar y descifrar esa información implica un soberbio trabajo observacional y un conocimiento profundo de la física involucrada, a lo que han contribuido numerosos científicos; todo un triunfo del ingenio humano.

La naturaleza de la materia oscura. En busca de la «partícula X»

Supongamos que se ha cometido un crimen. Puede darse la circunstancia afortunada de que la policía se encontrara cerca del escenario de los hechos y fuera capaz de capturar al asesino allí mismo. Naturalmente, en ese caso la policía conocería de forma inmediata las características físicas del asesino. Pero también puede darse el caso, más habitual, de que no estuviera presente; entonces tiene que investigar.

A partir de los indicios de todo tipo relacionados con el crimen, la policía elaborará un retrato robot del asesino. Es posible que esos indicios *no* sean suficientes para realizar un retrato muy preciso, del tipo «hombre alto, moreno, de ojos verdes, nariz aguileña y una cicatriz en la ceja izquierda»; pero aun así, los indicios pueden servir para descartar a muchos candidatos a criminal. Por ejemplo, a partir del hallazgo de un cabello la policía puede deducir que el asesino era un hombre moreno, y a partir de la profundidad de las pisadas marcadas en el polvo puede deducir su peso aproximado. Esto último permite muchas posibilidades, puesto que un hombre bajo y obeso puede tener el mismo peso que otro alto y delgado, pero muchas otras quedan descartadas.

Entonces, basándose en el retrato robot (aunque no sea muy preciso) y en toda la información disponible, la policía elaborará una lista de posibles sospechosos. Algunos quedarán descartados por otros elementos de información: por ejemplo, quizá no pueda ser ninguna de las personas con las que convivía la víctima porque todas ellas se hallaban lejos del lugar del crimen en el momento de cometerse. Finalmente, la policía identificará al criminal más probable y lo detendrá.

Algo parecido sucede con la materia oscura, el «criminal» de nuestra metáfora. Los indicios de que disponemos nos permiten dibujar un retrato robot preliminar de la misma. Aunque este retrato no es muy concreto, es suficiente para descartar algunos «sospechosos»: por ejemplo, las partículas de materia oscura no pueden ser las mismas que componen la materia ordinaria. Como veremos, hay otras partículas que dan mejor «el perfil de sospechosas» para desempeñar el papel de materia oscura.

Por el momento, compongamos un retrato robot inicial de la materia oscura a partir de toda la información descrita en las páginas precedentes:

— La materia oscura interacciona muy débilmente con la materia ordinaria; hasta ahora solo se ha observado la fuerza gravitatoria que ejerce sobre ella. Si hay otros tipos de interacciones entre los dos tipos de materia, han de ser muy débiles; de lo contrario, la materia oscura ya habría sido detectada de forma directa.

— La materia oscura no puede estar hecha de partículas ordinarias, concretamente de las mismas que constituyen los átomos: protones, neutrones y electrones; de lo contrario los cálculos de la nucleosíntesis primitiva arrojarían resultados contradictorios con los datos observacionales. Además, el espectro sonoro de la radiación de fondo nos indica que la materia oscura *no* formó parte del plasma primordial de materia ordinaria. De ahí deducimos que la materia oscura no puede estar hecha de partículas cargadas eléctricamente, ya que también habría formado parte del plasma primitivo.

— La materia oscura ha de ser muy estable, es decir, si se desintegra debe hacerlo a un ritmo muy lento. Sabemos que en el universo primitivo, en la época de la nucleosíntesis primitiva y de la recombinación, el porcentaje de materia oscura era aproximadamente el mismo que ahora. Así que la vida de una partícula oscura ha de ser como mínimo de 13 800 millones de años, los que lleva existiendo el universo.

— La materia oscura tampoco parece interaccionar mucho consigo misma. De hacerlo, habría constituido su propio plasma en el universo primitivo, pero los picos del espectro sonoro de la radiación de fondo indican que la materia oscura no era un plasma y que colapsó gravitatoriamente sin rebotar (como sí lo hacía el plasma de materia ordinaria). Además, otras observaciones, como el Cúmulo Bala, indican que las nubes de materia oscura se atraviesan sin interaccionar entre ellas, lo que sugiere que la materia oscura no solo es invisible para nosotros sino también para ella misma.

Podemos añadir una característica más a la lista anterior: una explicación plenamente satisfactoria de la materia oscura no consiste solo en decir «la materia oscura está hecha de estas partículas», sino que hace falta explicar también por qué tiene la abundancia que tiene, es decir, un 27% del contenido total del universo. Recordemos que, a partir del estudio de la nucleosíntesis primitiva se ha sabido explicar las abundancias de los elementos ligeros. Del mismo modo, si un tipo de partícula con determinadas características (masa e interacciones) es candidata a jugar el papel de materia oscura, se puede calcular con cuánta abundancia se produjo en el universo primitivo. Una candidata que se produzca con demasiada o demasiado poca abundancia es una candidata problemática e incluso descartable. Por consiguiente, el porcentaje de materia oscura en el universo es una pista crucial para identificar candidatos razonables a la misma.

Así que buscamos una partícula (o grupo de partículas) que se ajuste a las características anteriores. Pero además, disponemos de otros indicios que aún no hemos comentado y que añaden información valiosa a nuestro retrato robot de la materia oscura.

LA MATERIA OSCURA HA DE SER FRÍA

En el capítulo anterior dejamos el universo en el momento de la recombinación, cuando se formaron los primeros átomos. Vimos que en ese instante el universo era casi perfectamente homogéneo, excepto por pequeñas variaciones de densidad, originadas por las ondas sonoras que fluctuaban en el espacio primitivo, y que fueron registradas en el mapa de temperaturas de la radiación de fondo (imagen de las págs. 334-335). ¿Qué ha pasado desde entonces?

Después de la recombinación, aquellas tenues inhomogeneidades siguieron evolucionando. Lo que sucedió es que las zonas del espacio que tenían más densidad atrajeron hacia ellas, por atracción gravitatoria, la materia de su entorno próximo. De este modo, estas zonas se hicieron cada vez más densas, proceso que continuó durante los 13 800 millones de años transcurridos desde entonces. El resultado final es el universo actual. ¿Y qué aspecto ofrece nuestro universo? Las galaxias se distribuyen por el cosmos de una manera bastante heterogénea, con zonas de grandes acumulaciones entremezcladas con otras vacías (esto puede apreciarse en la imagen de la página contigua).

Hemos visto que la textura del universo en la época de la recombinación (la registrada en el mapa de temperaturas de la radiación de fondo) ha podido ser entendida, e incluso predicha, a partir de la teoría del Big Bang, lo que ha supuesto un gran éxito para la teoría, además de proporcionar información valiosa sobre el universo. De un modo parecido, podemos preguntarnos si es posible entender la textura actual del universo de forma teórica. En concreto, los astrofísicos se plantearon la tarea de entender teóricamente la evolución de las inhomogeneidades primitivas desde la época de la recombinación hasta nuestros días.

EL ASPECTO DEL UNIVERSO

La imagen corresponde a uno de los mapas de galaxias más completos disponibles en la actualidad, el SDSS. Los dos sectores representados son dos «rebanadas planas» del universo, como dos gigantescos trozos de tarta, en cuyo vértice se encuentra la Tierra. Cada punto luminoso del mapa simboliza una galaxia (hay representadas un millón, aproximadamente). La circunferencia exterior de la figura, donde se sitúan las galaxias más lejanas representadas, se encuentra a una distancia de 2000 millones de años-luz de la Tierra. Se observa que la distribución de galaxias no es uniforme, sino que presenta una textura «filamentosa»: hay zonas ricas en galaxias y cúmulos de galaxias (más brillantes), entremezcladas con otras muy vacías (oscuras).

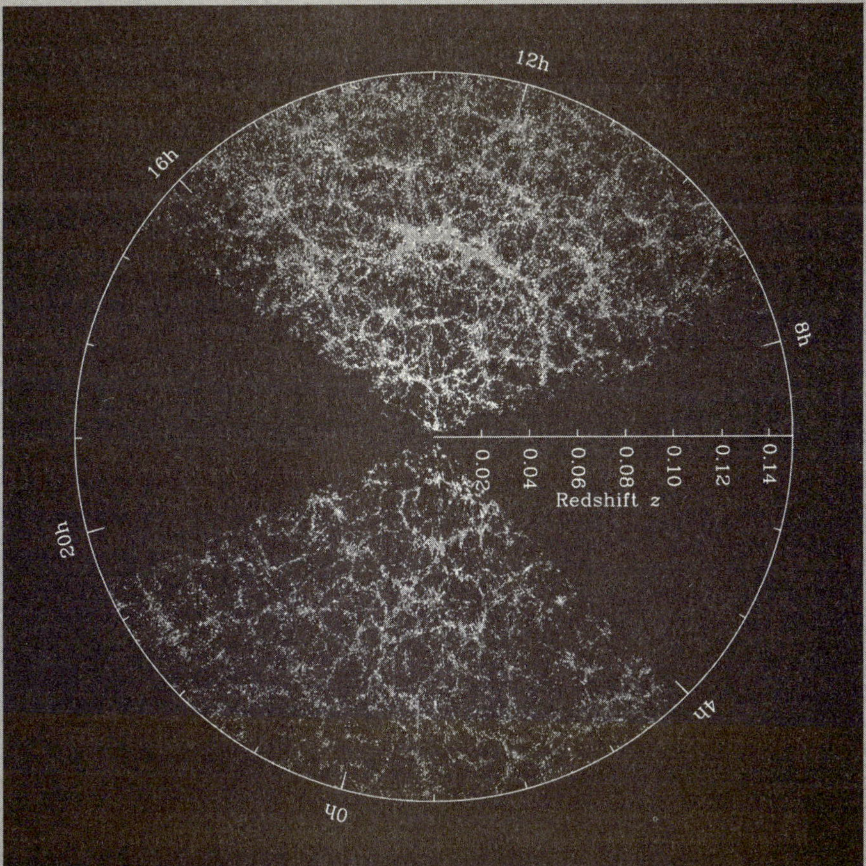

La materia oscura ha jugado un papel esencial en el proceso de agrupación progresiva de la materia, ya que es el principal ingrediente de la misma. Pero no solo la abundancia de la materia oscura es importante, también lo es la velocidad con que se mueven las partículas que la componen. Si esa velocidad fuera muy grande (lo que se denomina «materia oscura caliente»), el proceso de agrupamiento de la materia habría sido mucho menos eficiente. La razón es que las veloces partículas de la materia oscura habrían escapado con facilidad a los efectos gravitatorios y no se acumularían con la misma eficacia. Por tanto, necesitamos «materia oscura fría», que desde el principio pueda agruparse por efecto de su propia gravedad. Esta importante característica permite descartar muchos candidatos a materia oscura.

La *energía* oscura también juega un papel importante en el proceso de agrupamiento de la materia. Como se ha mencionado (y veremos con detalle en el próximo capítulo), la energía oscura produce un efecto de expansión acelerada del universo y, por lo tanto, supone un factor en contra del agrupamiento de la materia.

Todos estos factores hay que tenerlos en cuenta a la hora de calcular teóricamente la evolución de la materia a lo largo de los 13800 millones de años transcurridos desde la época de la recombinación. Se trata de un cálculo complicado, que solo es posible realizar con la ayuda de superordenadores. En la imagen de la doble página siguiente vemos el resultado de una simulación de este tipo para un fragmento del universo.

La materia oscura aparece, efectivamente, agrupada de forma «filamentosa», como un amasijo de telarañas. En las zonas de más alta densidad, representadas como más luminosas, estarían insertadas las galaxias y los cúmulos de galaxias. Esta textura, obtenida teóricamente, concuerda muy bien con la que realmente se observa (imagen de la página anterior), siempre que se parta de las siguientes hipótesis:

— La densidad de materia oscura del universo es aproximadamente un 27% de la densidad crítica. Esto coincide, dentro de los errores teóricos y experimentales, con la abundancia de materia oscura determinada por otros métodos, comentados en páginas anteriores.

— La materia oscura es fría. Esto significa que, al comienzo del proceso de agrupamiento, la velocidad de las «partículas oscuras» no podía ser demasiado próxima a la velocidad de la luz.

— Hay una gran contribución de la energía oscura al contenido total del universo, lo que ha supuesto un factor de crecimiento del tamaño de las galaxias y de los espacios entre ellas en los últimos miles de millones de años.

Así que la estructura a gran escala del universo actual nos confirma, una vez más, la existencia de la materia oscura (e incluso de la energía oscura) y nos da pistas sobre su naturaleza: ha de ser «fría». Esto completa, hasta donde sabemos, nuestro retrato robot de la materia oscura.

En las páginas siguientes vamos a discutir posibles candidatos a materia oscura, es decir, partículas reales o hipotéticas que satisfacen el perfil que hemos dibujado.

LA MATERIA ORDINARIA Y SUS MISTERIOS

A lo largo del libro hemos mencionado repetidas veces que la materia oscura no puede ser materia ordinaria. Esto parece envolver a la materia oscura en un halo de misterio especial, ya que ha de tratarse algo diferente a todo lo conocido, y así es, efectivamente. Sin embargo, esta perspectiva puede sugerir que la materia ordinaria es algo aburrido, de sobra conocido y sin interés. A esta percepción puede contribuir el propio nombre de «materia ordinaria». Sin embargo, la realidad es muy distinta. Es cierto que conocemos bien la materia ordinaria, y que disponemos de una teoría, llamada *modelo estándar*, que describe y predice su comportamiento de forma excelente, pero eso no quiere decir

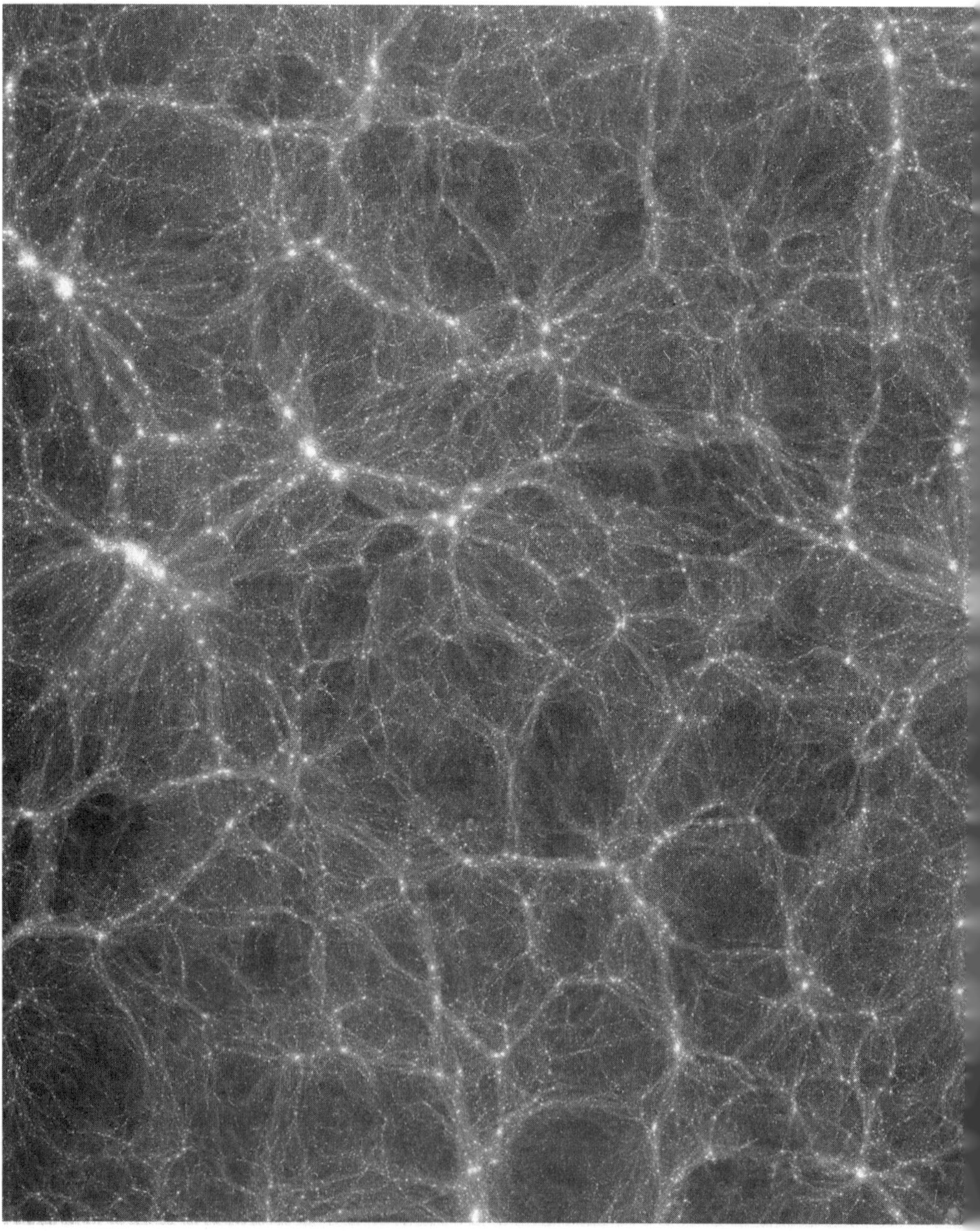

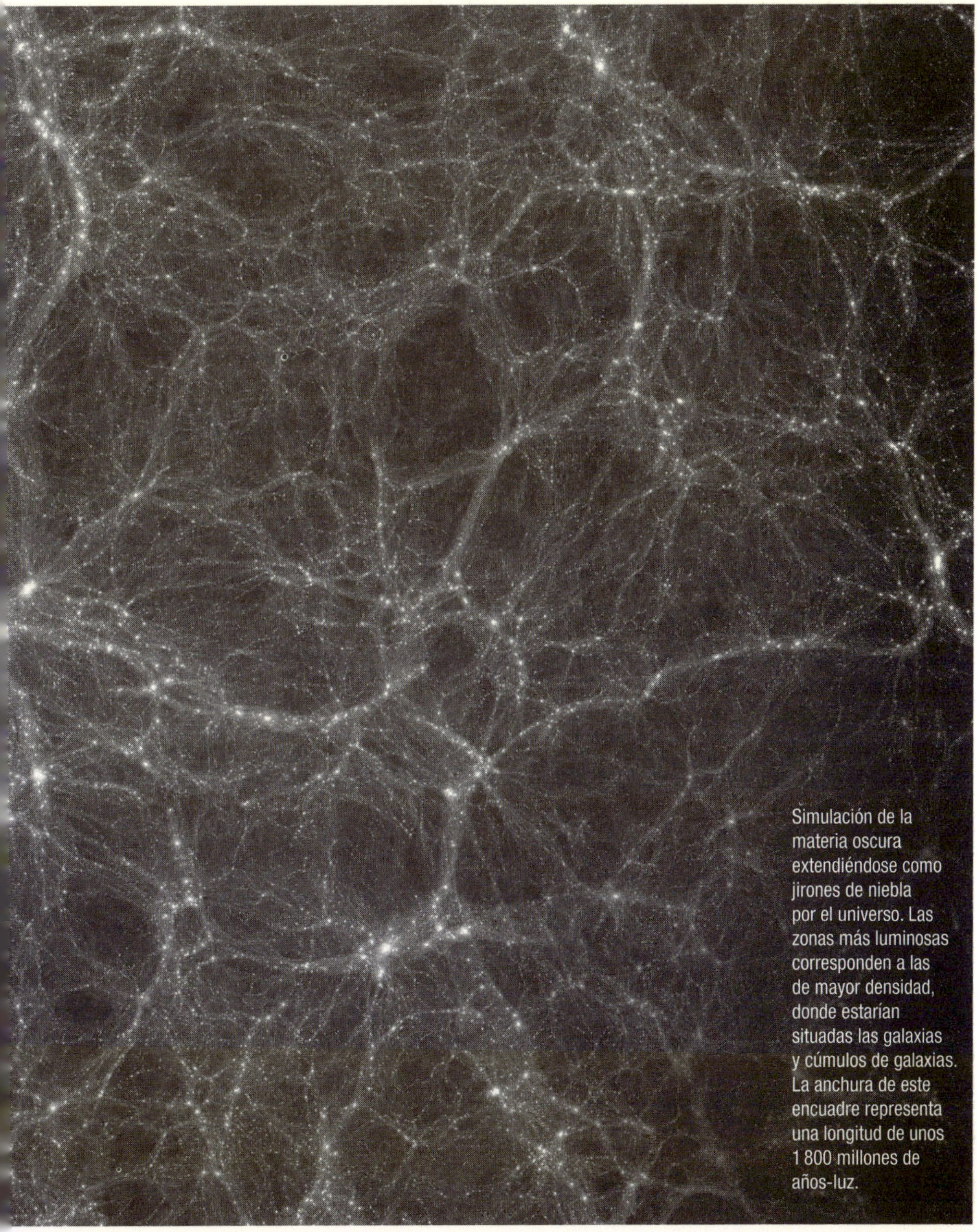

Simulación de la materia oscura extendiéndose como jirones de niebla por el universo. Las zonas más luminosas corresponden a las de mayor densidad, donde estarían situadas las galaxias y cúmulos de galaxias. La anchura de este encuadre representa una longitud de unos 1 800 millones de años-luz.

que la materia ordinaria no sea fascinante y misteriosa; de hecho presenta peculiaridades intrigantes, cuyo origen no conocemos. Como veremos, es posible que la propia existencia de la materia oscura esté relacionada con alguno de los enigmas sin resolver de la materia ordinaria.

Hablemos un poco de las características de la materia ordinaria y la teoría que las describe (el mencionado modelo estándar). Para empezar, hay que decir que la materia ordinaria es algo más que protones, neutrones y electrones, es decir, los constituyentes de los átomos. De hecho, los protones y neutrones ni siquiera son partículas elementales, sino compuestas de otras llamadas *quarks*. Un protón (p) está hecho de tres quarks, dos del tipo llamado u y uno del tipo llamado d; simbólicamente, $p = uud$. Del mismo modo, un neutrón (n) está compuesto por tres quarks en la combinación opuesta: $n = udd$. Por lo que sabemos, los quarks son perfectamente elementales, y lo mismo puede decirse del electrón. Así que, al final, resulta que los átomos siguen estando formados por tres partículas elementales: los quarks u y d (que constituyen los protones y neutrones) y los electrones. Es importante señalar que el protón y el neutrón no son las únicas partículas compuestas. De hecho, la mayoría de las partículas conocidas no son realmente elementales sino que están hechas de quarks. Entre ellas podemos mencionar el pión (o partícula π), el kaón (o partícula K), las partículas Λ, Δ, Σ, etc. Sin embargo, hay otras partículas que sí tienen el rango de partículas elementales, en pie de igualdad con el electrón y los quarks.

En capítulos anteriores hemos mencionado los *neutrinos*, representados por la letra griega ν. La existencia de estas partículas fue predicha en 1930 por el gran físico Wolfgang Pauli a partir del estudio de las desintegraciones de ciertos núcleos, si bien para su descubrimiento hubo que esperar hasta 1956. Por lo que sabemos, los neutrinos son partículas tan elementales como los quarks y los electrones. Así que el electrón (e), junto con los quarks (u y d) y el neutrino (ν) forman un selecto grupo, llamado *primera familia de partículas elementales*, o *familia del electrón*:

$$\begin{pmatrix} \nu_e & u \\ e & d \end{pmatrix}$$

El subíndice «*e*» en el neutrino indica que en sus interacciones aparece siempre asociado al electrón. Pero aquí no acaba la lista. Conocemos otras dos familias de partículas elementales, también llamadas familia del *muon* (μ) y del *tau* (τ). El muon y el tau son dos partículas prácticamente iguales en todo al electrón, excepto que su masa es mayor. Concretamente el muon es unas 200 veces más pesado que el electrón, y el tau, unas 3500. Son tan parecidos que cada uno tiene su propia familia de partículas, similar a la del electrón, con su propio neutrino (ν_μ para el muon y ν_τ para el tau) y sus parejas de quarks (*c* y *s* para el muon, *t* y *b* para el tau):

$$\begin{pmatrix} \nu_\mu & c \\ \mu & s \end{pmatrix}, \begin{pmatrix} \nu_\tau & t \\ \tau & b \end{pmatrix}$$

Esta lista de partículas de materia es un ingrediente básico del modelo estándar. Ciertamente, todos los objetos y sustancias familiares están hechos de átomos, a su vez formados por partículas de la primera familia. Las partículas de las otras dos familias son mucho menos abundantes: solo pueden observarse en los rayos cósmicos (algunas de ellas) o ser producidas en los colisionadores de partículas. Sin embargo, aunque podríamos «prescindir de ellas» para nuestra existencia, conceptualmente son tan fundamentales como las de la primera familia.

Podría pensarse que la secuencia de familias anterior continúa indefinidamente, es decir que habrá una cuarta familia, una quinta, etc., solo que aún no se han descubierto. Pero no es así. Existen pruebas convincentes de que solo hay tres familias. Si hubiera una cuarta, se tendría que haber descubierto ya, o bien tendría que ser tan diferente a las otras tres que realmente no se podría llamar cuarta familia. Desde luego, aquí surgen muchas preguntas fascinantes: ¿Por qué las partículas elementales se presentan en tres familias? ¿Por qué hay una jerarquía de masas entre ellas: las partículas de la tercera familia son más pesadas que las de la segunda, y estas más que las de la primera? A día de hoy estos misterios no han sido resueltos, y suponen uno de los grandes temas de investigación en física teórica. De lo que no cabe duda es de que este misterio (y otros) indican claramente que nuestra comprensión de la física de partículas es aún incompleta.

Hablemos ahora de otro ingrediente básico del modelo estándar: las *interacciones* entre las partículas elementales. Uno de los éxitos de la ciencia moderna ha sido comprender que todas las interacciones que vemos entre objetos y sustancias (atracción gravitatoria, fuerzas eléctricas y magnéticas, fuerzas de rozamiento y adherencia, reacciones químicas, procesos nucleares en el interior de las estrellas, etc.) son manifestaciones de solo cuatro interacciones fundamentales: la gravitatoria, la electromagnética, la fuerte y la débil. Por ejemplo, todas las reacciones químicas son manifestaciones de la interacción electromagnética. Es interesante mencionar que las cuatro interacciones son esenciales para la vida. Sin atracción gravitatoria no se formarían estrellas ni planetas, ni los segundos orbitarían alrededor de las primeras. Sin fuerzas electromagnéticas los electrones no estarían ligados a los núcleos atómicos, así que no habría átomos ni, por tanto, sustancias diversas. Las fuerzas fuertes y débiles son mucho menos familiares, pero igualmente esenciales. La fuerzas fuertes son las responsables de que los quarks se mantengan unidos en un protón o un neutrón, y también de que los protones y neutrones formen núcleos estables. Sin ellas no existirían los núcleos atómicos y, por tanto, tampoco los átomos. Finalmente, las fuerzas débiles son las responsables de los procesos que en el interior del Sol producen luz y calor, los cuales hacen posible la existencia de vida en la Tierra. Las doce partículas elementales de las tres familias sienten estas interacciones de forma diferente. La interacción gravitatoria es sentida por todas ellas, así como la interacción débil. La electromagnética es sentida solo por las partículas con carga eléctrica, que son todas excepto los neutrinos. Por último, la interacción fuerte es sentida solo por los quarks.

En algunos aspectos, las cuatro interacciones son muy distintas entre sí. Por ejemplo, la intensidad de la fuerza gravitatoria

LAS SEMILLAS DE LAS GALAXIAS

Si el universo primitivo hubiese sido *perfectamente* homogéneo, su evolución posterior no habría producido la agrupación de la materia en galaxias y cúmulos de galaxias que observamos hoy en día. Para que esta agrupación tenga lugar hace falta empezar con algunas inhomogeneidades, que actúan como «semillas», en torno a las cuales se va acumulando la materia. Los códigos de ordenador que simulan este proceso parten normalmente de la hipótesis de que las semillas iniciales fueron aquellas tenues inhomogeneidades del plasma primitivo en la época de la recombinación, cuando el universo tenía 380 000 años, y que fueron registradas en el mapa de la radiación de fondo (véase la imagen). Y, efectivamente, cuando se parte de esta suposición, los códigos reproducen muy bien la «textura» del universo actual.

Más evidencias

Existe además una observación reciente que confirma la hipótesis de manera espectacular. Recordemos que el mapa de la radiación de fondo presenta un granulado característico, correspondiente a la longitud de onda del tono sonoro fundamental. Si la hipótesis es correcta, ese granulado tuvo que dejar su marca en la distribución de materia en el universo. Y se ha observado que las galaxias actuales tienden a acumularse en circunferencias con un radio de 480 millones de años-luz, que es precisamente aquella longitud característica inicial multiplicada por mil, debido a la expansión del universo desde la época de la recombinación hasta hoy. Esta es una prueba sensacional de que, en efecto, las fluctuaciones sonoras del plasma primitivo fueron las semillas que posteriormente dieron lugar a las galaxias y cúmulos de galaxias. ¡Somos los descendientes de aquellos ligeros temblores de la materia, registrados en el mapa de la radiación de fondo!

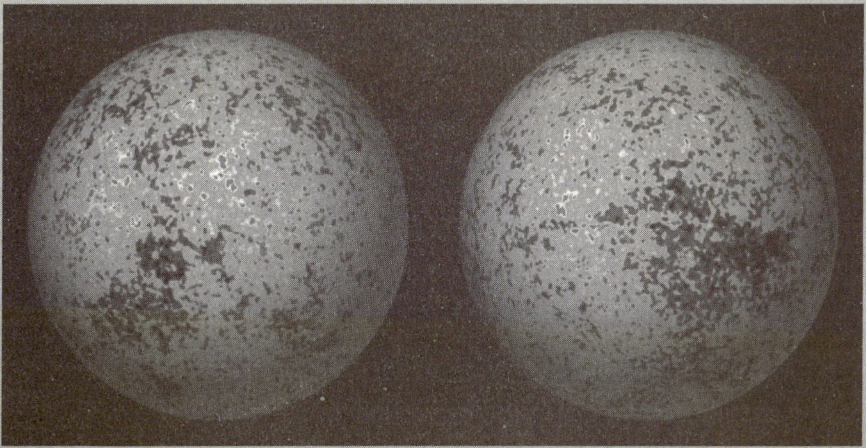

La imagen muestra el mapa de la radiación de fondo de microondas dividido en hemisferios.

es mucho menor que la de las otras tres. Pensemos que cuando un pequeño imán levanta un tornillo, está generando una fuerza magnética capaz de superar la fuerza gravitatoria ejercida sobre ese mismo tornillo por toda la Tierra. Sin embargo, las cuatro interacciones básicas presentan aspectos comunes importantes; concretamente, todas ellas están mediadas por ciertas partículas, que hacen el papel de mensajeras de la interacción. Por ejemplo, los fotones son las partículas mensajeras de la interacción electromagnética. Cuando dos electrones (de carga negativa) se repelen, esa repulsión surge del intercambio de fotones entre ellos, tal como ilustra la figura 1. La letra griega γ (gamma) simboliza el fotón intercambiado. Análogamente, la interacción fuerte surge del intercambio de los llamados *gluones* (g), y la interacción débil, de los llamados *bosones* W y Z. Finalmente, la interacción gravitatoria tiene también su partícula mensajera, el *gravitón* (G). Todas estas partículas mensajeras han de ser consideradas también partículas perfectamente elementales (hasta donde sabemos).

En resumen, tenemos doce partículas de materia elementales y cuatro tipos de interacciones, cada una de ellas mediada por su correspondiente partícula mensajera, tal como está recogido en la figura 2.

Un aspecto interesante de las partículas mensajeras de las interacciones es que, con la excepción de los bosones W y Z, todas ellas tienen masa cero. Este hecho puede explicarse a partir de la propia estructura matemática de las interacciones. La peculiaridad de que los bosones W y Z tengan masa se debe al llamado «mecanismo de Higgs», en el que no podemos extendernos; mencionemos solamente que una consecuencia de este mecanismo teórico es que debe existir una partícula adicional a las recogidas en la figura 2: el famoso *bosón de Higgs*, el cual fue descubierto en el CERN (Laboratorio Europeo de Partículas, cerca de la ciudad suiza de Ginebra) en 2012. Esto supuso un gran espaldarazo para la teoría, es decir para el modelo estándar de la física de partículas.

Sin embargo, el mecanismo de Higgs tiene aspectos insatisfactorios. Concretamente, no explica por sí mismo por qué las masas de los bosones W y Z son las que son (unas 90 y 100 veces más

FIG. 1

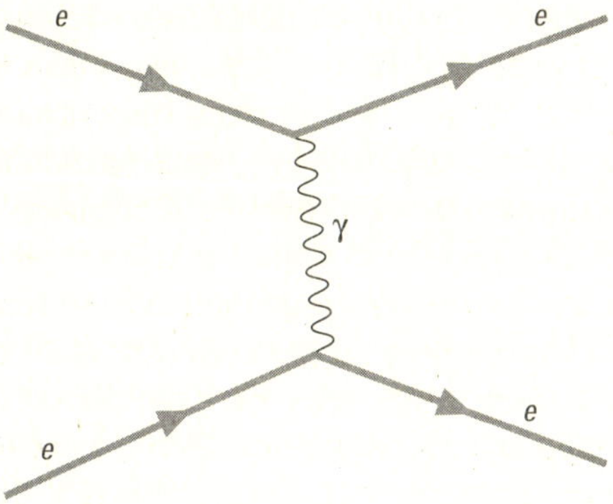

Diagrama que representa simbólicamente el proceso de repulsión de dos electrones, producido por el intercambio de fotones (γ).

FIG. 2

Materia			Interacciones	
1ª familia	2ª familia	3ª familia		
ν_e	ν_μ	ν_τ	γ	Electromagnética
e	μ	τ	W, Z	Débil
u	c	t	g	Fuerte
d	s	b	G	Gravitatoria

pesadas que un protón, respectivamente); de hecho, las ecuaciones teóricas sugieren que de forma natural esas masas deberían ser mucho mayores. Este problema se llama a veces en la jerga científica el *problema de la naturalidad* o el *problema de la jerarquía*, pero no hay que confundirlo con la jerarquía de masas entre familias de partículas. Hay un consenso científico generalizado, pero no completo, en el sentido de que la resolución de este problema requiere la existencia de nueva física, con nuevas partículas que tengan masas no mucho mayores que las de los bosones *W* y *Z*. Hay muchos modelos teóricos de cuál podría ser esa nueva física (más adelante mencionaremos algunos), pero a día de hoy, a pesar de los esfuerzos realizados, ninguno de ellos ha sido comprobado experimentalmente. Se trata de un tema de enorme actualidad, desde el punto de vista tanto teórico como desde el experimental.

Consideremos ahora lo siguiente: sabemos que los quarks *u* y *d* forman los protones y neutrones, los cuales, junto con el electrón, constituyen los átomos de la materia ordinaria. Pero ¿qué pasa con las otras partículas de la tabla? ¿Podría ser alguna de ellas la responsable de la materia oscura? De entrada hay que decir que casi todas esas partículas son muy inestables. Por ejemplo, el muon se desintegra en dos millonésimas de segundo, y la vida del tau es aún más corta. Las partículas compuestas a partir de quarks de la segunda y tercera familias son asimismo tremendamente efímeras. Por tanto, estas partículas no sirven como materia oscura: no satisfacen nuestro retrato robot, que exige que la materia oscura sea muy estable. La excepción son los neutrinos, con los que merece la pena entretenerse un poco.

Los neutrinos son partículas fascinantes que ostentan varios «récords». Por ejemplo, son las partículas de materia más ligeras que se conocen; de hecho, no se sabe su masa, solo ciertos límites entre los que esta tiene que encontrarse. Concretamente, el neutrino más pesado ha de ser entre un millón y cien millones de veces más ligero que el electrón (la siguiente partícula más ligera). Son también las partículas conocidas más difíciles de detectar, ya que interaccionan muy poco con la materia, razón por la cual se tardó tanto en descubrirlas. Por cierto que ahora mismo usted está siendo atravesado, sin notarlo, por cientos de billones de neutrinos por segundo, la mayor parte provenientes del Sol. Los neutrinos son también las partículas de materia más abundantes del universo, solo superadas en número por las partículas de luz, los fotones. La mayor parte de los neutrinos del universo provienen de los primeros instantes del Big Bang, y

La ausencia de pruebas no es prueba de ausencia.

Carl Sagan

constituyen un «fondo de neutrinos» que llena el cosmos, semejante a la radiación de fondo (hecha de fotones) que discutimos en páginas precedentes. Debido a su baja energía, estos neutrinos cósmicos son tremendamente difíciles de detectar; de hecho, aún no se ha detectado ninguno, pero estamos muy seguros de que están ahí.

Todas estas características de los neutrinos parecen encajar «como anillo al dedo» en nuestro retrato robot de la materia oscura, y, de hecho, durante mucho tiempo los neutrinos fueron considerados un firme candidato para la misma. Sin embargo, los neutrinos no pueden ser la materia oscura, por dos razones. La primera es que, cuando se calcula el remanente de neutrinos cósmicos procedente del Big Bang, resulta que no es suficiente para constituir un 27% de la densidad crítica (que es la densidad de la materia oscura); para conseguirlo, deberían ser bastante más pesados de lo que son. La segunda razón es que los neutrinos supondrían un tipo de materia oscura «caliente», y, como sabemos, la materia oscura ha de ser fría. Así que, desgraciadamente, los neutrinos han quedado descartados para ejercer el papel de materia oscura. Mencionemos de paso que las peculiares propiedades de los neutrinos están perfectamente entendidas desde el punto de vista teórico, excepto la extrema pequeñez de sus masas. De hecho, existen modelos teóricos muy interesantes para entender esa pequeñez, y todos ellos requieren, una vez más, la existencia de nueva física y, en general, de nuevas partículas.

En los párrafos anteriores hemos resumido los ingredientes más importantes del modelo estándar de la física de partículas, la teoría que describe exitosamente toda la materia conocida. Aunque el modelo estándar funciona muy bien en la práctica, hemos visto que no es totalmente satisfactorio, ya que hay aspectos intrigantes de las partículas elementales que no es capaz de explicar. Esto sugiere fuertemente que ha de haber física más allá del modelo estándar. Por otro lado, ninguna de las partículas descritas por esta teoría (las únicas conocidas) puede ejercer el papel de materia oscura. Así que la materia oscura también requiere la existencia de física más allá del modelo estándar.

ALGUNOS CANDIDATOS A MATERIA OSCURA

Cuando los físicos teóricos trabajan sobre posibles candidatos a materia oscura existen dos estrategias posibles. La primera es considerar una partícula hipotética, llamémosla X, que satisfaga todos los requisitos de nuestro retrato robot. Como hemos dicho antes, el retrato robot no es demasiado preciso, por lo que las características de la partícula X pueden variar dentro de grandes rangos. Por ejemplo, la masa de X podría ser extremadamente pequeña, mucho más aún que la masa de los neutrinos, pero también podría ser mucho más grande que la de todas las partículas elementales conocidas. Sin embargo, la libertad no es total. La razón es que necesitamos que la materia oscura se produzca en el universo primitivo con la abundancia observada (27% de la densidad crítica), y ese hecho depende crucialmente de las interacciones de la partícula de materia oscura con la materia ordinaria. En concreto, en el universo primitivo las partículas X debieron de aniquilarse con sus antipartículas en una proporción adecuada, de forma que las que quedaron sin aniquilar serían ahora las responsables de la abundancia de materia oscura observada. Si las interacciones de X fueran demasiado grandes, la aniquilación inicial habría sido demasiado eficiente, por lo que habría quedado un remanente de materia oscura inferior al que se observa. Y viceversa: si las interacciones fueran demasiado débiles, la materia oscura apenas se habría aniquilado al comienzo del universo y actualmente sería demasiado abundante. Por otro lado, la cantidad exacta de interacción que se precisa para reproducir la abundancia de materia oscura observada depende del valor de la masa de X. Por tanto, aunque no sabemos la masa de X ni la intensidad ni el tipo de sus interacciones con la materia ordinaria, estas no pueden ser cualesquiera, sino que han de estar en un delicado equilibrio. Este conocimiento permite realizar predicciones acerca de las posibilidades de detectar las partículas de materia oscura en un experimento adecuado, o incluso de producirlas en los colisionadores de partículas, asuntos sobre los que enseguida volveremos.

La estrategia anterior podría ser calificada de «sin prejuicios», ya que en ella no se prejuzga cuál es la partícula X, solo se pretende determinar el rango posible de sus propiedades para intentar «acorralarla» experimentalmente y, si somos afortunados, poder detectarla. Es una estrategia inteligente, si bien tiene el problema de que nos da muy pocas pistas de qué tipo de partícula es más probable que sea X. Pensemos que, a pesar de los delicados equilibrios que se necesitan entre la masa de X y sus interacciones, los rangos para estas son inmensos. Sin tener una idea más concreta sobre las propiedades de las partículas X, es difícil diseñar experimentos eficaces para detectarlas. Es como buscar una aguja en un pajar, sin saber el tamaño ni el color de la aguja. Por eso, una estrategia complementaria es considerar candidatos a materia oscura especialmente motivados por consideraciones teóricas.

Como vimos en el apartado anterior, hay razones para pensar que el modelo estándar de la física de partículas no es la teoría última, sino que debe de haber nueva física aún por descubrir que resuelva algunos de sus enigmas, por ejemplo, la jerarquía de masas entre las familias de partículas o el problema de la naturalidad asociado al mecanismo de Higgs. Los modelos teóricos desarrollados para intentar explicar estos enigmas suelen implicar la existencia de nuevas partículas. Si sucede que, sin habérselo propuesto, alguna de esas partículas tiene las propiedades adecuadas para ejercer de materia oscura, entonces será un candidato excelente para la misma. Esto será especialmente cierto si el modelo teórico del que surge está bien fundamentado. De esta manera, los modelos teóricos de nueva física pueden sugerirnos características concretas de la partícula X, sirviéndonos de guía sobre lo que debemos buscar. Esto hace la búsqueda potencialmente más eficiente, pero no hay que olvidar que esos modelos de nueva física contienen prejuicios teóricos y de hecho podrían ser erróneos, por muy brillantes que sean. Por ello, lo más sensato es seguir las dos estrategias a la vez: la estrategia «sin prejuicios» y la estrategia «con prejuicios teóricos», ya que son complementarias entre sí.

A continuación comentaremos brevemente algunos de los candidatos teóricos a materia oscura que están siendo considerados más seriamente por la comunidad científica.

Los WIMPs

Los cálculos teóricos indican que si una partícula tiene una masa entre 10 veces y 1 000 veces la masa de un protón, aproximadamente, y presenta solo interacciones débiles (una de las cuatro interacciones fundamentales anteriormente comentadas), entonces la abundancia con la que se habría producido en el universo primitivo estaría de acuerdo con la abundancia de materia oscura que observamos. En otras palabras, una partícula así es una candidata perfecta para ser la partícula X que constituye la materia oscura. A las partículas con estas características se les denomina WIMPs, acrónimo inglés de *Weakly Interacting Massive Particle*, o sea «partícula masiva con interacción débil». Los WIMPs son los candidatos más estudiados hasta la fecha para la materia oscura, tanto desde el punto de vista teórico como desde el experimental. La razón es que el problema de la naturalidad del modelo estándar, comentado en el apartado anterior, sugiere precisamente la existencia de este tipo de partículas.

En este último sentido, una de las teorías más estudiadas para resolver el problema de la naturalidad es la llamada *supersimetría*. Esta consiste en la hipótesis de que las ecuaciones de la física han de modificarse de forma que sean invariantes bajo ciertas transformaciones matemáticas. Esto parece algo muy abstracto, pero, de hecho, el modelo estándar presenta un gran número de simetrías, o sea, de invariancias matemáticas. Esas simetrías permiten entender de forma elegante muchas propiedades de la materia ordinaria, por ejemplo, el hecho notable de que las cuatro interacciones básicas surjan del intercambio de partículas mensajeras. Sin embargo, entre las simetrías del modelo estándar *no* está la supersimetría. Para que el modelo estándar sea supersimétrico hace falta modificarlo, incluyendo nuevas partículas. Concretamente, cada partícula de las ya conocidas debe tener asociada otra, su «compañera supersimétrica». Técnicamente, cada compañera supersimétrica tiene las mismas propiedades que la partícula ordinaria a la que está asociada, excepto que su *espín* (su giro intrínseco) es diferente. Por ejemplo, al electrón (partícula de espín 1/2 en ciertas unidades) le corresponde el llamado s-electrón (partícula con la misma carga eléctrica que el electrón pero de espín cero).

La supersimetría, además de tener ciertas propiedades teóricas muy atractivas, permite resolver de forma elegante el problema de la naturalidad. Para ello, es necesario que las partículas supersimétricas tengan una masa del orden de cientos (como mucho miles) de veces la masa de un protón. Este hecho ha provocado un gran interés teórico y experimental por la supersimetría desde la década de 1980. Pero, además, resulta que en la mayoría de los modelos la partícula supersimétrica más ligera es el denominado neutralino (no confundir con «neutrino»), el cual, sin haberlo buscado así, posee las características perfectas de un WIMP: es estable, no tiene carga eléctrica, sus interacciones son solo de tipo débil, su masa está en el rango adecuado para que se produzca con la abundancia necesaria y da lugar a materia oscura fría. Podría ser que la partícula X fuera un neutralino.

Otra propuesta de física más allá del modelo estándar son los modelos con dimensiones espaciales extras. En este caso la hipótesis es que, además de las tres dimensiones espaciales habituales, largo, ancho y alto, existen una o varias dimensiones espaciales, invisibles para nuestros ojos porque tienen un tamaño muy pequeño. Para comprenderlo, pensemos en la superficie de una tubería. Tiene dos dimensiones: una a lo largo, que se extiende indefinidamente, y otra transversal, que no es más que una pequeña circunferencia. Si imaginamos una tubería tan delgada que la circunferencia se hace microscópica, nos parecerá simplemente una línea, de una sola dimensión («largo»); la dimensión transversal se habrá vuelto invisible. Del mismo modo, dimensiones compactas muy pequeñas podrían pasar desapercibidas en nuestro mundo de tres dimensiones extendidas. Sin embargo, esas dimensiones extras tendrían consecuencias: una partícula moviéndose en ellas (y no en las tres dimensiones convencionales) nos parecería que está en reposo, pero con mucha energía; es decir, nos parecería que tiene masa y, por tanto, una partícula distinta. Precisamente una de esas partículas podría tener las características de un WIMP y ser la responsable de la materia oscura.

La presencia de dimensiones extras, así como de la supersimetría, es muy habitual en modelos de física más allá del modelo estándar, concretamente en las teorías de supercuerdas. Estas teorías fueron propuestas para resolver un problema grave del modelo estándar: la falta de consistencia matemática de las fuerzas gravitatorias a nivel cuántico, y suponen el intento más serio hasta la fecha en esa dirección.

Además de la supersimetría, existen otros modelos teóricos que podrían solucionar el problema de la naturalidad del modelo estándar, y que también dan lugar a WIMPs. Entre ellos están los modelos de Higgs compuestos, modelos de Higgs múltiples, etcétera.

Los axiones

Los axiones son partículas propuestas en la década de 1980 para resolver un problema teórico del modelo estándar relacionado con la estructura de las interacciones fuertes. No podemos entrar aquí en los detalles técnicos de dicho problema, ni en la forma en la que los axiones lo solucionan, pero es interesante mencionar que los axiones, sin haber sido «diseñados» teóricamente para ello, son partículas que se ajustan perfectamente al retrato robot de la materia oscura. Se trata de partículas muy estables, de masa muy pequeña (más ligeras incluso que los neutrinos) y que se produjeron copiosamente (en caso de existir) en el universo primitivo. Sus interacciones con la materia ordinaria son extraordinariamente débiles, por lo que los métodos de detección directa adecuados para detectar WIMPs no sirven para detectar axiones.

UN DETECTOR DE AXIONES

Si la materia oscura está hecha de axiones, su detección requerirá métodos experimentales peculiares. Hay que tener en cuenta que, en caso de existir, los axiones son partículas extraordinariamente ligeras (del orden de 10 000 millones de veces más ligeras que los electrones) y con una interacción extraordinariamente débil. Son, por tanto, objetos enormemente escurridizos. Una ventaja es que, si constituyen la materia oscura, se han de encontrar a nuestro alrededor en cantidades fabulosas: unos 10 000 billones de axiones por litro. Una de sus interacciones más características es con los fotones, las partículas de luz. Un axión tiene la propiedad de que, al interaccionar con un campo magnético intenso, puede transmutarse en un fotón. Dada la masa del axión, el fotón creado correspondería a una radiación de microondas, semejante a la de un horno de microondas doméstico, o a las ondas electromagnéticas que emiten y reciben los teléfonos móviles. Siguiendo estos principios se ha construido un detector de axiones, llamado ADMX *(Axion Dark-Matter Experiment)*, instalado en la universidad de Washington. Consta de una cavidad cilíndrica, sometida a un campo magnético intensísimo. Si dentro de la cavidad un axión de materia oscura se transmuta en un fotón, este último entra en resonancia con la cavidad, de un modo semejante a una nota musical que resuena dentro de un tubo de órgano. La señal producida es terriblemente débil: menos de una billonésima de billonésima de vatio (compárese con la potencia de unos 10 vatios con la que emite una bombilla ordinaria). Para que esa señal sea detectable, es necesario que no exista ruido térmico de fondo. Por ello, el experimento ha de encontrarse a bajísimas temperaturas, apenas dos grados por encima del cero absoluto. Además, se necesita un detector de microondas extremadamente sensible. De hecho, el detector instalado es el más sensible del mundo: si lo utilizásemos para recibir comunicaciones en nuestro móvil, ¡tendríamos buena cobertura aunque nos alejáramos hasta el planeta Jupiter! Todo el dispositivo tiene unos cuatro metros de largo (véase la fotografía). Si la materia oscura está hecha de axiones, existe una gran expectativa de que este experimento pueda detectarlos en los próximos años.

Otros candidatos

Desde que se hizo evidente que la materia oscura debía tener una naturaleza distinta de la ordinaria, se han desarrollado muchos escenarios teóricos de física más allá del modelo estándar con partículas candidatas a constituir la materia oscura. Por ello existe una gran proliferación de propuestas más o menos exóticas y nombres peculiares: neutrinos estériles, módulos, dobletes inertes, etc. Sin embargo, en muchos casos estas propuestas no tienen una sustentación firme adicional, sino que son modelos ad hoc, diseñados ex profeso para acomodar la materia oscura.

LA CAZA DE LA MATERIA OSCURA

Existen decenas de experimentos en todo el mundo con el objetivo de detectar señales de la materia oscura, lo que sin duda refleja el enorme interés científico que suscita este tema. Aunque las técnicas usadas para ello son muy diversas, fundamentalmente se siguen tres tipos de estrategias complementarias entre sí: la detección directa, la detección indirecta y la producción de materia oscura.

Detección directa

Actualmente se tiene una idea bastante precisa de la densidad de materia oscura que existe en nuestra región de la Vía Láctea: aproximadamente media milmillonésima de gramo por kilómetro cúbico, lo que equivale a la masa de 300 protones por litro. Esto se calcula a partir del movimiento de las estrellas alrededor del centro galáctico, como ya hemos descrito. Usando ese valor de la densidad, se puede calcular fácilmente cuántas partículas de materia oscura (a las que hemos llamado X) hay a nuestro alrededor. Por ejemplo, si la partícula X fuera 100 veces más pesada que un protón (que sería el caso de un WIMP típico), entonces

> El éxito es la capacidad de ir de fracaso en fracaso sin perder el entusiasmo.
>
> **Winston Churchill**

tendríamos unas tres partículas de materia oscura por litro, por ejemplo en cada botella de leche de su nevera. Pero esas partículas se mueven a gran velocidad. Teniendo en cuenta que la materia oscura de la galaxia se halla en equilibrio gravitatorio, es posible deducir su velocidad promedio: unos 300 km/s. A partir de estos dos datos, la densidad y la velocidad, se puede determinar el flujo de partículas de materia oscura en el que estamos inmersos. Siguiendo con el ejemplo del WIMP 100 veces más pesado que un protón, el resultado es que un centímetro cuadrado de cualquier superficie (incluida su piel) está siendo atravesado por cien mil partículas de materia oscura por segundo.

Aunque sabemos que la interacción de la materia oscura con la materia ordinaria (de la que estamos hechos nosotros y nuestros instrumentos de observación) es muy pequeña, el flujo de partículas de materia oscura es lo suficientemente intenso para que tenga sentido intentar detectarlas con experimentos apropiados. Es importante tener en mente que, dado que estas partículas X interaccionan tan poco, atraviesan la Tierra sin ningún esfuerzo. Por ello, en cualquier lugar que instalemos el experimento de detección tendremos «garantizado» un flujo importante de partículas de materia oscura, que llegarán desde todas las direcciones, incluyendo «desde abajo».

¿Cómo es un experimento típico de detección directa de materia oscura? En primer lugar se necesita una sustancia que, potencialmente, pueda interaccionar con las partículas X de materia oscura que pululan en nuestro entorno. Si esas partículas fueran WIMPs, serían sensibles a la fuerza débil y, por tanto, tendrían una cierta probabilidad de interaccionar con la materia ordinaria y, concretamente, con los núcleos atómicos. (La interacción entre las partículas de materia oscura y los núcleos atómicos puede estar también mediada por el intercambio de bosones de Higgs. Este es un aspecto bastante técnico, pero importante en los cálculos teóricos.) Esto nos da una oportunidad de detección, siempre que seamos capaces de observar de alguna forma cómo un núcleo atómico de la muestra de sustancia «siente el impacto» de una partícula de materia oscura. Esto está ilustrado en la figura 3, donde vemos cómo una partícula X de materia oscura impacta con uno de esos núcleos atómicos, haciendo que este retroceda.

Un aspecto importante a tener en cuenta es que continuamente estamos siendo bombardeados por partículas *ordinarias*, provenientes de distintas fuentes; por ejemplo, estamos recibiendo constantemente el impacto de los rayos cósmicos. Además, las sustancias radiactivas de nuestro entorno, aunque se encuentren en pequeñas cantidades, son también una fuente importante de partículas que nos bombardean; de hecho, nuestros propios cuerpos emiten partículas de diversos tipos. Por tanto, lo primero que hay que hacer es proteger el experimento del impacto de todas esas partículas «indeseables». De otro modo sería imposible distinguir el impacto de una partícula X (en el caso de que realmente tenga lugar) entre los millones de impactos de partículas ordinarias. Por ello, estos experimentos se suelen situar dentro de una mina o debajo de una montaña, con objeto de resguardarlos de los rayos cósmicos. Para proteger la muestra de materia utilizada de la radiación emitida por las rocas o los objetos del laboratorio, esta se sitúa dentro de un robusto blindaje que no sea radiactivo en absoluto, por ejemplo, hecho de «plomo arqueológico», es decir, plomo fundido en tiempo de los romanos (y sin valor histórico alguno), ya que después de 2 000 años ha perdido toda su radiactividad. Este es, de hecho, el montaje realizado en el experimento ANAIS, un proyecto español de detección de materia oscura (y no es el único), situado dentro del túnel de Canfranc, en el Pirineo aragonés. Aun así, algunas partículas ordinarias, por ejemplo, los neutrinos, penetran hasta la muestra de sustancia blindada y pueden interaccionar con ella, lo que exige tener un control preciso de ese «ruido de fondo» inevitable, para poder descontarlo de los resultados que se observen.

Otro aspecto interesante de los experimentos es el método usado para registrar el retroceso del núcleo atómico, que se produce como consecuencia del impacto que sufre (véase la fi-

FIG. 3

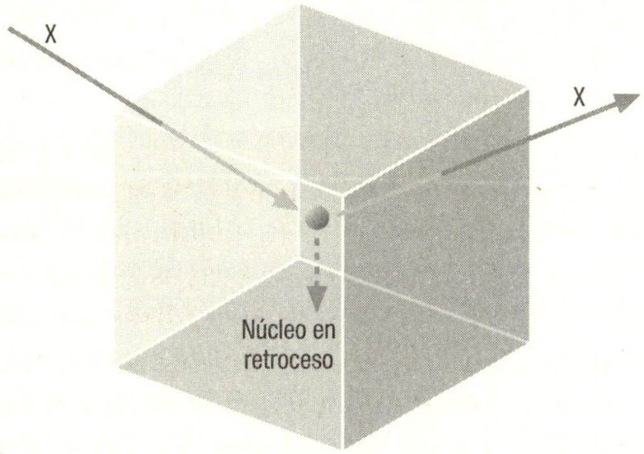

En un suceso de detección directa, una partícula de materia oscura (X), chocaría con un núcleo atómico, produciendo un retroceso de este último, que podría ser registrado con instrumentación adecuada.

gura 3). Hay dos técnicas básicas. La primera (habitual cuando la muestra de sustancia es algún tipo de cristal, como germanio) es medir el pequeñísimo incremento de la temperatura del material, el cual ha de mantenerse a muy baja temperatura. La segunda (utilizada cuando la sustancia es un gas noble, como xenón) consiste en detectar el ligerísimo centelleo que se produce. En cualquier caso, son técnicas que requieren una tecnología punta y un control extraordinario de todas las variables físicas.

En los experimentos típicos, las muestras de sustancia utilizadas pueden contener desde unos pocos kilos hasta cientos de ellos. Está ya programado un experimento, llamado XENON1T, que funcionará debajo del macizo rocoso de Gran Sasso, en los Apeninos, y que empleará una tonelada de gas xenón. Naturalmente, cuanta más sustancia se utilice, más probabilidades hay de observar el impacto de una partícula de materia oscura, pero la complejidad y el precio del experimento también crecen.

Hay que decir que, a pesar de todos los esfuerzos realizados, hasta el momento no se ha encontrado ninguna señal clara de materia oscura en ningún experimento. Algunas de las colaboraciones científicas sostienen que sí han detectado señales, pero los datos son demasiado ambiguos todavía para ser tomados muy en serio. Aun así, los experimentos de detección directa han proporcionado información valiosísima acerca de la materia oscura. Ciertamente no han revelado lo que son las partículas X, pero han descartado grandes rangos de valores para su masa y sus interacciones, haciendo más definido su «retrato robot». De este modo, muchos candidatos teóricos han podido ser descartados, puesto que, si fueran los constituyentes de la materia oscura, habrían sido ya detectados. En este sentido hay que decir que la mayoría de los experimentos de detección directa, en proyecto o en funcionamiento, son especialmente adecuados para detectar (y, por tanto, también para descartar) partículas de tipo WIMP. De hecho, una parte importante del rango de parámetros de los WIMPs ha sido ya explorada y se espera que en los próximos años se explore casi la totalidad. Por tanto, si la materia oscura está hecha de WIMPs (por ejemplo, de tipo supersimétrico), existe una probabilidad importante de que sea detectada en un futuro cercano, lo que supondría un descubrimiento histórico.

Por supuesto, los detectores no tienen prejuicios acerca de la naturaleza de las partículas de materia oscura: las partículas X podrían no ser WIMPs, y aun así ser detectadas en alguno de los experimentos. Pero lo cierto es que otros candidatos a materia oscura, por ejemplo los axiones, son más difíciles de detectar con ellos.

Detección indirecta

Dependiendo de las características de la materia oscura, existe una cierta probabilidad de que algunas de sus partículas, X, que viajan por el espacio, choquen con sus antipartículas, $\bar{X}$ (que también forman parte de la materia oscura), aniquilándose. En ese proceso pueden producirse partículas ordinarias, como fotones, neutrinos, etc. Y esas partículas ordinarias pueden alcanzar la Tierra, tal como ilustra la figura 4.

FIG. 4

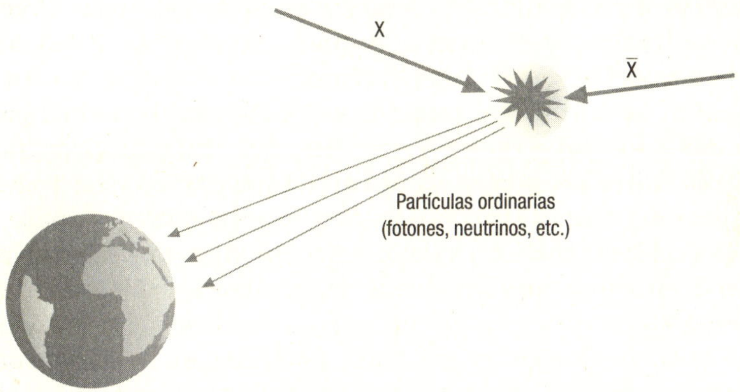

En el método de detección indirecta, lo que se registra son las partículas ordinarias que se producirían por la aniquilación de partículas de materia oscura (X) con sus antipartículas en alguna zona de la galaxia. Si la densidad de materia oscura es grande, como sucede en el centro de la Vía Láctea, pueden producirse grandes cantidades de partículas ordinarias, algunas de las cuales viajan hasta la Tierra, donde podrían ser detectadas.

El reto es deducir, a partir de la detección de esas partículas ordinarias, la existencia y propiedades de las partículas X de materia oscura que las originaron. Naturalmente, este proceso de aniquilación de la materia oscura es más fácil que se produzca en zonas donde la densidad de partículas X es mayor. En ese sentido, la región más propicia es el centro de la Vía Láctea, pero también son interesantes el resto del halo galáctico, las galaxias-satélite enanas que hay alrededor de la Vía Láctea y las galaxias vecinas, como Andrómeda. Otro lugar a considerar es el centro del Sol, donde se ha podido acumular con el tiempo una cierta cantidad de partículas de materia oscura que han caído en su campo gravitatorio. En la aniquilación de la materia oscura es probable que se produzcan partículas ordinarias de muy diversos tipos, aunque las que no son estables (por ejemplo los muones) se desintegran rápidamente. Al final lo que se genera es un flujo de partículas ordinarias estables: fotones, neutrinos, protones y electrones, además de sus antipartículas, antiprotones y positrones. Sin embargo, las partículas ordinarias con carga eléctrica (protones, electrones etc.) tienen un problema. La Vía Láctea posee intensos campos magnéticos que tuercen las trayectorias de estas partículas mientras viajan en su seno. El efecto es que, cuando algunas de ellas impactan en la Tierra es imposible saber de qué lugar proceden. Aun así, el flujo global de electrones, protones, positrones y antiprotones es objeto de investigación, ya que puede dar pistas importantes sobre la actividad de la materia oscura. Estos estudios se llevan a cabo con detectores instalados en satélites, como los llamados FERMI o AMS.

Por otro lado, los fotones y los neutrinos, al no tener carga eléctrica, viajan en línea recta desde el lugar de su producción hasta la Tierra, por lo que son de gran interés. Los fotones son detectados por telescopios de rayos gamma instalados en satélites o en tierra. La detección de neutrinos es difícil, dada su escasísima interacción. Los «telescopios de neutrinos» tienen normalmente un gran tamaño y, al igual que los experimentos de detección directa de materia oscura, se emplazan en lugares subterráneos, protegidos de los rayos cósmicos. Algunos de los más gigantescos utilizan como material de detección grandes cantidades de agua del mar o de hielo del polo Sur (sin producir ninguna alteración en ellos).

Los experimentos de detección indirecta están dando resultados muy interesantes, y periódicamente se encuentran y anuncian señales que potencialmente podrían provenir de la aniquilación de materia oscura. Sin embargo, la interpretación de estas «señales» es delicada, ya que hay fuentes importantes de incertidumbre. Por ejemplo, el centro de la galaxia (el lugar más favorable para la producción de estas señales) es una región con enorme actividad de tipo astrofísico, aún no bien entendida, y que podría producir señales parecidas a las de la aniquilación de la materia oscura. Este «ruido astrofísico» afecta también a la interpretación de las señales provenientes de otras zonas de la galaxia. Se trata de un área de investigación de gran actividad, tanto teórica como observacional.

La producción de materia oscura

La tercera gran estrategia para detectar materia oscura es producirla artificialmente, utilizando para ello colisiones muy energéticas de partículas ordinarias. Aunque la interacción de la materia oscura con la ordinaria es muy pequeña, existe una probabilidad, quizá no despreciable, de que al chocar dos partículas ordinarias se generen partículas X de materia oscura. Si esas colisiones se producen de forma copiosa, como sucede en un acelerador/colisionador de partículas, podemos aspirar a observar la producción de materia oscura en alguna de ellas. Esto está ilustrado en la figura 5, en la que la colisión de dos protones da lugar a una partícula y una antipartícula de materia oscura.

Este tipo de colisiones son precisamente las que tienen lugar en el LHC, el gran colisionador de protones (el más grande y potente del mundo) instalado en el CERN. Una parte importantísima del programa científico del LHC es la búsqueda de partículas no ordinarias. Como vimos en apartados anteriores, existen razones poderosas para pensar que el modelo estándar, a pesar de ser tan exitoso, no es completo; de forma que podemos esperar encontrar nueva física y nuevas partículas en las colisiones producidas en el LHC. De momento no se ha encontrado ninguna señal de este tipo, pero el LHC es un experimento en marcha,

FIG. 5

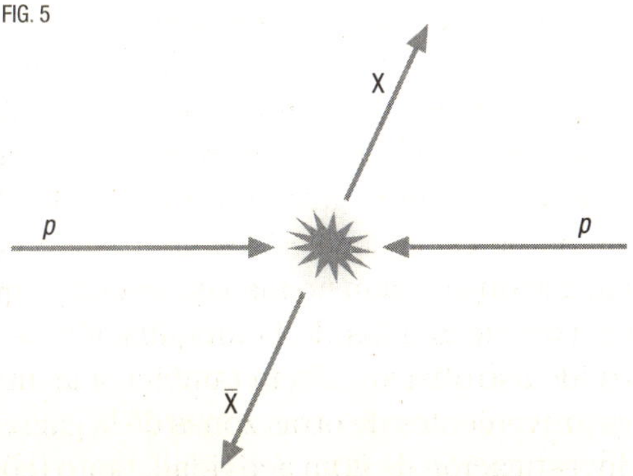

Una alternativa para descubrir la materia oscura es producirla artificialmente. Si las interacciones de la materia oscura con la ordinaria no son demasiado débiles, la colisión muy energética de dos partículas ordinarias, por ejemplo dos protones (*p*), podría producir pares partícula-antipartícula de materia oscura (X).

así que en los próximos años podemos esperar noticias en este sentido, que naturalmente tendrían una relevancia histórica, como la tuvo en 2012 el descubrimiento del bosón de Higgs. Por supuesto, la sola producción de nuevas partículas (por ejemplo neutralinos) no probaría que son los constituyentes de la materia oscura, pero si su masa e interacción con la materia ordinaria están en el rango adecuado para jugar ese papel, esto sería una indicación muy fuerte a su favor. Los experimentos en el LHC han sido ya muy eficaces para restringir el rango posible para la masa y las interacciones de la partícula X de materia oscura. En este sentido desempeñan una labor complementaria a los experimentos de detección directa.

Como reflexión final de este capítulo, podemos referir la anécdota de que en una conferencia de física teórica, una encuesta entre los científicos participantes arrojó el resultado de que «lo más probable» es que la partícula X de materia oscura sea un axión o un neutralino. Pero, por supuesto, nadie sostiene que esa encuesta tenga ningún rigor científico. Solo la naturaleza tiene autoridad para decidir cuál es la partícula que constituye la materia oscura, y solo nos lo comunicará a través de la observación experimental. La búsqueda debe continuar...

La energía oscura y el destino del universo

La energía oscura es una extraña forma de energía que llena de manera uniforme todo el universo. No conocemos su origen ni el por qué de su magnitud. Pero la energía oscura no es solo misteriosa, también es problemática, en el sentido de que es muy difícil acomodarla de forma natural dentro de los esquemas actuales de la física moderna. Esto significa que cuando comprendamos su misterio, seguramente aprenderemos algo nuevo y profundo sobre la naturaleza. En cualquier caso, la energía oscura no es solo una curiosidad enigmática; es el ingrediente que marcará el destino del universo.

Recordemos que la teoría de la relatividad general predice que el universo ha de pasar necesariamente por una fase de expansión, como efectivamente se observa en la realidad. Profundicemos un poco en las características de dicha expansión. Lo que hay que imaginarse es que es el propio espacio el que se estira, por igual en todas las direcciones, de forma que las galaxias «insertadas» en él se separan progresivamente. Es lo que se llama una *expansión homogénea e isótropa*. Su característica más importante es que no hay ninguna galaxia «privilegiada»: desde cualquiera de ellas la expansión se percibe de la misma forma. Esto está ilustrado en la figura 1, en la que vemos tres planos que representan una misma «rebanada» del universo en tres momentos diferentes. Cada punto negro simboliza una galaxia.

El estiramiento del espacio ha hecho que las galaxias se alejen unas de otras. Si nos situamos mentalmente en *cualquiera* de los puntos, veremos que los de alrededor se alejan de nosotros. Y también observaremos que los puntos más distantes se alejan a más velocidad, ya que en el mismo lapso de tiempo se han alejado una distancia mayor. Esta es la llamada *ley de Hubble*: la velocidad de alejamiento de cualquier objeto cósmico lejano es proporcional a la distancia que nos separa de él. Esta ley es el signo distintivo de una expansión homogénea e isótropa. Y, efectivamente, las galaxias parecen alejarse de acuerdo con la ley de Hubble. Concretamente se observa que la velocidad de alejamiento de una galaxia aumenta en unos 20 km/s por cada millón de años-luz de distanciamiento (por ejemplo, una galaxia situada a 2 000 millones de años-luz se aleja de nosotros a unos 40 000 km/s). Esta constante de proporcionalidad entre distancia y velocidad de alejamiento es la que nos indica el ritmo de expansión del universo.

Ahora hagámonos la siguiente pregunta. El ritmo de expansión del universo ¿cambia con el tiempo? Y más concretamente: ¿en el futuro, el universo continuará expandiéndose al mismo ritmo?

Desde el punto de vista teórico, la pregunta puede responderse a partir de la ecuación principal de la teoría de la relatividad general (ecuación [2], en la pág. 300), que es la que describe cómo evoluciona el espacio y el tiempo en un sistema físico. Recordemos que, según esa ecuación, la geometría del espacio-tiempo (y, por tanto, la forma espacial del universo y su evolución temporal) está *determinada* por la materia y la energía que contiene. Pues bien, la ecuación predice que para un universo lleno de radiación y materia (da lo mismo que sea ordinaria u oscura), el ritmo de expansión debe *ralentizarse* con el tiempo. (No estamos considerando todavía la posibilidad de que el universo contenga también energía oscura.) Esto es bastante intuitivo. Las galaxias se alejan unas de otras por efecto de la explosión inicial, pero su atracción gravitatoria hace que la expansión se frene, igual que una piedra lanzada hacia arriba es frenada por la

FIG. 1

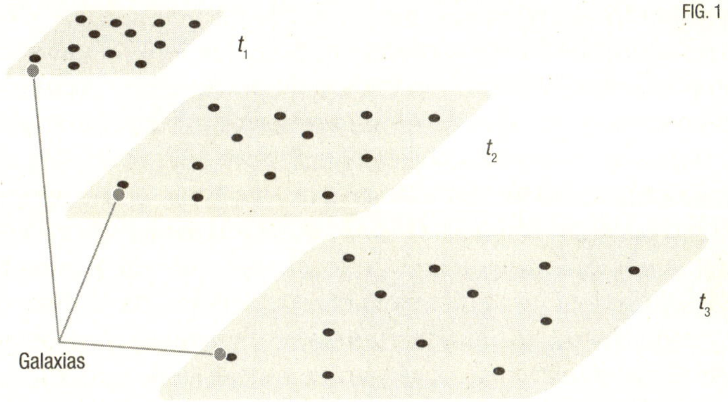

La figura muestra esquemáticamente una misma porción del universo en tres momentos sucesivos. Dado que el universo experimenta una expansión homogénea e isótropa, no hay ningún punto privilegiado. Desde cualquier galaxia, un observador percibiría que el resto de las galaxias se alejan de manera semejante.

atracción gravitatoria. De hecho, si la cantidad de materia fuera suficiente, la atracción gravitatoria sería tan grande que llegaría un momento en que el proceso se inviertiría, y las galaxias retrocederían sobre sí mismas, como le sucedía a nuestra piedra anterior. Nuevamente todo depende de si la densidad del universo, ρ, es menor o mayor que la densidad crítica, ρ_c (recordemos que ρ_c es aproximadamente un miligramo por cada billón de kilómetros cúbicos). Si fuera menor o igual, $\rho \leq \rho_c$, entonces el universo continuaría eternamente su expansión, si bien cada vez más ralentizada. Si fuera mayor, $\rho > \rho_c$, llegaría un momento en que el espacio dejaría de estirarse y empezaría a contraerse: las galaxias se acercarían unas a otras y todo acabaría en una gran implosión o «Big Crunch», que marcaría el instante final del universo. Estas dos posibilidades están ilustradas por las dos líneas de puntos de la figura 2.

Para comprender bien la figura notemos que hoy en día conocemos la distancia entre las galaxias y el ritmo de expansión. Por tanto, las dos curvas, que representan las dos posibilidades, deben coincidir en el momento actual (marcado como «Hoy» en la figura); y también debe coincidir su pendiente, que refleja el ritmo de expansión que observamos hoy en día. Sin embargo, si $\rho > \rho_c$, el ritmo de expansión en el pasado tuvo que ser mayor que si $\rho \leq \rho_c$, como se aprecia en la figura. Esto hace que cuando vamos mentalmente hacia atrás en el tiempo (nos movemos hacia la izquierda en el gráfico), llegamos más rápido al Big Bang (punto en el que la curva corta el eje horizontal) para el caso $\rho > \rho_c$ que para el caso $\rho \leq \rho_c$. En otras palabras, si $\rho > \rho_c$, el Big Bang tuvo que ocurrir hace menos tiempo que si $\rho \leq \rho_c$. Esta discusión nos será útil más adelante.

¿Y cuál de las dos posibilidades es la que tiene lugar en nuestro universo real? Lo curioso es que, tal como discutimos en un capítulo precedente, la densidad promedio del universo resulta ser aproximadamente igual a la crítica. Dadas las imprecisiones observacionales, no es posible decidir si es un poquito más grande, un poquito más pequeña o exactamente igual. Entonces... ¿seguimos sin saber el destino del universo? Recordemos que en este análisis teórico hemos supuesto que el universo contiene solo materia y radiación, tal como se creyó hasta 1998. Pero, como veremos enseguida, la presencia de la energía oscura lo cambia todo.

Consideremos ahora el punto de vista observacional. Naturalmente no podemos observar el futuro para comprobar si la expansión continuará eternamente o se producirá un Big Crunch. Pero sí es posible estudiar cómo ha evolucionado el ritmo de expansión desde la primera época del universo hasta ahora mismo. Para ello hay que recordar que cuando miramos un objeto lejano, no lo vemos como es ahora mismo, sino como era cuando emitió la luz que ahora nos llega. Por consiguiente, midiendo las velocidades de alejamiento de objetos situados a diferentes distancias, es posible deducir cómo era el ritmo de expansión del universo en distintas épocas. Pero para esta tarea es necesario determinar la distancia a la que está el objeto y su velocidad de alejamiento por métodos independientes. La velocidad de alejamiento de un objeto por sí sola no nos dice nada sobre el ritmo de expansión del universo, ya que siempre habrá objetos suficientemente distantes para alejarse a cualquier

FIG. 2

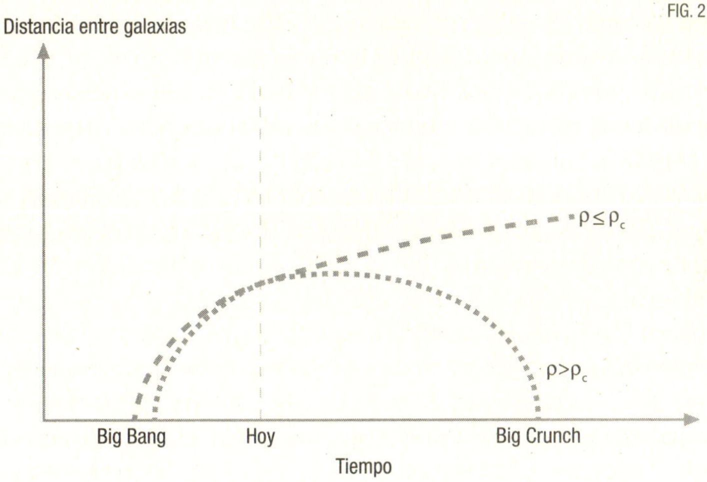

La gráfica ilustra el ritmo de expansión del universo a lo largo del tiempo, dependiendo de la cantidad de materia que contenga, y suponiendo que no hay energía oscura. Si la densidad de materia es menor o igual que la densidad crítica ($\rho \leq \rho_c$), continuará su expansión de manera perpetua, aunque cada vez más ralentizada. En el caso contrario ($\rho > \rho_c$), llegará un momento en que la expansión se detendrá y el universo comenzará a contraerse, terminando su existencia en una gran implosión o Big Crunch.

velocidad que imaginemos. Para determinar realmente el ritmo de expansión cósmica hemos de calcular la proporcionalidad entre la velocidad de alejamiento del objeto y la distancia a la que se encuentra, para lo cual necesitamos algún método para medir esa distancia. Una forma de conseguirlo es comparar la luminosidad aparente del objeto con la real. Imaginemos unos pescadores que, en una noche oscura, no saben a que distancia se encuentran de la costa (¡suponemos que su sistema GPS se ha estropeado!). Sin embargo, divisan la luz familiar de un faro. Comparando el brillo aparente del faro con el brillo real del mismo, podrían deducir con precisión a qué distancia se encuentran de él (cuanto menos brillo aparente, mayor será la distancia). Pero para ello necesitan conocer bien el faro, saber cuál es su luminosidad real. Análogamente, para nuestra tarea de determinar la distancia de objetos lejanos, necesitamos «faros» en el universo, cuyo brillo real conozcamos. Comparando el brillo aparente con el real podremos determinar la distancia a la que se encuentran, como hacían nuestros pescadores.

En este sentido unos faros excelentes son las llamadas *supernovas* del tipo I*a*. Las supernovas son estrellas en explosión, y las de este tipo son especialmente útiles porque producen siempre, con gran regularidad, el mismo brillo real. Así que, cuando vemos una supernova del tipo I*a*, midiendo su brillo aparente podremos deducir la distancia a la que se encuentra. Otra ventaja de estas supernovas es que son muy brillantes (¡tanto como la galaxia entera que las acoge, o incluso bastante más!), por lo que pueden ser observadas a distancias cósmicas. Por otro lado, su velocidad de alejamiento puede ser calculada de la forma usual, gracias al desplazamiento al rojo de la luz que emiten. Una vez determinadas las lejanías y velocidades de distintas supernovas, se puede evaluar el ritmo de expansión del universo en épocas diferentes. La desventaja es que las supernovas I*a* no son frecuentes. En una galaxia típica, como la Vía Láctea, puede aparecer una supernova cada cien años. Una vez producida la explosión, el intensísimo brillo dura unas pocas semanas antes de extinguirse. Naturalmente, en la práctica no se puede centrar la observación en una galaxia lejana y esperar cien años a que se produzca la deseada supernova. Lo que hay que hacer es mirar muchas galaxias (miles de ellas) a la vez.

Ese fue el objetivo de dos proyectos científicos de la década de 1990: el High-z Supernova Search Team y el Supernova Cosmology Project. Observando del orden de un millón de galaxias por noche, estos equipos de investigadores descubrieron muchas supernovas del tipo I*a* a diferentes distancias. Comparando esas distancias con las correspondientes velocidades de alejamiento, los dos proyectos fueron capaces de calcular cómo había variado el ritmo de expansión del universo desde épocas remotas hasta ahora. Es interesante destacar que ambos grupos de investigadores se habían propuesto medir la *ralentización* de la expansión, ya que se daba por hecho que el universo estaba frenando su ritmo de expansión. Pero lo que encontraron no fue eso... ¡sino que la expansión estaba acelerándose! Como pequeña digresión, mencionemos que desde círculos intelectuales críticos con la objetividad de la ciencia se hacen a veces afirmaciones del tipo «los científicos encuentran solo aquello que buscan» o «los científicos interpretan los resultados experimentales de forma que confirmen sus prejuicios teóricos». Por supuesto, los científicos no son perfectos y están sujetos a prejuicios, como todos los humanos. Pero es indudable que el método científico es un gran antídoto contra los prejuicios. Hay muchos ejemplos en los que los científicos encontraron justo lo contrario de lo que buscaban, y, aunque en algunos casos se resistieron a aceptar sus propios resultados, al final los hechos objetivos terminaron por imponerse. Un factor que contribuye decisivamente a este proceso es que los experimentos u observaciones han de poder ser reproducidos por otros grupos científicos, proporcionando así una verificación cruzada de los resultados. Volviendo a nuestro caso, los dos grupos competidores observaron de manera independiente el mismo hecho sorprendente: la expansión del universo está acelerándose, un proceso que comenzó hace unos 4 000 millones de años. Los dos grupos presentaron sus resultados en 1998, y desde entonces han sido repetidamente confirmados por otros equipos. En 2011 los físicos estadounidenses Saul Perlmutter, Brian Schmidt y Adam Riess, líderes científicos de los dos proyectos pioneros, recibieron el premio Nobel de física por esta contribución sobresaliente.

Naturalmente, si el universo está acelerando su expansión, «algo falla» en el razonamiento teórico inicial, basado en las ecuaciones de la relatividad general, que predecían que la expansión debería frenarse. ¿Es que están mal las ecuaciones de Einstein?

INTERPRETACIÓN TEÓRICA: LA ENERGÍA OSCURA

Ya hemos explicado que Einstein modificó la forma original de sus ecuaciones, añadiendo un término a las mismas (el llamado término de la «constante cosmológica») para que pudieran acomodar un universo estático; modificación de la que luego se arrepintió, cuando se observó que el universo no era estático sino que se expandía. Lo asombroso es que aquella denostada constante cosmológica (en una versión algo diferente de la imaginada por Einstein) es capaz de explicar por qué el universo se expande aceleradamente. Vamos a profundizar un poco en esta idea.

En la pág. 300 escribimos la ecuación principal de la relatividad general. La ecuación modificada con el término de la constante cosmológica tiene el aspecto siguiente:

$$R^{\mu\nu} - \frac{1}{2} g^{\mu\nu} R = T^{\mu\nu} + \Lambda\, g^{\mu\nu} \qquad [5]$$

Nuevamente, no vamos a precisar el significado de los símbolos de esta ecuación, pero el lector observará que en el miembro de la derecha se ha introducido un término adicional, $\Lambda g^{\mu\nu}$. Λ es la llamada *constante cosmológica.* Una interpretación de Λ es que constituye una contribución a la cantidad $T^{\mu\nu}$, que aparece también en el miembro de la derecha. $T^{\mu\nu}$ es el llamado *tensor energía-momento*, y representa la materia y la energía del universo. Así que Λ puede interpretarse como una contribución *constante* a la densidad de energía del universo. Su significado físico es el de una energía que se extiende de manera uniforme por todo el universo, incluso por los espacios aparentemente vacíos. Dado que no conocemos su origen, y ni siquiera si es exactamente constante, actualmente se prefiere la denominación *energía oscura* para referirse a esta misteriosa Λ.

¿Cuál es el efecto físico de la energía oscura, Λ? Al resolver la ecuación [5], resulta que el universo sigue sufriendo una fase de expansión (como efectivamente se observa), pero ahora ¡la expansión se acelera con el tiempo! (también como se observa). Esto sucede porque Λ produce una *repulsión* gravitatoria, idea que ciertamente choca con nuestra intuición habitual de que la gravedad es siempre una fuerza atractiva. Aquí hay que pensar que las ecuaciones de la relatividad general implican que las fuerzas gravitatorias no solo están originadas por la materia y la energía, sino también por la *presión* que esta materia y energía

FIG. 3

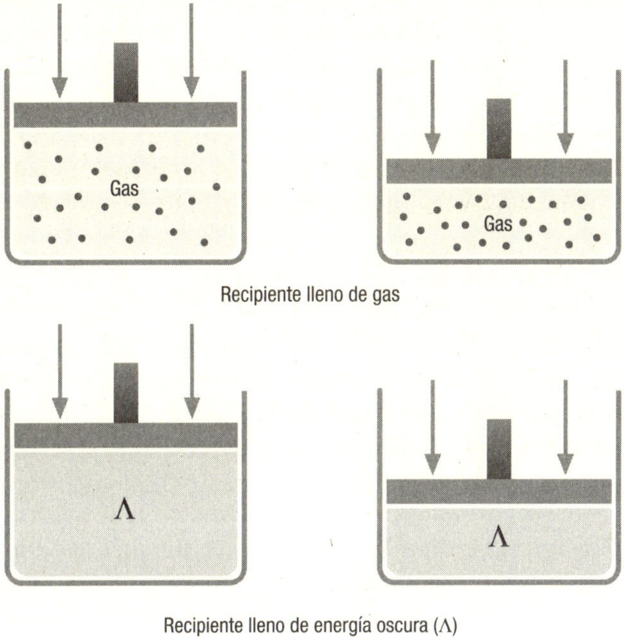

Cuando comprimimos un gas, este almacena la energía que hemos empleado para presionarlo, y que por tanto aumenta. Si pudiéramos hacer lo mismo con la energía oscura, veríamos que su energía disminuye, ya que es proporcional al volumen que ocupa. Se dice que la presión del gas es positiva, mientras que la de la energía oscura es negativa.

ejercen, lo que supone una modificación conceptual importante con respecto a la ley de gravitación de Newton. Y sucede que si la presión es negativa, da lugar a una fuerza repulsiva. Esto está muy bien, pero... ¿qué es una presión negativa?

Para entenderlo consideremos los dos recipientes de la figura 3, ambos tapados por un émbolo móvil. El primer recipiente contiene gas, y el segundo, energía oscura. Naturalmente la energía oscura del universo se extiende por todos los espacios, y no podemos confinarla en un recipiente, así que esta es una situación ficticia, pero útil para ilustrar la idea. La presión que ejerce el gas es presión positiva, que no es más que la presión ordinaria. Su característica es que si empujamos el émbolo para disminuir el volumen del gas, nos costará un esfuerzo. Eso significa que el gas, confinado ahora en un espacio más pequeño, almacena una mayor energía (la que le hemos comunicado al presionar el émbolo). Consideremos ahora el recipiente lleno de energía oscura. Ya que la densidad de energía oscura es, por definición, invariable, la energía almacenada en el recipiente es simplemente proporcional al volumen que ocupa. Si bajamos el émbolo, su volumen disminuye, y por tanto la energía almacenada disminuye; justo lo contrario de lo que le sucedía al gas. Este tipo de comportamiento es lo que se llama presión negativa. Y es esta presión negativa la que conduce a una repulsión gravitatoria. Así es como la energía oscura puede explicar la expansión acelerada que se observa en el universo.

Por supuesto, otra posibilidad es que las ecuaciones de Einstein requieran una modificación más radical que la sola incorporación del término de la energía oscura. De hecho, muchos físicos teóricos han considerado y trabajan en esa idea; pero hasta ahora las observaciones de la expansión cósmica acelerada se ajustan perfectamente a la explicación sencilla proporcionada por la hipótesis de la energía oscura.

Desde un punto de vista más cuantitativo, la expansión acelerada del universo, puesta de manifiesto por las supernovas, requiere para su explicación una cantidad de energía oscura que supone, aproximadamente, el 68% de la densidad crítica, ρ_c. Como ya hemos dicho, el análisis del espectro sonoro de la radiación de fondo indica que la densidad total del universo se aproxima mucho a la densidad crítica, ρ_c. Dado que la materia ordinaria supone el 5% de ρ_c y la materia oscura, el 27% de ρ_c, vemos que la energía oscura encaja perfectamente con el 68% que faltaba para completar la densidad total del universo. Hay que decir que, históricamente, la primera señal de que en el universo había un gran componente de energía oscura surgió del estudio de las supernovas. Las indicaciones complementarias a partir de la radiación de fondo fueron encontradas con posterioridad, y sin duda han supuesto un respaldo muy importante a la interpretación de la expansión acelerada del universo como una consecuencia de la energía oscura.

La energía oscura parece estar efectivamente ahí, siendo el ingrediente más importante del universo actual... y también el que marcará su destino.

EL DESTINO DEL UNIVERSO

El descubrimiento de la energía oscura obliga a reconsiderar la cuestión que planteábamos hace unas páginas: ¿Cómo será el ritmo de expansión del universo en el futuro? Acabamos de ver que la energía oscura ha producido una aceleración de la expansión en los últimos miles de millones de años. La ecuación principal de la relatividad general predice que esa aceleración proseguirá en el futuro, eternamente, y ello independientemente de cuál sea la densidad exacta de materia (ordinaria y oscura) y radiación. La energía oscura domina ya el contenido del universo y marca el ritmo de su expansión, y lo hará cada vez más en el futuro, ya que su densidad permanece constante, mientras que la densidad de materia y radiación se va diluyendo a medida que el universo crece. Por ello, ¡la existencia de la energía oscura hace que podamos predecir con solvencia el futuro del universo! Esto está

FIG. 4

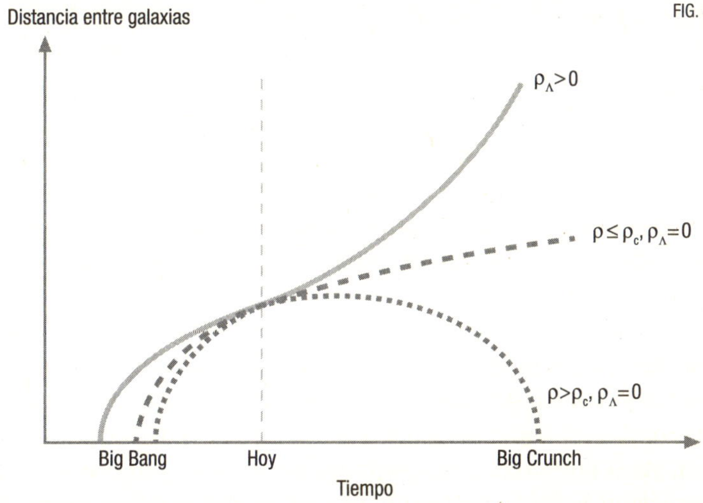

Cuando hay energía oscura presente ($\rho_\Lambda > 0$), llega un momento en que esta domina el universo, el cual comienza a expandirse de forma cada vez más rápida (línea continua). Esto contrasta con la evolución del universo si no hay energía oscura, en cuyo caso la expansión se ralentiza o incluso se invierte (líneas de puntos).

ilustrado en la figura 4, que es idéntica a la figura 2, pero con una línea adicional (la línea continua), que representa la evolución del universo cuando contiene una cierta densidad de energía oscura, llamada ρ_Λ en la figura.

Podemos observar que en el futuro la expansión continuará a un ritmo cada vez mayor. La evolución descrita por las líneas de puntos sería la real si no hubiera densidad de energía oscura, de ahí la leyenda $\rho_\Lambda = 0$ para esas líneas. Sin embargo, las observaciones indican que la energía oscura está realmente ahí, con $\rho_\Lambda > 0$. Por cierto, a la vista de la figura 4 está claro que si el universo contiene energía oscura (línea continua), el tiempo transcurrido entre el Big Bang (momento en el que la distancia entre galaxias es cero) y el momento actual es mayor que si no la hubiera (líneas de puntos). Si hay energía oscura, el cálculo indica que la edad del universo es de unos 13 800 millones de años. Si no la hay, el cálculo indica que la edad del universo es inferior a 12 000 millones de años. Esto es interesante por lo siguiente. La edad del universo ha de ser mayor, lógicamente, que la de cualquier objeto que contenga. En particular, ha de ser mayor que la edad de las estrellas más viejas conocidas, que son las estrellas de los llamados cúmulos globulares (pequeñas aglomeraciones esféricas de estrellas en la periferia de la Vía Láctea). Esas estrellas tienen más de 12 000 millones de años, por lo que si *no* hubiera energía oscura serían más antiguas que el propio universo, una situación inverosímil. ¡Otro argumento más a favor de la energía oscura!

Es importante recordar que, para llegar a la conclusión de que el universo continuará eternamente su expansión acelerada, hemos asumido que la densidad de energía oscura es efectivamente *constante*. Hasta ahora todo indica que lo es, pero podría ser que no lo fuera exactamente. Por ejemplo, podría ser que la energía oscura estuviera disminuyendo de forma imperceptible, y que en un futuro lejano llegara a extinguirse. Al fin y al cabo, no conocemos el origen de la energía oscura y no podemos descartar esta posibilidad. En ese caso terminaríamos por volver a la situación descrita por las líneas de puntos en la figura 4.

Sin olvidar esta última precaución, discutamos ahora cómo será el futuro del universo si, en efecto, la densidad de ener-

El futuro ya no es lo que era.

Paul Valéry

gía oscura no cambia con el tiempo, como parecen indicar los datos. Las galaxias continuarán alejándose unas de otras, a un ritmo cada vez mayor. Desde nuestra galaxia, la Vía Láctea, veremos como se alejan todas las galaxias distantes a una velocidad creciente, hasta que llegue un momento que superen la velocidad de la luz. Esto puede parecer contradictorio con la teoría de la relatividad, que nos dice que la velocidad de la luz es la máxima posible, pero realmente no hay contradicción. Lo que dice la teoría de la relatividad es que no se pueden enviar viajeros o señales a velocidades mayores que la de la luz de un sistema físico a otro. Por ejemplo, no podemos viajar de una galaxia a otra a una velocidad mayor que la de la luz. Pero en el caso de la expansión acelerada, lo que en rigor está pasando es que se está *creando espacio* entre las galaxias a un ritmo creciente. Esto hace que, de manera efectiva, las galaxias distantes se alejen de nosotros a velocidades superlumínicas, pero nunca podríamos «montarnos en una de ellas» para viajar de una galaxia a otra, ya que todas se están distanciando unas de otras. Por tanto, todo es perfectamente consistente con la teoría de la relatividad. Una vez que su velocidad de alejamiento efectiva supera la de la luz, las galaxias dejan de ser visibles. La razón es que la luz que emiten viaja hacia nosotros, pero el espacio que hay en medio se está estirando a una velocidad aún mayor, de forma que la luz nunca nos alcanza. Es como un caracol tratando de alcanzar una hoja de lechuga: si ambos están colocados sobre una superficie de goma que se está estirando, el caracol nunca la alcanzará; de hecho cada vez estará más lejos de ella. Del mismo modo, la luz emitida por esas galaxias distantes nunca nos alcanzará, por lo que se volverán invisibles a todos los efectos. En la terminología relativista se dice que «habrán salido de nuestro horizonte». Solo las galaxias cercanas, pertenecientes a nuestro grupo local, permanecerán visibles, ya que están ligadas a nosotros por la atracción gravitatoria.

Dentro de unos 100 000 millones de años la situación será más o menos la siguiente. El Sol, después de pasar por una etapa de gigante roja (que habrá aniquilado la vida en la Tierra y quizá el propio planeta), se habrá convertido en una enana blanca extraordinariamente pálida, camino de convertirse en una enana negra e incapaz de albergar planetas con vida. La Vía Láctea también habrá cambiado de aspecto, puesto que habrá sufrido procesos de colisión y fusión con las galaxias vecinas. Muchas de sus estrellas actuales se habrán apagado, siguiendo un proceso parecido al del Sol. Sin embargo, habrán nacido muchas estrellas nuevas, y una parte de ellas aún brillará. Es razonable pensar que en algunos planetas asociados a esas estrellas habrán surgido civilizaciones inteligentes. ¿Y qué verán a su alrededor esos seres inteligentes? Absolutamente nada. Con excepción de las estrellas y galaxias vecinas, verán un vacío sepulcral en el inmenso universo que les rodeará. No solo no verán las galaxias distantes, sino que no recibirán absolutamente ninguna información del exterior de la galaxia. Por ejemplo, la radiación de fondo actual se habrá enfriado de tal manera que será totalmente invisible. Realmente, será difícil para ellos deducir a partir de sus observaciones que el universo se está expandiendo. Nosotros lo sabemos gracias a que vemos como las galaxias distantes se alejan de nosotros, siguiendo la ley de Hubble, y también gracias a la radiación de fondo, que es un testimonio luminoso de la gran explosión. Ellos no verán nada de todo eso. ¡Para ellos será mucho más difícil que para nosotros investigar el origen y la estructura del universo!

En épocas aún más futuras, todas las estrellas se apagarán, toda vida se extinguirá, y el universo seguirá expandiéndose eternamente, esparciendo los cadáveres helados de estrellas y planetas. ¡No cabe duda de que vivimos en una época privilegiada!

LOS MISTERIOS DE LA ENERGÍA OSCURA

La existencia de la energía oscura suscita preguntas profundas, aún sin respuesta: ¿cuál es el origen de esa densidad de energía que llena el universo?; ¿por qué tiene el valor que tiene? De hecho, el misterio de la energía oscura va incluso más allá de estas preguntas. Para entenderlo, conviene que nos situemos mentalmente en los años anteriores a 1998, cuando prácticamente nadie había pensado en la posibilidad de que existiera una energía oscura. Lo curioso es que, incluso en aquellos años, ¡la energía oscura *ya* era un misterio! Veamos por qué.

Posiblemente, cuando hemos descrito las características de la energía oscura, es decir «una densidad de energía constante, que se extiende uniformemente por todo el universo, incluso por los espacios aparentemente vacíos», el lector haya recordado la definición del campo de Higgs que hicimos en el capítulo anterior usando términos muy parecidos. En aquel caso era el campo de Higgs el que se extendía uniformemente por todo el espacio (la interacción de las partículas elementales con dicho campo es lo que les confiere masa a estas). Efectivamente, la energía oscura y el campo de Higgs son conceptos tan similares que resulta tentador identificarlos: ¿No podría ser el campo de Higgs el responsable de la energía oscura? Pues bien, lo cierto es que no puede; al menos no puede ser el único responsable, ya que produce una contribución a la energía oscura que es... ¡demasiado grande! (y además de signo negativo). Y no es la única contribución importante. En el contexto de la física de partículas moderna, sistematizada en el exitoso modelo estándar, sucede que hay muchas contribuciones potenciales a la energía del vacío. Según el modelo estándar, los objetos básicos de la naturaleza son los campos, y las partículas elementales surgen como las excitaciones cuánticas de ellos. Por ejemplo, los fotones son las excitaciones del campo electromagnético; los quarks, las excitaciones de los campos de quarks, etc. Y esos campos contribuyen de formas diversas (positivas y negativas) a la energía del vacío, y siempre con aportaciones gigantescas, muy superiores a la cantidad de energía oscura que realmente se observa. Esto resultaba muy chocante antes de 1998: la energía oscura parecía ser cero (aún no se había descubierto), lo que exigía una cancelación «mágica» entre todas las gigantescas contribuciones a la misma. El problema teórico, llamado en aquellos años «problema de la constante cosmológica», era tan grande que la mayoría de los físicos sospechaban que realmente la energía oscura debía ser exactamente cero. En otras palabras, se pensaba que debía existir algún motivo por el que la

DEL BIG BANG A LA EXPANSIÓN ACELERADA

EL BIG BANG

En el primer instante apareció, supuestamente, un universo minúsculo. Posiblemente, casi de inmediato, el universo entró en una época inflacionaria, durante la cual esa pequeña región espacial multiplicó su tamaño de forma exponencial en una pequeña fracción de segundo. Al terminar la inflación el universo se llenó de materia y radiación. La temperatura en aquel momento era extraordinariamente alta y fue descendiendo a medida que el universo seguía expandiéndose. Esta época inicial es la denominada genéricamente como Big Bang.

EL UNIVERSO SE ENCIENDE

La materia fue concentrándose poco a poco en torno a las zonas de más densidad; en este proceso de agrupamiento la materia oscura jugó un papel esencial. Las primeras estrellas (seguramente con sus planetas) todavía tardaron varios cientos de millones de años en formarse. En ese momento fue como si se encendieran lámparas en el universo; por eso a veces se dice que entre la recombinación y la formación de las primeras estrellas hubo una «edad oscura», si bien esta denominación no tiene nada que ver con la materia y la energía oscuras.

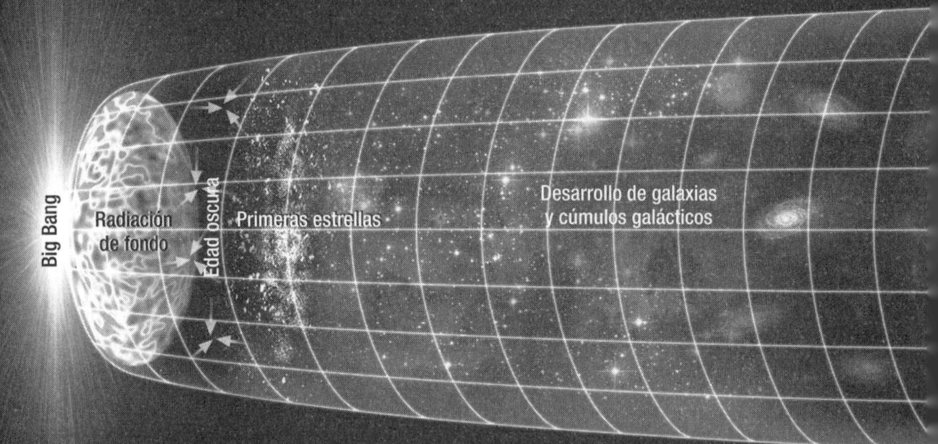

RECOMBINACIÓN Y MATERIA

Cuando el universo tenía 380 000 años los electrones fueron capturados por los núcleos atómicos, formándose los primeros átomos; fue la época de la recombinación. La luz que fue liberada en ese instante (con sus inhomogeneidades) ha seguido viajando por el espacio hasta hoy, constituyendo la radiación de fondo de microondas. Además de la materia ordinaria (la constituida por los átomos), la materia oscura estaba ya presente y de hecho era el ingrediente más importante del universo (la energía oscura era todavía irrelevante).

SE FORMAN LAS GALAXIAS

Las galaxias y cúmulos de galaxias fueron tomando forma. Hay que tener en cuenta que a medida que el universo se expandía, la densidad de materia (y de radiación) iba diluyéndose; sin embargo, la densidad de la energía oscura, por su propia naturaleza, se mantenía constante.

EXPANSIÓN ACELERADA

Si la energía oscura mantiene su presencia, como hasta ahora lo ha hecho, la expansión acelerada continuará, y llegará un momento en que los grupos de galaxias se desgajarán unos de otros hasta perder todo contacto. Las estrellas y la vida se irán apagando gradualmente.

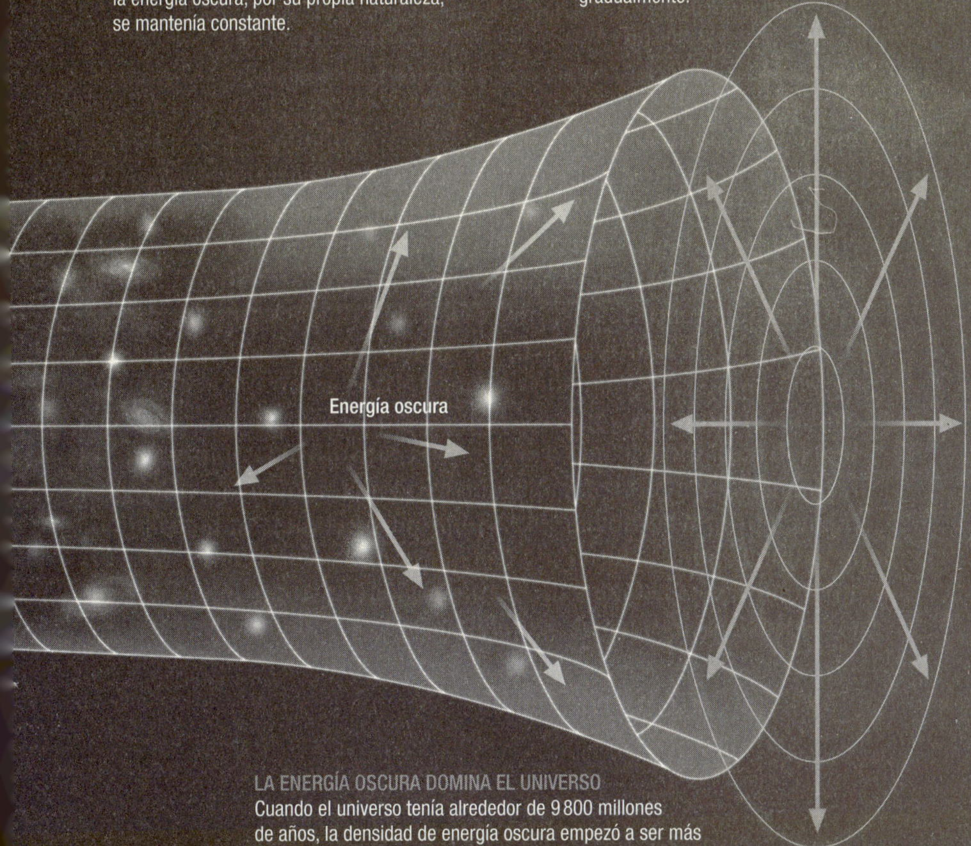

LA ENERGÍA OSCURA DOMINA EL UNIVERSO

Cuando el universo tenía alrededor de 9 800 millones de años, la densidad de energía oscura empezó a ser más grande que el resto, convirtiéndose en el principal ingrediente del universo, el cual empezó a acelerar su expansión. Esa es la época en la que estamos viviendo hoy día, cuando el universo tiene unos 13 800 millones de años de antigüedad.

gravitación no era sensible a la energía asociada al vacío. Pero eso no bastaba con decirlo, sino que requería modificar la teoría de la relatividad de alguna manera sutil para que, sin estropear todos los éxitos extraordinarios de esta, se consiguiera que, efectivamente, la gravitación no fuera sensible a la energía del vacío. Esa «modificación sutil» nunca llegó a ser formulada, a pesar de las muchas intentonas. Y justamente cuando los físicos teóricos se devanaban la cabeza para entender por qué la constante cosmológica era cero... ¡se descubre en 1998 que realmente no es cero! Lo cierto es que esto sería perfecto desde el punto de vista teórico si la cantidad de energía oscura que se observa en el universo fuera la que naturalmente parece implicar el modelo estándar. Pero, como hemos dicho antes, en realidad es muchos órdenes de magnitud más pequeña. Así que ahora la situación es aún más desconcertante que antes de 1998: no sabemos por qué la energía oscura es distinta de cero, y tampoco sabemos por qué es tan pequeña. Cuando decimos en este contexto que la energía oscura es muy pequeña, esta afirmación puede resultar sorprendente, ya que hemos insistido en que es el ingrediente principal del universo; pero esto no contradice el hecho de que, teóricamente, uno esperaría que fuese aún mucho mayor.

El problema de la energía oscura es sin duda uno de los grandes retos de la física del siglo XXI, y un tema de investigación apasionante. Parece claro que, cuando se resuelva, aprenderemos algo muy profundo acerca de la naturaleza.

Mientras muchos físicos teóricos intentan entender el porqué de la existencia y características de la energía oscura, hasta ahora con poco éxito, otros grupos de científicos tratan de conocerla mejor desde el punto de vista experimental. Además de los estudios de las supernovas, actualmente se está utilizando otro tipo de observaciones para extraer información sobre la energía oscura. Concretamente, muchos proyectos actuales y futuros se centran en la exploración de la distribución de galaxias en el universo. La idea es la siguiente. La forma en que las galaxias están distribuidas en el universo actual es heredera de las fluctuaciones originales, registradas en el mapa de la radiación de fondo (véase el recuadro «Las semillas de las galaxias», pág. 361). Recordemos que aquel mapa presentaba un granulado básico, una distancia típica en la que era más probable que un punto pasase de ser caliente (denso) a frío (poco denso). Esa distancia se correspondía con la longitud de onda fundamental del espectro sonoro del plasma primitivo, y sigue siendo visible en la distribución de galaxias actual, amplificada por la expansión del universo desde la recombinación hasta ahora. Estudiando el tamaño aparente de esta longitud a diferentes distancias, y por tanto en diferentes momentos de la historia del universo, se puede reconstruir el ritmo de la expansión cósmica, y de ahí obtener información sobre la energía oscura. Ahora mismo, el objetivo principal es determinar si la densidad de energía oscura ha sido realmente constante a lo largo de la historia del universo o ha cambiado ligeramente. Esto es muy importante, ya que puede dar claves sobre su origen físico. Por ejemplo, si la energía oscura está asociada a un campo, semejante al campo de Higgs, que llena el universo y cuyo valor evoluciona lentamente; eso debería reflejarse en el ritmo de expansión del universo. De momento, todas las observaciones son consistentes con una energía oscura perfectamente constante, pero los proyectos de observación que están en marcha podrían depararnos sorpresas.

EL PRINCIPIO ANTRÓPICO Y EL MULTIVERSO

Ahora que nos acercamos al final del libro vamos a entrar en un terreno mucho más especulativo. Hemos dicho que pocos científicos previeron la existencia de la energía oscura. Pero hay una excepción muy notable. En 1987, el físico teórico estadounidense Steven Weinberg (premio Nobel de física en 1979 por sus contribuciones a la construcción del modelo estándar) sugirió que la constante cosmológica (o sea, la densidad de energía oscura) podría ser distinta de cero. No solo eso, sino que sugirió en qué rango podría encontrarse su valor, acertando de pleno con las observaciones realizadas una década después. ¿En qué se basó Weinberg para su sorprendente y exitosa predicción?

Para entenderlo, hemos de comprender primero el concepto de *principio antrópico*. Este principio es sencillamente una verdad autoevidente: «los seres vivos solo pueden habitar en entornos físicos aptos para la vida». Es una verdad tan obvia que podría pensarse que no tiene ninguna implicación interesante. Sin embargo, el principio adquiere fuerza cuando tenemos un gran conjunto de entornos físicos con características variadas. Por ejemplo, en la Vía Láctea hay miles de millones de planetas con condiciones físicas diferentes (gravedad, temperatura, atmósfera, etc.). Seguramente, solo en una pequeña parte de ellos se dan las condiciones para la aparición de la vida. Por tanto, solo en esos planetas podrán surgir seres inteligentes, capaces de observar su entorno. Y, naturalmente, lo que observarán será un planeta con condiciones ideales para el florecimiento de la vida. Es exactamente lo que nos sucede a nosotros cuando observamos la Tierra: su atmósfera, temperatura, contenido de agua, etc. parecen diseñados a propósito para que podamos habitarla. Pero no hay ningún diseño: simplemente hay miles de millones de planetas, la mayor parte de ellos inhabitables, y una minoría aptos para la vida. Necesariamente, nosotros, por el simple hecho de estar vivos, tenemos que habitar en uno de esos raros planetas con condiciones privilegiadas. Pero si no supiéramos que ahí fuera hay una infinidad de planetas (por ejemplo, si no se hubiera inventado aún el telescopio), entonces las exquisitas condiciones de la Tierra para poder albergar la vida *sí* parecerían algo sorprendente e incluso inexplicable. Por ejemplo, si la distancia de la Tierra al Sol no fuera la que es, con bastante exactitud, no podría haber agua en estado líquido sobre la Tierra. Si la distancia fuera mayor, el agua se congelaría; si fuera menor, se evaporaría. Así que, si no supiéramos de la existencia de otros planetas, nos parecería como si «alguien» hubiese colocado la Tierra a la distancia exacta del Sol para permitir la existencia de agua líquida, la cual es indispensable para toda la vida conocida. Sin embargo, cuando pensamos que hay miles de millones de planetas, entonces ya no hay nada extraordinario en ello: una pequeña fracción de los planetas está a la distancia adecuada de su estrella para contener agua líquida. Y nosotros tenemos que estar necesariamente en uno de esos raros planetas.

Lo que sabemos es una gota de agua; lo que ignoramos es el océano.

Isaac Newton

¿Qué tiene que ver todo esto con la energía oscura? Pues que solo si la energía oscura está en un rango reducido de valores es posible el surgimiento de la vida en el universo. Si la densidad de energía oscura fuera mucho más grande, entonces el proceso de expansión acelerada habría comenzado demasiado pronto y de forma muy intensa. Esto habría provocado una dispersión de las partículas de materia, las cuales nunca se habrían juntado para formar estrellas y planetas. La vida no hubiera sido posible. Por otro lado, la energía oscura podría haber tenido un valor negativo (un concepto que aquí no podemos desarrollar). El efecto de una energía oscura negativa en las ecuaciones de Einstein es que el universo colapse (en contraste con la de signo positivo, que hace que el universo se expanda aceleradamente). Si la magnitud de esa energía oscura negativa fuera demasiado grande, el proceso de colapso se produciría antes de la formación de las estrellas y los planetas, impidiendo así el surgimiento de la vida. Según el cálculo de Weinberg (posteriormente refinado en otros trabajos), para que no se produzca ninguno de estos desastres la densidad de energía oscura, ρ_Λ, debe estar dentro de un estrecho rango: si es positiva, como mucho puede de ser 100 veces mayor que la densidad de materia (ordinaria y oscura), ρ_M; y si es negativa, como mucho 10 veces (en valor absoluto). En otras palabras, el rango aceptable para la densidad de energía oscura es: $-10\,\rho_M < \rho_\Lambda < 100\,\rho_M$. Por supuesto, la densidad real de la energía oscura está dentro de este rango. Recordemos que la energía oscura supone aproximadamente el 68% de la densidad total del universo, mientras que la densidad de materia supone el 32% (suma del 5% de materia ordinaria y el 27% de materia oscura). Así que en nuestro universo, $\rho_\Lambda = 2{,}2\,\rho_M$, que está dentro del rango anterior.

Ahora pensemos: si nuestro universo fuera el único existente, entonces el principio antrópico no explicaría en absoluto el valor de la energía oscura (igual que si la Tierra fuera el único planeta, el principio antrópico no explicaría por qué su distancia al Sol está en el rango adecuado para la vida). Sin embargo, si nuestro universo no es único, sino un elemento de un gran conjunto de «universos», separados unos de otros y con *características físicas distintas*, entonces el principio antrópico sí podría explicar el valor de la energía oscura que observamos. Recordemos que en la física moderna esperamos muchas contribuciones gigantescas —de signo positivo y negativo— a la energía oscura. Típicamente eso conduce a un valor demasiado grande (positivo o negativo) de la densidad de energía oscura, lo que significa que en la mayoría de esos hipotéticos universos la magnitud de la energía oscura será excesiva, por lo que no serán aptos para el surgimiento de la vida. Pero en una pequeña fracción de ellos se producirá una cancelación casi perfecta entre las diversas contribuciones, de forma que la energía oscura residual será pequeña y estará dentro del rango anterior: $-10\,\rho_M < \rho_\Lambda < 100\,\rho_M$. Solo en esos raros universos podrá surgir la vida, y con ella, observadores que contemplen su propio universo. Notemos que en la mayoría de esos universos privilegiados, la densidad de energía oscura será pequeña pero no exactamente cero, sino que tendrá un valor cualquiera dentro del rango aceptable para la vida. Por eso Weinberg predijo que la densidad de energía oscura sería seguramente distinta de cero, y con una magnitud no muy diferente a la densidad de materia, ¡y acertó!

Es importante tener claro que, para que el argumento antrópico funcione hace falta un gran conjunto de universos con características físicas distintas, concretamente con valores distintos de la densidad de energía oscura. Este hipotético conjunto de universos es lo que se ha venido en llamar *multiverso*. La palabra «multiverso» puede resultar equívoca. Si definimos el universo como «todo lo que hay», está claro que la noción de multiverso carece de sentido, ya que ese conjunto de «universos» constituiría el auténtico y único universo. Es una cuestión de pura terminología. Cuando se habla de multiverso, lo que se quiere indicar es que el universo podría tener regiones desligadas unas de otras, en el sentido de que no pueden verse ni influirse entre ellas. Esas regiones podrían tener características físicas distintas, concretamente distintas densidades de energía oscura. Desde el punto de vista de los pobladores de una de ellas, la región en cuestión sería todo lo que es posible observar, y por tanto constituiría «su» universo, si bien la realidad es que habría otras regiones o «universos» invisibles para ellos.

Una burbuja en el océano

¿Cómo podría llegarse a una situación de multiverso? Lo cierto es que no es tan raro. Unas páginas atrás descubrimos que en un futuro lejano, nuestro grupo de galaxias quedará totalmente desconectado del resto de galaxias, las cuales habrán salido de «nuestro horizonte», por lo que serán totalmente invisibles a todos los efectos. El universo entero se «desgajará» en regiones desconectadas unas de otras, una infinidad de universos-isla que contendrán solo un grupo de galaxias. Lo que actualmente contemplamos como un único universo se habrá transformado en un multiverso.

Existe la posibilidad de que un proceso semejante tuviera lugar al comienzo del universo, pero con una energía del vacío mucho mayor que la actual. En ese caso, el universo se habría expandido inicialmente de forma vertiginosa, multiplicando su tamaño cuatrillones de cuatrillones de veces en una fracción de segundo. Un escenario de este tipo se denomina *universo inflacionario* (por analogía con una inflación monetaria desbocada), y es una de las hipótesis más serias acerca de lo que aconteció en los primerísimos instantes del universo. La energía del vacío capaz de originar aquel hipotético proceso de inflación pudo provenir del valor inicial de un campo, semejante al campo de Higgs. La idea es que ese campo (llamado *inflatón* en la jerga de los físicos) tendría inicialmente un valor que no era el que minimizaba su energía asociada. Una situación así se denomina de *falso vacío*, ya que el campo puede durar un cierto tiempo en ese estado, pero finalmente terminará por caer a su valor natural (el que minimiza su energía). Es como una pelota en lo alto de una cúpula. Durante unos instantes puede mantenerse en la cúspide, pero después rodará hacia la base de la cúpula, donde su energía potencial es mínima. En el caso del inflatón, esos breves instantes «en lo alto de la cúpula» tuvieron consecuencias trascendentales. Fue entonces cuando se produjo el proceso de inflación primitiva, el cual pudo generar un multiverso. Al igual que sucederá algún día con nuestro universo (a un ritmo mucho más lento), durante aquella inflación vertiginosa muchas regiones del espacio quedaron desconectadas unas de otras. Después el campo cayó a su valor natural, pero podría suceder que hubiera muchos valores naturales posibles. Imaginemos, en nuestro ejemplo de la pelota, que la base de nuestra cúpula está colocada sobre un terreno desigual. La pelota rodará desde lo alto en una dirección cualquiera, pero al llegar a la base resultará que su altura final no será la misma si cae en una dirección o en otra: habrá pequeñas diferencias relacionadas con las desigualdades del terreno en la base de la cúpula. Análogamente, en nuestro universo inflacionario el inflatón caería en una dirección aleatoria, que podría ser distinta en cada región desconectada de las demás. Como consecuencia, en cada región el valor final de la energía del vacío (o sea, la energía oscura) sería diferente. De esta forma, se habría generado un multiverso como el que necesitamos para explicar el valor observado de la energía oscura.

Unos comentarios sobre el mecanismo de la inflación y el multiverso a que puede dar lugar. El modelo de universo inflacionario fue propuesto en 1981 por Alan Guth para explicar algunos aspectos intrigantes de nuestro universo. Por ejemplo, una predicción sobresaliente del universo inflacionario es que, una vez que el inflatón cae a su valor mínimo, la energía almacenada en el campo se convierte en materia y radiación convencionales. Se puede demostrar que la densidad final de materia y energía coincide con la densidad crítica, ρ_c. Esto supone un gran éxito, ya que ese es precisamente el valor que se observa. Es interesante mencionar que el modelo teórico de la inflación fue desarrollado mucho antes del descubrimiento de la energía oscura. Ahora sabemos que, curiosamente, el universo actual está experimentando un auténtico proceso inflacionario (producido por la energía oscura), solo que mucho más suave que el que supuestamente tuvo lugar en los comienzos del universo. Por último, un escenario del tipo anterior,

FIG. 5

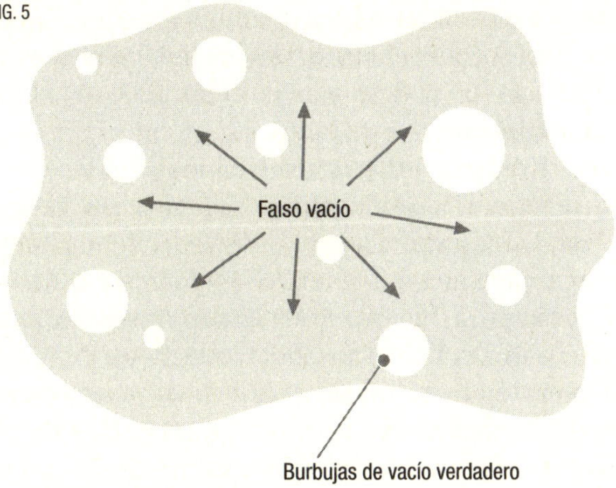

La zona sombreada representa una zona del universo durante un proceso de expansión inflacionaria eterna, que conduce a una situación de multiverso. Las burbujas de vacío verdadero que se crean continuamente son universos, desgajados unos de otros, y posiblemente con características físicas distintas.

en el que el universo se infla y tiene muchos estados finales a los que «caer» con características físicas distintas, se da naturalmente en las teorías de supercuerdas. Recordemos que estas teorías fueron construidas con un objetivo diferente, concretamente la consistencia matemática de la gravitación a nivel cuántico. Resulta muy sugerente que de forma natural puedan conducir a la generación de un multiverso. No obstante, hay que decir que este es un tema polémico dentro de la comunidad científica.

Un hecho muy interesante es que en muchos casos, el proceso inflacionario puede continuar eternamente. Esto está ilustrado en la figura 5. En ella vemos una zona del universo (sombreada) en la que el inflatón está en situación de falso vacío. Por tanto, esa zona está inflándose vertiginosamente. En algunos puntos, de forma aleatoria, se forman burbujas de vacío verdadero, en las que el inflatón adquiere un valor que minimiza su energía. Cada burbuja corresponde a un universo convencional, y el conjunto de las burbujas sería el multiverso. Estas burbujas se expanden a la velocidad de la luz, pero el espacio entre ellas crece aún más rápido, de forma que las burbujas nunca llegan a llenar todo el espacio. Sin embargo, en ese espacio intermedio se siguen generando nuevas burbujas. Nuestro universo sería simplemente una de esas burbujas que se enciende y se apaga, si bien la producción de burbujas (es decir, de universos desconectados del nuestro) continúa eternamente. Si las cosas son así, el futuro del universo global es mucho menos deprimente que el destino al que está abocado nuestro universo-burbuja particular.

La idea del principio antrópico asociada al multiverso para explicar la energía oscura es controvertida. A muchos físicos teóricos (¡incluido Weinberg!) no les gusta, porque de alguna manera supone renunciar a entender de manera profunda un aspecto sorprendente de la naturaleza. Sin embargo, guste o no guste, la idea podría ser correcta. De hecho se ha especulado que el multiverso podría proporcionar también la explicación a otros aspectos intrigantes de las leyes físicas que nos gobiernan, y que parecen «diseñados» para que la vida pueda surgir. Es importante señalar que el multiverso no es una noción mística, sino todo lo contrario: proporciona una posible explicación racional a características de la naturaleza que parecen diseñadas a propósito. En ese sentido se parece a la idea de la selección natural de Darwin: los seres vivos son tan sofisticados que parecen diseñados a propósito para realizar sus funciones. Sin embargo, ese aparente diseño es en realidad la consecuencia de muchas mutaciones aleatorias a lo largo de millones de años, de las que solo las más favorables han sido seleccionadas. En cualquier caso, no hay que olvidar que, ahora mismo, la explicación de la energía oscura basada en la noción de multiverso es solo una interesante especulación sobre la que se sigue investigando.

A lo largo de este libro hemos descrito los esfuerzos teóricos y experimentales para comprender la materia y la energía oscuras. Se ha avanzado mucho, pero seguimos sin comprender su naturaleza ni el porqué de su existencia. Estos misteriosos ingredientes del universo siguen desafiando el ingenio y la curiosidad humana, al igual que en su momento lo hicieron la estructura atómica, la naturaleza de las estrellas o el origen del universo. Y, como sucedió en aquellos casos, ese desafío representa una gran oportunidad para desvelar los secretos más íntimos de la naturaleza.

ESPACIO-TIEMPO CUÁNTICO

EN BUSCA DE UNA TEORÍA DEL TODO

Introducción

Teoría del Todo. Los físicos describen con este término simple la posibilidad de encontrar algún día una única y gran ecuación que les permita explicar todos los fenómenos de la naturaleza. Será, caso de hallarse, el Santo Grial que pondrá fin a nuestros esfuerzos por intentar comprender el universo, el descubrimiento definitivo tras el cual podremos decir que la ciencia está finalmente completa.

En cierto modo, somos afortunados. Si viviésemos en un universo de leyes cambiantes, donde nunca pudiésemos saber por dónde saldrá el Sol mañana y donde cualquier intento por descubrir patrones o reglas fuese frustrado por caprichos del azar, la ciencia no existiría. Si por el contrario nada cambiase, no tendríamos nada que explicar o predecir y tampoco existiría la ciencia. Felizmente nos encontramos en un universo intermedio en el que las cosas cambian de acuerdo a pautas que podemos desentrañar. Los objetos caen al suelo cuando los soltamos, el Sol siempre sale por la misma zona del horizonte, los gatos siempre tienen gatitos. Al abstraer las regularidades que notamos a nuestro alrededor podemos establecer reglas para describir hechos pasados y predecir sucesos futuros.

Conforme nuestras habilidades experimentales mejoran, ocasionalmente descubrimos fallos a las reglas. La naturaleza parece burlarse de nuestros esfuerzos y se niega a jugar con nuestras normas en esta o en aquella ocasión. La sorpresa invade entonces nuestra mente, igual que sucede al niño pequeño que pulsa el interruptor esperando que la luz se encienda. ¿Qué ha sucedido? ¿Se ha roto la luz? Quizá papá la está arreglando, o la luz ya se ha acabado y hay que comprar más en el supermercado; o puede que haya una regla de juego nueva. De inmediato, buscamos esa regla y la ponemos a prueba, siempre bajo la suposición de que el universo no es caprichoso y sigue actuando según normas definidas. Curiosamente, en ocasiones, mediante un método de tanteo y prueba creamos leyes. Así funciona la ciencia.

Una de las constantes en la búsqueda de la verdad ha sido el impulso de intentar explicar cuantos más fenómenos posibles con cada vez menos reglas, evitando en lo posible dar un tratamiento particular a un fenómeno o proceso concreto. Esta táctica no siempre tiene éxito, pero cuando lo tiene suele convertirse en la antesala de nuevos descubrimientos. La norma de que los objetos caen al suelo cuando los soltamos se rompe con el contraejemplo de un gorrión. Enseguida nos preocupamos por estudiar este caso particular y descubrimos el mundo de los fluidos, la presión y la ecuación de Bernoulli. Ahora también el vuelo de los pájaros tiene una explicación. Hemos aprendido algo más.

Sucede, sin embargo, que nadie sabe cuántas leyes naturales existen. Las constituciones y tratados que han de regir el curso de los acontecimientos naturales se redactan pensando en el contenido y la función, no en el número de epígrafes. ¿Cómo legisla el universo? Tal vez sea una copia a gran escala de nuestro mundo caprichoso que necesita distintas leyes en distintos territorios; o por el contrario, quizá sea un todo unido y armónico, con una carta de naciones esperando en algún lugar a que nosotros la descubramos.

Surge entonces la gran pregunta: si cada vez menos leyes rigen el comportamiento de cada vez más aspectos de la naturaleza, ¿cuántas leyes necesitamos para explicarlo todo? ¿Cien? ¿Diez? ¿Quizá una sola? Averiguar si hay una única ley que lo explique todo, que nos permita hallar todas las respuestas, es uno de los enigmas más profundos a que se ha enfrentado el hombre. Los mejores pensadores han trabajado intensamente en ello durante siglos, y hasta la fecha solamente tenemos una respuesta honrada: no lo sabemos. Nadie lo sabe.

Lo cierto es que el camino hacia la unificación de la física fue siempre largo e incierto. Veremos en este libro las vueltas que ha dado desde los clásicos hasta nuestros días. La tesis aristotélica de los cuatro elementos se basó en deducciones mentales hechas al margen del comportamiento real de la naturaleza, y en ausencia de algo mejor fue aceptada durante cientos de años. Mucho después, en tiempos de la llamada Revolución científica, Galileo Galilei se dio cuenta de que no había necesidad de ángeles o dioses para dotar de explicación al movimiento de los cuerpos celestes. Empezaba el camino para descubrir que no hay leyes del cielo y leyes de la tierra, sino sencillamente leyes, una forma nueva de entender cómo funcionan las cosas en nuestro mundo.

Con la tranquilidad que da el ver los acontecimientos pasados en retrospectiva, la senda que siguieron nuestros predecesores nos parece ahora de una sencillez aplastante. Los fenómenos eléctricos y magnéticos que hoy vemos tan indisolublemente unidos no lo parecían en absoluto cuando se estudiaron por vez primera. Un día alguien descubrió que una brújula cambiaba de dirección cerca de un cable por el que circulaba la corriente eléctrica. ¡Qué experiencia tan enriquecedora hubiera sido poder disfrutar de ese momento! Cincuenta años después, a mediados del siglo XIX, dos siglos después de los grandes descubrimientos de Newton, se consiguió unir la electricidad y el magnetismo gracias a lo que ahora llamamos ecuaciones de Maxwell.

Luego vinieron tiempos fascinantes para ser físico. El electromagnetismo exigía que la velocidad de la luz fuese siempre la misma, ¿pero cómo es eso posible? La luz debería viajar más velozmente si la linterna se mueve, eso era algo de sentido común. Fue entonces cuando los nuevos físicos aprendieron una importante lección: si quieres seguir adelante, debes dejar tu sentido común a la entrada. Quizá por eso Einstein tuvo tanto éxito.

El gran maestro consiguió dejar al margen el sentido común para construir la nueva física. Luchó duramente para conseguir un mundo en el que la velocidad de la luz fuese una constante universal, y lo consiguió. Extendió sus conceptos geométricos del espacio-tiempo para explicar la gravedad más allá de Newton, y también lo consiguió. Su siguiente meta, unificar los campos gravitatorio y electromagnético, parecía un objetivo fácil de alcanzar, casi inevitable. Podemos imaginárnoslo frente a su mesa, temblando de excitación ante la posibilidad de crear por fin la gran teoría única que lo explique todo. Pobre amigo Albert. Jamás lo consiguió y murió intentándolo.

Hay que reconocer que los retos a que se enfrentaron él y sus colegas fueron colosales. Primero apareció la mecánica cuántica con sus probabilidades, sus incertidumbres y sus partículas fantasma; luego fue el turno de la relatividad, sus límites de velocidad, sus agujeros negros y su espacio-tiempo curvo. Por si no era suficiente, aparecieron las interacciones nucleares. De repente, las fuerzas a unificar pasaron de dos a cuatro. Las teorías físicas se fueron haciendo más y más complejas para acomodar un verdadero zoo de partículas y subpartículas que poblaba nuestros colisionadores. Cuerdas, simetrías, branas, rupturas espontáneas, espuma cuántica, universos multidimensionales. Mientras tanto los experimentos diseñados para descubrir los secretos del cosmos nos traen respuestas pero también nos plantean nuevas preguntas.

En la actualidad disponemos de dos grandes conjuntos de leyes para explicar todos los fenómenos del universo. Por un lado tenemos la teoría de la relatividad, por el otro la mecánica cuántica. La primera se concibió para entender por qué la luz siempre tiene la misma velocidad cualquiera que sea el estado de movimiento del observador; la segunda fue impuesta por la necesidad de explicar un conjunto de descubrimientos experimentales a los que la física clásica era incapaz de dar explicación. Ambas teorías han sido elevadas a la categoría de leyes (a pesar de que la inercia nos puede y seguimos llamándolas teorías), y forman parte imprescindible de la física.

Pero a pesar de su indudable valía, y del hecho incontestable de que reproducen gran cantidad de fenómenos naturales con un grado de precisión altísimo, las teorías de la relatividad y la cuántica adolecen de un grave problema de fondo: no son mutuamente compatibles. Como el agua y el aceite, cada una de esas dos grandes teorías resulta de gran utilidad por sí sola, pero no pueden mezclarse. Los grandes descubrimientos realizados durante el siglo XX se basaron en la suposición de que podíamos utilizar ambas teorías por separado. Cuando las necesitamos a ambas, tenemos un problema.

Como amantes caprichosas, la mecánica cuántica y la relatividad pugnan por conseguir nuestra atención exclusiva, pero el universo las necesita a las dos. ¿Por qué? Muy sencillo: porque rigen nuestras vidas conjuntamente. Por mucho que no podamos entender la combinación de sus elementos, ambas teorías se aplican en cualquier tiempo y lugar, de modo que deben coexistir les guste o no. Eso significa que algún sistema de ecuaciones aún por descubrir nos está esperando para darnos un cuadro completo del comportamiento del universo en que vivimos.

El descubrimiento de la gran teoría única será la constatación definitiva de que los hombres y mujeres que pueblan la pequeña mota azul pálido llamada Tierra pueden aspirar a comprenderlo todo. Es posible que algún día lleguemos a esa meta, pero conviene no dejarse llevar por la arrogancia. En el año 1900, un confiado lord Kelvin anunció que la física era ya un campo completo. La ciencia del nuevo siglo se ocuparía de la obtención de un nuevo decimal en las mediciones, y poco más. Kelvin tan solo vio dos pequeñas nubes oscuras: el resultado negativo del experimento de Michelson-Morley y la catástrofe ultravioleta. Muy pocos años después, esas dos nubecillas se extendieron de tal forma que dieron lugar a la teoría de la relatividad y a la mecánica cuántica.

En cierta ocasión Einstein, cuando niño, deseó saber qué se sentía viajando junto a un rayo de luz. Fue su revelación, la que le llevó de la mano y le dio aliento durante el resto de su vida. Eso le llevó a una vida de búsqueda en pos de lo que él calificó como *conocer los pensamientos de Dios*. Lo demás, decía, es accesorio. En ello siguen sus herederos intelectuales.

El hombre ha recorrido un largo camino para la comprensión del cosmos más allá de la concepción bíblica de ángeles y demonios. Ha descubierto las cuatro fuerzas fundamentales, ha explorado las fronteras de lo infinitamente pequeño y lo infinitamente lejano, ha realizado tentadores esfuerzos para unificar las leyes de la naturaleza, y en estos momentos se encuentra en la frontera de lo desconocido, listo para emprender la búsqueda de la verdad última del universo y el todo.

¿Significa eso que la ciencia nunca dejará de hacer descubrimientos nuevos? La única respuesta que podemos dar hoy a esa pregunta es: nadie lo sabe. Aún.

Bienvenidos a lo desconocido.

Las fuerzas del universo

Durante milenios, los seres humanos han intentado comprender el comportamiento del mundo que nos rodea. En un principio, la naturaleza se consideraba cruel y arbitraria, exenta de normas más allá de las relativas a comer y evitar ser comido. Tras los primeros asentamientos permanentes, llegó el auge de las ciudades y los imperios, donde una forma de vida más allá de la pura subsistencia propició que algunas personas se sentaran a reflexionar. Muy pronto, aquellos primeros científicos percibieron patrones de regularidad a su alrededor: el Sol sale todos los días por la misma zona del horizonte, las estaciones se repiten y las estrellas aparecen de forma repetida en el firmamento. Era evidente que el cosmos se regía por unas normas que los hombres no conocían.

Pero averiguar las mencionadas reglas no fue rápido ni sencillo. Las primeras que se descubrieron, limitadas a una ciencia basada en el ensayo y error, estaban ligadas a la supervivencia del grupo: si aplicas esta hierba tus heridas sanarán más rápidamente, si cocinas los alimentos estos perdurarán más tiempo, si añades hojas secas a una hoguera el fuego arderá mucho mejor. En paralelo, se descubrieron nuevos materiales para imponerse a la naturaleza, cuya importancia queda patente en los nombres con que se bautizaron algunos de los periodos prehistóricos: Edad de Piedra, del Hierro, del Bronce…

El transcurso de la historia conllevó la aparición de sociedades sedentarias cada vez más complejas, algunas de las cuales acabaron siendo grandes imperios. Pronto se hizo evidente que la agricultura estaba íntimamente ligada a los poderes del cielo y eso fue un acicate para el surgimiento de la astronomía organizada. Prácticamente todas las civilizaciones de la Antigüedad construyeron sofisticados observatorios astronómicos para medir el movimiento del Sol y de las estrellas. La motivación no era científica sino práctica: los dioses eran, de algún modo, responsables de que la lluvia cayera y las cosechas prosperasen y, para tenerlos contentos, se efectuaban sacrificios y rituales. Pero una cosa estaba clara. Hacer predicciones meteorológicas, o anunciar un eclipse que hacía desaparecer el Sol del cielo, exigía una serie de conocimientos previos.

Los sacerdotes, en un intento por explicar el comportamiento de la naturaleza (y con el objetivo no menos importante de mantener al pueblo crédulo y controlado), inventaron toda una panoplia de dioses, titanes y otros seres mitológicos a los que achacaron la causa y origen de todo lo que sucedía en los cielos y en la Tierra. Aunque ahora puede resultarnos extraño que los antiguos romanos o los egipcios tuviesen un dios para casi todo, desde la fertilidad hasta el éxito militar, en aquella época era la forma de explicación más sencilla. Los dioses y demonios equivalían a las leyes y fuerzas físicas actuales.

Con el tiempo surgió la ciencia tal y como la conocemos. Pero su desarrollo, clave en la historia del hombre, no tuvo lugar en los imperios, dotados de grandes recursos y en los que ciertos conocimientos científicos (en especial, los astronómicos) eran considerados vitales para la supervivencia de la élite dominante. Carl Sagan, en su obra *Cosmos*, aduce que el conocimiento científico prosperó por motivos políticos y sociales: en los grandes imperios, como el chino o el egipcio, las posturas demasiado conservadoras y tradicionalistas no dieron pie a la innovación. También es posible que las sociedades esclavistas diesen poca importancia al trabajo necesario para el desarrollo de la experimentación científica.

Así pues, la ciencia nació en el lugar más inesperado: en un conjunto de islas y territorios situados en la esquina oriental del mar Mediterráneo llamado colectivamente Grecia. Hacia el año 600 a.C. comenzaron a despuntar los primeros pensadores científicos, como los matemáticos Tales de Mileto, Pitágoras y Euclides, el médico Hipócrates, los filósofos Platón y Aristóteles, los físicos Arquímedes y Demócrito, o el astrónomo Tolomeo, todos ellos nombres conocidos a día de hoy. Algunas de sus hipótesis, como la de Demócrito y los átomos, fueron confirmadas al cabo de dos milenios; otras leyes antiguas fueron alteradas o finalmente descartadas. Parte de las enseñanzas de esos hombres siguen en vigor en la actualidad, y nuestros hijos continúan aprendiendo en la escuela los postulados de Euclides, el teorema de Pitágoras y el principio de Arquímedes.

Sin embargo, no había una sistematización de los conocimientos antiguos más allá de algunas ideas genéricas. Uno de los primeros hombres que compiló leyes y normas para explicar fenómenos naturales fue el ateniense Aristóteles. Su cosmología geocéntrica, que fue aceptada durante casi dos mil años, postuló la existencia de un universo dividido en dos zonas. La parte central, posteriormente llamada *mundo sublunar*, estaba compuesta por una combinación de cuatro elementos: tierra, agua, aire y fuego. Más allá se extendía el *mundo supralunar*, compuesto por un quinto elemento, al que se denominó *quintaesencia* o *éter*.

En el universo de Aristóteles, la composición de cielo y tierra era diferente y también las leyes que les concernían. El cielo estaba regido por el éter, sustancia sutil e impalpable que se desplazaba en movimientos circulares. En cuanto a la tierra, el sabio griego especuló que los objetos se movían de forma natural hacia un lugar determinado, dependiendo de su composición. Por ejemplo, una roca, constituida sobre todo por tierra, tendería a caer hacia la Tierra, y el humo ascendería, debido a su alto contenido de fuego y aire.

Respecto a los movimientos no naturales, Aristóteles tenía la teoría de que el estado natural de los cuerpos era el reposo y de que este solo se movería durante la aplicación de una fuerza. Hasta cierto punto resulta un planteamiento lógico, pues está basado en la experiencia cotidiana: cualquier objeto en movimiento

Instrumentos arquitectónicos del observatorio astronómico de Jantar Mantar construido en 1728 en Jaipur, Rajastán. Fueron levantados por orden del maharajá Jai Singh siguiendo los conocimientos astronómicos precopernicanos hindús con el objetivo de establecer nuevas tablas astronómicas y predecir los horarios y movimientos del Sol.

—un coche, un balón de deportes, una piedra lanzada al aire— tiende a frenarse.

Ahora sabemos que eso es debido a la existencia de las fuerzas de rozamiento, pero la costumbre de ver objetos que se paran hace que, incluso en nuestros días, las personas con poca formación científica crean que «lo natural» es que un cuerpo permanezca inmóvil. Aristóteles postuló que existe siempre una fuerza de resistencia al movimiento. Esta fuerza es real en el caso de los objetos que se mueven con fricción, pero él la asumió como norma general para cualquier caso.

Aunque el método de observación, experimentación y formulación que empleó Aristóteles no dio los resultados correctos, mostró el camino a seguir a los científicos de las generaciones posteriores. Sin embargo, desafortunadamente, la práctica del pensamiento científico desaparecería pronto de escena. Grecia cayó ante unos imperios circundantes, poco dados a las elucubraciones de la ciencia (en particular, el práctico Imperio romano, más inclinado a la ingeniería que a la ciencia pura), y a la caída del Imperio romano de Occidente prosiguió un milenio de Edad Oscura durante el cual la ciencia y el pensamiento crítico quedaron relegados al olvido. Tuvieron que pasar dos mil años después del nacimiento de Aristóteles para que los hombres se atreviesen, por fin, a desafiar las enseñanzas del célebre pensador griego.

NEWTON, EL PRIMER GRAN UNIFICADOR

El físico inglés Isaac Newton ha sido, posiblemente, el científico más influyente de la historia, junto con Darwin y Einstein. Prácticamente no hay campo de la física en que no realizase contribuciones de gran valor: inventó el cálculo diferencial e integral (de forma independiente pero simultánea a Gottfried Leibniz), fundó la mecánica clásica a partir de las tres famosas leyes que aún hoy siguen en vigor, y realizó importantes descubrimientos en óptica, termología, sonido y mecánica de fluidos. Pocas ramas de la física quedaron fuera de su alcance.

LA MANZANA Y LA LEY DE LA GRAVEDAD

La historia de Newton, aunque cierta, se suele contar de forma algo tergiversada. Es verdad que Newton se encontraba descansando bajo un manzano en el jardín de su casa cuando, de repente, vio caer una manzana al suelo. Lo que no es verídico es que le impactara de pleno en la cabeza. Pero ¿qué importancia tiene eso, al fin y al cabo? Lo esencial es que, cuando alzó la mirada y vio la luna en el cielo, tuvo su gran «momento eureka». Un momento que repercutió profundamente en el devenir de la humanidad. Pero vayamos más allá. Tras demostrar que es la misma acción la que causa la caída de objetos en la Tierra hacia su centro y la de la Luna en su órbita, surgió una primera pregunta: ¿por qué la Luna no «cae»? Pues, en realidad, sí que «cae», descubrió el físico. Lo que sucede es que, al mismo tiempo, le afecta la forma de la Tierra. Newton lo ilustró con la idea de un cañón que dispara una bala en horizontal desde lo alto de una montaña. A mayor velocidad, más lejos caerá la bala. Pero llegará un momento en que la propia superficie terrestre (curva, no lo olvidemos) «caerá» a igual ritmo que la bala. En ese momento, la bala se convertirá en un satélite que, a diferencia de la Luna, será de origen artificial. La segunda pregunta es: ¿cómo varía la fuerza con la distancia? Recordemos que la segunda ley de Newton de la mecánica afirma que la fuerza es proporcional a la aceleración. Sabemos que la manzana cae con una aceleración de 9,8 m/s^2. Y que la aceleración de la Luna es de tipo centrípeta, lo que puede escribirse de esta forma:

$$a=\frac{v^2}{r}=\left(\frac{2\pi r}{T}\right)^2\frac{1}{r}=\frac{4\pi^2 r}{T^2}$$

donde T es el periodo de la órbita de la Luna alrededor de la Tierra y r es la distancia del centro de la Tierra al de la Luna. Sustituyendo los valores $T=2\,360\,600$ segundos y $r=384\,400\,000$ metros, obtenemos un valor de 0,00272 m/s^2.

Una luna y una manzana

Está claro que la aceleración gravitatoria varía con la distancia, pero… ¿cómo interactúan? Para saberlo, dividiremos la distancia Tierra-Luna entre la distancia Tierra-manzana, lo que nos dará un valor aproximado de 60; a esa distancia, la aceleración gravitatoria es unas 3600 veces menor. Como el número 3600 es el cuadrado de 60, nos sugiere que la aceleración, y por tanto la fuerza, decrece a un ritmo igual al inverso del cuadrado de la distancia: $F\sim 1/r^2$.

La fruta inspiradora

Ciertamente, la historia de la manzana dio lugar a una leyenda, pero el manzano existe y continúa dando sombra en Woolsthorpe Manor, en Reino Unido, lugar de nacimiento de Isaac Newton. A medio mundo de distancia, otros manzanos inspiraron a Steve Jobs a bautizar su nueva empresa con el nombre de su fruta: *Apple*. En 1987 uno de los productos estrella de la marca fue un asistente digital personal popularizado con el término PDA *(Personal Digital Assistant)* que se vendió durante doce años con el nombre de… ¿lo adivinan? Sí: *Newton*.

Pero una de sus mayores hazañas suele pasarse por alto: la unificación de los fenómenos que tienen lugar en el cielo y en la Tierra. Desde antiguo se asumía como un hecho que la Tierra, poblada por gentes pecaminosas e imperfectas, estaba regida por leyes de naturaleza y forma diferentes a las del cielo, que se suponía armonioso y perfecto, no en vano era la sede y obra del Creador Eterno. La herencia aristotélica pesaba mucho. Pocos se atrevían a imaginar que las leyes de ambos mundos eran realmente las mismas, y los que lo intentaron pagaron cara su osadía a manos de la Iglesia católica. Fue en la Inglaterra del siglo XVII, más indulgente con las persecuciones religiosas que la Iglesia de Roma, donde pudo gestarse el pensamiento de un hombre cuyo genio osó imaginar que había un solo conjunto de reglas para todo el universo.

Según relató Newton en una ocasión, la caída de una manzana le hizo reflexionar sobre el motivo por el que siempre caía de forma vertical. Al levantar la mirada y ver la Luna en el horizonte diurno, tuvo una revelación; una gran idea a partir de la cual el muro conceptual que separaba el mundo sublunar del supralunar desapareció. Del mismo modo, se desvaneció la necesidad de invocar la intervención de seres divinos, poderosos y caprichosos para explicar el movimiento de los cuerpos celestes.

La exitosa ley de Newton de gravitación universal fue el primer intento de describir la forma en que los cuerpos se atraen en virtud de su masa. Aunque inicialmente fue formulada para dos masas puntuales, Newton se encargó de demostrar su validez para el caso de masas esféricas. Planteó una relación de gran sencillez y eficacia que explica, de forma casi perfecta, el movimiento de los cuerpos en el espacio, donde las fuerzas de rozamiento o las electromagnéticas no suelen estorbar como lo hacen en la Tierra. Aun en nuestros días, constituye una excelente primera aproximación a la interacción gravitatoria.

Algunos aspectos de esta ley fueron un misterio incluso para su propio creador. En particular, Newton consideraba «un gran absurdo» el hecho de que un cuerpo pueda ejercer una influencia sobre otro. Todavía hoy la experiencia cotidiana parece querer demostrar que, para poder mover un cuerpo, es necesario un contacto físico; el concepto de acción a distancia suele ser difícil de aceptar. Varios autores propusieron entonces teorías alternativas, basadas en la existencia de una sustancia sutil e impalpable, el éter, hipótesis que fue descartada hace más de un siglo.

La ley de Newton de gravitación universal, formulada a mediados del siglo XVII, permaneció en vigor hasta finales del siglo XIX, cuando las mejoras en la precisión de las medidas astronómicas permitieron calcular pequeños efectos inexplicables. La hazaña de plantear una descripción del cosmos tan sencilla y a la vez tan eficaz durante casi un cuarto de milenio dice mucho del genio de su creador. Pero por encima de ello es un testimonio de la sencillez y universalidad de las leyes de la naturaleza. Tras Newton, generaciones enteras de científicos siguieron esos mismos principios para seguir profundizando en la comprensión de las leyes que rigen el universo.

ELECTRICIDAD Y MAGNETISMO: LA UNIÓN HACE UNA GRAN FUERZA

La fuerza gravitatoria ha acompañado al hombre desde siempre, amoldando su comportamiento y limitando sus movimientos. Hizo falta que apareciera Newton para explicarla, pero estamos muy acostumbrados a ella. Sus efectos son patentes en nuestras vidas desde el momento en que damos nuestros primeros pasos. Unidos a la superficie de la Tierra gracias a la interacción gravitatoria, habitamos en un planeta que, de forma ineludible, también gira en torno al Sol, atraído por esa fuerza fundamental.

Asimismo, existen otros tipos de fuerza que nos han acompañado desde siempre. Por un lado, están los rayos que caen durante una tormenta y las pequeñas chispas que aparecen en un trozo de ámbar cuando lo frotamos con un trozo de lana; por otro, la aguja imantada que apunta siempre en una dirección fija y la atracción que se da entre el hierro y el mineral llamado magnetita. Ambos fenómenos, conocidos desde la Antigüedad, se habían considerado meras curiosidades, fruto, quizá, del caprichoso comportamiento de los dioses.

Con el advenimiento de la Ilustración, la ciencia, esa nueva herramienta para la comprensión del mundo, fue aplicada a esos y otros fenómenos desconocidos. La botella de Leyden (considerada el primer condensador eléctrico) y la cometa de Benjamin Franklin (gracias a la cual el inventor constató que los rayos son descargas eléctricas) son tan solo dos ejemplos de la gran cantidad de esfuerzo y talento que se desplegó en el siglo XVIII para intentar entender los fenómenos eléctricos. El proceso culminó en 1785 con la ley de Coulomb de la electrostática, análoga, en forma y efectos, a la ley de gravitación de Newton.

Sin embargo, entender el magnetismo llevó algo más de tiempo. Mientras que en la electricidad hay dos cargas de distinto tipo, el magnetismo no está generado por «cargas magnéticas» puntuales. No fue hasta el comienzo de la década de 1820 cuando el danés Hans Christian Oersted observó que una corriente eléctrica producía una fuerza sobre una aguja imantada. Poco después, se descubrió que las corrientes eléctricas son fuentes del magnetismo lo que, unido a la observación de que las propias cargas eléctricas sienten fuerzas magnéticas en determinadas condiciones, reveló un hecho de gran trascendencia: la electricidad y el magnetismo no son fenómenos independientes.

La búsqueda de las relaciones entre fenómenos eléctricos y magnéticos continuó. El siguiente paso del razonamiento fue preguntarse si, dado que la electricidad produce magnetismo... ¿acaso el magnetismo también produce electricidad? La respuesta es afirmativa. La ley de inducción de Faraday explica cómo un campo magnético de flujo variable en una región del espacio puede producir un campo eléctrico. Gracias a este descubrimiento tan relevante, hoy podemos tener electricidad en nuestras casas (la humanidad genera casi toda la corriente eléctrica por ese procedimiento) y hemos desarrollado las infraestructuras de telecomunicaciones.

La unificación electricidad-magnetismo se considera completa desde la década de 1860, cuando el físico escocés James Clerk Maxwell publicó las ecuaciones que llevan su nombre. Reformu-

¿QUÉ ES UN METRO?

¿Sabían que una de las consecuencias de la teoría especial de la relatividad fue una nueva definición del metro? Repasemos su historia: Cuando fue creado a finales del siglo XVIII, el metro, principal unidad de longitud del Sistema Internacional de Unidades, fue definido como la diezmillonésima parte del cuadrante del meridiano terrestre que pasa por París. Dada la dificultad de medir un arco de meridiano desde cualquiera de los dos polos hasta el ecuador, el Gobierno francés patrocinó una expedición para medir la distancia entre Dunkerque (Francia) y Barcelona (España) y esas mediciones sirvieron de base para instaurar el metro, término que procede del término griego *metron*, que significa medida. Como otras unidades de medida, el metro nació al calor de la Revolución francesa, y aunque inicialmente los ingleses fueron reacios a su uso, tras casi un siglo, se alcanzó un acuerdo internacional para utilizarlo como unidad de medida oficial.

El metro-patrón

Para evitar la engorrosa tarea de medir arcos de meridiano, se crearon varios metros-patrón hechos de una aleación de platino e iridio. Con el tiempo, se hizo patente la incomodidad de definir el metro en virtud de un objeto físico concreto. Para mejorar su definición, se recurrió al hecho de que ciertas sustancias emiten luz en longitudes de onda muy concretas. Así, en 1960 la definición del metro pasó a ser la longitud de onda de la emisión anaranjada del átomo de kriptón-86 multiplicada por el número 1 650 763,73. La cifra parece caprichosa, pero fue escogida cuidadosamente para que el metro nuevo tuviese la misma longitud que el antiguo.

Mejorando la precisión

Aunque la incertidumbre en la definición del metro es muy pequeña, se persigue la obtención de unidades lo más exactas posible. Se trata de que dos laboratorios, usando los mismos procedimientos, obtengan metros cuyas longitudes sean el máximo de parecidas. Para ello, fue muy útil constatar que los intervalos de tiempo se podían medir con mucha más precisión que los intervalos de longitud, lo que se descubrió gracias a la relatividad especial de Einstein, que postuló que la velocidad de la luz en el vacío (c) es constante. Utilizando la relación $c=L/T$, no hay más que medir la velocidad de la luz de la forma más exacta posible y relacionar el metro con la distancia recorrida por la luz en una fracción determinada de segundo.

El metro contemporáneo

En la actualidad, se ha fijado un valor para la velocidad de la luz igual a 299 792 458 metros por segundo. Eso permite definir el metro como *la distancia recorrida por la luz en el vacío durante un intervalo de tiempo igual a 1/299 792 458 segundos*. De ese modo, el nuevo metro coincide con el anterior, la velocidad de la luz en el vacío tiene una definición exacta y un principio de la relatividad especial ha pasado a ser considerado un hecho fundamental.

ladas tras la revisión que llevó a cabo Oliver Heaviside, las ecuaciones de Maxwell describen el origen y la evolución de los campos eléctrico y magnético, y constituyen el primer ejemplo (con el permiso de Newton) de la unificación de dos fuerzas que anteriormente se creían independientes.

Uno de los resultados más llamativos de las ecuaciones de Maxwell es que muestran la forma en que una perturbación de los campos eléctrico y magnético viaja por el espacio, lo que hoy conocemos como onda electromagnética. Dependiendo de la frecuencia con la que oscile dicha perturbación, se generan ondas de radio, microondas, rayos X o gamma. Tras medir la velocidad de las ondas electromagnéticas en el vacío, se comprobó que se mueven siempre a un valor constante, independientemente de su frecuencia o energía.

> La ignorancia total y consciente es el preludio de un avance real en la ciencia.
>
> **James Clerk Maxwell**

Pero más sorprendente aún fue el descubrimiento de que su velocidad era idéntica a la de la luz, lo que provocó una conclusión rotunda: la luz no es más que otra forma de onda electromagnética. De un golpe, las fuerzas eléctricas y magnéticas quedaron unificadas con los fenómenos responsables de la luz. Por ello, las propiedades típicas de la luz, como la polarización (una onda polarizada es aquella que oscila en una determinada orientación) o la refracción (una onda cambia su dirección cuando cambia de un medio a otro), se manifiestan también en las ondas de radio o las microondas y, en el sentido inverso, las ondas de luz visibles pueden estudiarse como ondas electromagnéticas que interaccionan con la materia.

A fecha de hoy, la unificación de las fuerzas eléctrica y magnética descrita en las ecuaciones de Maxwell permanece incólume. Ni siquiera la teoría de la relatividad consiguió afectarla. Todo lo contrario: uno de los motivos más poderosos que tuvo Einstein para desarrollar una nueva teoría fue conseguir que las ecuaciones de Maxwell fuesen válidas para todos los observadores, particularmente en lo que hace referencia a la constancia en la velocidad de las ondas electromagnéticas, también conocida como la velocidad de la luz.

En la actualidad, se acepta sin discusión el hecho de que la luz viaja por el vacío siempre a la misma velocidad, independientemente del estado de movimiento del observador.

LAS FUERZAS NUCLEARES: EL PODEROSO VÍNCULO ENTRE PARTÍCULAS

El desarrollo del electromagnetismo fue un doble triunfo para la física del siglo XIX. Además de sintetizar todos los fenómenos eléctricos y magnéticos conocidos en un solo conjunto compacto de ecuaciones, la nueva teoría brindó la oportunidad de realizar nuevos descubrimientos. El hallazgo del carácter electromagnético de la luz no fue más que uno de ellos.

Dos siglos antes, Newton había postulado su ley de gravitación universal para dar cuenta cumplida de las interacciones gravitatorias; ahora, Maxwell lograba completar la descripción del electromagnetismo. Esas dos interacciones fundamentales iban a permitir, por fin, explicar todos los fenómenos naturales. Porque cualquier fuerza que exista en la naturaleza, sea el rozamiento de un pájaro con el aire, la elasticidad de un muelle o la cohesión que mantiene una roca unida, puede esclarecerse en virtud de ambas.

Ciertamente, las fuerzas gravitatorias y electromagnéticas difieren en aspectos esenciales. Aunque ambas tienen un radio de acción aparentemente infinito, la gravedad es siempre atractiva, en tanto que las fuerzas eléctricas pueden ser atractivas o repulsivas. Las cargas eléctricas son de dos tipos, que Benjamin Franklin bautizó como positivas y negativas; las masas gravitatorias, en cambio, son de un solo tipo. Las cargas eléctricas del mismo tipo se repelen, las gravitatorias se atraen. Y mientras que las partículas con carga eléctrica están sometidas a fuerzas que dependen de su propia velocidad, a las partículas con masa eso no les sucede.

Con todo, la gravitación de Newton y el electromagnetismo de Maxwell parecían cubrir todo el espectro de fenómenos de la naturaleza. Nada había ya que no pudiese ser explicado en su aspecto más básico. No es de extrañar, pues, que algunos científicos de finales del siglo XIX, con lord Kelvin a la cabeza, pronosticaran el fin de la física.

Pero, sin duda, pecaron de imprudencia. Fue en 1897 cuando se descubrió la existencia de una partícula minúscula que llamamos electrón y, en los años siguientes, los físicos usaron esta nueva partícula como una minúscula bala que, al ser disparada contra un átomo, podía proporcionar información sobre su tamaño y estructura. Las diferentes teorías que estaban siendo desarrolladas sobre la estructura del átomo podrían ser puestas a prueba. Una de ellas parecía explicar los resultados experimentales particularmente bien: se trata del modelo planetario, que todavía hoy se enseña a los niños en las escuelas.

Propuesto a comienzos del siglo XX por el físico inglés de origen neozelandés Ernest Rutherford, el modelo planetario del átomo consta de un núcleo con carga positiva en torno al cual giran electrones con carga negativa, como si fueran planetas siguiendo sus órbitas alrededor de una estrella. Los experimentos posteriores mostraron que el modelo debía ser refinado, y el núcleo pasó de ser una entidad homogénea e indivisible a estar compuesto por partículas, algunas de ellas con carga eléctrica positiva, llamadas protones, y otros sin carga: los neutrones (figura 1).

Pero entonces surgió una duda. Si el núcleo era de tamaño tan pequeño, las fuerzas de repulsión entre los protones (de igual carga) deberían ser enormes. ¿Qué fuerza explicaba que el núcleo permaneciera unido? Las fuerzas electrostáticas, como las gravitatorias, crecen sin límite para distancias tendentes a cero. Por ello, si colocamos dos protones de forma que se toquen, la fuerza de repulsión es superior al peso de un chico de diez años. Aunque la existencia de neutrones permite que los protones estén algo más separados, la repulsión electrostática debería separar los protones de inmediato, ya que ni la atracción gravitatoria ni el efecto de los electrones pueden mantener el núcleo unido. No pueden existir núcleos atómicos estables en esas circunstancias.

Así pues, se hizo necesario postular la existencia de un nuevo tipo de fuerzas. La idea no fue del agrado de la comunidad científica, acostumbrada a explicar todo tipo de fenómenos naturales en base a las dos ya conocidas, pero no había otra opción. La nueva fuerza debía tener un alcance limitado, ya que no parecía manifestarse más allá del núcleo del átomo y, al mismo tiempo, tenía que ser lo bastante intensa como para vencer la repulsión eléctrica entre los protones.

FIG. 1

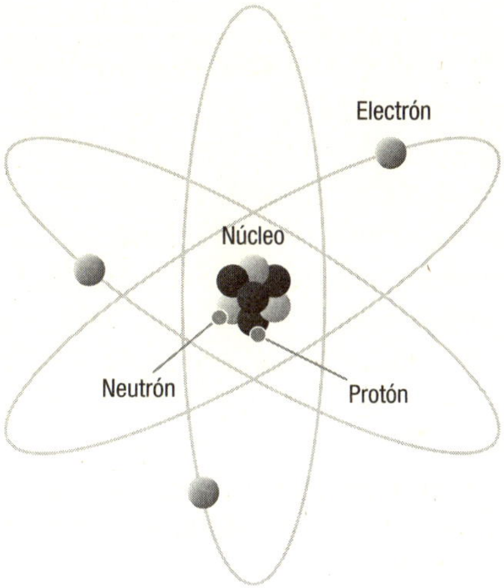

El modelo atómico de Bohr, también llamado de Bohr-Rutherford, fue propuesto en 1913 y se basó en un átomo de hidrógeno. En él, Niels Bohr introdujo el concepto de cuantización de Planck y Einstein.

FIG. 2

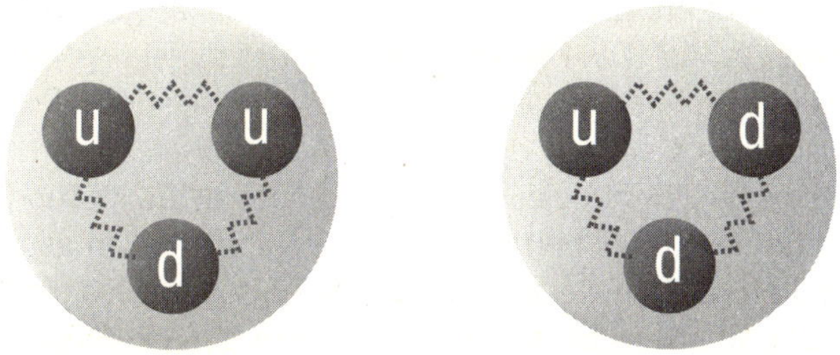

Hadrón de un protón

Hadrón de un neutrón

Los quarks componen hadrones y se mantienen unidos por la interacción nuclear fuerte. En la imagen a la izquierda, quarks en el interior de un protón (*up*, *up* y *down*) y, a la derecha, de un neutrón (*up*, *down* y *down*). *Up* y *down* son los nombres que reciben estos tipos de quark.

La nueva fuerza, llamada *fuerza nuclear fuerte*, fue comprendida cuando el físico japonés Hidero Yukawa explicó la desintegración beta en 1935, lo que le valió el premio Nobel de Física en 1949. En definitiva, la fuerza nuclear fuerte es una interacción que aparece entre hadrones, una clase de partículas del mismo grupo al que pertenecen el protón y el neutrón. Se trata de una fuerza de muy corto alcance, apenas superior al propio radio del núcleo atómico, lo que contrasta con las fuerzas gravitatoria y electromagnética, de alcance infinito.

Desde entonces, se ha descubierto que protones, neutrones y otras partículas similares se componen de otras subpartículas denominadas quarks. Los modelos actuales de física de partículas describen la fuerza nuclear fuerte entre hadrones como resultado de una fuerza similar a la que actúa entre los quarks (figura 2), y que recibe el nombre de *interacción fuerte*. Sea cual sea su descripción, la fuerza nuclear fuerte explica por qué el núcleo no se repele a sí mismo a causa de las fuerzas electroestáticas.

La necesidad de explicar la estabilidad del núcleo del átomo obligó a los físicos a extender el conjunto de fuerzas fundamentales conocidas de dos a tres. Se trató de un paso atrás en los intentos por describir una teoría de fuerzas unificada pero, aun así, era un precio razonable a pagar a cambio de poder explicar la estructura del átomo de forma satisfactoria. Los físicos podrían acostumbrarse a vivir con tres fuerzas en el universo.

El problema es que tampoco resultaron ser suficientes, porque el estudio de los núcleos radiactivos indica que éstos pueden encaminarse hacia un estado estable emitiendo radiación de tres tipos. Por un lado existe la radiación alfa, compuesta por un núcleo de helio (dos neutrones y dos protones), por otro la radiación gamma (esencialmente, rayos X de alta energía), y hay un tercer tipo de radiación llamada beta. Durante la emisión de radiación beta, un neutrón se desintegra dando como resultado un protón, un electrón y una tercera partícula llamada antineutrino.

Ninguna de las fuerzas conocidas hasta el momento, ni la gravitatoria, ni la electromagnética ni la nuclear fuerte, era capaz de explicar esa desintegración beta. Es como cuando aparece un invitado no deseado a una boda y no puede sentarse en ninguna

MISTERIO EN LA DESINTEGRACIÓN BETA

La transformación de ciertos núcleos radiactivos y el proceso de desintegración beta conllevó un descubrimiento. El análisis de los subproductos resultantes de la desintegración de un neutrón mostró que las partículas generadas (protón y electrón) tenían una masa + energía inferior al neutrón original, lo que llevó a sugerir que quizá la energía no se conserva sino que tiende a disminuir, tal y como la entropía, medida del desorden, es propensa a aumentar. En 1930 el físico austríaco Wolfgang Pauli propuso lo que calificó como «remedio desesperado». Durante la desintegración beta se creaba una tercera partícula que absorbía la energía que parecía faltar. ¿Una partícula que ellos no podían detectar?, se indignaron los experimentadores. Solo una partícula fantasma, con masa muy pequeña y sin interacción con la materia, resolvería el enigma de la energía desaparecida. En circunstancias menos favorables, una hipótesis tan descabellada no hubiera prosperado, pero Pauli era una de las figuras más relevantes en el nuevo campo de la mecánica cuántica y, además, a nadie se le ocurría otra alternativa mejor.

Los pequeños neutrones

Así nació la idea de que existía una tercera partícula, resultante de la desintegración beta, que el científico Enrico Fermi bautizó como neutrino (el pequeño neutro). Pero la conjetura de Pauli no fue confirmada hasta que un cuarto de siglo después un neutrino fue detectado por primera vez. Hoy sabemos que un neutrón puede desintegrarse y generar un protón, un electrón y un neutrino; siendo minuciosos, un antineutrino electrónico. Hasta la fecha, el principio de conservación de la energía ha sido comprobado en todas las situaciones. Si algún día un experimento lo contradice, habrá que replanteárselo. Aunque quizá sea la antesala de un nuevo descubrimiento, como sucedió con el neutrino de Fermi.

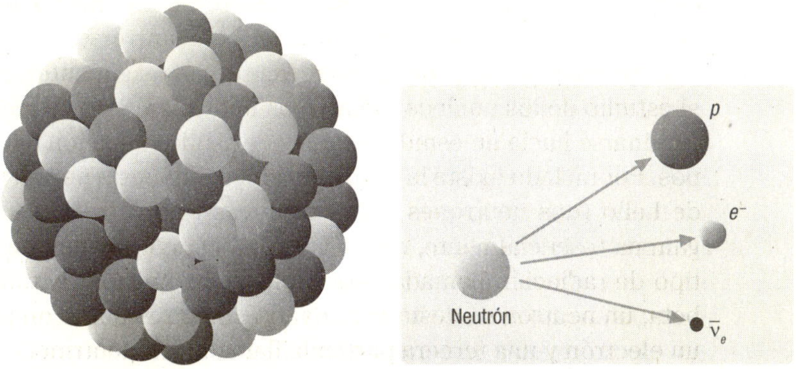

Proceso de desintegración beta en un núcleo atómico inestable. Un neutrón se desintegra creando un protón (p), un electrón (e^-) y un antineutrino ($\overline{\nu}_e$).

mesa porque no pertenece a ninguna de las categorías de invitados. Sin embargo está invitado y hay que atenderlo. Lo único que se puede hacer es montarle una mesa especial para él solo, y eso fue lo que hicieron los físicos nucleares.

Una vez más, la necesidad de explicar fenómenos nuevos forzó el postulado de un nuevo tipo de fuerza fundamental, la cuarta, a la que se llamó *fuerza nuclear débil*. Se trata de una interacción cuyo alcance es inferior a la milésima parte del radio de un protón. Se manifiesta durante la desintegración beta, participa en la creación de elementos pesados, y poco más. Carece de la grandeza de las grandes fuerzas de alcance infinito, pero a pesar de eso ahí esta. Es la cuarta de las fuerzas fundamentales del universo.

¿EXISTE UNA QUINTA FUERZA? LAS PRUEBAS DE EÖTVÖS Y FISCHBACH

La ley de gravitación universal de Newton demuestra la caída a idéntica aceleración de todo tipo de cuerpos, con independencia de su masa. Una pluma cae más lentamente que un martillo porque la atmósfera terrestre proporciona una fuerza de frenado. En ausencia de aire, ambos caerán de idéntica forma, como comprobó el astronauta David Scott en 1971 en la superficie lunar.

Ya en 1900, el físico húngaro Loránd Eötvös estableció que la fuerza gravitatoria actúa igual, sea cual sea la composición de los objetos que caen, y en 1986, científicos dirigidos por Ephraim Fischbach, de la Universidad de Washington, analizaron de nuevo sus datos. Compararon las pequeñas diferencias que había entre las aceleraciones de los cuerpos con el cociente B/M, donde B es el número de protones + neutrones de cada cuerpo y M es el número de protones + electrones que tendría una masa igual de átomos de hidrógeno. Ese cociente es aproximadamente —pero no igual a— uno, y toma diversos valores dependiendo del material utilizado. Los investigadores descubrieron leves discrepancias en los datos de Eötvös (figura 3), lo que les llevó a sugerir que la energía potencial gravitatoria newtoniana debía ser modificada

FIG. 3

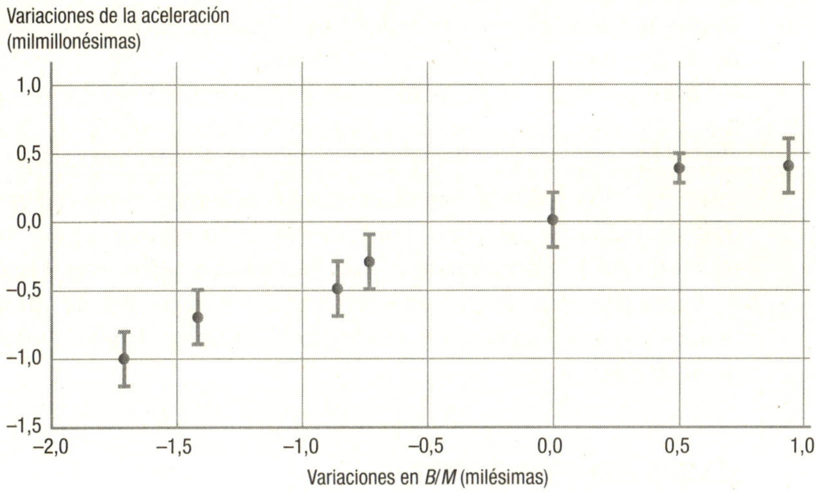

Resultados del experimento de Eötvös analizados por el equipo de Fischbach. Las pequeñas discrepancias (las barras representadas en los puntos del gráfico) que se observan al comparar la aceleración de los cuerpos y el cociente *B*/*M* incitaron a añadir un término a la expresión de la energía potencial clásica.

mediante la adición de un nuevo término de alcance bastante corto (algunos cientos de metros) que los autores identificaron como una «quinta fuerza», que se añadía a la gravitatoria, la electromagnética y a las dos fuerzas nucleares. Pero los errores en los parámetros que acompañaban la nueva ecuación, mostraron valores inquietantemente elevados que, al menos en parte, procedían de los cometidos por el propio Eötvös.

Es normal que, durante un experimento científico, el instrumental, el experimentador o las condiciones ambientales produzcan fallos. Eötvös determinó la equivalencia entre aceleraciones con una precisión de una parte en mil millones, y sus mediciones, en los límites de la sensibilidad instrumental, conllevaron errores experimentales a veces tan grandes como las propias mediciones. János Renner realizó un experimento similar en 1935 y sus datos mostraron valores de aceleración idénticos dentro de esos límites de error. Otros grupos han realizados sus propios experimentos con el mismo resultado. Probablemente, la quinta fuerza de Fischbach no sea más que una ilusión.

LA ANTESALA DE LA NUEVA FÍSICA

Hoy por hoy, todas las interacciones observadas en el universo pueden explicarse únicamente en virtud de cuatro tipos de fuerzas: gravitatoria, electromagnética, nuclear fuerte y nuclear débil. Si encontrásemos una excepción, mañana tendríamos que postular la existencia de una quinta fuerza, pero por ahora no ha sido necesario. La tendencia es la opuesta: reducir en lo posible el número de interacciones.

Fue Maxwell quien, en 1860 , inició el camino de la unificación de las fuerzas al proporcionar una explicación única al conjunto de las fuerzas eléctricas y magnéticas. El próximo avance no tuvo lugar hasta más de un siglo después, cuando el pakistaní Abdus Salam y los norteamericanos Sheldon Glashow y Steven Weinberg desarrollaron la teoría electrodébil, que une la fuerza electromagnética con la interacción nuclear débil.

El resultado de esa unificación fue toda una sorpresa para la comunidad científica. Y es que, durante todo el siglo XX, las mejores mentes se dedicaron al problema de unificar las fuerzas electromagnéticas y gravitatorias y, a pesar de que ambas tienen algunos rasgos comunes (el más notable, su alcance infinito), todos los intentos por unificarlas se habían saldado con un fracaso. En cambio, la unificación del electromagnetismo con la fuerza nuclear débil constituyó un maridaje inesperado pero eficaz, lo que abrió la esperanza a conseguir la unificación definitiva con las otras dos fuerzas (gravedad e interacción nuclear fuerte), un objetivo que, por el momento, parece muy lejano y difícil de alcanzar.

¿Cuál es la dificultad? Desde Maxwell hasta ahora la física ha sufrido una doble revolución. De forma casi simultánea, la ciencia de los cuerpos muy pequeños y la de los muy grandes sufrió una gran transformación. No solo aparecieron nuevos fenómenos que requerían explicación sino que la propia forma de hacer física cambió. Hoy, el mundo ordenado y continuo de Newton y sus contemporáneos ha desaparecido, y ha sido sustituido por una concepción en la que el espacio ya no es continuo porque sufre distorsiones. Por tanto, la certeza absoluta respecto a las mediciones ha dejado de existir.

Se trata del nuevo mundo de la mecánica cuántica y la relatividad, paradigma de la nueva física que comenzó a desarrollarse a inicios del siglo XX. Irónicamente, surgió en un tiempo en que se creía que esta disciplina ya estaba totalmente desarrollada. Un tiempo en el que se creía que, salvo en algunos aspectos, todos los fenómenos ya habían sido bien explicados.

Espacio y tiempo; grande y pequeño

A finales del siglo XIX uno de los campos científicos que estaban en apogeo era el estudio de la radiación térmica, que es la que emite un cuerpo a consecuencia de su temperatura, y que se manifiesta mediante ondas electromagnéticas. Para determinar de forma teórica cómo se repartía la radiación entre las frecuencias posibles (lo que se denomina en términos técnicos *la distribución espectral de un cuerpo radiante*) se utilizó la muy exitosa teoría electromagnética de James Clerk Maxwell.

La teoría explicaba bien los resultados observados en la zona de bajas frecuencias (correspondiente a microondas, infrarrojos y ondas de radio), pero fallaba estrepitosamente en el dominio de las altas frecuencias, donde se predecía que la cantidad de energía radiada debería crecer infinitamente (figura 1). A este resultado, absurdo y grotesco, se le dio el nombre de «catástrofe ultravioleta». Cuando en 1900 el eminente físico británico William Thomson, más conocido como lord Kelvin, se atrevió a pronosticar el fin inminente de la física debido a que ya había logrado explicar satisfactoriamente todos los fenómenos, admitió que, no obstante, existían aún «dos pequeñas nubes oscuras». Una de ellas era, precisamente, esa catástrofe ultravioleta, que él confiaba que la física de la época lograría explicar. Sin embargo no fue así y hubo que volver a examinar las teorías al uso desde sus cimientos.

Uno de los postulados básicos de la física clásica era la *ley de equipartición*, que asumía que las ondas emitidas por una fuente de radiación, térmica o de cualquier otro tipo, podían adoptar cualquier valor posible de la energía. Corría el año 1900 cuando el físico alemán Max Planck, en un acto rayano en la desesperación, imaginó la posibilidad de que la energía emitida quizá no adoptaba cualquier valor, sino solo múltiplos de alguna cantidad fundamental, lo que responde a un proceso denominado cuantización que consiste en forzar que una cantidad x adopte valores determinados. Es como si, por ejemplo, el nivel de un vaso de agua solo pudiese ser expresado a través de un número entero de centímetros. Podríamos llenar un vaso con agua hasta una altura de dos centímetros o tres, pero nunca hasta dos y medio.

No había motivo alguno para suponer que las ondas electromagnéticas se comportaban así, pero la suposición de Planck dio excelentes frutos. La cuantización de las ondas ya no predecía catástrofe ultravioleta alguna y explicaba perfectamente la distribución espectral de la energía de un cuerpo radiante. El propio Planck renegó al principio de su idea, más propia de un estudiante tramposo que intenta encajar sus datos con una teoría conveniente; con todo, la cuantización que él introdujo forma parte de la física más sólidamente establecida.

La teoría de cuantización de Planck ganó apoyo tras resolver otra duda que preocupaba a los científicos. Cuando un haz de luz incide sobre un metal, este emite electrones en determinadas condiciones. Se trata del llamado *efecto fotoeléctrico* (figura 2). Según la física clásica, cualquier tipo de radiación electromagnética podría lograr este efecto. Un haz de ondas de radio tardaría más porque su energía es más baja, y la luz ultravioleta, de mayor energía, lo haría en menos tiempo, al igual que una suave llovizna llenará un recipiente de agua tarde o temprano. Pero, al final, los electrones abandonarían el metal con una energía tanto más alta cuanto mayor fuese la intensidad de la radiación incidente.

Sin embargo, no fue eso lo que se observó en el laboratorio. Lo que se comprobó fue que la energía de los electrones era la misma, con independencia de la intensidad incidente. Peor aún,

FIG. 1

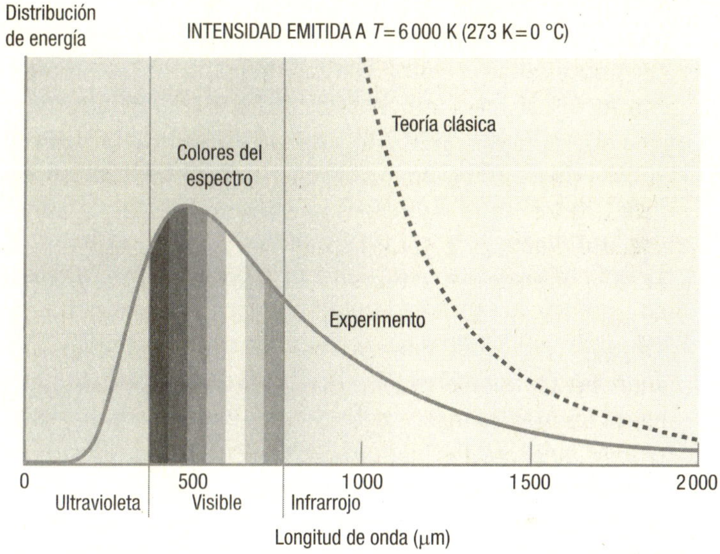

Radiación electromagnética emitida por el Sol para las diferentes longitudes de onda. La teoría clásica predice una intensidad infinita a frecuencias muy altas, o lo que es lo mismo, a longitudes de onda cortas, resultado que no coincide con la realidad. Este fenómeno se denominó *catástrofe ultravioleta*.

FIG. 2

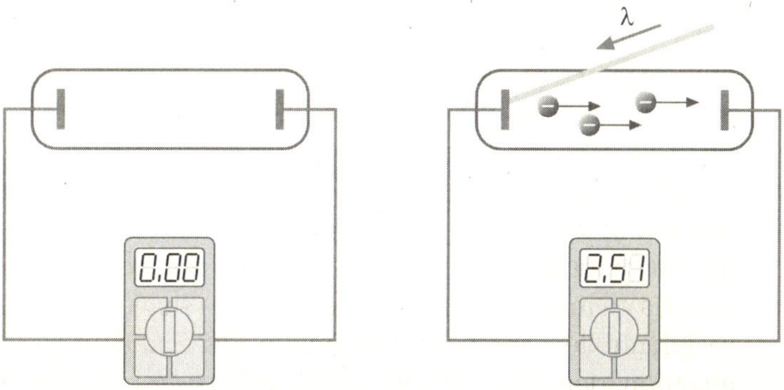

La corriente eléctrica no circula entre dos placas metálicas en el vacío (izquierda), pero se activa ante la presencia de radiación electromagnética (derecha) ya que dichas placas emiten electrones cuando la radiación incide sobre ellas.

para frecuencias por debajo de la llamada frecuencia de corte, no se emitían electrones.

Fue entonces cuando un oficinista suizo decidió aplicar la hipótesis de cuantización de Planck a dicho problema y descubrió que, con ese movimiento, el efecto fotoeléctrico quedaba bien descrito. Para arrancar un electrón de su órbita es preciso proporcionarle una cantidad mínima de energía. Si la energía electromagnética forma paquetes discretos con energía cuantizada, es decir, que no transportan energía en forma continua, solo la luz con una frecuencia lo bastante alta podrá proporcionar la energía suficiente para activar el efecto fotoeléctrico; los fotones con energía inferior serán absorbidos sin emisión de electrones. En 1922 nuestro oficinista fue galardonado con el premio Nobel de Física por su descubrimiento de la ley del efecto fotoeléctrico. Seguro que su nombre le resulta familiar: Albert Einstein.

El efecto fotoeléctrico muestra asimismo que la luz, una onda electromagnética, puede también ser considerada como una partícula, lo que hoy llamamos fotón. No solo es capaz de arrancar un electrón de la órbita de un átomo, sino que al colisionar se comporta igual que una partícula, tal y como mostró el efecto Compton descubierto en 1923, que evidenció que la longitud de onda de un fotón aumenta tras chocar con un electrón libre, perdiendo parte de su energía. Por otro lado, cuando un haz de electrones interacciona con una estructura cristalina, produce patrones de difracción idénticos a los de un haz de rayos X, lo que demuestra que, en ocasiones, las partículas materiales se comportan como si fuesen ondas.

El carácter dual de la naturaleza fue finalmente establecido por el físico francés Louis de Broglie en un famoso postulado, según el cual tanto las partículas como las ondas disfrutan de características comunes a ambos: las partículas tienen una onda asociada, y las ondas pueden ser consideradas como partículas. Este resultado, conocido como *dualidad onda-corpúsculo*, nos permite estudiar un cuerpo como onda o como partícula, según nos interese.

Aquella nueva teoría cuántica fue aplicada a diversos sistemas microscópicos con gran éxito, pero de forma formalmente incompatible con las teorías clásicas vigentes hasta la fecha. Un ejemplo típico lo constituye el modelo atómico de Bohr, donde los electrones giran en sus órbitas alrededor de un núcleo formado por protones y neutrones. El electromagnetismo de Maxwell estipuló que un electrón girando en su órbita perdería energía rápidamente y chocaría contra el núcleo. Según eso, los átomos ni siquiera podrían existir.

Capaz de predecir con gran precisión la energía absorbida o cedida por un átomo cuando un electrón cambia de órbita, la teoría cuántica no podía, en cambio, explicar la existencia de esa órbita. Para sortear los obstáculos, el modelo atómico de Bohr introdujo una serie de postulados: el electrón gira alrededor del núcleo de una forma que la mecánica clásica puede describir pero sin perder energía, y, al mismo tiempo, el electrón no puede trazar una órbita cualquiera, sino que esta debe cumplir una condición de cuantización adicional.

En esa ocasión, el término «postulado» fue un eufemismo que sirvió para inventarse reglas a conveniencia, lo que otorgó a la mecánica cuántica cierto aire de arbitrariedad que permitió mezclar nuevas y viejas reglas, de forma más o menos caprichosa. Asumir que, sin motivo aparente, los electrones acelerados radian energía cuando están libres y que no lo hacen cuando están confinados en sus órbitas atómicas, no parece una explicación demasiado fundamentada.

Por todo ello, urgió reformular toda la mecánica cuántica descubierta hasta entonces y convertirla en una teoría rigurosa y coherente, donde modelos como la cuantización de la energía o el átomo de Bohr encajaran de modo natural, sin tener que introducirlos como mecanismos *ad hoc*. El proceso llevó al desarrollo de la mecánica cuántica tal y como la conocemos hoy.

OBJETIVO: FORMALIZAR LA MECÁNICA CUÁNTICA

Convertir los retazos hasta entonces descubiertos en una teoría bien fundada y con reglas claras fue un proceso en el que participaron muchos nombres, entre ellos algunos de los más ilustres científicos del siglo XX. Dirac, Heisenberg o el propio Einstein

LOS ELECTRONES EN EL ÁTOMO DE BOHR

Un bloque de hierro, al calentarse hasta el rojo blanco (fase posterior al rojo vivo), emite radiación en todo tipo de frecuencias. En cambio, la emisión de energía en forma de luz (o, en general, de radiación electromagnética) de un gas como el hidrógeno a alta temperatura, se da solo a frecuencias muy determinadas. Las líneas de ese tipo de emisión parecían agruparse en series, de acuerdo a una ley descubierta en el laboratorio. En 1888, el físico sueco Johannes Rydberg postuló la fórmula que lleva su nombre, que nos indica las longitudes de onda λ de la radiación emitida, en función de dos números naturales, n y m ($m<n$), y de una constante R llamada, por supuesto, constante de Rydberg:

$$\frac{1}{\lambda}=R\left(\frac{1}{m^2}-\frac{1}{n^2}\right)$$

Esta limitación impuesta era imposible según las teorías clásicas, pero el nuevo modelo del átomo de Bohr, basado en el átomo de hidrógeno, permitía explicarlas: los electrones giran alrededor del átomo en órbitas circulares de radio determinado y, cuando uno de ellos se carga energéticamente, salta a una órbita de mayor radio y energía. Al volver a su órbita original, el electrón emite energía en forma de fotón. En el átomo de Bohr el radio de las órbitas está cuantizado, y solamente están permitidas aquellas cuyo radio sea múltiplo del cuadrado de un número entero:

$$r_n=\frac{h^2\varepsilon_0}{\pi e^2 m_e}n^2$$

donde aparecen algunas de las constantes fundamentales del universo: la constante de Planck h, la constante dieléctrica del vacío ε_0, la carga del electrón e y su masa m_e. La energía de los electrones en el átomo de Bohr está asimismo cuantizada:

$$E_n=-\frac{e^4 m_e}{8h^2\varepsilon_0^2 n^2}$$

De esa forma, el paso del electrón desde una órbita n a otra de energía inferior m implica una variación de energía también cuantizada; utilizando las dos relaciones anteriores, y teniendo en cuenta que la variación de energía se emite en forma de fotón con una energía $\Delta E=hc/\lambda$, obtenemos finalmente la fórmula de Rydberg en la que c es la velocidad de la luz:

$$\frac{1}{\lambda}=\frac{e^4 m_e}{8\varepsilon_0{}^2 ch^3}\left(\frac{1}{m^2}-\frac{1}{n^2}\right)$$

Al asignar valores enteros a los números *n* y *m* obtendremos las longitudes de onda permitidas para la radiación emitida por el átomo. Cada valor de *n* da lugar a lo que se denomina una *serie*. Cuando $n = 1$ obtenemos la llamada *serie de Lyman* (descubierta entre 1906 y 1914) con líneas espectrales ultravioleta. Para $n = 2$ tenemos la *serie de Balmer*, conocida con anterioridad ya que emitía energía en la parte visible y también ultravioleta, adyacente al espectro visible. Otras series son las de Paschen ($n = 3$), Brackett ($n = 4$) y Pfund ($n = 5$), todas ellas en el espectro infrarrojo. En años posteriores se comprobó que el átomo de Bohr era incompleto, pues las longitudes de onda de las líneas espectrales y la constante de Rydberg variaban levemente con respecto a los datos experimentales. Correcciones posteriores fueron mejorando el modelo, que aún sigue siendo útil por su sencillez y su precisión.

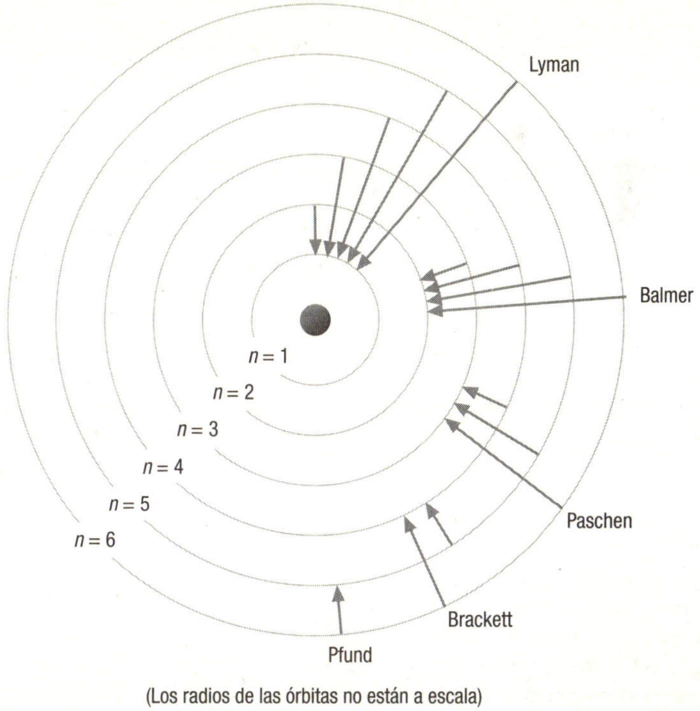

Series espectrales para el átomo de Bohr.

realizaron contribuciones notables a la causa, por lo que resultaría injusto atribuir la paternidad de la mecánica cuántica solo a uno de ellos. Sin embargo, nos centraremos en la figura del que logró proporcionar una imagen clara y bastante intuitiva del asunto, lo que, tratándose de cuántica, ya es decir mucho.

Se trata del físico austríaco Erwin Schrödinger quien, como muchos otros, intentó fundar una teoría cuántica que pudiese describir los fenómenos observables en base a una auténtica «mecánica» que debía ser capaz de explicar tanto el movimiento de los cuerpos como sus causas subyacentes. Para conseguirlo, se basó en los resultados obtenidos hasta entonces (la cuantización, la conservación de la energía y del momento angular, y la dualidad onda-corpúsculo) y se propuso determinar cuál sería el análogo a la famosa $F = m\,a$ de Newton en el nuevo mundo cuántico.

El desarrollo mecanocuántico de Schrödinger postuló la existencia de una función matemática capaz de contener toda la información accesible sobre el sistema estudiado. A dicha función se la conoce con el nombre de *función de onda*.

Para determinar la función de onda se asume que esta cumple una ecuación diferencial que hoy conocemos con el nombre de *ecuación de Schrödinger*. Se trata de una ecuación muy difícil de resolver, incluso para casos sencillos, puesto que incorpora derivadas temporales y espaciales. La ecuación de Schrödinger permite explicar la cuantización de la energía en el ámbito atómico sin necesidad de incluir los postulados artificiales necesarios en el modelo de Bohr y, gracias a ella, otros investigadores consiguieron extender todavía más los límites de la nueva física.

A pesar de su utilidad, la función de onda genera una estela de consecuencias inesperadas y sorprendentes. Hasta ese momento, las ecuaciones de la física permitían obtener cualquier cantidad que deseásemos calcular con un grado de precisión sin límites. La única barrera para saber exactamente a qué velocidad viaja una partícula o cuál es su energía o posición, era la misma pericia del experimentador.

En mecánica cuántica, por el contrario, eso no es posible. Para fijar la posición de una partícula, por ejemplo, podemos iluminarla lanzándole un fotón; pero cuando el fotón choque con la partícula, la velocidad de esta cambiará. Podemos iluminar más fuertemente la partícula para determinar mejor su emplazamiento, pero el resultado será cambiar aún más el valor de la velocidad. Ese efecto, conocido como principio de indeterminación de Heisenberg, nos impone límites a la precisión con que podemos medir parejas de cantidades (en ese caso, posición y velocidad). No se debe a nuestra impericia como experimentadores, sino que se trata de una limitación a nivel básico. Simplemente, no podemos calibrar todo tipo de variables con precisión absoluta.

> La cuestión... no es tanto ver lo que nadie ha visto todavía, sino pensar lo que aún nadie ha pensado acerca de lo que todo el mundo ve.
>
> **Erwin Schrödinger**

Esto nos lleva al mundo de las probabilidades. La limitación que nos impone el principio de indeterminación nos fuerza a sustituir la certeza por la probabilidad. No podemos saber dónde está la partícula, pero sí dónde es más probable que esté.

A pesar del éxito de la mecánica cuántica a la hora de describir y predecir sucesos, sus propios fundadores estaban inquietos en lo que respecta a la interpretación de dichos resultados. Si lo único que se puede medir son las probabilidades, si el principio de indeterminación nos impone restricciones acerca de lo que podemos medir, si la dualidad onda-corpúsculo nos permite observar un sistema como onda o como partícula, pero no como ambas cosas a la vez... ¿en qué queda la objetividad de la física? ¿Cómo podemos estar seguros de nada en un mundo tan nebuloso?

Algunos autores, como Bohr y Heisenberg, afirmaron que la función de onda representa todo lo que podemos saber del sistema y que lo que no podamos extraer de ella es como si no existiera. No tiene sentido preguntarse dónde está la partícula antes de medir su posición. El propio concepto de posición deja de tener sentido, puesto que la partícula tiene una probabilidad real de encontrarse en cualquier lugar. Solo cuando se la mide, la función de onda «colapsa» y toma un valor concreto. En cierto modo, la partícula «escoge» su posición cuando la observamos, y no antes.

Este peculiar aspecto de la mecánica cuántica, que permite que una partícula pueda estar en cualquier parte hasta que la observemos, suele ilustrarse con el gato de Schrödinger. En el célebre experimento imaginario, este famoso felino se encuentra en una caja cerrada junto a una partícula radiactiva y un frasco de veneno. Si la partícula se desintegra, un martillo caerá sobre el frasco causando la muerte del gato; si no lo hace, este sobrevivirá (figura 3). Cuando se realiza una observación, la función de onda que representa el sistema toma un valor, y solo entonces veremos si el gato está vivo o muerto, pero hasta entonces la pregunta «¿está vivo el gato?» carece de sentido. Es como lanzar una moneda al aire: mientras gira, no tiene sentido preguntarse si saldrá cara o cruz.

Einstein, poco amigo de las fantasías, era reacio a admitir un mundo en el que la realidad física es incierta y depende del observador. Como explicación alternativa, apoyó una formulación mecanocuántica llamada *teoría de variables ocultas*, según la cual el mundo cuántico es perfectamente determinista. Es decir: cada causa tiene siempre el mismo efecto. Es posible que sea físicamente imposible acceder a la información de esas variables ocultas pero, si pudiésemos conocerlas, sería posible volver a un mundo similar al newtoniano, donde todo es certeza y exactitud.

El físico norteamericano Hugh Everett propuso una interpretación alternativa llamada *interpretación de universos múltiples*. Según su visión, cuando miramos dentro de la caja para ver el estado del gato de Schrödinger, nuestro universo se desdobla en otros dos universos; en uno de ellos el gato está vivo, en el otro está muerto. De algún modo, cada vez que hacemos una observación nuestro universo se desdobla en tantos universos paralelos como resultados posibles deriven de ella.

Ni que decir tiene que la interpretación de Everett es un filón para los amantes de la ciencia ficción, pero es tan solo una entre muchas. La naturaleza y significado de la mecánica cuántica sigue bajo discusión filosófica y científica. Filosófica porque siempre deseamos saber qué significan las cosas, y física, porque una interpretación alternativa podría abrir el camino hacia la unificación de la mecánica cuántica con la teoría de la relatividad y desembocar en la anhelada teoría del todo.

Una partícula radiactiva puede desintegrarse o no. Si lo hace, el martillo cae sobre el frasco de veneno y el gato muere; en caso contrario, el gato vive. Según la mecánica cuántica, no podemos saber cuál será el caso hasta que no se realice una observación, en ausencia de esta, el gato está en una superposición de estados: vivo y muerto.

DISIPANDO ESOS «PEQUEÑOS NUBARRONES»

Acabamos de ver cómo una de las dos «pequeñas nubes oscuras» de lord Kelvin, su «catástrofe ultravioleta», abrió el camino a la mecánica cuántica. La otra pequeña nube era el experimento de Michelson-Morley sobre el éter, el cual desembocó a su vez en una segunda gran teoría de la física moderna del siglo XX: la relatividad.

A finales del siglo XIX se creía que las ondas electromagnéticas debían tener un soporte material cuya vibración permitiera su propagación, al igual que el sonido se propaga por el aire. Nadie sabía de qué estaba compuesta esta sustancia, a la que bautizaron con el nombre de éter, que hacía las veces de soporte. De lo que no había duda es que sus propiedades debían ser muy peculiares: la elevada velocidad de la luz y el hecho de que no se percibiese rozamiento con los planetas en sus órbitas sugería que se trataba de un elemento al mismo tiempo rígido y muy tenue. Y, además, omnipresente, puesto que transmitía la luz de las estrellas que vemos en la bóveda celeste en todas direcciones.

De existir, el éter habría proporcionado un sistema de referencia único para todo tipo de movimientos, lo que se aprovecharía para intentar determinar la velocidad absoluta de la Tierra. Uno de los experimentos más famosos fue realizado por los norteamericanos Michelson y Morley en 1887 (figura 4). En él, un haz de luz rebota en un espejo semitransparente y produce dos haces que rebotan a su vez en sendos espejos y se vuelven a combinar en un solo haz. Durante el proceso, ambos haces recorren una misma distancia a idéntica velocidad. Si, por el contrario, uno de los rayos se mueve en la dirección de movimiento de la Tierra, las distancias $L1$ y $L2$ recorridas por los dos haces acaban siendo diferentes. Michelson y Morley usaron un interferómetro, un instrumento capaz de medir variaciones minúsculas en la distancia recorrida por un haz de luz. Se esperaba que, alternando la dirección de viaje de los rayos, se conseguiría determinar la velocidad y dirección de movimiento del interferómetro (y, por tanto, de la Tierra) con relación al éter. Sus resultados, publicados en 1887 en la revista *American Journal of Science*, arrojaron un resultado sorprendente: la Tierra no se mueve.

¡Y sin embargo se mueve! como dijo Galileo. En concreto, gira en torno al Sol a una velocidad de 30 kilómetros por segundo, y su traslación alrededor de la Vía Láctea es aún más veloz. Habida cuenta de la precisión alcanzada por el experimento de Michelson-Morley, tan solo cabían dos explicaciones: o bien el éter se las arregla para seguir a la Tierra en su movimiento por el universo, y por tanto el movimiento relativo entre ambos es nulo o, sencillamente, el éter no existe.

Implícitamente se ha supuesto que las velocidades de la luz (V) y de la Tierra (v) pueden sumarse de forma sencilla. Cuando el rayo viaja en el sentido del movimiento de la Tierra, la velocidad relativa entre la luz y el espejo contra el que va a rebotar será $V-v$; después del rebote, su velocidad relativa respecto a este será $V+v$. Los resultados del experimento sugerían que v, la velocidad respecto al éter, era igual a cero.

Hoy sabemos que el espacio entre cuerpos celestes está prácticamente vacío. El concepto de *campo electromagnético* explica la transmisión de ondas por el espacio sin necesidad de soporte

Dos rayos de luz recorren distancias iguales en un interferómetro en reposo (izquierda), pero si este se encuentra en movimiento los trayectos de ambos rayos serán diferentes (derecha). Los resultados de Michelson y Morley parecían decir que la Tierra no se movía. La explicación a esta paradoja la resolvió la relatividad.

FIG. 4

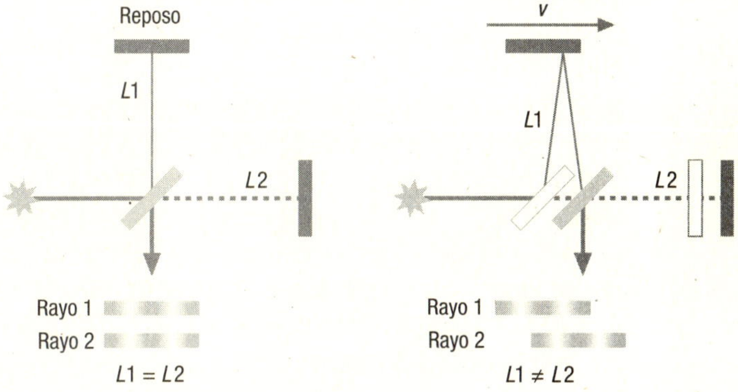

material alguno. Pero, con éter o sin éter, el caso es que la Tierra se mueve. ¿Por qué ese movimiento no apareció en el experimento de Michelson-Morley? No tenía sentido alguno. No es de extrañar que Michelson, durante el resto de su vida, creyese que su experimento había sido un fracaso.

Era el momento de las soluciones descabelladas. Una de ellas fue propuesta en 1892 por el físico holandés Hendrik Lorentz, y consistió nada menos que en una reescritura de los conceptos de tiempo y espacio. La mecánica clásica nos permite relacionar las velocidades que miden dos observadores en sistemas de referencias distintos mediante una relación sencilla conocida como transformación de Galileo. En ella, las velocidades pueden sumarse linealmente, de forma que:

Velocidad del cuerpo respecto a *A*
= velocidad del cuerpo respecto a *B*
+ velocidad de *B* respecto a *A*

Ahora bien, pensó Lorentz, imaginemos una transformación diferente, una que permita combinar velocidades de tal forma que la velocidad de la luz sea siempre la misma. ¿Es posible obtener

4
5

Entre los participantes que se encuentran en esta conocida imagen de la 5ª conferencia Solvay, celebrada en Bruselas en 1927, están los grandes científicos que sentaron las bases de la relatividad y la física cuántica: Schrödinger (1), Pauli (2), Heisenberg (3), Dirac (4), Planck (5), Richardson (6) y, por supuesto, Einstein (7) y Bohr (8), quienes durante años mantuvieron largas discusiones sobre la posibilidad de aunar los dos grandes ámbitos de la física teórica contemporánea.

una transformación así? Matemáticamente lo es. A partir de este punto, adoptaremos la convención habitual de llamar c a la velocidad de la luz en el vacío, y teniendo dos sistemas de referencia A y B, supondremos que el sistema de referencia B se mueve a lo largo del eje X con una velocidad v respecto al sistema A. Lorentz halló una relación entre las coordenadas de ambos sistemas de referencias, de tal forma que la velocidad c se mantiene constante. A esa relación se la conoce como transformación de Lorentz.

No parece que el propio Lorentz fuese consciente de las consecuencias finales de su transformación, pues se limitó a proponerla a mero efecto de cálculo. Otros físicos y matemáticos de la época, como FitzGerald, Poincaré o Larmor, jugaron con ideas similares, pero ninguno tuvo la ambición suficiente para convertirlas en una teoría nueva y revolucionaria.

Ese honor estaba reservado para Albert Einstein. Su revolucionaria teoría de la relatividad (llamada «especial» más adelante, cuando se desarrolló la relatividad general) parte de dos sencillos postulados:

1. Las leyes de la física son iguales para todos los observadores inerciales (no acelerados).

2. La velocidad de la luz en el vacío es siempre la misma, con independencia de la velocidad de la fuente de luz con respecto al observador.

El primer postulado es una extensión del llamado principio de relatividad de Galileo, según el cual las leyes de la mecánica son las mismas en todos los sistemas inerciales. En 1905, Einstein extendió la relatividad de Galileo al campo de la electrodinámica, elevando el concepto a la categoría de principio fundamental, y consiguió deducir las transformaciones de Lorentz que garantizan la validez de las ecuaciones de Maxwell.

Pero el precio que había que pagar era elevado. La relación entre el tiempo t medido por un observador fijo y el tiempo t' que registra un observador móvil depende de la velocidad de este último. El

LOS MUONES, CAPACES DE ALCANZAR LA TIERRA

Para comprobar la dilatación del tiempo debida a la teoría de la relatividad especial se necesitan objetos que se muevan a gran velocidad y que incorporen un reloj interno de gran precisión. Como los muones, esas partículas con una vida media de unas dos millonésimas de segundo que se crean cuando los rayos cósmicos de alta energía procedentes del universo impactan en la atmósfera superior, a diez kilómetros de la superficie. Un muon tiene un 50% de probabilidad de desintegrarse tras 1,52 microsegundos, así que, teóricamente, incluso a velocidades próximas a las de la luz, un muon recorrería algo menos de medio kilómetro. Estadísticamente, solo uno de cada tres millones de muones podría llegar a la superficie de nuestro planeta.

Los experimentos que alargaron la vida al muon

En 1963, David Frisch y James Smith midieron el flujo de muones a nivel del mar y en la cima del Monte Washington (EE UU), a una altura de 1910 m. Las cantidades medidas, incompatibles con el conocimiento sobre la vida media de los muones, eran correctas en un mundo relativista. Esos muones tenían una velocidad inicial superior al 99% de la velocidad de la luz. Como no todas las partículas tenían la misma velocidad, se esperaba una dilatación temporal teórica de entre 6,4 y 10,4. Y efectivamente, esta fue de 8,8. Así pues, los muones «vivían» casi nueve veces más de lo estimado, dándoles tiempo de atravesar la atmósfera e impactar contra el suelo.

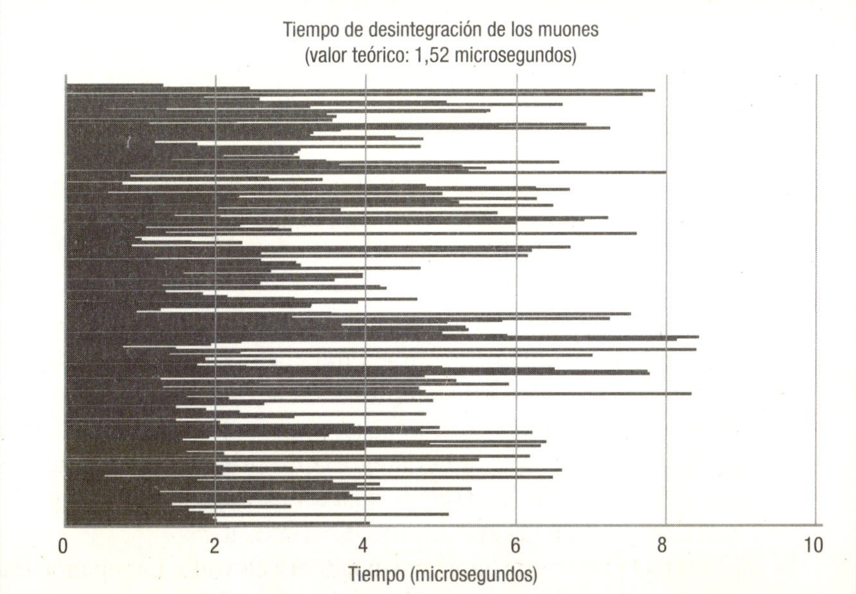

resultado es algo que contradice nuestra experiencia cotidiana: el tiempo ya no es una cantidad absoluta, sino que depende de la velocidad a la que viajamos. Un mismo suceso que tarde un segundo medido desde un sistema de referencia móvil, parecerá que tarda algo más que si se mide desde un sistema fijo.

A las velocidades habituales a las que se mueve el ser humano, ese efecto es minúsculo: el reloj de un viajero que se desplazase a 300 km/h en un trayecto de una hora de duración se retrasaría una diezmilmillonésima de segundo. El efecto de retraso de los relojes en movimiento solo resulta apreciable a altas velocidades.

Pero la dilatación temporal también significa contracción espacial. Imaginemos un rayo de luz que viaja horizontalmente. De nuevo, los observadores fijo y móvil miden la misma velocidad de la luz. Pero recordemos que la velocidad es igual a la distancia dividida por el tiempo. Ambos observadores miden tiempos dis-

FIG. 5

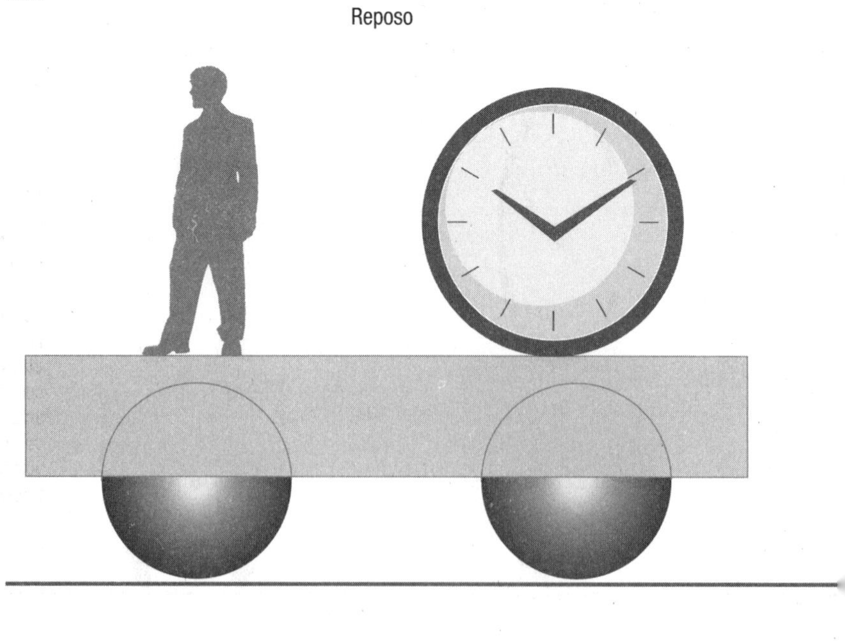

tintos (figura 5), de modo que la única posibilidad de mantener un valor de c constante es que también midan una longitud diferente. El observador fijo notará que un objeto con una longitud L en reposo se contraerá cuando viaje a una velocidad v.

Visto desde la estación, el vagón de tren se hace más corto y un reloj en su interior se atrasará. Pero dentro del propio vagón las cosas parecen normales: el observador móvil no nota ningún cambio en las dimensiones de los objetos que hay en el interior del vagón, y todo lo que indique cambios en el tiempo, desde el reloj hasta sus propios latidos, seguirá sin cambios aparentes. Solamente cuando los dos observadores se junten y comparen sus relojes comprobarán que algo ha variado.

Todas estas rarezas del tiempo y el espacio no fueron descubiertas solamente por Einstein. La contracción de FitzGerald (o de FitzGerald-Lorentz) para la longitud fue planteada en 1889,

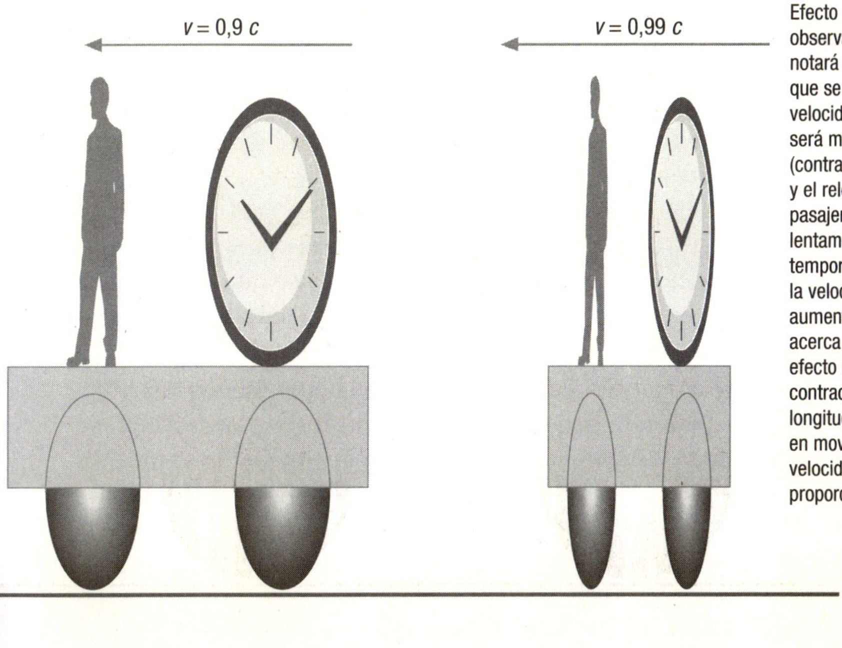

Efecto relativista: el observador en reposo notará cómo el vagón que se mueve a una velocidad relativista v será más corto (contracción espacial) y el reloj de su pasajero avanzará más lentamente (dilatación temporal). A medida que la velocidad del vagón aumenta y, por tanto, se acerca a la de la luz, el efecto relativista de la contracción de la longitud de un cuerpo en movimiento (con velocidad relativista) es proporcional a la raíz de $\sqrt{1-\frac{v^2}{c^2}}$.

la dilatación temporal fue conjeturada por Joseph Larmor en 1897 y en 1903 el matemático francés Henri Poincaré postuló que no cabía pensar en espacio y tiempo como conceptos absolutos. Incluso la famosa relación entre masa y energía $E = mc^2$ había sido sugerida con anterioridad a 1905.

Sin embargo, Einstein hizo mucho más que redescubrir la transformación de Lorentz. En lugar de limitarse a aceptar esas rarezas o proponer transformaciones para ajustar leyes particulares, postuló la equivalencia de las leyes de la física para todos los observadores inerciales junto con la constancia de la velocidad de la luz en el vacío; a partir de ahí, construyó su teoría. De esta manera, tanto las transformaciones de Lorentz como la dilatación del tiempo o la transformación del concepto de simultaneidad, todo pudo explicarse a partir de sus dos sencillos principios.

LA RELATIVIDAD GENERAL Y EL TEJIDO DEL ESPACIO-TIEMPO

Fue entonces cuando el propio concepto de tiempo y espacio como entidades separadas se desvaneció. En su lugar, apareció un *espacio-tiempo* de cuatro dimensiones (x, y, z, t) como entidad única e inseparable. Desde entonces, un punto en el espacio tridimensional ha dejado de tener realidad física por separado, pero combinado con un instante de tiempo describe un *suceso* tetradimensional; la distancia entre dos puntos se sustituye por el concepto de *intervalo* y la clásica trayectoria deja paso a una *línea de universo* que describe el conjunto de sucesos que ocupa una partícula a lo largo de toda su historia pasada, presente y futura.

La teoría de la relatividad especial permite acomodar las leyes del electromagnetismo en un universo donde las reglas son iguales para todos; ningún observador tendrá una posición o un tiempo privilegiados. Aun así, la nueva física continuó estando limitada a los observadores en sistemas inerciales, es decir, a aquellos que cumplen la primera ley de Newton:

> En ausencia de fuerzas externas, un cuerpo continúa en su estado de reposo o de movimiento uniforme.

El espacio le dice a la materia cómo moverse, y la materia le dice al espacio cómo curvarse.

JOHN WHEELER, ASTROFÍSICO ESTADOUNIDENSE

Existen, no obstante, sistemas de referencia en estado de aceleración (o deceleración) que no cumplen dicha regla. El ejemplo clásico es el de un avión que está acelerando en la pista de despegue. Incluso con las ventanillas cerradas el viajero podrá notar, a partir de la aceleración, que ha cambiado su estado de movimiento. Ese hecho parece dotar al movimiento de un carácter absoluto cuando es medido en sistemas de referencia acelerados (también llamados «no inerciales»), frente al carácter relativo en sistemas sometidos a una velocidad uniforme (llamados «inerciales»).

A Einstein no le gustaba esa dicotomía, y prefería imaginar un universo donde todos los observadores, inerciales o no, experimentasen las mismas leyes físicas. Con tal fin dedicó sus siguientes esfuerzos a extender su teoría de la relatividad desde el caso «especial» de los sistemas inerciales al caso «general» de toda clase de sistemas. La clave, que él mismo describió como la idea más feliz de su vida, fue el descubrimiento del llamado *principio de equivalencia*, que puede enunciarse así:

> En cualquier región pequeña del espacio, los efectos producidos por la gravitación son los mismos que los producidos por una aceleración.

Para entenderlo, imagine que se encuentra en una nave espacial. No hay planetas ni otros cuerpos que creen un campo gravitatorio, lo que le deja flotando en situación de ingravidez. Ahora se encienden los motores del cohete, y siente una aceleración no inercial. Le parecerá que algo tira de usted en sentido opuesto al del movimiento del cohete, pero no se trata de una fuerza verdadera, sino de una fuerza ficticia producida por la aceleración. A todos los efectos, sentirá lo mismo que si se encontrase en la Tierra antes del despegue, donde lo que tira de usted no es sino la fuerza de la gravedad.

La expresión «a todos los efectos» es importante puesto que encierra la clave para entender la teoría de la relatividad general.

CÓMO EL GRAVITY PROBE B COMPROBÓ LA DISTORSIÓN DEL ESPACIO-TIEMPO

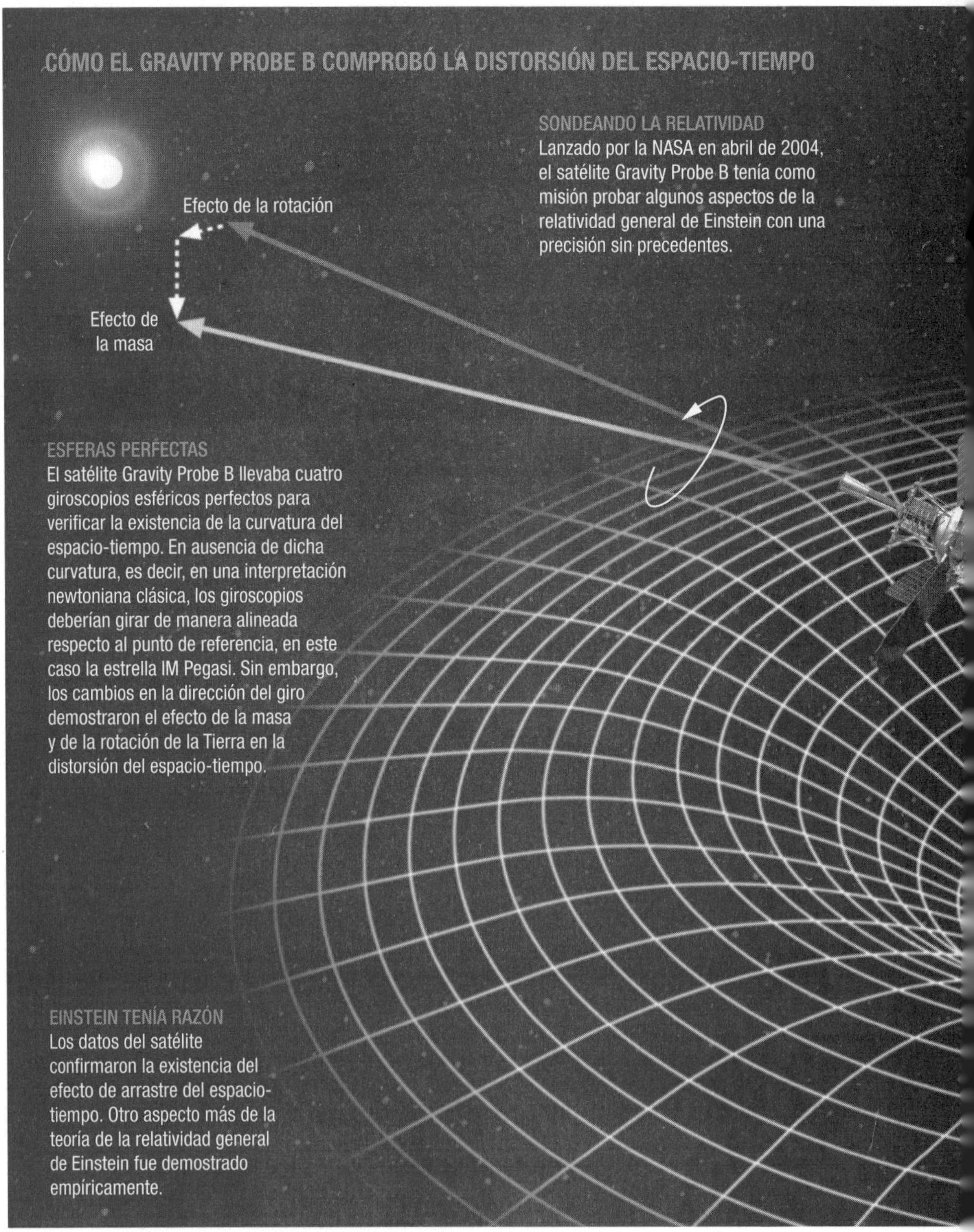

SONDEANDO LA RELATIVIDAD

Lanzado por la NASA en abril de 2004, el satélite Gravity Probe B tenía como misión probar algunos aspectos de la relatividad general de Einstein con una precisión sin precedentes.

ESFERAS PERFECTAS

El satélite Gravity Probe B llevaba cuatro giroscopios esféricos perfectos para verificar la existencia de la curvatura del espacio-tiempo. En ausencia de dicha curvatura, es decir, en una interpretación newtoniana clásica, los giroscopios deberían girar de manera alineada respecto al punto de referencia, en este caso la estrella IM Pegasi. Sin embargo, los cambios en la dirección del giro demostraron el efecto de la masa y de la rotación de la Tierra en la distorsión del espacio-tiempo.

EINSTEIN TENÍA RAZÓN

Los datos del satélite confirmaron la existencia del efecto de arrastre del espacio-tiempo. Otro aspecto más de la teoría de la relatividad general de Einstein fue demostrado empíricamente.

ARRASTRE DEL ESPACIO-TIEMPO
Una masa en rotación, como la Tierra, arrastra el espacio-tiempo como un nadador arrastra el agua a su alrededor. El propio Einstein creía que este efecto es demasiado pequeño para ser medido, pero el Gravity Probe B consiguió determinarlo con gran precisión un siglo después.

LOS NAVEGADORES Y EL GPS, FRUTO DE LA RELATIVIDAD

El sistema de posicionamiento global GPS funciona gracias a una red de satélites que envían señales codificadas desde 20 200 kilómetros de altura. Cuando el receptor capta esas señales, determina su tiempo de llegada, y al multiplicar esa cantidad por la velocidad de la luz, se obtiene una distancia relativa que permite fijar la posición del receptor. Los satélites GPS incorporan un reloj atómico de alta precisión. Su estabilidad en la medición del tiempo es del orden de una parte entre un billón, lo que significa que adelanta o atrasa, como mucho, un segundo cada 32 000 años. Una precisión tan elevada puede parecer caprichosa pero no lo es en absoluto, ya que debe corregir los errores debidos a las teorías relativistas de Einstein, tanto la especial como la general.

La curvatura del espacio-tiempo y la precisión de los satélites

Un satélite en órbita se mueve a mayor velocidad que un punto sobre la superficie terrestre y, según la relatividad especial, dos relojes marcarán tiempos distintos al moverse a velocidades distintas. También actúan los efectos de relatividad general, puesto que el campo gravitatorio terrestre es más débil en las cercanías del satélite que en la superficie, y por tanto el espacio-tiempo se curva en distinto grado. Ambas correcciones relativistas muestran signos opuestos: la mayor velocidad del satélite ralentiza su propio tiempo, y su lejanía del campo gra-

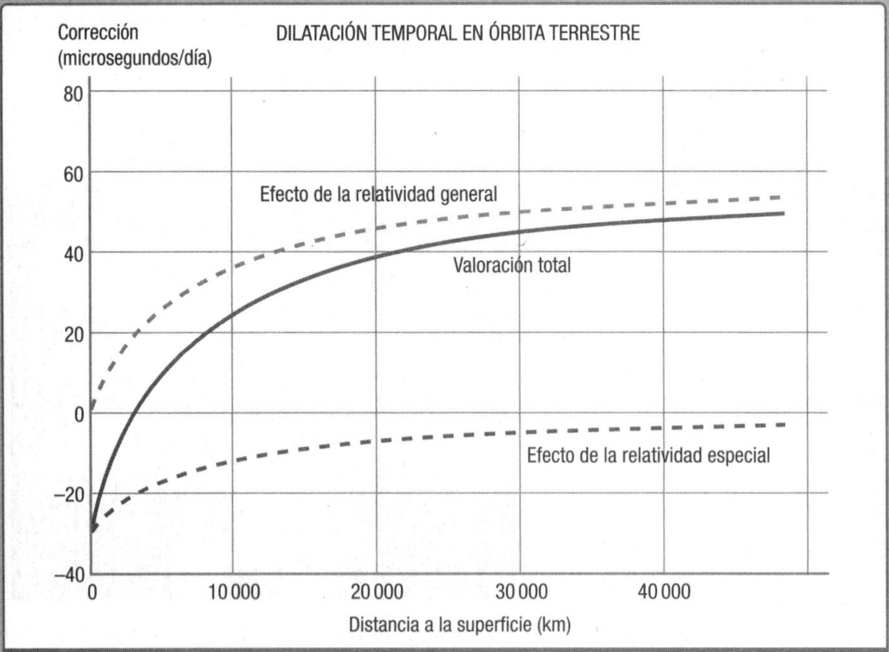

vitatorio terrestre lo acelera en relación a nosotros. ¿Qué efecto prevalece? Para velocidades sensiblemente inferiores a la de la luz, las dilataciones temporales adoptan formas sencillas:

$$\Delta(RE) \simeq -\frac{1}{2}\left(\frac{v}{c}\right)^2$$

$$\Delta(RG) \simeq \frac{GM}{c^2}\left(\frac{1}{R_T} - \frac{1}{R_{GPS}}\right)$$

donde $v = \sqrt{2GM/R_{GPS}}$ es la velocidad del satélite en una órbita circular de radio R_{GPS}, c es la velocidad de la luz en el vacío, R_T es el radio de la Tierra, M su masa y G es la constante de gravitación universal.

Sustituyendo los parámetros orbitales del satélite GPS, resulta que

Δ(RE) = $-8{,}4 * 10^{-11}$ = $-7{,}3$ microsegundos / día.
Δ(RG) = $+5{,}3 * 10^{-10}$ = $+45{,}7$ microsegundos / día.
Δ(total) = $+4{,}5 * 10^{-10}$ = $+38{,}4$ microsegundos / día.

El reloj del satélite GPS, por tanto, adelanta con respecto al nuestro. La diferencia es pequeña, aproximadamente un segundo cada setenta años, pero el elevado valor de la velocidad de la luz conlleva un error asociado en la posición de algo más de diez kilómetros diarios. Los relojes atómicos de los satélites GPS corrigen este desfase variando levemente su frecuencia de oscilación. El valor y el signo de la corrección relativista varía según la distancia. Para una órbita de 3200 kilómetros de altitud sobre la superficie terrestre, los efectos de dilatación temporal debidos a la relatividad especial y a la general se compensan. Por debajo de dicha altitud, el reloj del satélite atrasa respecto al de la superficie y, a mayor altitud, adelanta. La órbita de los satélites GPS (situada a 20200 kilómetros de altura) se diseñó con diversos propósitos en mente, pero la anulación de las correcciones debidas a la relatividad espacial y la relatividad general no fue una de ellas. La próxima vez que se pregunte para qué necesitamos un reloj atómico que no atrase ni un segundo en miles de años, ya conoce una respuesta: para saber exactamente dónde estamos.

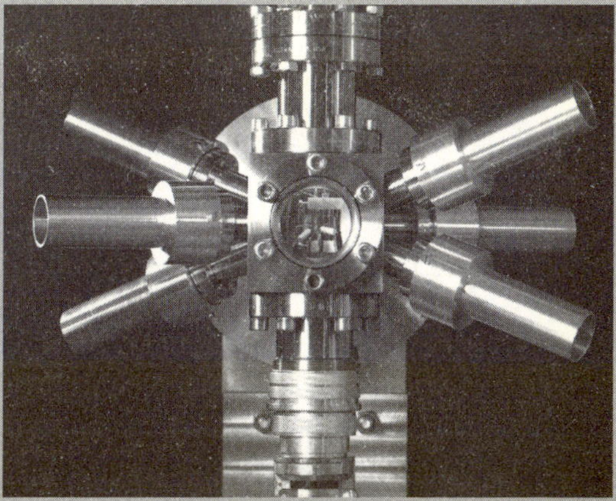

Reloj atómico del Laboratorio Nacional de Física del Reino Unido.

En un sistema de referencia inercial, la aceleración se relaciona con la fuerza mediante la conocida expresión $F = ma$, donde m es la masa inercial, una cantidad que representa la inercia o, en términos poco técnicos, la «pereza» de un cuerpo. Por otro lado, la intensidad de la fuerza de la gravedad está condicionada por una magnitud denominada «masa gravitatoria». No hay motivo para que ambas masas sean del mismo tipo, ni para que sean proporcionales entre sí.

Al soltar un cuerpo, la aceleración que sufre es proporcional al cociente entre masa gravitatoria y masa inercial. Si dicho cociente fuese siempre el mismo, objetos con la misma masa inercial caerían con idéntica aceleración. ¿Lo hacen? La respuesta, verificada en multitud de experimentos, es un rotundo sí. Einstein aceptó la equivalencia «masa inercial = masa gravitatoria» y la elevó a la categoría de principio fundamental, permitiéndole así hacer un tratamiento en el cual la gravedad actúa como una fuerza con efectos indistinguibles a los de una aceleración.

Nos encontramos, eso sí, con el problema de que esa equivalencia ha de ser local (de ahí la condición «en cualquier región pequeña del espacio»). Dos observadores, uno cayendo hacia el suelo desde el polo Norte y otro desde el ecuador, pueden considerarse a sí mismos como observadores inerciales mientras caen, pero no existe ningún sistema inercial que los contenga a ambos.

La solución adoptada por Einstein para trabajar con el espacio-tiempo a nivel global fue suponer que está compuesto por múltiples trocitos de espacio-tiempo plano «pegados» entre sí, de manera que la suma ya no es plana sino curva. Sería algo así como un balón de fútbol, que tiene una forma aproximadamente esférica a pesar de estar formado por una combinación de pentágonos y hexágonos planos. Si ponemos una hormiga sobre cada una de esas superficies, cada una de ellas creerá que su «espacio-tiempo» local es plano aunque, globalmente, el balón está curvado.

Llegamos así a una concepción de espacio-tiempo no plano. Desde ese momento, la imagen newtoniana de la gravedad como una fuerza de atracción desaparece. Lo que hace realmente una masa gravitatoria, según la visión einsteniana, es curvar el espacio-tiempo a su alrededor.

La nueva teoría de la relatividad general debería poseer de antemano algunas propiedades como: ofrecer los mismos resultados que la mecánica newtoniana en el límite no relativista (velocidades y masas pequeñas); predecir los resultados de la relatividad especial, y ser lo más sencilla posible. Este último es un requisito estético que Einstein aceptó de buen grado, convencido de que el universo podía ser algo complejo, pero no innecesariamente complejo. Tras varios años de esfuerzos, la relatividad general vio finalmente la luz. Era el año 1915.

Quizá no sea adecuado hablar de causa y efecto, sino sencillamente de relaciones. El espacio newtoniano planteaba un esquema independiente de los sucesos físicos, algo así como un escenario indiferente a la obra que se representa; como contraposición, el espacio-tiempo que nos presenta la relatividad general es otro actor del escenario. La curvatura del espacio determina el movimiento de la masa, que a su vez perturba y deforma el espacio a su alrededor.

La utilidad de la relatividad general a la hora de describir el universo es indiscutible. Durante el siglo transcurrido desde su nacimiento ha sido sometida a todo tipo de pruebas y, hasta la fecha, las ha superado todas. Cada vez que un experimento parece descubrir una violación de la teoría, los periódicos se llenan de titulares desafiantes estilo «La teoría de Einstein en entredicho», solo para descubrir meses después que el edificio teórico erigido por el genio alemán permanece completamente incólume.

Una primera unificación: gravedad y electromagnetismo

Albert Einstein es el hombre a quien los libros de historia reconocen como el padre de la relatividad, pero no fue ni mucho menos su único progenitor. Otro de sus precursores fue un físico teórico finlandés llamado Gunnar Nordström, cuya entrada en este campo fue casi fortuita. Aunque llegó a la Universidad de Gotinga en 1906 interesado por aprender química con Walther Nernst, un prestigioso físico y químico alemán que ganó el premio Nobel de Química en 1920, su motivación se desvaneció cuando oyó hablar de un nuevo campo de estudio llamado relatividad.

Así, a comienzos de la década de 1910, Einstein y Nordström buscaban de forma independiente las ecuaciones de la relatividad general. El primer intento de Nordström fue un modelo para extender la gravitación newtoniana al campo de la relatividad especial. En él consideró la gravedad como un campo escalar (en contraposición al tratamiento tensorial preferido por Einstein) y no tuvo éxito. Entre otros defectos, fue incapaz de predecir fenómenos como la precesión del perihelio de Mercurio.

Su segunda teoría fue mucho más ambiciosa. En la relatividad especial de Einstein, el tiempo se considera una coordenada más, de modo que la formulación matemática ideada por el ruso

MERCURIO Y LA EXTRAÑA PRECESIÓN DE SU PERIHELIO

En consonancia con las deducciones experimentales de Johannes Kepler, la ley de gravitación universal estipula que las órbitas de los planetas alrededor del Sol han de tener forma de elipse y que el perihelio, punto de máxima aproximación del planeta al Sol, permanece fijo en el espacio. Pero las medidas orbitales precisas de algunos planetas muestran, por el contrario, que la elipse que recorren los planetas va girando con el tiempo. Eso es por la precesión del perihelio, una desviación en el movimiento de los planetas. Se dice que el punto de perihelio está precesando. La precesión del perihelio se observó en varios planetas pero era más acusada en Mercurio, el pequeño planeta que se encuentra más cercano al Sol. La razón fundamental de este fenómeno es el tirón gravitatorio causado por los otros planetas, especialmente algunos de los que tiene más cerca: Venus, Júpiter y la Tierra. Pero aun descontando esas influencias, quedaba un pequeño efecto residual por explicar en el perihelio de Mercurio: una diferencia de unos 43 segundos de arco que aumentaba cada siglo. Una cantidad pequeña, similar al ángulo que forma una moneda de euro a una distancia de cien metros, pero medible.

Le Verrier y la búsqueda de Vulcano

A mediados del siglo XIX el matemático francés Urbain Le Verrier postuló la existencia de un planeta hipotético para explicar las discrepancias en la órbita de Urano, lo que le llevó al descubrimiento de Neptuno. De forma análoga, sugirió que un planeta muy cercano al Sol, al que bautizó con el nombre de Vulcano, podría ser responsable de la precesión en el perihelio de Mercurio. Durante casi veinte años se buscó a Vulcano, con resultado negativo. Otras hipótesis supusieron la existencia de un anillo en la órbita solar. Hubo incluso quien propuso, directamente, modificar la ley de gravitación universal.

Comprobaciones reveladoras

Cuando Einstein desarrolló la teoría de la relatividad general, una de sus predicciones fue la precesión del perihelio de Mercurio. El efecto aumentaba con la distancia al Sol, y alcanzaba un valor de 42,98 segundos de arco por siglo para Mercurio. En 1947, un conjunto de medidas realizadas en el Observatorio Naval de EE UU arrojó un valor experimental de 43,03 segundos de arco por siglo; posteriormente, otras mediciones más precisas corrigieron el valor hasta 42,98, tal y como predice la relatividad general. El efecto de precesión relativista en una órbita elíptica ha sido comprobado fuera de nuestro sistema solar. El sistema estelar binario PSR 1913+16, situado a más de 20 000 años-luz de distancia de la Tierra, está formado por dos estrellas de neutrones, una de las cuales irradia pulsos de energía electromagnética con una periodicidad determinada. Los tiempos de llegada de este púlsar varían levemente tras un periodo de 7,75 horas, lo que sugiere un fenómeno de precesión de perihelio (en este caso, periastro) similar al de Mercurio, pero más rápido: el púlsar precesa en un día como Mercurio en un siglo. En 1993, los estadounidenses Russell Hulse y Joseph Taylor recibieron el Nobel de Física por el descubrimiento de un nuevo tipo de púlsar, que abrió nuevas posibilidades al estudio de la gravitación.

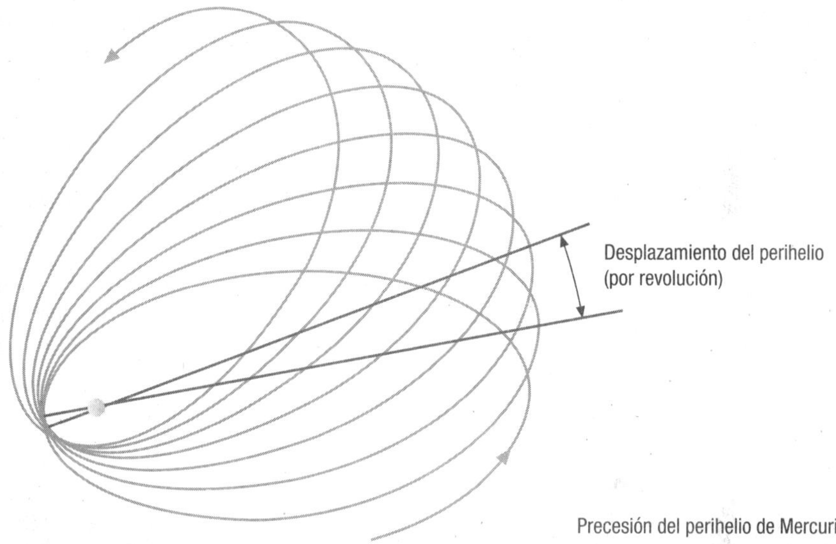

Precesión del perihelio de Mercurio.

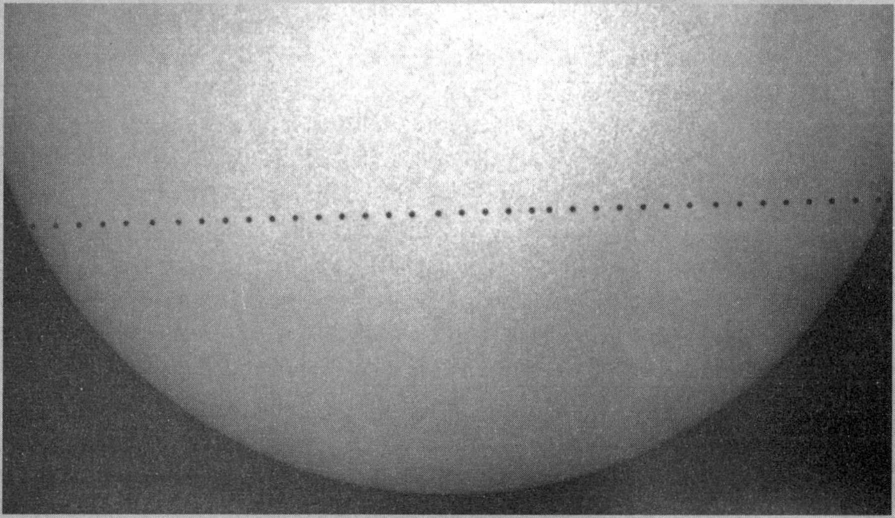

Mercurio en su tránsito por delante del Sol, una pequeñísima mota en la inmensidad de la gran estrella.

Hermann Minkowski (autor de la teoría geométrica de los números) une el tiempo con las tres coordenadas espaciales habituales para dar lugar a un espacio-tiempo de cuatro dimensiones. Nordström fue un paso más allá y propuso la existencia de una quinta dimensión, un concepto que puede parecer poco intuitivo pero, en cualquier caso, legítimo a efectos de cálculo. Si iba a permitir la construcción de una teoría relativista sólida basada en un único campo electro-magnético-gravitatorio, valdría la pena. El nuevo campo de Nordström se reduciría al electromagnetismo de Maxwell en ausencia de gravedad.

El propio Einstein proclamó públicamente en 1913 que los únicos desarrollos relativistas dignos de tener en cuenta eran el de Nordström y el suyo propio. En un momento dado pareció que el finlandés, dotado de un formalismo más sencillo y elegante, acabaría ganando la partida. Pero para su desgracia, la teoría de Nordström falló donde ya antes fallaron otras teorías prometedoras: en su verificación experimental. Su predicción para el movimiento del perihelio de Mercurio fue mucho menor que la esperada y, además, tenía el signo opuesto; tampoco pudo explicar adecuadamente la dilatación del tiempo.

Finalmente, la desviación de la luz estelar en las cercanías del campo gravitatorio del Sol, medida experimentalmente en el famoso eclipse solar de 1919, dio la victoria a la relatividad de Einstein. Para entonces, Nordström había abandonado sus esfuerzos en ese campo y admitido su derrota. En 1918 declinó una plaza de profesor en la Universidad de Berlín para volver a Finlandia, que acababa de alcanzar su independencia. En los años siguientes realizó diversos trabajos de investigación con materiales radiactivos, lo que muy probablemente le causó una temprana muerte en 1923. Tenía cuarenta y dos años de edad.

Aunque fracasó en su intento de crear una teoría de relatividad general, no hay que olvidar que Gunnar Nordström estuvo a punto de conseguirlo. También es meritorio el hecho de que fue el primero en atreverse a postular la existencia de dimensiones adicionales a las cuatro habituales de espacio + tiempo. Muchos investigadores seguirían sus pasos en décadas sucesivas, e incluso en nuestros días, las teorías más prometedoras de unificación de fuerzas tienen, prácticamente sin excepción, un tratamiento multidimensional.

LA MALA ELECCIÓN DE MIE Y HILBERT

Newton afirmó en una ocasión que llegó tan lejos porque había subido a hombros de gigantes. Lo mismo puede aplicarse a Einstein. El genio alemán se apoyó en grandes matemáticos como Hermann Minkowski o Marcel Grossman, su colaborador, para edificar su teoría de la relatividad. El nuevo universo relativista dependía en forma crítica de las matemáticas avanzadas, por lo que los mejores en esta disciplina fueron los más indicados para unificar la relatividad y el electromagnetismo.

> Necesitamos saber. Y sabremos.
>
> **David Hilbert**

Entre ellos, el alemán David Hilbert, quien fue sin discusión uno de los mejores matemáticos del siglo xx. Sus contribuciones en diversos campos de la ciencia son demasiado numerosas para enunciarlas siquiera. Por poner un ejemplo, los operadores matemáticos utilizados actualmente en mecánica cuántica se definen dentro de lo que se llama un espacio de Hilbert (un espacio matemático, no físico). En 1900 compiló una famosa lista de 23 problemas de matemáticas no resueltos, algunos de los cuales, considerados míticos dentro de la comunidad matemática, siguen sin estarlo todavía.

Hilbert comenzó a inclinarse por la física en 1910 y pocos años después se centró en los interrogantes derivados de la recién descubierta relatividad general. De hecho, publicó una derivación de las ecuaciones de esa teoría pocos días después de que lo hiciera el propio Einstein. Pero, a pesar de que en ocasiones se ha querido suscitar una polémica sobre la primicia del descubrimiento, el mismo Hilbert reconoció siempre la prioridad del genio alemán.

Dada su trayectoria matemática, cuando Hilbert decidió centrar sus esfuerzos en la unificación de las fuerzas gravitatoria y electromagnética se encontró en posición de ventaja. Pocas

EL ECLIPSE QUE CONVIRTIÓ A EINSTEIN EN UNA LEYENDA

Si un rayo de luz pasa cerca de un cuerpo masivo, resulta desviado por efectos de la gravedad. Este hecho es un factor distintivo de la teoría de la relatividad general de Einstein, y su predicción confirmó su validez. Pero esa doble afirmación es cierta solo en parte. La teoría de gravitación de Newton ya predijo un efecto de desviación. Partiendo de la suposición de que la luz está compuesta por partículas, en 1804 el físico alemán Johann Georg von Soldner calculó que un rayo de luz que pasase de forma rasante junto al Sol sería desviado en un ángulo de 0,87 segundos de arco. En 1911, Einstein usó su teoría de la relatividad especial para calcular un valor igual; cuando desarrolló su teoría general, esa desviación se hizo doble: 1,75 segundos de arco. La comprobación experimental resulta difícil de llevar a cabo, pero puede hacerse durante un eclipse de Sol, cuando nuestro astro rey queda oculto tras la Luna. En ese momento pueden medirse las posiciones de las estrellas cercanas al Sol, compararlas con sus posiciones reales y estimar la desviación, lo que requiere de instrumental de precisión y cielos limpios. Y también un poco de suerte, circunstancia que no abundó en la década de 1910, durante la que se intentaron llevar a cabo varias observaciones para comprobar esos datos. La primera expedición, organizada por el Observatorio Nacional Argentino, viajó a Brasil en 1912 para observar un eclipse total de Sol ese 10 de octubre, pero fracasó debido a la lluvia. Peor suerte tuvo la expedición alemana. Los integrantes del Observatorio de Berlín intentaron realizar sus observaciones en la península de Crimea durante el eclipse del 21 de agosto de 1914. Habían pasado apenas tres semanas tras el inicio de la Primera Guerra Mundial y fueron capturados por el ejército ruso. De la misma forma, la crisis generada por la guerra impidió una buena observación del eclipse de febrero de 1916 en Venezuela, y el muy esperado eclipse de junio de 1918 en Estados Unidos, al carecer del instrumental adecuado, no arrojó resultados concluyentes.

Comprobaciones reveladoras

La ocasión propicia llegó el 29 de mayo de 1919. El astrónomo inglés Arthur Eddington, en un intento por reconciliar a británicos y alemanes tras la Primera Guerra Mundial, se embarcó hacia la Isla del Príncipe, en el golfo de Guinea, para verificar la teoría de la relatividad. Sus mediciones dieron un valor para la desviación de la luz de 1,61 segundos de arco. Una segunda expedición a Brasil organizada por el Real Observatorio de Greenwich usó dos instrumentos de observación que arrojaron valores dispares: 1,98 y 0,93 segundos de arco. Eddington juzgó que la medida del segundo instrumento era de peor calidad porque su espejo había sido afectado por el calor del Sol. Luego, promedió las otras dos observaciones y concluyó un valor de 1,75 segundos de arco, coincidiendo con la predicción de Einstein. En años posteriores se criticaría la decisión de Eddington de «olvidar» los datos de peor calidad. Pero una revisión efectuada en 1979 confirmó que el valor real dado por el segundo instrumento coincidía también con la predicción de Einstein, dentro de los márgenes de error experimental. En cualquier caso, no importó. Para los científicos, la expedición de 1919 confirmó la validez de la teoría de la relatividad general; para el hombre de la calle, el nombre de Einstein se convirtió en leyenda.

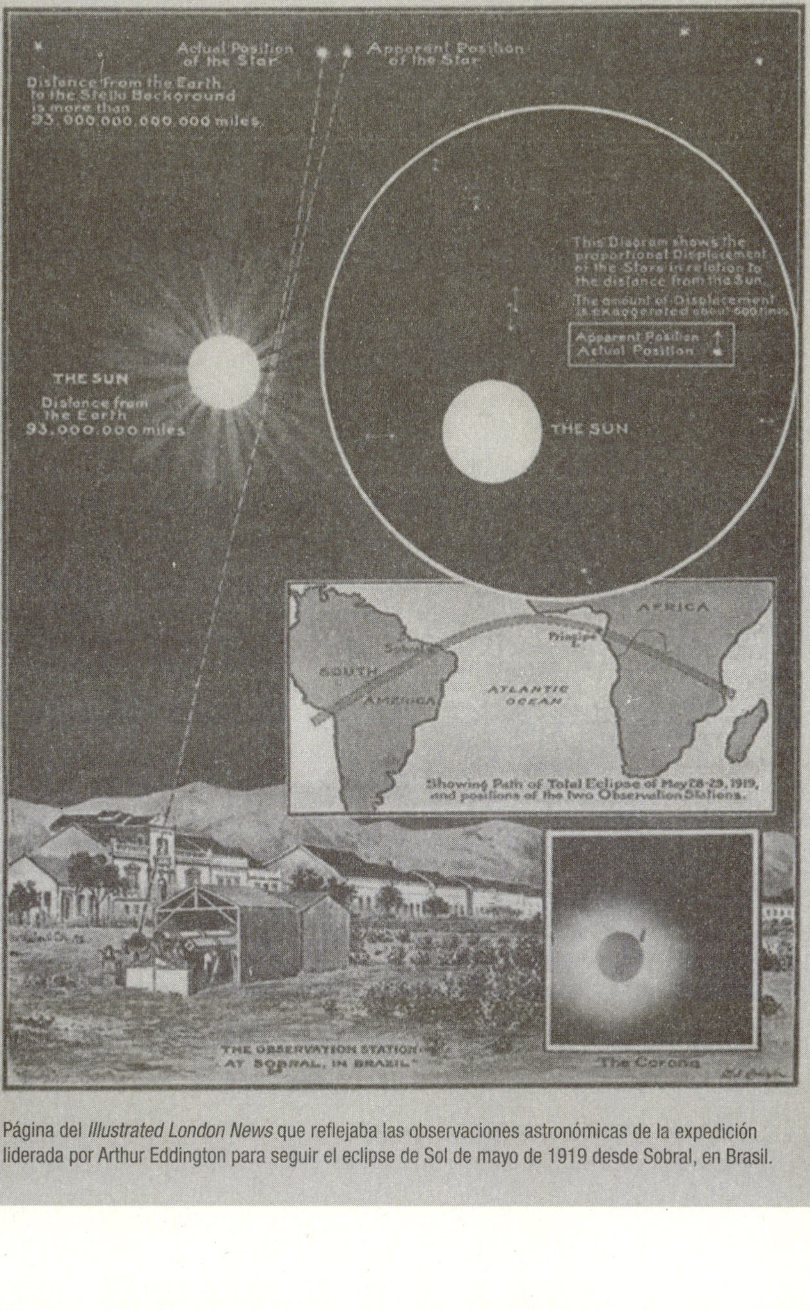

Página del *Illustrated London News* que reflejaba las observaciones astronómicas de la expedición liderada por Arthur Eddington para seguir el eclipse de Sol de mayo de 1919 desde Sobral, en Brasil.

personas de su época contaban con una mente tan privilegiada como la suya en lo que respecta a las matemáticas. Pero, lamentablemente, se equivocó al cimentar su nueva teoría en una particular visión del electromagnetismo propuesta por el físico alemán Gustav Mie, en la que recuperaba la ya entonces obsoleta teoría del éter.

En 1910, Mie había publicado un libro de texto donde el electromagnetismo se convertía en una nueva teoría del éter. Esa sustancia sutil que supuestamente permitía la transmisión de las ondas electromagnéticas (y que el experimento de Michelson y Morley había desacreditado veinte años antes) fue considerada por Mie como la clave para la comprensión de nuestro mundo. Según su visión, las partículas materiales eran como nudos en el éter, conglomerados que pueden ser explicados mediante electricidad y magnetismo.

Los intentos de Mie por desarrollar un formalismo relativista similar al de Einstein tuvieron escaso éxito. Lo cierto es que Mie nunca estuvo cerca de lograr el objetivo de la unificación entre las fuerzas electromagnéticas y gravitatorias; sin embargo, al comienzo su teoría parecía muy prometedora. Su visión de una materia constituida por «grumos» de éter parecía sugerir el camino hacia la unificación entre masa y electromagnetismo que buscaba Hilbert.

Ni siquiera el prodigioso talento matemático de Hilbert logró resolver las dificultades que encerraba una teoría que, como hoy sabemos, estaba condenada al fracaso. En la versión inicial de su formalismo, el electromagnetismo se definía como la interacción fundamental a partir de la cual se deriva la gravitación; pronto tuvo que rectificar y adoptar una versión opuesta centrada en la gravedad. Finalmente, tuvo que darse por vencido. Su intento por extender la teoría de la relatividad no fructificó, aunque sus más que notables contribuciones matemáticas en multitud de campos siguen siendo ampliamente reconocidas.

En cuanto a Gustav Mie, también alcanzó el reconocimiento de la comunidad científica, aunque por motivos muy diferentes. Su manual sobre electromagnetismo, publicado en 1910 y considerado por él mismo la obra más relevante de su carrera, cayó en el olvido salvo como ejemplo de teoría fallida. Sin embargo, dos años antes, en 1908, publicó un artículo sobre la interacción entre ondas electromagnéticas y partículas esféricas en suspensión coloidal, basado en las ecuaciones de Maxwell, que resultó mucho más fructífero. Los resultados de ese artículo conformaron lo que en la actualidad se denomina *teoría de Mie*, y la interacción entre luz y esferas denominada *dispersión de Mie*, es ampliamente conocida y usada en áreas como la física de la atmósfera.

HERMANN WEYL Y SU INTRADUCIBLE *GAUGE*

Sin duda, Hilbert fue uno de los grandes matemáticos del siglo XX que se sintieron atraídos por la nueva relatividad general descubierta por Einstein, un campo que requería de herramientas matemáticas avanzadas, en algunos casos aún por desarrollar. Pero el nombre de Hermann Weyl debe unirse a la lista, porque, a pesar de no alcanzar el éxito, suyo es el mérito de abrir una vía de trabajo que sigue desarrollándose en nuestros días: la de las teorías *gauge*.

Traducir el término *gauge* al castellano es tarea difícil, puesto que su significado en física es bastante distinto al del habla cotidiana. Se ha intentado traducir como *norma*, *calibre*, *galga*, *aforo* y otros términos, pero no hay consenso en cuanto a cuál es el término más adecuado; quizá por eso los científicos del ramo tienden a usar el vocablo inglés. Aunque, para mayor complicación, *gauge* es la traducción al inglés de un término alemán que significa algo así como «calibración» o «graduación».

Pero lo importante, más que consensuar su traducción más correcta, es entender su significado. El concepto de *gauge* implica grados de libertad redundantes que pueden reducirse mediante una transformación adecuada. Para entenderlo, imaginemos que calculamos la velocidad de un cuerpo que ha sido arrojado desde cierta altura. Una manera de hacerlo es calculando la energía mecánica total, que no es sino la suma de su energía cinética y su energía potencial, y utilizar el principio de conservación de la energía (que afirma que la cantidad total de energía de cualquier cuerpo físico aislado permanece invariable con el tiempo).

Recordemos ahora que la ley de gravitación universal de Newton nos indica que el valor de la energía potencial de un cuerpo de masa m, en una región con aceleración gravitatoria g, es $U = mgh$, donde h es la altura del cuerpo. Pero, altura... ¿en relación a qué punto? En realidad disponemos de un grado de libertad indeterminado, en el sentido de que es posible escoger la posición $h = 0$ de diversas maneras. Podemos hacer $h = 0$ al nivel del suelo, o en la azotea del laboratorio, o a una altura de 1552 metros: donde nosotros queramos.

Tenemos, por tanto, la libertad de hacer nuestra elección de $h = 0$ sin restricciones, en el entendido de que el resultado, y en último término, el principio físico que estamos utilizando, no se verá afectado. Las leyes gravitatorias son en este caso invariantes frente a cambios en la elección de nuestro origen de alturas (figura 1).

El *gauge* es una extensión de este concepto. En determinadas condiciones podemos escoger un *gauge* (algo así como la altura inicial de nuestro ejemplo), lo que permite definir una teoría *gauge* de forma que resulte invariante frente a ciertas transformaciones. Los ejemplos de *gauge* en campos como la relatividad suelen ser complicados, ya que aparecen en forma de derivadas, y las reglas que determinan su valor imponen restricciones a la forma que deben tener las ecuaciones físicas.

Las ecuaciones de Maxwell resultan covariantes (es decir, no cambian) ante transformaciones *gauge*. Eso dio motivos a Weyl para pensar que quizá fuese posible extender esa covariancia al campo gravitatorio y, de ese modo, intentó unificar el electromagnetismo y la gravedad. Fue el primero que trató de aplicar el concepto de *gauge* a una teoría, y sus esfuerzos ayudaron a popularizar el término. Muchos otros investigadores futuros aplicarían ese concepto en teorías de campo unificado.

En 1918, Weyl formuló una teoría *gauge* aplicable al formalismo de la relatividad general. Su idea fue considerada elegante por diversos científicos de su tiempo, pero en su interior acechaba

FIG. 1

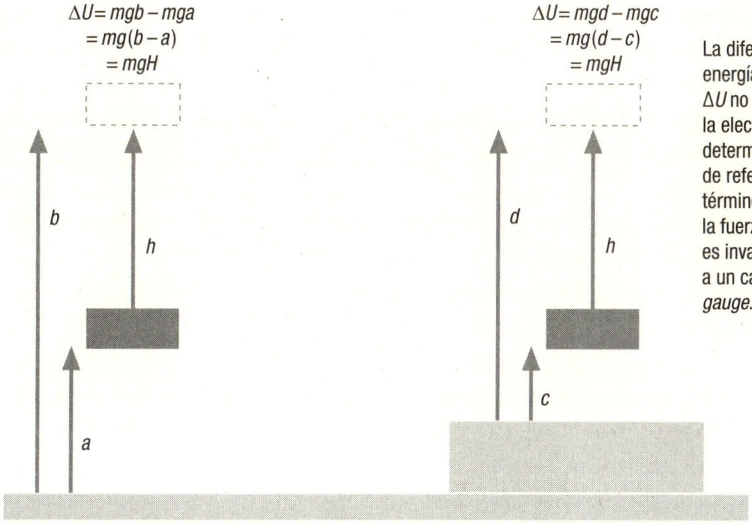

La diferencia de energía potencial *ΔU* no depende de la elección de una determinada altura de referencia. En términos cuánticos, la fuerza gravitatoria es invariante frente a un cambio de *gauge*.

un error fatal que Einstein, colega y amigo suyo, vio claramente desde el principio.

Y es que, según la teoría de Weyl, la forma en que un reloj mide el tiempo no depende solamente de su posición actual, sino de las posiciones en las que ha estado anteriormente. Si en lugar de un reloj nos referimos a un átomo de hidrógeno, el conjunto de frecuencias en las que emitirá radiación dependerá de su ubicación tanto actual como pasada. Dicho de otra forma, el comportamiento del átomo dependerá de su historia, lo que contradice la evidencia experimental, ya que podemos observar átomos de hidrógeno radiando por todo el espacio, y todos lo hacen de la misma manera.

Hermann Weyl siguió intentando mejorar su teoría hasta que en 1921 se dio por vencido y dedicó sus esfuerzos a diversos campos matemáticos: teoría de grupos, álgebra, tensores... Sin embargo, algunas de sus contribuciones a la relatividad general siguen vigentes, como el llamado *tensor de Weyl*, que forma parte de las ecuaciones de campo de Einstein. Incluso su tratamiento

UN *GAUGE* NO ALTERA EL ELECTROMAGNETISMO

Se puede describir un campo electrostático en función de su potencial eléctrico V. La fuerza que actúa sobre una partícula cargada y sus cambios energéticos está relacionada con la diferencia de potencial entre dos puntos. Una pila de 1,5 V indica la diferencia de potencial $\Delta V = V_2 - V_1$ entre ambos bornes. Desconocemos el potencial en uno de ellos, pero si sumamos una cantidad constante C al potencial en cada punto, la diferencia será la misma, pues $(V_2+C)-(V_1+C)=V_2-V_1=\Delta V$. Así, la actuación de los electrones será invariante frente a una elección de la constante C. Para explicar los fenómenos eléctricos y magnéticos se requieren las ecuaciones de Maxwell, donde los campos eléctrico **E** y magnético **B** se expresan mediante el potencial V y el potencial vector **A**:

$$\mathbf{E} = -\nabla V - \frac{\partial \mathbf{A}}{\partial t} \qquad \mathbf{B} = \nabla \times \mathbf{A}$$

donde el símbolo triangular («operador nabla») indica una serie de derivadas espaciales y ∂, una derivada temporal. Se pueden modificar los potenciales V, **A** para que los campos magnéticos no cambien. Si una función f que dependa de la posición y del tiempo se transforma así:

$$\mathbf{A}' = \mathbf{A} + \nabla f \qquad V' = V - \frac{\partial f}{\partial t}$$

Las nuevas definiciones de campo eléctrico (**E**') y magnético (**B**') serán:

$$\mathbf{E}' = -\nabla V' - \frac{\partial \mathbf{A}'}{\partial t} \qquad \mathbf{B}' = \nabla \times \mathbf{A}'$$

Expresando el nuevo campo eléctrico en función de los potenciales (V, **A**) obtenemos:

$$\mathbf{E}' = -\nabla V' - \frac{\partial \mathbf{A}'}{\partial t} = -\nabla V + \nabla \frac{\partial f}{\partial t} - \frac{\partial \mathbf{A}}{\partial t} - \frac{\partial \nabla f}{\partial t}$$

Como los operadores de derivada espacial (nabla) y temporal (∂) son conmutativos, pueden cambiarse de orden, dos de los elementos del último término se anulan, dando como resultado:

$$\mathbf{E}' = -\nabla V - \frac{\partial \mathbf{A}}{\partial t} = \mathbf{E}$$

De forma similar para el campo magnético:

$$\mathbf{B}' = \nabla \times \mathbf{A}' = \nabla \times (\mathbf{A} + \nabla f) = \nabla \times \mathbf{A} + \nabla \times (\nabla f)$$

Según el operador nabla el último sumando es igual a cero, por lo que tenemos: $\mathbf{B}' = \nabla \times \mathbf{A} = \mathbf{B}$. De esta forma podemos alterar los potenciales (V, A) escogiendo cualquier *gauge* o función f sin alterar las ecuaciones de Maxwell.

de los campos *gauge* resultó cómodo para el naciente campo de la mecánica cuántica, donde ha encontrado un fértil nicho hasta nuestros días.

EL ASUNTO DE LAS DIMENSIONES ENROLLADAS

Dos años después del fallecimiento de Gunnar Nordström, la idea de una quinta dimensión volvió a renacer con un planteamiento diferente. Nordström, al introducir una dimensión adicional al espacio-tiempo, planteó una mera herramienta matemática sin significado físico alguno y, como ya advirtió Ernst Mach, un físico austríaco que ejerció una gran influencia sobre el pensamiento de Einstein, el uso de más de tres dimensiones espaciales solo era admisible como apoyo matemático. No se debía ir más allá.

Entre otros motivos, el planteamiento de Nordström se demostró inviable porque este había utilizado la relatividad especial, de aplicación más restringida. El mérito de intentarlo por vez primera en el nuevo marco teórico de la relatividad general correspondió al matemático alemán Theodor Kaluza. En 1919, Kaluza intentó resolver esas mismas ecuaciones en un espacio de cinco dimensiones (cuatro espaciales y una temporal), y descubrió que las ecuaciones de la relatividad general por un lado, y las del electromagnetismo por otro, surgían de modo natural.

¿Cómo lo consiguió? Su éxito fue debido a un detalle: consideró la quinta dimensión como una dimensión espacial real y, en cierto modo, separada de las otras cuatro. Como resulta difícil imaginar el concepto de cinco dimensiones, pondremos un ejemplo tridimensional. Imaginemos por un momento que vivimos en un universo plano de dos dimensiones (olvidemos el tiempo por un momento). Nos movemos libremente a lo largo y ancho de una hoja plana.

Ahora supongamos que enrollamos esa hoja hasta formar un cilindro. De repente, la situación cambia. Ya no es lo mismo viajar en una dirección que en otra. Un movimiento perpendicular al eje del cilindro nos hará volver a la posición de partida, mientras que moverse en la dirección del eje nos llevará por un camino de distinta longitud y propiedades (figura 2).

Cuando Kaluza desarrolló su teoría pentadimensional observó que sus resultados arrojaban dos conjuntos de ecuaciones: las de la relatividad general de Einstein y las del electromagnetismo. Debió de ser para él uno de esos maravillosos «momentos eureka», preludio de grandes descubrimientos teóricos. Kaluza escribió a Einstein en 1919, y este le animó a publicar su teoría, cosa que hizo en 1921.

A pesar del apoyo del genio alemán, al principio la novedosa teoría de Kaluza no tuvo mucho éxito. Inventarse una dimensión para meros efectos de cálculo era aceptable, pero la introducción de una dimensión física real era algo que la comunidad científica no estaba dispuesta a tomarse a la ligera. La vida profesional de Kaluza se hizo difícil. Era 1926 y Kaluza llevaba casi dos décadas en la Universidad de Königsberg como *privatdozent*, un cargo de profesor no permanente. Ciertamente, hablar de nuevas dimensiones no le ayudó a prosperar. Más bien alejó las posibilidades de un ascenso.

Fue entonces cuando apareció en escena la persona cuyo nombre ha quedado asociado al suyo en los anales de la física: Oskar Klein, un físico teórico sueco que se convirtió en el complemento ideal para el matemático Kaluza. Klein decidió tomar la teoría de Kaluza y añadirle los principios de la mecánica cuántica, campo que estaba entonces en pleno auge, para postular una descripción física de esa quinta dimensión. De acuerdo con la idea de Klein, dicha dimensión era una especie de bucle circular.

La situación nos recuerda a la de una tira de velcro, donde cada punto de la superficie es en realidad un minúsculo ganchito (figura 3). El espacio sería algo similar, con pequeñas circunferencias cerradas en cada punto, lo que permite *compactificar* o enrollar esa dimensión extra de una forma que no suele manifestarse en nuestra vida cotidiana.

La pregunta surge de inmediato: si esa quinta dimensión existe, ¿por qué no podemos verla? Klein, usando argumentos de mecánica cuántica, afirmó que es demasiado pequeña para poder observarla. El radio del bucle que representa la quinta dimensión

FIG. 2

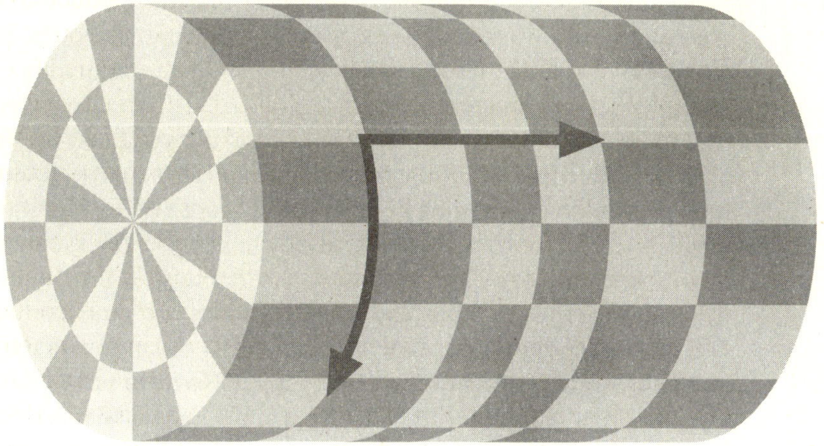

Diferentes desplazamientos en dimensiones «enrolladas». La superficie tiene propiedades distintas según nos movamos en una dirección u otra. Si el radio del cilindro fuese mucho más pequeño que su longitud, una criatura que viviese en la superficie del cilindro no percibiría los desplazamientos perpendiculares al eje.

FIG. 3

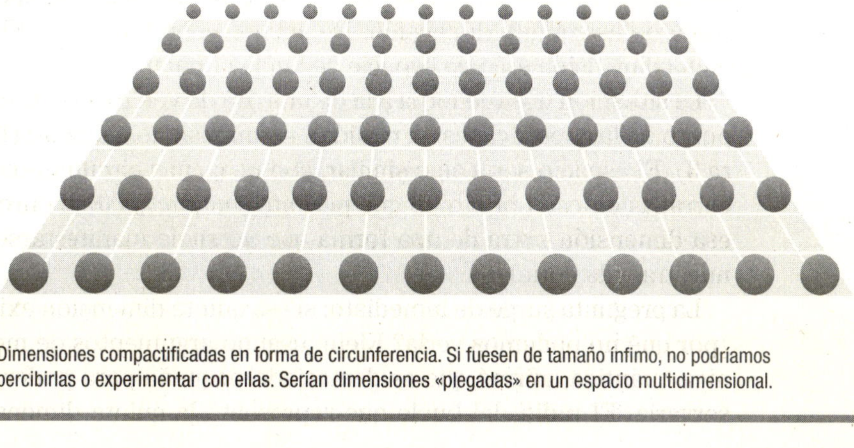

Dimensiones compactificadas en forma de circunferencia. Si fuesen de tamaño ínfimo, no podríamos percibirlas o experimentar con ellas. Serían dimensiones «plegadas» en un espacio multidimensional.

sería del orden de 10^{-35} metros, una longitud ínfima más allá de todo lo imaginado hasta entonces: el radio de un protón sería un millón de millones de millones de veces mayor. Ciertamente, la nueva dimensión es demasiado pequeña para poder verla, pero aun así la libertad extra que proporciona permite explicar la existencia del electromagnetismo.

Aunque la teoría de Kaluza-Klein parecía la solución para la unificación de los campos gravitatorio y electromagnético, no estaba destinada a ganarse el corazón y la mente de los científicos de la época. La teoría que les interesaba era la novedosa mecánica cuántica, cuyo formalismo matemático había sido ampliamente desarrollado y les permitía evaluar cantidades con gran precisión.

Así pues, el éxito de la mecánica cuántica, sumado a la dificultad de la verificación experimental y los fallos de la propia teoría, ahogaron las posibilidades de la teoría de Kaluza-Klein. Una de las predicciones de dicha teoría, derivada de la nueva dimensión espacial extra, era la existencia de una partícula sin masa, sin carga y de espín cero (el espín es una propiedad física de las partículas subatómicas) que nunca había sido observada. Otro problema vino dado por el grado de compactificación de la dimensión extra. El tamaño de ese minúsculo bucle está relacionado con el valor de la carga eléctrica de las partículas y, puesto que no vemos electrones o protones con valores cambiantes de la carga eléctrica, el bucle ha de tener un tamaño determinado e idéntico para todo el espacio; algo incompatible con los principios de la relatividad general, donde la geometría del espacio-tiempo depende de la distribución de la masa y la energía.

Eclipsados por los acontecimientos, Klein y Kaluza abandonaron su teoría pocos años después de postularla. Kaluza dedicó el resto de su carrera a desarrollar modelos atómicos y Klein efectuó notables descubrimientos en mecánica cuántica, como el desarrollo de la primera ecuación de onda relativista, conocida hoy con el nombre de ecuación de Klein-Gordon.

El propio Einstein jugó con cinco dimensiones en los años siguientes a la aparición de la teoría de Kaluza-Klein, pero esta parecía condenada al olvido. Sorprendentemente, la idea básica de incluir dimensiones espaciales extra con contenido físico y de forma compacta fue retomada medio siglo después, cuando los científicos ya no trataban con dos fuerzas fundamentales sino con cuatro. Esto condujo a la idea de introducir varias dimensiones extra, tan compactificadas que no se pueden medir, lo que nos llevó hasta las teorías actuales de las once dimensiones.

Resulta interesante ver cómo el *gauge* de Weyl y las dimensiones compactificadas de Kaluza-Klein, dos ideas iniciadas a comienzos del siglo XX para unificar las fuerzas conocidas y descartadas en su momento, dominan el panorama de las teorías de unificación del siglo XXI. Al igual que Newton, que afirmó haber llegado tan lejos gracias a las aportaciones de sus predecesores, el desarrollo de la física teórica pudo tener lugar gracias a planteamientos anteriores, aun cuando algunos de ellos acabaron siendo fallidos.

Y es que, indudablemente, las buenas ideas no mueren. Tan solo dormitan, a la espera de su «momento eureka».

Relatividad y cuántica, ¿dos teorías incompatibles?

El nombre de Albert Einstein está indisolublemente ligado a la teoría de la relatividad y no es de extrañar, ya que fue su principal artífice. Con todo, el genio de Ulm realizó aportaciones a otros campos que, por sí solos, constituirían un triunfo sin paliativos para cualquier científico. En particular, los trabajos de Einstein en relación a la mecánica cuántica lo convirtieron en uno de los pioneros en ese nuevo campo, hasta el punto de que ganó el premio Nobel de Física por su explicación del efecto fotoeléctrico, y no por su descubrimiento de la relatividad. Sin embargo, cada vez que oímos su nombre lo asociamos inmediatamente a la relatividad y no a la cuántica.

Lo cierto es que sus méritos en teoría cuántica fueron eclipsados por el arrollador éxito de sus teorías de la relatividad (primero la especial y luego la general), pero también hay un factor adicional: Einstein nunca se encontró cómodo con la mecánica cuántica. Aunque la nueva teoría predecía y explicaba fenómenos experimentales con una precisión asombrosa, al maestro alemán le disgustaba profundamente su carácter probabilista y no causal.

Para entenderlo debemos volver a la era de Newton. Sus tres leyes de la mecánica garantizaban que, conociendo las fuerzas que actúan sobre un cuerpo y sus condiciones iniciales (la velocidad y la posición en el instante inicial), pueden calcularse todo tipo de variables cinemáticas. En principio, podemos saber con precisión absoluta cuánto tiempo tardará un determinado cuerpo en superar los mil kilómetros por hora, en qué punto se detendrá o qué aceleración tiene en todo momento.

En cambio, uno de los principios de la mecánica cuántica estipula que podemos conocer la velocidad o la posición de un objeto con una precisión arbitrariamente alta, pero no ambas variables a la vez. Expresado mediante el principio de indeterminación de Heisenberg, la precisión con que podemos conocer la posición Δx y el momento lineal $\Delta(mv)$ viene regulada por la desigualdad $\Delta x^* \, \Delta(mv) \geq h/4\pi$, donde h es la constante de Planck.

> – Creo que Dios no juega a los dados con el universo.
>
> – Einstein, deje de decirle a Dios lo que tiene que hacer.
>
> **Bohr responde a una crítica de Einstein a la mecánica cuántica**

Durante un tiempo, Einstein se dedicó a buscar formas que contrarrestaran el principio de incertidumbre. Diseñaba experimentos imaginarios (sus famosos *gedenkenexperimenten* o «experimentos mentales») en los que se podía, en principio, medir velocidades y posiciones con precisión arbitraria. Pero siempre era refutado con éxito, por lo general por el danés Niels Bohr, figura formidable en el campo de la mecánica cuántica. En la actualidad, se acepta que la desigualdad de Heisenberg representa una limitación básica de la naturaleza, independientemente de lo ingeniosos que podamos ser los seres humanos realizando experimentos.

El carácter estadístico y azaroso de la nueva física cuántica también disgustaba a Einstein. Porque en lugar de indicar la posición de una partícula, como máximo indica la probabilidad de que se encuentre en cierta región del espacio. Eso se debe a que tiene una probabilidad no cero de estar en múltiples lugares y que, solo cuando la miremos, podremos saber dónde se encuentra.

Todo ello preocupaba profundamente a Einstein, quien tenía la convicción de que no es así como debería funcionar la naturaleza.

Finalmente, el carácter causal de la mecánica cuántica fue una fuente de quebraderos de cabeza para Einstein. El principio de causalidad clásica indica que un efecto sigue a una causa: se pulsa un botón (causa) y el ascensor sube (efecto). Estamos acostumbrados a la causalidad y tendemos a verla como algo lógico y de sentido común, pero eso es precisamente lo que le falta al mundo cuántico. En particular, ninguna norma cuántica estipula que los cuerpos o la información no puedan viajar a mayor velocidad que la luz, lo que en relatividad especial implica el fin de la causalidad.

EL EXPERIMENTO EPR: LA PARADOJA DE EINSTEIN, PODOLSKI Y ROSEN

Superar la barrera de la luz fue probablemente el factor determinante por el cual Einstein se opuso a la mecánica cuántica tal y como estaba planteada entonces. El principio de causalidad o el carácter azaroso de las leyes naturales son cosas que pueden no gustar, pero con las que un científico puede vivir. Ahora bien, violar el límite de la velocidad de la luz era algo que el descubridor de la relatividad general no estaba dispuesto a tolerar. Por ello, utilizó ese principio para imaginar un experimento mental que, en su opinión, demostraría de una vez por todas que la mecánica cuántica, aunque exitosa, no era una representación completa de la realidad.

En mayo de 1935 la revista *Physical Review* publicó un artículo titulado «¿Puede considerarse completa la descripción de la realidad física mecanocuántica?» donde se presentó la que desde entonces se conoce como *paradoja EPR* (por las iniciales de los autores: Albert Einstein y los norteamericanos Boris Podolski y Nathan Rosen). Para explicarla, no recurriremos al original de ese artículo, sino que nos basaremos en la reformulación de la paradoja EPR propuesta por Bohm y Aharonov en 1957.

Supongamos que hacemos chocar un electrón y un positrón (partículas con la misma masa y carga eléctrica, el primero negativa y el segundo positiva) y que ambas partículas se aniquilan dando lugar a dos fotones, que llamaremos A y B. En el proceso, por supuesto, se ha de conservar la energía del sistema, pero hay otra cantidad que debe conservarse, llamada espín, que, recordemos, es una propiedad intrínseca de las partículas atómicas. El electrón y el positrón tienen un espín total igual a cero y, por tanto, también los dos fotones que surgen del choque de ambos. Como un fotón tiene el espín igual a la unidad, de ello resulta que uno de los fotones tiene espín + 1 y el otro tiene espín – 1.

En el mundo clásico podemos medir el espín de los fotones para averiguar cuál tiene espín + 1. En el mundo cuántico también, pero con una particularidad: mientras no efectuemos la medida, no podemos asignarle un espín concreto a ningún fotón. Cada uno de ellos está en una superposición de estados de espín + 1 y – 1, de modo análogo a como el gato de Schrödinger encerrado en su caja está a la vez vivo y muerto. Cuando observemos el fotón A, sabremos el valor definido del espín en ese momento (figura 1). Digamos que dicho espín es + 1. Puesto que el espín total debe ser cero, concluiremos que el espín del otro fotón ha de ser –1 sin que necesitemos medirlo para saberlo.

Hasta ahora, solamente hemos demostrado que podemos conocer el espín del fotón B observando el fotón A, pero ahora viene la parte interesante. Tomamos los fotones A y B, los metemos en cajas (para que nadie pueda observarlos) y los separamos. Podemos tomar el fotón B y enviarlo muy lejos, por ejemplo al otro extremo de la galaxia. Nuevamente medimos el fotón A y sale espín + 1, y eso nos dice que el espín del electrón B ha adoptado el valor – 1 (figura 2). Y aquí está el problema: ¿cómo puede el fotón B «saber» que su espín es – 1? ¿Cómo se transmite esa información de modo instantáneo a millares de años luz de distancia?

A una distancia tan enorme, la lógica nos dice que ambos fotones deberían ser independientes —según el principio de localidad—, y aun si hubiese alguna interacción entre ellos esta debería viajar, como máximo, a la velocidad de la luz, de acuerdo a la relatividad especial. Pero el experimento de los fotones nos dice que esa información se transmite de algún modo mediante una «acción fantasma» a una velocidad prácticamente infinita, lo que viola tanto la relatividad como el principio de localidad. ¿O es

FIG. 1

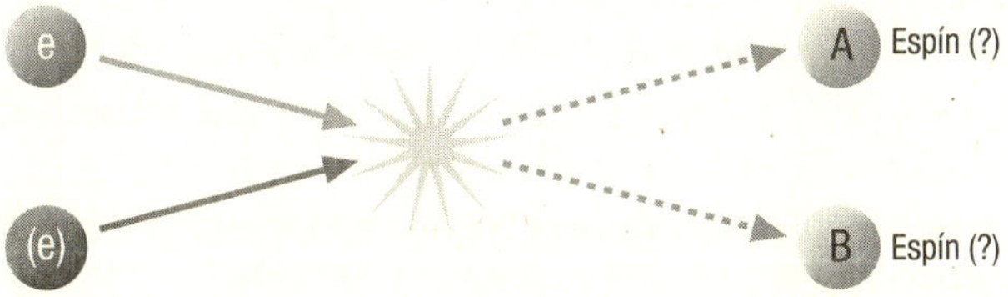

Una colisión electrón + positrón crea dos partículas A y B con valores de espín desconocido.

FIG. 2

Si la partícula A tiene espín +1, ya sabemos que la partícula B tendrá espín –1 aunque no la midamos.

FIG. 3

¿Cómo puede «saber» la lejana partícula B que tiene espín –1? Transmitir esa información de forma instantánea parece violar la relatividad de Einstein.

que, quizá, las partículas ya sabían qué espín les correspondía antes siquiera de iniciar su viaje?

Einstein apostaba por la segunda posibilidad. En su opinión, la mecánica cuántica estaba incompleta, porque no proporciona una descripción completa de la realidad. Dicha descripción vendría dada por un conjunto de «variables ocultas», propiedades a las que no tenemos acceso (quizá porque resulta imposible debido a algún principio básico, o porque no hemos sido capaces de encontrarlas por el momento) pero que, de conocerlas, nos darían toda la información posible sobre el sistema.

Según esta interpretación, los fotones A y B parten con valores de espín ya prefijados. Cuando medimos el espín del fotón A y nos da +1, deducimos que el fotón B tiene espín −1 (figura 3); pero no es que esa información haya viajado a velocidad infinita en virtud a una acción fantasma, sino que sencillamente el fotón B siempre ha tenido un espín −1. Como las variables ocultas son locales, sabemos que no ha habido acción a distancia entre los dos fotones.

Niels Bohr y otros físicos discreparon de esa idea. Para ellos, el comportamiento del sistema de fotones A y B, al tener un origen común, están descritos mediante una función matemática llamada *función de onda*. Esa función, que describe la superposición de todos los posibles estados cuánticos, tiene valores en todo punto del espacio. Incluso si ambos fotones se encuentran en regiones opuestas de la galaxia, la función de onda que los describe sigue siendo una sola. Cuando uno de los fotones es observado, la función de onda adopta un solo estado, digamos el de espín +1 para el fotón A y espín −1 para el fotón B; y lo hace de modo instantáneo.

El debate estaba servido: la relatividad especial, la localidad y las variables ocultas contra la completitud de la mecánica cuántica. Bohr y Einstein discutieron vivamente durante años, sin convencerse ni dejarse convencer. En 1964, dos años después de la muerte de Bohr y nueve tras la de Einstein, el físico John Bell publicó un artículo donde planteaba que la forma de saber quién tenía razón era experimentando y calculando. Una relación llamada *desigualdad de Bell* permitiría saber si existen las variables ocultas o no. Desde entonces se han llevado a cabo diversos experimentos y, aunque persiste cierta polémica por la interpretación de los resultados, el consenso general es que el ganador es Niels Bohr; o mejor dicho, la mecánica cuántica. Dos partículas que han interactuado y comparten la misma función de onda (lo que se conoce como *partículas entrelazadas*) pueden comunicarse, aparentemente, más rápido que la luz. Como a esas velocidades superlumínicas no existe realmente transferencia de energía o de información, no se violan los principios de la relatividad especial.

En nuestros días, el entrelazamiento cuántico es un fenómeno que está dando lugar a multitud de descubrimientos, algunos aparentemente paradójicos (como el hecho de que una partícula pueda entrelazarse con otra que aún no exista), y está abriendo campos tan novedosos como la criptografía cuántica o el teletransporte.

INCOMPATIBILIDAD DE CARACTERES ENTRE AMBAS TEORÍAS

Es cierto que el sueño de Einstein de mostrar la incompletitud de la teoría cuántica mediante la paradoja EPR no surtió efecto pero, incluso en el caso de haber salido victorioso, se hubiera enfrentado a otros obstáculos fundamentales que todavía hoy impiden una armonía entre el mundo de lo muy grande y el de lo muy pequeño. Algunos de los más importantes son:

— ¿Continuidad o discretización? La relatividad general es una ley cuyas ecuaciones tienen forma diferencial, es decir, que lo que sucede en un punto depende de su relación con los puntos inmediatamente cercanos en el espacio y en el tiempo. Se trata de una teoría del continuo, donde podemos suponer que, por muy cerca que se encuentren dos puntos del espacio-tiempo, siempre podemos insertar otro punto entre ellos. Por el contrario, la mecánica cuántica es una teoría discreta, no continua. Un fotón de radiación tiene una energía proporcional a su frecuencia, y esa energía no puede adoptar cualquier valor. El

¿TIENES UN PC? ¡PONLO A DETECTAR ONDAS GRAVITACIONALES!

Las ondas gravitacionales, predichas por la relatividad general, son la forma con la que los cambios bruscos en los campos gravitatorios se extienden por el espacio, tal y como las partículas cargadas eléctricamente pueden producir ondas electromagnéticas. Para detectarlas, en 2002 se inició un proyecto científico internacional, el Observatorio de Interferometría Láser de Ondas gravitacionales o LIGO (por *Laser Intererometer Gravitational-wave Observatory*), que supuso nuevos retos en ingeniería y tecnología, como el de abordar y procesar toda la información recogida. Pero los superordenadores son caros y están muy solicitados y, en cambio, hay infinidad de ordenadores personales con una capacidad de cálculo muy alta que, en su mayor parte, se desperdicia. ¿Y si un montón de voluntarios donaran su tiempo de CPU de ordenador no usado? Así surgió el proyecto de computación distribuida *Einstein@home*, presentado oficialmente en 2005 coincidiendo con el centenario del descubrimiento de la teoría de la relatividad especial. Se trata de un esquema de computación distribuida y voluntaria a gran escala, con casi 500 000 usuarios participando en la tarea. Un programa que usa el tiempo durante el cual el PC de un voluntario no está siendo usado para analizar datos de interés para el LIGO.

Computación distribuida en busca de extraterrestres

Einstein@home no es el primer proyecto de computación distribuida, ni tampoco el más grande. Uno de los pioneros fue el *SETI@home* (del programa SETI, *Search for Extraterrestrial Intelligence*), diseñado para procesar los datos contenidos en las ondas de radio que recibían ciertos radiotelescopios, con el objetivo de detectar civilizaciones extraterrestres. Ambos proyectos forman parte de una plataforma común de software abierto llamada BOINC *(Berkeley Open Infrastructure for Network Computing)*. El usuario descarga un pequeño programa que aprovecha una fracción de la potencia de cálculo de su ordenador para procesar pequeños paquetes de datos y enviar los resultados a un servidor central. El proceso no influye apenas en las prestaciones del ordenador que cede su disco, lo que facilita la tarea de conseguir voluntarios, que escogen en qué proyectos desean participar. La plataforma BOINC se ha hecho famosa sobre todo por albergar el proyecto *SETI@home*, pero su utilidad va más allá de buscar hipotéticos alienígenas. Las opciones son muy diversas: se han llevado a cabo simulaciones en física de partículas, factorización de números primos, modelos climáticos, diseño de medicamentos, resolución de conjeturas matemáticas, modelado de proteínas...

Superordenadores para grandes retos

La colaboración de los voluntarios de *Einstein@home* ha sido vital asimismo para procesar las señales del observatorio LIGO, que cuenta con dos sedes en Estados Unidos, y también de otros sistemas de observación como el detector alemán GEO600, el radiotelescopio de Arecibo (Puerto Rico) y el satélite de observación de rayos gamma Fermi, en órbita desde 2008. Por el momento, *Einstein@home* no ha conseguido detectar ondas gravitacionales, pero ha permitido establecer límites a su frecuencia e intensidad.

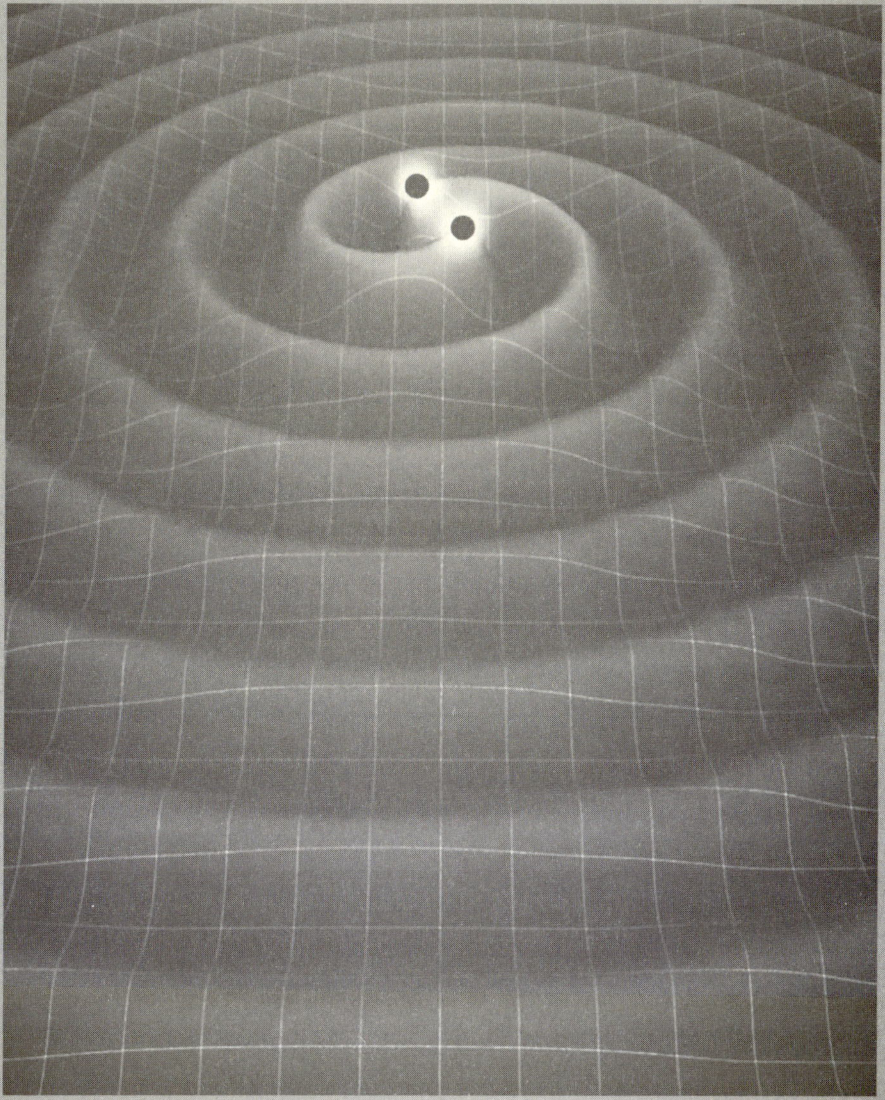

Representación realizada por científicos de la NASA de ondas gravitacionales producidas por dos estrellas en rápida rotación mutua.

carácter cuantizador que se impone a variables como la energía o el momento angular, se lleva mal con la naturaleza continua de la relatividad general. El propio espacio-tiempo deja de ser continuo en mecánica cuántica. El principio de indeterminación de Heisenberg fuerza a la cuantización del espacio y, como consecuencia, existe un tamaño mínimo, denominado *longitud de Planck*, por debajo del cual conceptos como espacio o longitud dejan de tener sentido.

— La reversibilidad temporal. Si observamos una grabación de un objeto en movimiento no podemos saber, en principio, si la reproducción se hace de la forma habitual o a la inversa, de final a comienzo. Eso indica que el movimiento es simétrico con relación al tiempo. Dicho de otra forma: si el tiempo comenzase a fluir de presente a pasado, las leyes de la dinámica clásica no se verían alteradas. La ley de reversibilidad temporal también rige los acontecimientos en mecánica cuántica, pero no ocurre lo mismo con la relatividad general. Un ejemplo es el agujero negro, una región del espacio con una gravedad tan intensa que nada puede escapar de su horizonte, ni siquiera la luz; lo opuesto no puede suceder si damos al botón de reproducción hacia atrás. Lo que se debate en la actualidad es si un agujero negro preserva o destruye la información que entra en su interior.

— La renormalización. Las teorías cuánticas de campos, que rigen los comportamientos de las partículas sometidas a interacciones débiles, fuertes y electromagnéticas, arrojan en ocasiones valores infinitos de las variables estudiadas. Para evitarlo, se utiliza una serie de técnicas denominadas *renormalización*. Pero todos los intentos por aplicar las mismas técnicas al campo gravitatorio fallan: la gravedad no es renormalizable.

— La ausencia de transmisores del gravitón. Todas las interacciones no gravitatorias se basan en la existencia de partículas que transmiten las fuerzas: los fotones para el electromagnetismo, los gluones para la interacción fuerte, los bosones vectoriales intermedios para la interacción débil. Todas esas partículas han sido detectadas y sus propiedades han sido medidas. Pero existe una partícula de masa cero llamada gravitón cuya interacción con la materia se cree prácticamente nula, motivo por el cual no puede detectarse experimentalmente. Existe la posibilidad de detectar ondas gravitacionales que estarían relacionadas con los gravitones de modo similar a como las ondas electromagnéticas están asociadas a los fotones, pero su intensidad las hace casi imperceptibles. La primera onda gravitacional fue detectada por el observatorio LIGO en septiembre de 2015, como resultado de la fusión de dos agujeros negros.

Considerando que la teoría de la relatividad y la mecánica cuántica tienen un carácter tan esencialmente diferente, se comprende hasta qué punto los esfuerzos de los físicos y matemáticos se han visto frustrados durante un siglo en su búsqueda de una teoría unificadora. En ese proceso se han conseguido sin duda una serie de éxitos parciales de gran importancia, pero también abundan los fracasos y las vías sin salida.

Hacia la gravedad cuántica

Cuando se habla de unificar la mecánica cuántica y la relatividad, suele sobreentenderse que estamos hablando de la relatividad general. La teoría de la relatividad especial, considerablemente más sencilla, puede combinarse con una teoría cuántica de forma más o menos simple; lo que tampoco significa que sea nada fácil.

Poco tiempo después de que en 1926 Erwin Schrödinger formulara la célebre ecuación que describe cómo el estado cuántico de un sistema físico evoluciona con el tiempo, se comprobó que esta era incompatible con la relatividad especial de Einstein. Ese mismo año, Oskar Klein y el alemán Walter Gordon desarrollaron una versión relativista de la ecuación de Schrödinger. El resultado, llamado ecuación de Klein-Gordon, fue elegante pero incompleto porque no podía aplicarse más que a partículas con espín de valor cero y falló cuando se sometió a verificación experimental frente al átomo de hidrógeno.

Otro problema que genera la ecuación de Klein-Gordon es que predice la existencia de estados con energía negativa. Eso no es necesariamente malo, ya que lo interesante no suele ser la energía neta de un sistema, sino las variaciones de energía. La cuestión es que, si queremos estudiar un objeto en un campo gravitatorio, podemos establecer que el nivel de energía potencial cero se halla en el quinto piso, asumiendo que los objetos por debajo de esa altura tienen energía potencial negativa. Pero la energía potencial de ese cuerpo no cambia en absoluto en caso de que lo subiéramos, por ejemplo, de la segunda planta hasta la sexta.

En un intento de mejorar la ecuación de Klein-Gordon, el físico inglés Paul Dirac propuso una nueva ecuación para describir el comportamiento de partículas con valor de espín 1/2 que fuese compatible con la relatividad especial. Su propósito era aplicarla al caso del electrón, cosa que consiguió con éxito en 1930. Pero el problema de los niveles de energía negativa seguía presente, ya que, según ella, un electrón podría decaer a uno de esos niveles y no es eso lo que se observa experimentalmente. Peor aún, sin límite inferior al valor de esa energía negativa, el electrón iría decayendo a estados de energía cada vez más baja, emitiendo en el proceso una cantidad infinita de fotones.

En algunos casos, el valor negativo de una cantidad puede descartarse por carecer de significado físico. Dirac no hizo tal cosa. Aprovechó una propiedad de los fermiones (una clase de partículas que incluye los electrones), según la cual no puede haber dos de ellos con el mismo estado cuántico (objeto matemático que describe cómo es un sistema físico en un momento dado) y ocupando el mismo espacio, algo conocido como principio de exclusión de Pauli.

Imaginemos, argumentó Dirac, que el espacio está lleno de partículas que ocupan todos los estados de energía negativa. Si añadimos electrones, estos no podrán ocupar un estado de energía negativa porque lo prohíbe el principio de exclusión de Pauli, así que necesariamente deberán ocupar un estado de energía positiva (figura 1). De ese modo, el espacio vacío no está realmente vacío sino que se compone de una miríada de electrones en estados de energía negativa, algo conocido con el nombre de *mar de Dirac*.

La hipótesis de un vacío lleno de partículas puede parecer algo innecesario, pero Dirac se dio cuenta de una propiedad interesante. Si se extrae un electrón del mar de Dirac, el hueco que deja se comporta como una partícula con carga y energía positivas, ya que el conjunto electrón + hueco tiene energía neta cero. Inicialmente, Dirac creyó que ese hueco podría representar

FIG. 1

El espacio está compuesto por multitud de electrones en estados de energía negativa (el llamado mar de Dirac). Si un electrón (círculo oscuro) recibe suficiente energía, deja un hueco (círculo blanco) que se manifiesta como una partícula. Se ha creado un par electrón-positrón.

el protón, pero pronto se comprobó que un protón tiene casi dos mil veces la masa de un electrón. No parecía probable que dos partículas tan diferentes en masa tuvieran una relación de partícula y hueco.

Lejos de desanimarse, Dirac postuló en 1931 la existencia de lo que él denominó un «anti-electrón», una hipotética partícula con carga positiva y masa idéntica a la del electrón. Su propuesta fue una osadía, ya que entonces solo se conocía la existencia de dos partículas, el electrón y el protón. En 1932 llegó la confirmación: el físico norteamericano Carl Anderson descubrió una partícula con la misma masa que el electrón y carga positiva, el antielectrón, que hoy recibe el nombre de positrón. Fue el primer descubrimiento de una antipartícula. Contra todo pronóstico, Dirac tenía razón. Así fue como se planteó la primera mecánica cuántica relativista.

LA TCC: UNA TEORÍA PARA CONSTRUIR MODELOS MECANOCUÁNTICOS

El modelo del mar de Dirac, con sus infinitos niveles de energía negativa ocupados, no es elegante en sus conceptos, y tampoco

Conforme pasa el tiempo, es cada vez más evidente que las normas que el matemático encuentra interesantes son las mismas por las que ha optado la naturaleza.

Paul Dirac

sirve para los bosones, partículas de espín entero que no siguen el principio de exclusión de Pauli; pero abrió la puerta a un nuevo formalismo, conocido genéricamente como teoría cuántica de campos (TCC), que nos permite construir modelos mecanocuánticos.

En una TCC el concepto de partícula deja paso al de campo. Lo que consideramos partículas son tan solo estados excitados de un campo cuántico, de la misma forma que los fotones o partículas de luz son excitaciones del campo electromagnético. Las fuerzas que hay entre partículas se estudian como interacciones de esos campos.

La primera teoría cuántica de campos fue creada en relación al electromagnetismo, y recibe el nombre de electrodinámica cuántica (QED por sus siglas en inglés). Gracias a ella se pudo tratar al positrón como una partícula real, al tiempo que se eliminaba el concepto de mar de Dirac y sus engorrosos infinitos. Además, muy importante, resultó ser una teoría compatible con la relatividad especial de Einstein. Parecía que, por fin, comenzaba la senda que llevaría a la unificación de todas las fuerzas y leyes de la física.

Pero pronto se descubrió un grave problema con la QED: al calcular algunas variables aparecen valores infinitos. Un caso típico es la llamada autoenergía del electrón, que refleja la contribución energética que se produce en el mismo electrón debido a las interacciones entre la partícula y el sistema que le rodea. La solución no llegó hasta los años cincuenta gracias a un procedimiento llamado *renormalización* (de la que hemos hablado en el capítulo anterior, como una de las incompatibilidades entre las teorías de la relatividad general y la mecánica cuántica) que eliminaba el problema de los infinitos.

La renormalización se ha convertido desde entonces en una cualidad deseable para cualquier teoría cuántica de campos. Ciertamente lo fue para el caso de la QED. Los principales formuladores de esta teoría, el japonés Sin-Ichiro Tomonaga y los norteamericanos Richard Feynman y Julian Schwinger, recibieron por ella el premio Nobel de Física en 1965. Algunos científicos no compartieron totalmente la validez matemática de la renormalización (entre ellos, el propio Feynman), pero los resultados son indiscutibles. Como ejemplo, puede citarse el cálculo del llamado factor g, donde la QED arroja valores que coinciden con los mejores resultados experimentales a niveles de precisión de una parte entre un billón.

LA CROMODINÁMICA CUÁNTICA: UNA TEORÍA PARA LAS INTERACCIONES FUERTES

Tras el éxito de la electrodinámica cuántica, el siguiente paso fue buscar la formulación de una teoría cuántica de campos similar para explicar la fuerza nuclear, con el objetivo de poder describir la proliferación de tantas nuevas partículas.

Cabe recordar que, hasta los años treinta, solo se conocían unas pocas partículas elementales: electrón, protón, neutrón, positrón, muon. Pero, una vez acabada la Segunda Guerra Mundial, los esfuerzos para entender el mundo subnuclear se multiplicaron y el resultado fue la aparición de todo un zoo de partículas: bariones delta, lambda, sigma, xi, omega, mesones pi, rho, eta, fi, psi, ípsilon, theta... Los científicos agotaron el alfabeto griego y las partículas seguían apareciendo por doquier como si se tratara de una plaga.

Era necesario introducir un cambio de paradigma, ya que admitir una cantidad tan grande de nuevas partículas elementales sugería un universo excesivamente complejo. Era el momento de simplificar y, con ese objeto, se desarrolló el *modelo de quarks*, según el cual las partículas llamadas hadrones se componen de cierto número de subpartículas elementales denominadas quarks. Los hadrones compuestos por dos quarks se llaman mesones, y los que tienen tres reciben el nombre de bariones.

Las interacciones entre quarks se llevan a cabo gracias a partículas portadoras de fuerza que se denominan gluones. Estos son los responsables de que los quarks se mantengan unidos dentro de

QUARKS: REQUESONES DE COLORES UNIDOS CON PEGAMENTO

Aunque los físicos de partículas se toman su trabajo en serio, ello no impide que se diviertan de vez en cuando. Nada más ilustrativo que el ejemplo de la nomenclatura que rodea a los quarks. Cuando fueron propuestos por primera vez, en lugar de utilizar nombres con raíces griega o latina como era habitual en este campo, se limitaron a bautizarlos con términos sencillos. Los dos primeros (en orden creciente de masa) recibieron el nombre de «arriba» *(up)* y «abajo» *(down)*, en alusión a la dirección de su propiedad de espín. El tercero, inicialmente denominado «lateral» *(sideways)*, fue propuesto para explicar la existencia de la partícula llamada mesón K; alguien notó que esta partícula tenía una vida media extrañamente larga y el quark pasó a llamarse «extraño» *(strange)*. Igual que los quarks arriba y abajo hacían una pareja, un cuarto quark podría formar una pareja con el quark extraño. Los físicos estadounidenses Sheldon Glashow y James Bjorken quedaron tan maravillados por la simetría que este nuevo quark aportó al mundo subnuclear que decidieron llamarlo quark «encanto» *(charm)*. Los descubrimientos posteriores hicieron necesaria una tercera familia de quarks. Se propusieron los nombres de «belleza» y «verdad» *(beauty/truth)*, quizá con la esperanza de hacer nuevos juegos de palabras como «buscamos la verdad desnuda» *(bare truth)*. Aquello fue demasiado incluso para los físicos de partículas, y se optó por llamarlos «cima» *(top)* y «fondo» *(bottom)*; aunque los amantes del chiste fácil podían seguir argumentando que buscaban el «fondo desnudo» *(bare bottom)*, en el entendido de que la palabra *bottom* también puede traducirse como «culo».

Seis sabores distintos

Los quarks, por tanto, aparecen en seis formas: *up, down, strange, charm, top, bottom* (siguiendo la terminología estándar en inglés). Sería normal hablar de seis especies, clases o categorías, pero los físicos de partículas tienen un nuevo término para clasificarlos: sabores. Se habla del quark con «sabor» *up* o «sabor» *charm*; por supuesto, esta acepción del término no tiene absolutamente ninguna relación con el significado al que estamos habituados. Los quarks tienen una propiedad cuántica similar a la carga eléctrica. Científicos más serios hubieran bautizado esa nueva propiedad como «carga quark» o «subcarga», pero el estadounidense Murray Gell-Mann, pionero de la física de los quarks, tenía un nombre preparado: la llamó «color». Ahora los quarks tienen «color» rojo, verde o azul, sin que, de nuevo, haya ninguna relación con los colores que vemos con nuestros ojos. Los quarks necesitaban partículas que transmitiesen la interacción entre ellas. El nombre escogido fue el de gluon, término en apariencia serio y elegante pero que está basado en la palabra inglesa *glue* (pegamento). Finalmente está el propio nombre de las partículas. En un principio Richard Feynman las llamó «partones», pero finalmente la propuesta de Gell-Mann prosperó y acabaron llamándose *quarks*. El nombre proviene de un poema de la novela de James Joyce *Finnegan's Wake* en el que aparece este término. No está claro de dónde lo sacó Joyce ni cuál es su auténtico significado. Sin embargo, puede traducirse del alemán como «requesón» o «cuajada». En definitiva, usando la terminología de Murray Gell-Mann y sus colegas, la naturaleza y todo lo que nos rodea está compuesta por diminutos requesones coloreados de seis sabores distintos, unidos entre sí con pegamento.

Richard Feynman (arriba izquierda), primer físico que buscó una denominación para el quark, junto a él, a la derecha, Murray Gell-Mann, quien finalmente lo bautizó; abajo, Sheldon Glashow (izquierda) y James Bjorken (derecha), los primeros físicos en hablar de «encanto» refiriéndose a una clase de quarks.

FIG. 2

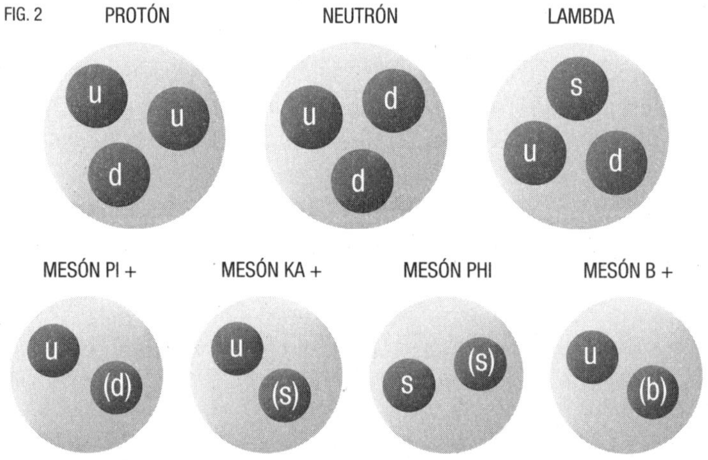

Representación de algunos hadrones según su combinación de quarks. En la fila superior, los bariones (formados por tres quarks), y en la inferior, los mesones (que tienen dos quarks).

los hadrones (figura 2) y también son el mecanismo que explica las interacciones entre hadrones, es decir, la fuerza nuclear fuerte. Lo que significa que una teoría cuántica de campos para la interacción fuerte debe tomar en consideración los quarks y los gluones.

Cuando se formuló la teoría de quarks, se constató que la teoría cuántica asociada, debido a su propia estructura, había de ser por fuerza más compleja. La QED debe considerar la carga eléctrica, que tiene tan solo dos valores (positivo y negativo), en tanto que la propiedad análoga de los quarks, llamada carga de color, tiene tres posibles valores. La partícula que transmite la fuerza en un campo electromagnético es el fotón, carente de carga eléctrica; en cambio, la correspondiente a la interacción fuerte, el gluon, viene en ocho tipos distintos y todos ellos tienen carga de color, lo que significa que los gluones pueden interaccionar entre ellos. Para complicar aún más el panorama, existen seis tipos distintos de quarks y, por supuesto, para cada quark existe también su antiquark.

Todo ello, unido al hecho de que estas fuerzas son de alcance extremadamente corto, hizo mucho más difícil obtener una teoría cuántica de campos para las interacciones fuertes. Pero al final se consiguió, y el resultado se llama cromodinámica cuántica (QCD). Para trabajar con ella se ha desarrollado un conjunto de métodos aproximados de mayor o menor éxito. Se trata de una teoría difícil de manejar pero que funciona a satisfacción de los físicos de partículas. Podemos, por tanto, tachar una de las tareas incluidas en la lista de asuntos necesarios para crear una teoría del todo.

UN MODELO ESTÁNDAR PARA CONSTRUIRLO CASI TODO

Tras la QCD, los esfuerzos se dirigieron hacia la unificación de las fuerzas fundamentales. Hasta la década de 1970 se consideraba que existían cuatro fuerzas fundamentales distintas: la gravitación, el electromagnetismo, la fuerza nuclear fuerte y la fuerza nuclear débil. Fue entonces cuando Abdus Salam, Sheldon Glashow y Steven Weinberg desarrollaron la teoría electrodébil para unificar las fuerzas electromagnética y nuclear débil. Pero si, aparentemente, se trata de fuerzas muy distintas, tanto en intensidad como en alcance...¿cómo es posible que sean consideradas como un solo tipo de fuerzas?

La respuesta recibe el nombre de *ruptura espontánea de simetría*, un concepto mediante el cual pueden describirse dos tipos de fuerzas diferentes. Para entender el concepto de ruptura de simetría, imaginemos un bloque de hierro en cuyo interior los momentos magnéticos de los átomos de hierro apuntan en direcciones aleatorias, por lo que no hay imantación en el hierro. Sin embargo, cuando se introduce un factor externo, en este caso un campo magnético, las partículas se realinean y el bloque de hierro queda imantado: se ha roto la simetría (figura 3).

De modo análogo, algo que de momento llamaremos *X* produce una ruptura de simetría cuando la energía del sistema es lo bastante baja, haciendo que la interacción electrodébil se divida en las dos fuerzas, la electromagnética y la nuclear débil, que ya conocemos. Si eso es cierto, provocar la colisión de partículas a energías lo bastante altas podría poner de manifiesto la unificación de ambas fuerzas. Eso es justo lo que se consiguió a comienzos de la década de 1980 en el complejo de aceleradores de partículas del CERN, situado en Ginebra, fruto de un esfuerzo internacional conjunto. A comienzos de los años ochenta, la ruptura de la simetría electrodébil pudo ser verificada a nivel experimental.

En cuanto al mecanismo productor de la ruptura, ese «llamado *X*» es lo que hoy se denomina campo de Higgs. De existir, como todo campo implica la existencia de partículas, había de poder detectarse una partícula asociada llamada bosón de Higgs, el cual, en efecto, fue descubierto en el gran colisionador de hadrones del CERN en el año 2013.

Por tanto, tenemos, en suma, cuatro grandes teorías en física que unifican las interacciones entre partículas y campos:

— La electrodinámica cuántica (QED) para el electromagnetismo.

— La cromodinámica cuántica (QCD) para la fuerza nuclear fuerte.

— La teoría electrodébil para la unificación del electromagnetismo y la fuerza nuclear débil.

— El modelo de quarks para la física de partículas.

Cuando combinamos todas estas teorías y las ponemos en el mismo saco, obtenemos la descripción más completa y detallada de nuestro mundo hasta la fecha: el denominado *modelo estándar* (figura 4), según el cual los bloques fundamentales para construirlo todo (o casi) son los siguientes:

— Seis quarks para formar partículas compuestas como mesones y hadrones.

— Seis partículas elementales llamadas globalmente leptones: electrón, muon, partícula tau y tres tipos de neutrinos (electrónico, muónico y tau).

— Un fotón para transmitir las fuerzas electromagnéticas.

FIG. 3

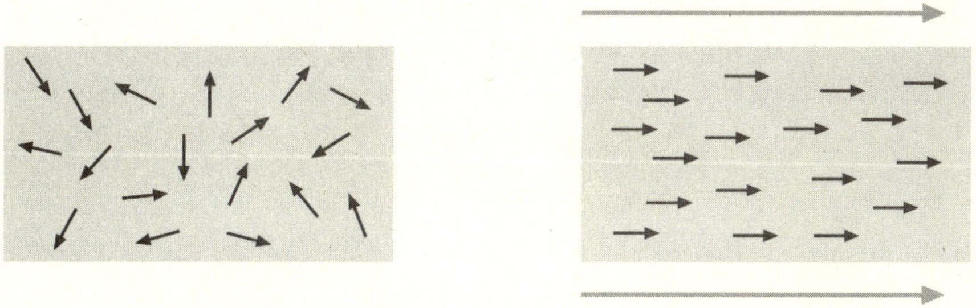

Alineación de los momentos magnéticos de un bloque de hierro en ausencia (izquierda) y en presencia (derecha) de un campo magnético externo.

FIG. 4

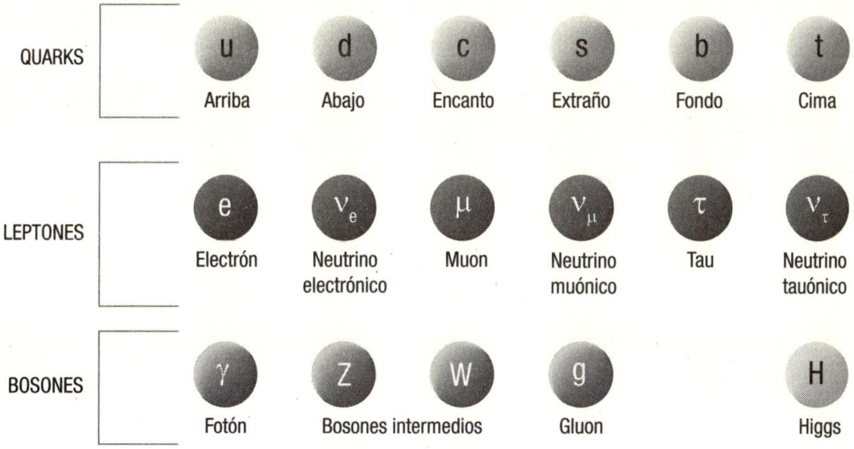

Las diecisiete partículas elementales que constituyen el modelo estándar.

— Dos tipos de bosones intermedios para transmitir las fuerzas nucleares débiles.

— Un gluon para transmitir las fuerzas nucleares débiles.

— Un bosón de Higgs.

Imagen del túnel colisionador de partículas (LHC) de la Organización Europea para la Investigación Nuclear (CERN), ubicado en la frontera franco-suiza. En el LHC se aceleran dos haces de protones hasta que alcanzan el 99 % de la velocidad de la luz. Los físicos estudian sus colisiones con el fin de averiguar cosas como qué ocurrió immediatamente después del Big Bang.

Total: diecisiete, aunque, estrictamente hablando, habría que considerar algunos más. Los bosones intermedios son realmente tres (uno con carga positiva, otro con carga negativa y un tercero neutro). Los quarks y leptones tienen sus propias antipartículas. Cada quark tiene tres tipos de carga, así que deberíamos triplicar el número de quarks (y de antiquarks); y también hay que considerar ocho valores distintos para la carga de los gluones. En cualquier caso, podemos considerarlas variantes de las 17 partículas fundamentales.

El modelo estándar es, para los físicos de partículas, como el viejo coche familiar: fiable, reconfortante, te sientes seguro en él y sabes que te llevará a muchos lugares de interés. Tiene la ventaja de describir casi todas las partículas e interacciones concebibles en condiciones compatibles con la relatividad especial de Einstein, pero dista mucho de ser una teoría homogénea. En lugar de un elegante tren de alta velocidad tenemos una amalgama de vagones, todos distintos y pintados de diferentes colores.

Además, existen cuestiones pendientes que el modelo no permite explicar, como el problema de su dependencia de un excesivo número de parámetros o comprender por qué el electrón o el quark encanto tienen justamente esos valores de masa y no otros. Encima, está el hecho de que en el universo hay más materia que antimateria, algo que, según este modelo, no debería suceder.

Es necesario dar un paso más allá, y cualquier dirección que tomemos resulta especulativa y arriesgada. ¿Qué vehículo sustituirá a nuestro fiable pero viejo utilitario?

MÁS ALLÁ DEL MODELO ESTÁNDAR: LAS TEORÍAS DE GRAN UNIFICACIÓN

Con el objetivo de solventar los problemas del modelo estándar se desarrollaron modelos teóricos más homogéneos y menos caprichosos denominados teorías de gran unificación (GUT, del inglés *Grand Unified Theories*). El nombre no es totalmente inocente. *Guts* significa tripas, pero en inglés norteamericano se le asigna también el significado de tener coraje o echarle agallas a algo.

Cualquier intento de ir más allá del modelo estándar significaba entrar en territorio desconocido, y para intentarlo ciertamente hay que echarle... *guts*.

Como característica común, cualquier teoría GUT que se precie debe considerar las fuerzas electromagnética, nuclear fuerte y nuclear débil como aspectos de una misma interacción. A energías bajas, la GUT muestra tres tipos aparentemente distintos de fuerzas, y es por eso que vemos tantas diferencias entre ellas; pero cuando la energía es lo bastante alta y supera la llamada energía de unificación, las tres fuerzas se convierten en una sola.

La energía de unificación predicha por la mayoría de teorías GUT tiene un valor similar a la energía cinética de una furgoneta al máximo de su velocidad legal permitida, algo habitual en la escala humana pero enorme para una partícula subnuclear. Los aceleradores de partículas más potentes del mundo ponen en juego una energía un billón de veces más débil, motivo por el cual la confirmación o refutación experimental de las teorías GUT tiene un grave problema. Existe, sin embargo, la posibilidad de evaluar la validez de las GUT mediante dos predicciones: la existencia de monopolos magnéticos y la desintegración del protón. Los monopolos magnéticos son el equivalente de las cargas eléctricas aisladas y, hasta la fecha, ninguno ha sido detectado. En cuanto al protón, las teorías GUT indican que se trata de una partícula longeva pero no estable, con una vida media de unos 10^{30} años. Pero diversas observaciones han arrojado un valor de la vida media del protón al menos mil veces superior, lo que parece refutar la validez de las GUT habitualmente usadas. Aunque existen teorías GUT en las que el protón es más longevo, su mayor complejidad y la ausencia de verificación experimental contribuyó a que los buscadores de la teoría del todo se planteasen mirar en otras direcciones.

Y es que, aun cuando se encontrase una teoría GUT adecuada que pudiese resolver las discrepancias con los resultados experimentales, quedaría un escollo: falta solucionar el tema de la gravedad. Nuevamente observamos cómo la interacción gravitatoria queda al margen, y eso no es un paso en la dirección correcta. Es

ESPERANDO LA DESINTEGRACIÓN DE UN PROTÓN

Según el modelo estándar, el protón es una partícula estable. Algunas teorías de gran unificación (las denominadas GUT) afirman, por el contrario, que el protón decae cuando alcanza una vida media de al menos 10^{29} años. Eso proporciona a los científicos una forma de comprobar o refutar experimentalmente las teorías GUT. Sin embargo, no pueden sentarse a esperar a que un protón se desintegre, porque su vida media, en caso de no ser estable, supera con mucho la edad del universo, estimada en algo más de 10^{10} años. Existe una forma más práctica de poder comprobar si un protón es estable: examinar a muchos de ellos a la vez. Juntemos 10^{29} protones (por ejemplo, llenando una piscina con media tonelada de agua), observémoslos cuidadosamente y esperemos a que alguno de ellos se desintegre; hay que tener en cuenta que los rayos cósmicos pueden dar señales falsas de desintegración, de modo que habrá que esconder nuestro laboratorio en una mina situada a gran profundidad.

Mucha agua y mucha paciencia

Se han llevado a cabo diversos experimentos al respecto. En uno de ellos, realizado en una mina en Ohio (EE UU), se usaron ocho mil toneladas de agua como material para observar protones, pero no se detectó ninguna desintegración. Eso no significa necesariamente que el protón sea eterno, sino que su vida media es tan alta que la probabilidad de detectar un solo fenómeno de desintegración es muy baja. En ese caso, se pudo establecer una cota inferior a la vida media del protón de 10^{31} años.

El intento del Super-K japonés

Para aumentar las probabilidades, el observatorio Super-Kamiokande de Japón (también conocido como Super-K) examinó el comportamiento de una masa de 50 000 toneladas de agua ultra pura, que contenía unos $5 \cdot 10^{34}$ protones. Tras un largo periodo de análisis, se concluyó que la vida media del protón supera los 10^{34} años. Algunas de las teorías de gran unificación que predicen protones menos longevos han tenido que ser descartadas; otras teorías predicen protones con una vida media superior a 10^{36} años y son, por tanto, compatibles con los resultados experimentales obtenidos hasta la fecha.

La LAGUNA europea

Para aumentar experimentalmente el valor mínimo de la vida media del protón es necesario un esfuerzo de colaboración internacional. Como el que desarrolla el consorcio paneuropeo con participación española denominado LAGUNA (*Large Apparatus studying Grand Unification and Neutrino Astrophysics*), en el que se intentará experimentar con masas de agua muy superiores a las del observatorio Super-Kamiokande (hasta un millón de toneladas, según las propuestas más optimistas). En paralelo, otros proyectos similares se están ultimando en Estados Unidos y Japón. El objetivo final es comprobar o refutar las teorías de gran unificación. El procedimiento es siempre el mismo: reunir una enorme cantidad de protones en un agujero situado a gran profundidad, apagar la luz... y esperar.

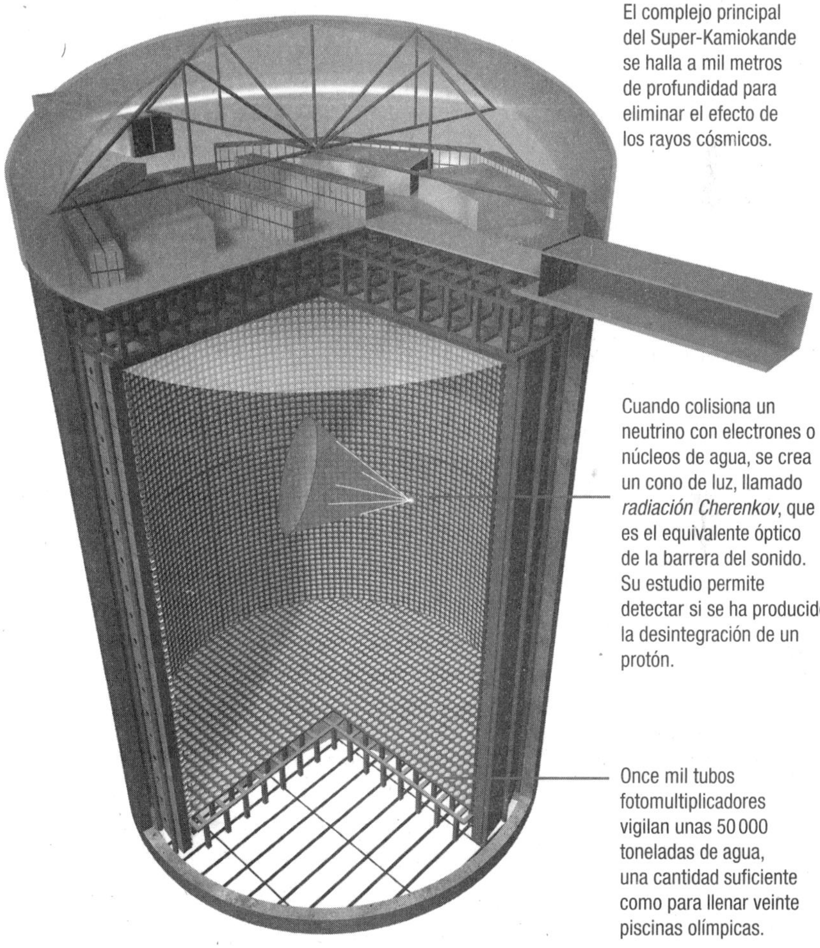

Oculto en el corazón de una montaña en el centro de Japón, el Kamioka Nucleon Decay Experiment busca las señales ópticas que indiquen la desintegración de un protón. Los datos del experimento Kamioka han permitido descartar algunas teorías de gran unificación.

necesario crear una teoría cuántica de campos aplicada a la gravedad, algo que podríamos llamar gravedad cuántica.

El mecanismo sería similar al llevado a cabo para otras teorías como la QED o la QCD, y pasaría por postular la existencia de una partícula portadora de fuerza, tentativamente llamada gravitón. Como en el caso del fotón, el gravitón debería tener masa cero, algo relacionado con el hecho de que las interacciones gravitatorias y electromagnéticas tienen un alcance infinito.

Cuando se intenta visualizar la gravedad como un campo de gravitones, las cantidades observables salen infinitas; pero, al contrario que en el caso de la QED, la gravedad cuántica no es renormalizable y los infinitos no desaparecen. En el frente experimental las cosas no van mejor, ya que el gravitón, de existir, interaccionaría con la materia tan débilmente que ningún aparato concebible ahora sería capaz de detectarlo.

La dificultad fundamental es de alcance más profundo. No parece que haya motivo para que la gravedad no pueda ser tratada como las demás interacciones descritas por la teoría cuántica pero, según Einstein, la gravedad y la masa son las responsables de la curvatura del espacio-tiempo. El espacio, considerado como un escenario pasivo en las teorías cuánticas, tiene en la relatividad un papel activo y muy dinámico. Incorporar la gravedad en el modelo estándar, o incluso convertir la gravedad en una teoría de campos, significaría en esencia unificar la mecánica cuántica y la teoría de la relatividad.

LA TEORÍA CUÁNTICA DE BUCLES, ¿UNA TEORÍA DEL TODO?

Una teoría de campos válida para la gravedad es una de las metas más ambiciosas en las teorías modernas. De entre todas las que se han propuesto destacan dos en particular. La primera de ellas, que recibe el nombre de teoría cuántica de bucles (LQT por sus siglas en inglés, *Loop Quantum Theory*), parte de una visión granular del espacio. En lugar de la visión einsteniana basada en un espacio-tiempo continuo, la LQT se basa en la idea de que el espacio tiene escalas mínimas de tamaño.

La idea fundamental de la LQT es olvidar la idea de que el espacio es un escenario donde se desarrollan las teorías físicas, y reformular la teoría cuántica de campos de tal forma que no necesite de un espacio en el que «actuar». El espacio deja paso a un concepto que sus fundadores llaman «red de espines» (figura 5), una suerte de tejido formado por bucles que, a distancias muy cortas, forman una espuma inestable donde el espacio continuo deja de existir. De este modo, el propio espacio queda cuantizado al tamaño de la longitud de Planck, por debajo de la cual el propio espacio deja de ser continuo.

La teoría cuántica de bucles es una idea surgida de un trabajo del físico indio Abhay Ashtekar, que reformulaba las ecuaciones de la relatividad general de Einstein. Sus nuevas ecuaciones fueron usadas, entre otros, por el italiano Carlo Rovelli y por el norteamericano Lee Smolin, para crear una teoría cuántica de la gravedad a partir del concepto de redes de espín formulado por el británico Roger Penrose.

FIG. 5

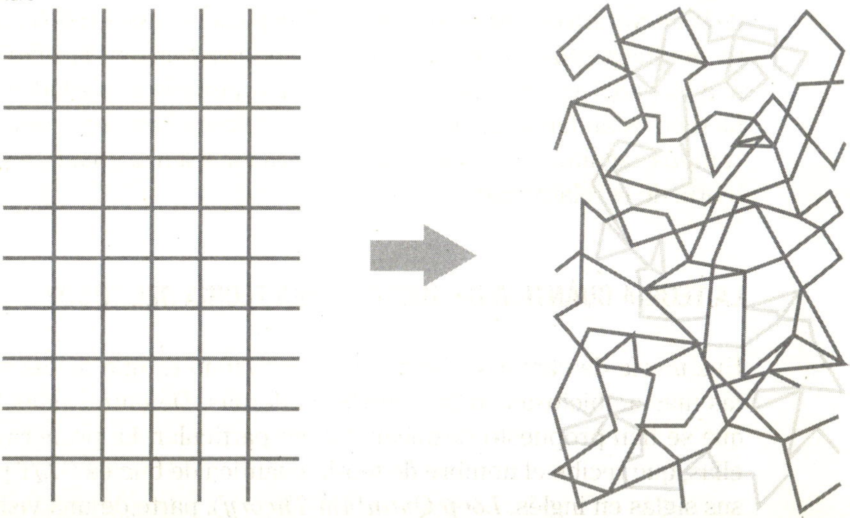

Una rejilla uniforme representa puntos en el espacio (izquierda). La LQT la sustituye por la llamada red de espines que representa estados cuánticos (derecha).

La verificación experimental de la teoría cuántica de bucles es muy difícil, pero al menos ha conseguido explicar una conjetura relacionada con la entropía de los agujeros negros. Cuando una estrella con suficiente masa agota su combustible nuclear, colapsa en una región del espacio infinitamente pequeña (en teoría, de tamaño nulo) llamada singularidad. Alrededor, se puede definir una superficie matemática llamada «horizonte de sucesos». Cualquier objeto que cruce ese horizonte sufrirá fuerzas gravitatorias tan intensas que nunca podrá volver a salir al espacio exterior. El resultado es lo que conocemos como un agujero negro.

Eso plantea una incompatibilidad con las leyes de la termodinámica. La segunda ley dicta que la entropía, que podemos considerar como una medida del desorden, tiende a aumentar o, como mucho, a permanecer constante. Si un objeto con alto contenido entrópico cae en un agujero negro, se pierde a todos los efectos de nuestro universo. En cierto modo, un agujero negro sería el basurero definitivo, capaz de tragárselo todo sin soltar ningún residuo, ni tan siquiera información.

Para que la segunda ley de la termodinámica siga cumpliéndose, hay que asignar un valor de la entropía al propio agujero negro. Pero ¿cómo hacerlo, si cualquier información relativa al interior del horizonte de sucesos está vedada a los observadores externos?

Puesto que el radio del horizonte de sucesos depende de la masa del agujero negro, y dado que este solamente puede absorber materia y no devolverla al espacio, dicho radio tiende a aumentar. Este hecho fue aprovechado en 1972 por el mexicano Jacob Bekenstein, quien propuso que la entropía de un agujero negro es una cantidad proporcional al área del horizonte de sucesos. El británico Stephen Hakwing, en su libro *Historia del Tiempo*, reconoció posteriormente que la propuesta de Bekenstein le irritó porque aplicaba los conceptos termodinámicos de forma demasiado literal; a pesar de ello, en 1974 Hawking consiguió demostrar que, en efecto, puede definirse un valor de la entropía para un agujero negro proporcional a la superficie del horizonte.

El motivo de la irritación de Hawking fue que, en apariencia, la validez de la segunda ley de la termodinámica se hacía a expensas de la primera. El concepto de entropía implica el de temperatura, y todo cuerpo a temperatura no nula emite energía en forma de radiación térmica. ¿Cómo puede emitir nada un agujero negro? Según la teoría de la relatividad general no puede, pero la situación puede ser diferente si también se toman en cuenta los efectos mecanocuánticos.

Aunque los efectos de la relatividad son fuertes en las cercanías de un agujero negro, a una distancia lo bastante grande son suficientemente débiles como para poder desarrollar la llamada *teoría cuántica de la gravedad en espacio-tiempo curvo*, que puede considerarse como una especie de gravedad cuántica aproximada. Hawking descubrió que, en la región exterior al horizonte de sucesos, las fluctuaciones cuánticas provocan la aparición de pares partícula-antipartícula. En realidad, eso sucede en cualquier lugar del espacio como consecuencia de la teoría cuántica: una partícula y una antipartícula se forman espontáneamente durante un brevísimo intervalo de tiempo antes de volver a aniquilarse y desaparecer.

La novedad es que, si el par de partículas se forma junto al horizonte de sucesos, una de ellas puede caer en el agujero negro mientras la otra escapa. El proceso requiere de una cantidad de energía que se obtiene del campo gravitatorio del propio agujero negro. De esa forma, un observador externo mide un flujo de partículas saliente del agujero mientras que la masa de este va disminuyendo. Las partículas que se alejan del agujero negro pueden considerarse como radiación térmica que abandona un cuerpo caracterizado por una temperatura no nula. A esa emisión se la conoce con el nombre de *radiación de Hawking* (figura 6).

Los resultados obtenidos mediante la teoría cuántica de bucles permiten deducir la ecuación que relaciona la entropía con la superficie del horizonte de sucesos, lo que se considera un éxito. Recientes avances realizados por un grupo de la Universidad Estatal de Luisiana, dirigido por el uruguayo Jorge Pullin, sugieren que, en contra de lo supuesto hasta ahora, el centro de

FIG. 6

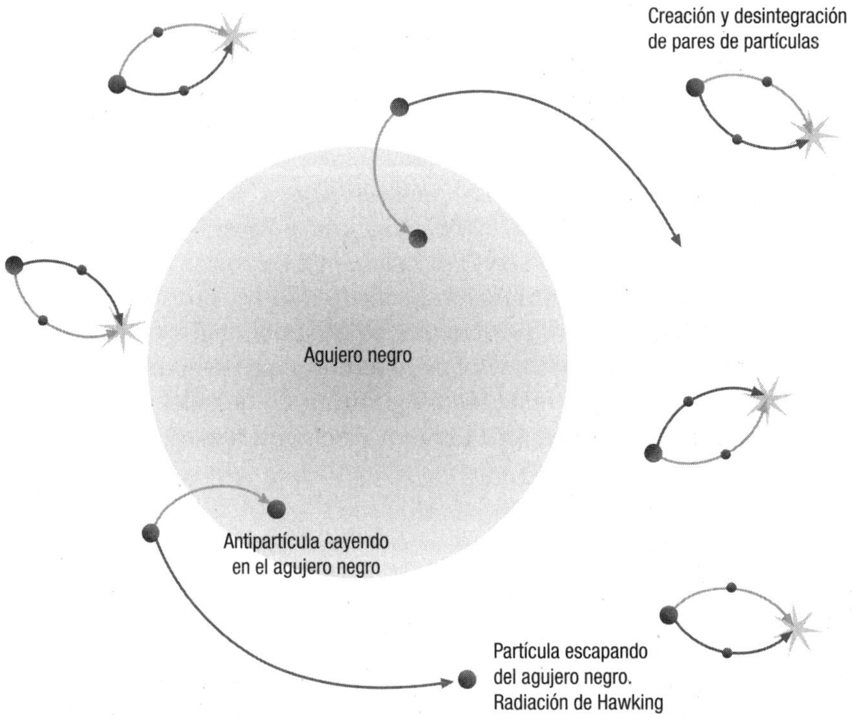

El espacio cuántico está lleno de partículas que se crean y aniquilan a pares. Si uno de esos pares se crea en las cercanías de un agujero negro, es decir, en el límite del horizonte de sucesos, una partícula puede caer y la otra escaparse. Para un observador externo, es como si el agujero negro emitiese energía.

un agujero negro no es un punto singular de gravedad infinita, sino que podría ser una región de gravedad reducida que permita el paso a otro lugar del universo, o incluso a otro universo, sin duda el sueño de todos los fans de la ciencia-ficción. También podría resolver la llamada *paradoja de la información*, según la cual una caída en un agujero negro provocaría la pérdida de información asociada al sistema que cae. Si un agujero negro es un portal a otra parte del universo, la información sería transferida a ese otro lugar.

Las consecuencias de la teoría cuántica de bucles tienen asimismo implicaciones cosmológicas. La teoría de la gran explosión o Big Bang, que supuestamente creó el universo a partir de una singularidad, sería sustituida por un «gran rebote» según el cual nuestro universo se formó a partir de los restos de un universo anterior que fue estrujado hasta un minúsculo volumen por las fuerzas gravitatorias.

Eso podría acabar con las discusiones filosóficas sobre por qué todo comenzó en un momento determinado y en un lugar concreto. La respuesta sería que, realmente, no comenzó allí y entonces, sino que nuestro universo procede de otro universo anterior. La eterna pregunta «¿por qué hay algo en lugar de nada?» se respondería diciendo que hay algo porque antes también había algo; y puesto que no tenemos forma de acceder a información alguna sobre ese otro algo, la discusión filosófica acaba aquí. Y ahora.

ENREDADOS EN LA TEORÍA DE CUERDAS

La teoría cuántica de bucles es, en cierto modo, una recién llegada en el panorama de la unificación de las fuerzas, pero se ha revelado como una digna competidora de la teoría de cuerdas, la otra gran vía potencial hacia una teoría cuántica de la gravedad.

El lector recordará cómo Gunnar Nordström primero, y el dúo Kaluza-Klein después, propusieron la existencia de una quinta dimensión además de las cuatro habituales (tres de espacio y una de tiempo) en un intento de unificar la relatividad y el electromagnetismo. El esquema de Kaluza y Klein, que consideraba una dimensión compactificada (o «enrollada») y en cierto modo independiente de las otras, resultó particularmente atractivo.

Treinta años después, los físicos se imaginaban todo tipo de hipótesis para intentar explicar el porqué de la gran cantidad de partículas elementales que encontraban los colisionadores de partículas. Una de ellas es la *teoría de cuerdas*. Según esta concepción, la materia del universo se compone de minúsculas cuerdas; no son visibles porque su tamaño es del orden de 10^{-35} metros, la escala de

LAS MÚLTIPLES APUESTAS DE STEPHEN HAWKING

Stephen Hawking es uno de los científicos más famosos del mundo. Además de su valía como físico, su espíritu de superación frente a sus conocidos problemas de salud (padece esclerosis lateral amiotrófica o ELA) le ha convertido en un icono popular. Su imagen, real o animada, ha aparecido en series conocidas como *Star Trek la Nueva Generación*, *Futurama*, *Los Simpson* y *The Big Bang Theory*, donde la vecina Penny le describe como «el tío de la silla de ruedas que inventó el tiempo». Menos conocida es su faceta como apostador, pero no crean que es un ludópata. Las apuestas científicas son una forma inocente de contrastar ideas que permite avanzar en el conocimiento científico y, en diversas ocasiones, Hawking ha desafiado a sus colegas a demostrar o refutar ciertos elementos de una teoría, con un premio de por medio. El anuncio del CERN en 2012 de que se observaba una partícula consistente con el bosón de Higgs, por ejemplo, le obligó a desembolsar cien dólares al físico Gordon Kane. La primera apuesta científica de Hawking le llevó a cruzar espadas con su colega y amigo Kip Thorne, del instituto de investigación estadounidense de ciencia avanzada Caltech. La cuestión fue la siguiente: ¿tiene el sistema llamado Cygnus X-1 (la fuente más brillante observable de rayos X, situada en la constelación del Cisne) un agujero negro en su interior? Hawking, teórico de los agujeros negros, afirmó que no. Según sus palabras, «hice la apuesta como una especie de póliza de seguros para mí, he realizado una gran cantidad de trabajos sobre agujeros negros y estaría todo perdido si resultara que los agujeros negros no existen». En 1975, cuando formuló la apuesta, afirmó que existía una certeza del 80% de que Cygnus X-1 fuese un agujero negro, en 1988 la subió al 95% ... y en 1990 aceptó la derrota. Nuevos resultados experimentales confirmaron que, efectivamente, existía un agujero negro en Cygnus X-1. El ganador se llevó a casa una suscripción anual a la revista erótica *Penthouse*.

Acerca de singularidades desnudas

A comienzos de los noventa, Thorne y su colega John Preskill apoyaron la tesis de que una singularidad gravitacional puede aparecer sin que haya un horizonte de sucesos asociado. Hawking creyó que las leyes de la física impedirían la existencia de ese fenómeno, llamado «singularidad desnuda». Pero cinco años después, Matthew Choptuik demostró, mediante simulaciones informáticas, que esas singularidades pueden existir bajo determinadas circunstancias. Entonces, Hawking aludió que ello no indicaba que las singularidades desnudas pudiesen suceder de modo natural. Sin embargo, en 1997, concedió la victoria a sus contrincantes, una noticia que llegó a ser portada del *The New York Times*. El premio para los dos ganadores fue de cincuenta libras esterlinas y «ropa para cubrir la desnudez del ganador». Hawking perdió por lo que él llamó «un tecnicismo», y apostó de nuevo en 1997 esgrimiendo otra cuestión: ¿se pierde la información que cae en un agujero negro? En esa ocasión, Hawking y Thorne se aliaron y afirmaron que sí. Hawking demostró su propio error en 2004 y entregó a John Preskill su premio, una enciclopedia de béisbol; pero Thorne no ha aceptado la derrota todavía, y no hay consenso científico sobre quién tiene razón. Y es que no es una cuestión baladí: además de una enciclopedia está en juego la posibilidad de poder viajar a otros universos a través de los agujeros negros.

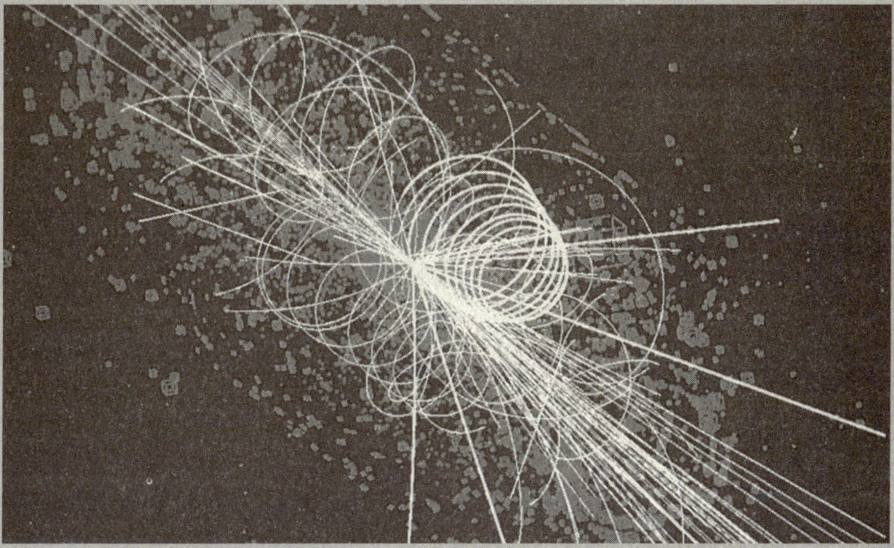

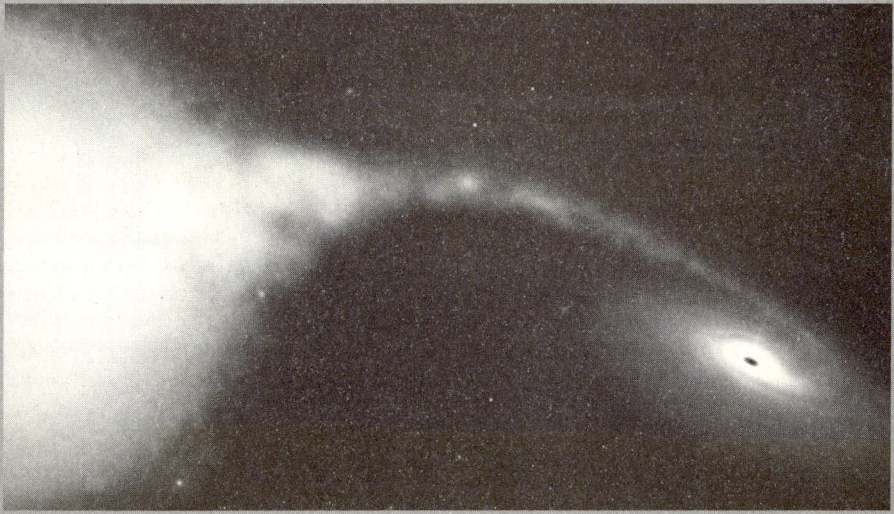

Representación gráfica del bosón de Higgs (arriba) e ilustración del agujero negro Cygnus X-1 (abajo), ambos motivo de una apuesta científica de Stephen Hawking.

Planck, pero son increíblemente energéticas y cuando vibran dan lugar a las partículas elementales que conocemos.

Una de las características más llamativas de la teoría de cuerdas es su predicción de que existen más dimensiones enrolladas. En este sentido recuerda a la teoría de Kaluza-Klein, que postulaba una dimensión espacial extra, pero esta nueva teoría requiere más dimensiones: nada menos que 26, incluido el tiempo. Si introducir una dimensión fue un concepto escandaloso en su momento, inventarse una veintena roza lo desmedido.

> Mi objetivo es simple: comprender el universo de forma completa, entender por qué es como es y, en definitiva, por qué existe.
>
> **Stephen Hawking**

Con todo, el absurdo de inventarse tantas dimensiones adicionales puede pasarse por alto si, a cambio, permite desarrollar una teoría de campo cuántica para la gravedad. La teoría de cuerdas parecía una candidata ideal: carece de infinitos no renormalizables y, de hecho, uno de los modos de vibración de las cuerdas se asoció al gravitón, la partícula hipotética que, se supone, transmite las interacciones gravitatorias por el espacio. Si resulta que solamente funciona en un universo de 26 dimensiones, tendremos que aceptarlo.

Por un momento pareció que la teoría de cuerdas estaba destinada a convertirse en la teoría del todo, la ecuación definitiva para el universo. Eso hubiera rematado felizmente otro juego de palabras de esos que parecen tan populares entre los físicos teóricos. El término «teoría del todo» se abrevia en inglés como TOE *(Theory of Everything)*. La expresión inglesa *on your toes* (literalmente, «de puntillas») se usa para expresar un estado de alerta en el que se dedican todos los esfuerzos y energía a la consecución de una meta, algo así como «ponerse las pilas». Resultaría divertido descubrir que lo que nos permite estar alerta y de puntillas sea... un conjunto de cuerdas.

Con juego de palabras o sin él, se descubrió que el ámbito de aplicación para la teoría de cuerdas resulta muy limitado. Una forma de clasificar las partículas es dividirlas según su espín, que puede tomar valores enteros (0,1,2...) o semienteros (1/2, 3/2, 5/2...). Pero la teoría de cuerdas solamente tiene aplicación a partículas de espín entero, los llamados bosones, y ese es el motivo de que se conozca con el nombre de teoría de cuerdas bosónicas. Los fermiones quedan fuera de su alcance y, puesto que los fermiones incluyen partículas como los quarks y los electrones, es evidente que queda mucho camino por recorrer.

OTRA TEORÍA MÁS: LA SUPERSIMETRÍA O SUPERCUERDAS

En un intento por acomodar más partículas al panorama de la teoría de cuerdas, se desarrolló una nueva idea llamada supersimetría. Por sí sola es incapaz de unificar la gravitación con las otras fuerzas, pero cuando se combina con la teoría de cuerdas el panorama cambia radicalmente. Aplicada al modelo estándar, la supersimetría (SUSY para los amigos por *Supersymmetry*) predice la existencia de una partícula supersimétrica para cada partícula existente. El factor relevante aquí es el hecho de que, si la partícula es un fermión, su partícula supersimétrica es un bosón, y viceversa. De ese modo, el electrón (fermión) estará asociado al selectrón (bosón).

Una teoría de cuerdas en la que los fermiones se sustituyesen por sus equivalentes supersimétricos podría funcionar y, como ventaja adicional, el número de dimensiones de la teoría disminuiría de 26 a 10. Adicionalmente, puesto que las partículas elementales bosónicas son las portadoras de las interacciones, la supersimetría es un camino para equiparar las fuerzas y la materia, una forma realmente elegante de simetrizar el contenido del universo.

Con el desarrollo de la cromodinámica cuántica, la nueva teoría de cuerdas supersimétrica (también llamada teoría de supercuerdas) fue ignorada, de forma similar a como la teoría de Kaluza-Klein fue descartada en favor de la mecánica cuántica; pero en este caso la nueva teoría no se iría sin luchar. La teoría de supercuerdas permite una comprensión de la gravitación como teoría cuántica de campos, y se desarrollaron varias de ellas.

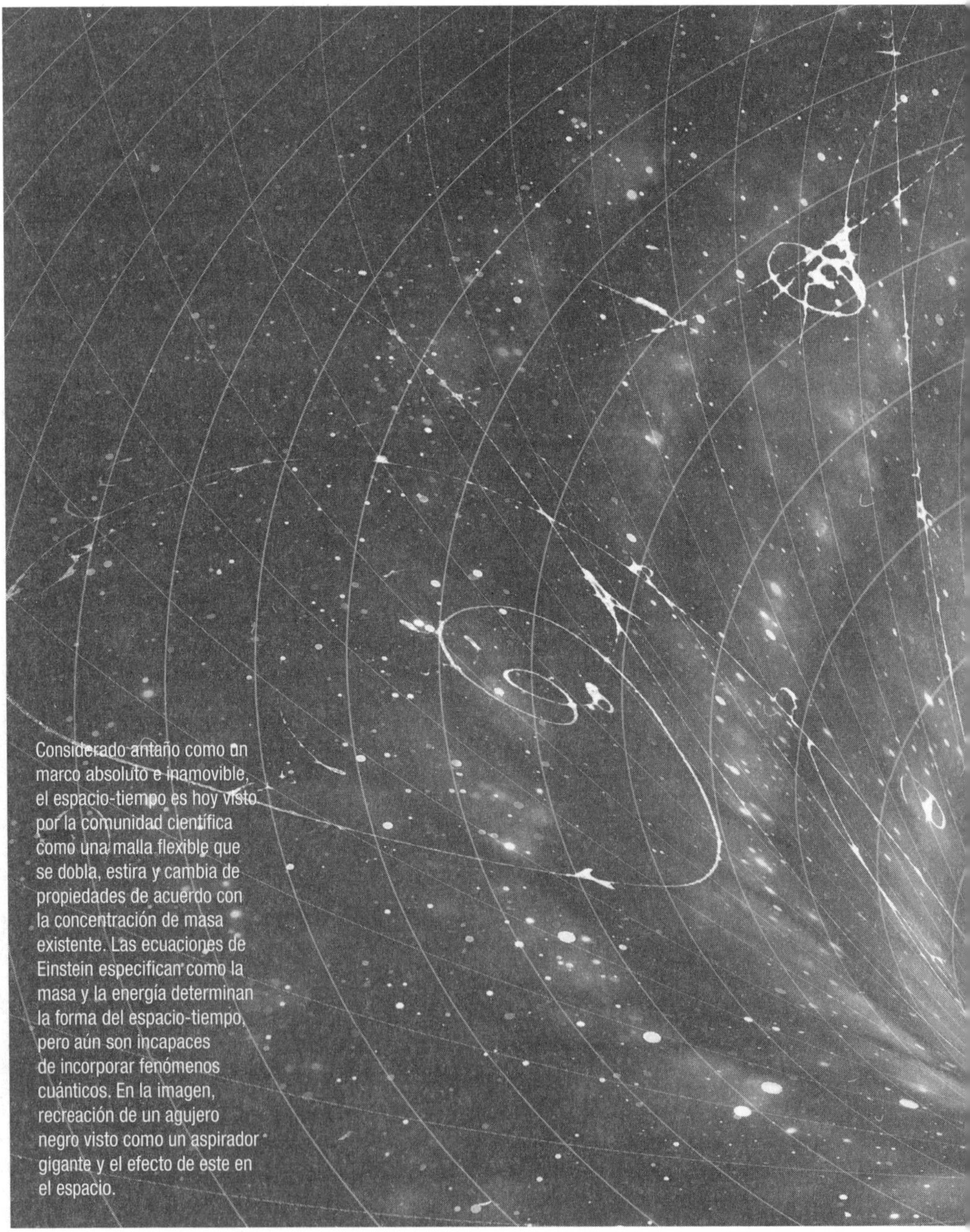

Considerado antaño como un marco absoluto e inamovible, el espacio-tiempo es hoy visto por la comunidad científica como una malla flexible que se dobla, estira y cambia de propiedades de acuerdo con la concentración de masa existente. Las ecuaciones de Einstein especifican cómo la masa y la energía determinan la forma del espacio-tiempo, pero aún son incapaces de incorporar fenómenos cuánticos. En la imagen, recreación de un agujero negro visto como un aspirador gigante y el efecto de este en el espacio.

Emergieron cinco como posibles candidatas, denominadas tipo I, tipo IIA, tipo IIB, heteróticas HO y heteróticas HE.

Cinco teorías compitiendo entre sí por demostrar su valía para quedar como único modelo válido es receta segura para la confusión, pero por fortuna apareció un pacificador, el norteamericano Edward Witten. En 1995 sugirió que, en realidad, las cinco teorías estaban relacionadas entre sí de forma intrincada, con lo cual eran aspectos de una única teoría de cuerdas (para entonces se había eliminado el prefijo «súper», que se da por sentado). Es como el viejo aforismo de los ciegos que palpan un elefante: cada uno de ellos dará una descripción distinta, pero en el fondo hablan del mismo animal.

La nueva teoría unificadora propuesta por Witten fue bautizada como *teoría M* (existen muchas hipótesis sobre el significado de la M. Podría referirse a «magia», «matrix» o «membrana» pero Witten nunca ha desvelado del todo ese misterio). Sus características más sobresalientes son:

— Se trata de un espacio de once dimensiones (diez espaciales y una temporal), siete de las cuales estarían compactificadas.

— Está compuesto de láminas de varias dimensiones denominadas *branas* (término derivado de la palabra «membrana»).

Este último concepto es una generalización de la idea de cuerdas. Un punto presenta una dimensión cero, una cuerda tiene una única dimensión y una membrana posee dos. Una p-brana equivaldría a p dimensiones y una 9-brana en un espacio de 10 dimensiones, se comportaría de forma análoga a una membrana bidimensional en el espacio tridimensional habitual. En cuanto al número de dimensiones, nuevamente es una cantidad que no se escoge a capricho. O bien nuestro universo tiene 11 dimensiones o, sencillamente, no funciona.

¿Es la teoría M una candidata viable a la teoría del todo? Resulta difícil de imaginar siquiera, pues carece de una formulación completa y apenas está siendo comprendida en sus aspectos más básicos. El escollo más grande con que se encuentra la teoría M es, literalmente, su enorme envergadura. Tantas dimensiones constituyen un gran problema.

Como se comentó anteriormente, en la teoría de Kaluza, la quinta dimensión está «compactificada» o empaquetada de forma similar a como una hoja bidimensional puede enrollarse para formar un fino cilindro. Con siete dimensiones de más, existe una gran variedad de posibles modos de compactificación. Eso da lugar a una cantidad tan alta de posibilidades que apenas si puede cuantificarse. Algunas estimaciones dan una cantidad de $S = 10^{500}$ posibles universos potenciales según la teoría de cuerdas, cada uno de ellos con un valor de la energía del vacío y con leyes físicas diferentes.

El mero hecho de disponer de tantos «universos» potenciales plantea un fallo de concepto. Habitualmente un científico desarrolla una hipótesis y, si una observación o experimento la refuta (o, como se dice en ocasiones, consigue falsarla), hay que descartar la hipótesis o, como mínimo, modificarla. Por contra, ningún experimento conseguirá falsear la teoría de cuerdas porque siempre podremos echar mano de una compactificación distinta, de una variedad distinta de parámetros. Una teoría que pueda «tunearse» para arrojar cualquier resultado que queramos, puede que sea muy flexible pero no tiene capacidad predictiva alguna.

Algunos investigadores expertos en teorías de cuerdas han llegado a proponer un relajamiento de las normas habituales del método científico, sugiriendo que, aunque una teoría no pueda someterse a comprobación experimental, debería aceptarse si es lo bastante «elegante». Es decir, que parezca válida al margen de que lo sea o no. Como dicen los italianos sobre una historia dudosa pero hermosa, *si non é vero e ben trovatto*. La teoría M, como cualquier otra, debe ser capaz de efectuar predicciones o, al menos, ofrecer algún modo de verificación experimental. De otro modo se quedará en mera conjetura.

El debate está en su apogeo y muestra hasta qué punto el deseo por obtener una teoría del todo desata las imaginaciones más desbocadas.

¿HAY CIENCIA DESPUÉS DE UN ESPACIO-TIEMPO CUÁNTICO?

En estos momentos la teoría de cuerdas parece ser la mejor candidata a convertirse en una gran teoría unificadora de todos los fenómenos, partículas e interacciones del universo. Sin embargo, la falta de predicciones y su extrema complejidad mantiene escéptica a buena parte de la comunidad científica; por su parte, los físicos de cuerdas son bien conscientes de que, si bien no han alcanzado sus objetivos finales, al menos la teoría de cuerdas es la única que puede lograrlo.

Pero aunque la teoría de cuerdas (se presente como la teoría M o bajo cualquier otra forma) sea la candidata con más posibilidades, después de cuatro décadas de desarrollo dista mucho de ser una teoría completa. El físico holandés Gerardus t'Hooft se niega incluso a llamarla teoría por su falta de concreción y la ausencia de propiedades predictivas: «Imagine que le doy una silla, mientras le explico que todavía faltan las patas, y que el asiento, el respaldo y los brazos quizá llegarán pronto; ¿podría seguir llamando silla a cualquier cosa que le diera?».

En realidad, ni siquiera tiene ecuaciones al estilo de otras teorías, como la relativista o la de Newton y, más que una teoría, quizá debería llamarse un modelo. La diferencia es importante. Una teoría tiene capacidad de describir y predecir, pero un modelo se limita a ser una descripción somera de la realidad. A los estudiantes todavía se les enseña el modelo planetario del átomo, en el cual el núcleo hace el papel del Sol y los electrones giran a su alrededor como planetas orbitando. Sigue siendo una primera aproximación bastante sencilla, pero para efectuar cálculos de precisión se necesita una teoría cuántica. El modelo de cuerdas parece encontrarse en una situación similar.

Apremiados por la necesidad de demostrar la valía de su modelo, los teóricos de cuerdas han propuesto un universo dividido en burbujas, en cada una de las cuales las leyes de la física son distintas. Puede que esos 10^{500} universos posibles que permite la teoría existan realmente en un metauniverso más grande que todo lo imaginable. Queda el problema de averiguar por qué nuestro universo es el que es, por qué le ha tocado este conjunto de leyes.

¿ES LA HORA DE LA PSICOHISTORIA?

A comienzos de la década de 1950, el escritor de ciencia ficción Isaac Asimov creó su famosa *Trilogía de la Fundación*. Uno de los personajes principales, Hari Seldon, es un científico que descubre una nueva ciencia para estudiar la reacción de la humanidad ante las fuerzas sociales de cada época, fueran religiosas, políticas, económicas o militares. El comportamiento de grandes poblaciones de seres humanos puede describirse, afirma Seldon, de modo similar a como la termodinámica permite modelar las interacciones entre ingentes cantidades de átomos. Armado con su ciencia, a la que llamó «psicohistoria», Seldon establece una fundación para mantener un núcleo de ciencia frente a la decadencia del Imperio Galáctico. Hoy, las ciencias sociales modernas, con sus estudios matemáticos que van desde la teoría de juegos a la macroeconomía, quieren convertirse en la nueva psicohistoria. Una de las ideas más ambiciosas, la llamada economía histórica, estudia esos fenómenos del pasado mediante una combinación de métodos históricos, económicos y estadísticos. El norteamericano Peter Turchin, que empezó estudiando poblaciones animales mediante procedimientos matemáticos, es hoy uno de los impulsores de una nueva ciencia a la que llamó «cliodinámica», en honor a Clío, la musa de la historia. Su objetivo, como el de la psicohistoria de Asimov, es la modelización de las fuerzas sociales. ¿Hay leyes sociales, del mismo modo que existen leyes físicas? ¿Qué mecanismos subyacen a los acontecimientos históricos? ¿Puede predecirse el futuro?

Una improbable bola de cristal

Según Turchin, la cliodinámica aplicada a la historia de los Estados Unidos permite desvelar la aparición de ciclos periódicos de inestabilidad social cada cien años, a los que se unen ciclos de violencia política cada cincuenta. Pero sus críticos no se dejan impresionar. Un país con un pasado esencialmente violento y con una historia tan corta como la de los Estados Unidos lógicamente debe esperar ciclos de inestabilidad social; y los mismos ciclos de violencia que aparecen tan claramente en un país resultan inexistentes en otro. ¿Tiene razón la cliodinámica? Turchin predice una nueva ola de violencia política para la década de 2020. Los medios de comunicación parecen darle la razón, pero la violencia es consustancial a la historia humana. Necesitamos una auténtica psicohistoria para realizar predicciones detalladas, pero tardaremos muchos años en disponer de ella. Y es que la dificultad de estudiar objetos tan impredecibles como el ser humano es casi infinita.

Isaac Asimov, autor de la *Trilogía de la Fundación*.

La respuesta viene de la mano del principio antrópico, que establece que toda teoría será válida si puede explicar la existencia del ser humano. Según esa concepción, las condiciones de nuestro universo son aquellas que permiten el desarrollo de estrellas, planetas y vida inteligente. En cierto modo es como es porque nosotros estamos aquí. El lector puede encontrar extraña esta clase de lógica y, hasta cierto punto, su confusión está justificada, ya que causa y consecuencia parecen intercambiar sus papeles. Una aerolínea existe para transportar pasajeros de un lugar a otro del globo, pero no tiene sentido justificar las leyes de la aerodinámica con el argumento de que, si no fuesen como son, usted no podría haber volado de París a Tokio el pasado verano.

Por supuesto, la teoría (o modelo) de cuerdas no es la única existente. Hay alternativas, aunque ninguna de ellas tiene la suficiente claridad y capacidad predictiva para lograr la gran unidad de fuerzas que constituiría la culminación del sueño de la física moderna. El sueño de Einstein de unificar relatividad y cuántica sigue muy lejos a fecha de hoy, y no podemos más que especular cuándo se conseguirá.

Algunos problemas pendientes

Hagamos un ejercicio de abstracción, y supongamos que, de algún modo, la teoría del todo ya ha sido formulada. Su descubridor será recordado y ensalzado durante siglos junto con Newton y Einstein como uno de los mayores genios en la historia de la física. Ahora bien, ¿significa eso que la propia física ha pasado a la historia? ¿Podremos afirmar (como dijo lord Kelvin hace más de un siglo) que el estudio de la física ha concluido y que todo lo que queda por hacer es calcular más decimales?

Las teorías físicas, que son conjuntos de ecuaciones que relacionan variables entre sí, vendrían a ser los planos del gran edificio del universo. Cualquier arquitecto sabe que, una vez diseñado el plano, hay que construir el edificio. Existe, por tanto, mucha ciencia más allá de la gran ecuación.

Estudiar las consecuencias de una teoría puede llevar mucho tiempo. La relatividad general proporciona buenos ejemplos en este sentido. Poco después de que Albert Einstein desarrollara sus ecuaciones sobre esta teoría, el astrónomo alemán Karl Schwarzschild encontró una solución para explicar el campo gravitatorio creado por una masa puntual, en esencia un agujero negro. Más tarde, en los años treinta, el astrofísico indio Subrahmanyan Chandrasekhar demostró que los agujeros negros podían ser objetos reales generados en las etapas finales de la evolución de algunas estrellas. A pesar de ello, no consiguió obtener las ecuaciones para un agujero negro en rotación, logro que consiguió el matemático neozelandés Roy Kerr en 1963.

Un siglo después de su primera aparición teórica dentro de la relatividad, los agujeros negros continúan siendo objetos misteriosos, y sus propiedades aún no están bien determinadas. Solamente podemos imaginar qué otras sorpresas quedan por descubrir, ocultas entre los pliegues de las ecuaciones de Einstein.

No es necesario que una teoría sea tan compleja y trascendental como la relatividad o la cuántica para deparar sorpresas. Sucede en ocasiones que un problema físico se basa en ecuaciones relativamente simples, pero la extensión del sistema a estudiar o la cantidad de partículas involucradas convierten, en la práctica, al problema en irresoluble. Hay muchos ejemplos a nuestro alrededor: la turbulencia, la rotación de una galaxia, la modelización del clima.

Las ciencias sociales como la epidemiología, la economía, la política o la sociología resultan especialmente difíciles de abordar, porque las «partículas» sometidas a estudio son los propios seres humanos, dotados de un complejo entramado de intereses y prejuicios que los convierte en prácticamente inescrutables. El altruismo, el egoísmo, los genes, los comportamientos grupales y la pura y llana estupidez se combinan para dar al traste con cualquier intento riguroso de describir el comportamiento de las agrupaciones humanas mediante ecuaciones matemáticas.

Hay casos en los que las ecuaciones son claras y rigurosas pero la solución es imposible, o cuando menos inviable. Un ejemplo viene dado por el *problema de los* n *cuerpos*. La ley de gravitación universal de Newton permite conocer con gran precisión el comportamiento de dos cuerpos que se atraen mediante fuerzas gravitatorias. Sin embargo, cuando los cuerpos en interacción son tres o más, el problema se hace irresoluble. La ley de gravitación sigue siendo válida, pero no existe una fórmula que nos permita determinar la forma de las órbitas o la posición de un objeto en el futuro. Cualquier intento por establecer una solución exacta para, por ejemplo, la estabilidad de las órbitas planetarias, está abocado al fracaso.

Eso no significa que, cuando esto sucede, los ingenieros de la NASA alcen los brazos en señal de frustración y se vayan a casa. Al contrario, se las ingenian para mandar sondas interplanetarias a recorrer los cuerpos de nuestro sistema solar, saltando de uno a otro. ¿Cómo lo consiguen? Mediante una serie de técnicas que se han ido desarrollando con los años y que combinan soluciones aproximadas, métodos numéricos y aproximaciones que permiten simplificar los cálculos.

En resumen, incluso en el mejor de los casos una teoría completa no acaba con el trabajo de la ciencia. Eso suponiendo que una teoría tal sea siquiera concebible, cosa que no está demostrado. ¿Qué nos da la confianza para pronosticar que algún día se descubrirá la teoría definitiva?

Los límites de la ciencia

A lo largo de los siglos hemos descubierto que la naturaleza tiene pautas que podemos codificar de forma matemática. Inventamos teorías, las contrastamos con un experimento, comprobamos si son o no válidas, las perfeccionamos o modificamos y, a lo largo del proceso, nuestras herramientas de hacer ciencia se van haciendo cada vez más útiles, más poderosas, más válidas.

Este es el procedimiento que, de un modo u otro, ha seguido la humanidad durante milenios y que llamamos método científico. Se trata de un camino, no de un destino, y ni siquiera sabemos si ese camino tiene un final. Algunos científicos opinan que no, que averiguar las leyes de las ciencias es como pelar una cebolla con

LA ARMONÍA MATEMÁTICA DE LOS CIELOS

A comienzos del siglo XVII, el matemático y astrónomo Johannes Kepler deseaba conocer el mecanismo interno del sistema solar. En un mundo asolado por la peste, la guerra y los conflictos religiosos, la búsqueda de la armonía entre las estrellas constituía una tarea placentera. Kepler creía en un Dios creador y quería conocer sus planes para el universo. No fue el primero en trabajar siguiendo ese deseo y tampoco sería el último. Kepler supuso que los cinco planetas conocidos entonces (sin contar la Tierra) debían estar relacionados de algún modo con los cinco sólidos regulares: tetraedro, hexaedro, octaedro, dodecaedro e icosaedro. Seguía con ello la idea de la armonía de las esferas, según la cual el universo está basado en proporciones numéricas armoniosas. De ese modo, las órbitas de los planetas guardarían entre sí razones matemáticas sencillas, similares a las de los intervalos entre notas musicales. Por supuesto, tales órbitas debían ser circulares. Era inevitable, se decía, ya que los cielos son dominio del Creador y allí rige la perfección. Para comprobar su teoría, Kepler necesitaba datos precisos sobre el movimiento de los planetas. Tycho Brahe, matemático imperial del Sacro Imperio, era la persona que poseía esos datos, pero los guardó celosamente durante años. Kepler necesitó armarse de paciencia y, finalmente, logró su objetivo. Para su desgracia, las observaciones de Brahe no confirmaban las teorías de Kepler. Había una pequeña discrepancia en el movimiento del planeta Marte. Quizá otra persona con menos escrúpulos hubiera ocultado esa pequeña discrepancia, pero Kepler decidió actuar como lo que era: un científico. Fue honrado consigo mismo y con la ciencia, y esa decisión le costó cara. Tras reconocer que su querida teoría sobre el movimiento planetario no era correcta, tuvo que abandonarla. Si Dios existía, desde luego no era el matemático riguroso que había creído. Aunque, en realidad, el universo sí se comportaba de forma matemática, pero no del modo que Kepler esperaba. El movimiento de los cuerpos celestes en órbitas elípticas forma parte de lo que ahora conocemos como leyes de Kepler. El Dios pitagórico y armonioso, amante de la armonía de las esferas, dio paso a la hipótesis de un Dios matemático.

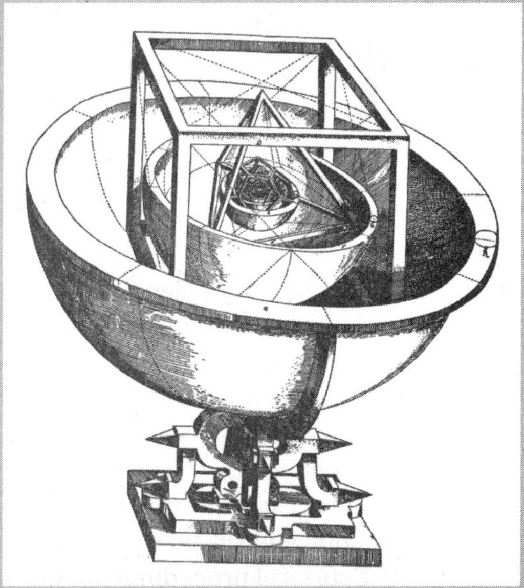

Modelo del sistema solar kepleriano, basado en los sólidos regulares según una imagen del *Mysterium Cosmographicum* de Johannes Kepler, 1596.

infinitas capas. Otros, por el contrario, creen que hay un núcleo último de conocimiento y que, en principio, algún día podríamos llegar a él y determinar todas las leyes que rigen el universo.

¿Podemos siquiera demostrar que la ciencia es una cebolla infinita? ¿Podemos demostrar que no lo es?

Durante siglos ha circulado lo que se conoce como «paradoja del mentiroso», que se explica a partir de la siguiente oración:

Esta frase es falsa.

La paradoja consiste en plantearse si esa declaración es cierta o falsa. Si es cierta, entonces lo que dice es verdad: la frase es falsa; por otro lado, si fuese falsa, lo que dice es mentira, y por tanto será verdadera. De ese modo llegamos a una contradicción: si es cierta, es falsa; y si es falsa, es cierta. Según los principios de la lógica, la frase es cierta y falsa a la vez, o bien no es ni cierta ni falsa.

Algo similar sucede en el campo de las matemáticas. Habitualmente se establecen ciertas verdades por definición, llamadas axiomas, y se construyen resultados a partir de ellos. A veces un conjunto de axiomas puede conducir a una paradoja similar a la del mentiroso, y para evitarlo, en 1920 el matemático David Hilbert propuso una nueva formalización de las matemáticas que permitiera basarlas en un conjunto de axiomas capaces de demostrar o refutar cualquier afirmación matemática sin que aparezcan paradojas o contradicciones.

Sin embargo, en 1931 el matemático austríaco Kurt Gödel demostró que un sistema matemático así será necesariamente indecidible en algunos casos. Es decir que, aunque plantee afirmaciones verdaderas, su certidumbre no podrá demostrarse ni refutarse. Pocos años después, el matemático Alan Turing demostró la imposibilidad de demostrar (o refutar) todas las afirmaciones de un sistema matemático mediante un ordenador. Ni la mente humana ni la del ordenador pueden crear un sistema matemático completo y libre de paradojas.

¿Existe la posibilidad de que suceda algo así en física? O lo que es lo mismo, ¿hay algún problema físico que no pueda en principio ser resuelto mediante teorías y matemáticas? A día de hoy tenemos muchas preguntas sin responder. Pero ¿podremos responderlas mañana? No lo sabemos. La actitud de los científicos es seguir trabajando como si algún día pudiésemos acceder a todo el conocimiento sobre el cosmos.

Hasta ahora no hemos encontrado una contradicción básica que nos detenga en la búsqueda de más y mejores leyes físicas, de modo que el progreso científico sigue adelante. Este proceso puede continuar indefinidamente. O no. Stephen Hawking, en su libro *Historia del tiempo*, describe tres posibles futuros para el desarrollo de la ciencia:

— Futuro 1: Existe una teoría unificadora completa, y algún día la encontraremos.

— Futuro 2: No existe una teoría única de todo sino una sucesión de teorías parciales que describen el universo con cada vez mayor precisión.

— Futuro 3: No se pueden predecir los acontecimientos en el universo más allá de cierto punto, ya que suceden de forma aleatoria y en cierto modo arbitraria.

Cada uno de estos tres futuros resulta inquietante. Si existe una teoría definitiva, su descubrimiento pondrá punto final a la búsqueda de la verdad científica que comenzó antes de Aristóteles. Cierto es que habrá todavía mucho trabajo por hacer, pero la situación será similar a la de un continente conquistado: territorios y colonización, rutina para los cartógrafos. Al desaparecer las fronteras de la ciencia, ¿qué será del espíritu explorador de la humanidad?

La ausencia de una teoría única puede ser aún peor. Sustituir una teoría parcial por otra y luego por otra más en un proceso sin fin recuerda al viejo mito de una Tierra plana a lomos de una tortuga. ¿En qué se apoya esa tortuga? En otra, y esa nueva tortuga se apoya en otra, y así sucesivamente porque nunca se acaban las tortugas. El proceso de descubrir esas infinitas tortugas puede convertirse en una labor digna de Sísifo. Finalmente, si resulta que nuestras leyes físicas solamente consiguen describir la naturaleza hasta cierto punto, ¿nos conformaremos con eso y dejaremos de investigar?

La ciencia contemporánea parece seguir las tres sendas a la vez. Las teorías físicas actuales permiten describir los fenómenos naturales cada vez mejor (Futuro 2) a la espera de una teoría definitiva (Futuro 1), pero la mecánica cuántica nos impone una forma aleatoria e indeterminada de conocer los acontecimientos (Futuro 3). Conocer cuál será nuestro futuro real es algo que no podemos sino conjeturar.

Oteando el más allá

A lo largo de la historia, los científicos han sido conscientes de que la ciencia no arroja respuestas a todas las preguntas. La ley de gravitación de Newton explica cómo y de qué forma los cuerpos son atraídos por efecto de su masa, pero no responde a la pregunta del porqué. ¿Qué mecanismo hace que las fuerzas tengan ese valor? ¿Por qué motivo el universo es como es?

Traspasar las fronteras de la ciencia para hollar un territorio donde el método científico no puede proporcionar respuestas es tarea arriesgada y especulativa. Algunos científicos apelan a la religión, otros rechazan ir más allá. En tiempos de Kepler y Newton no era extraño recurrir a la existencia de un creador último, lo que dejaba claro que la tarea del hombre es limitarse a describir el funcionamiento del universo sin entrar en los porqués.

Esa visión contrasta con el planteamiento del matemático francés Pierre-Simon Laplace, quien fue interrogado en cierta ocasión por Napoleón sobre por qué no mencionó ni una vez a Dios en uno de sus libros. La respuesta de Laplace fue sencilla: «*Sire*, nunca he necesitado esa hipótesis». Grandes científicos como Stephen Hawking se atreven a afirmar ocasionalmente que no necesitan la «hipótesis de Dios» para explicar la existencia del universo.

Si algún día el ser humano alcanza la anhelada meta de la unificación de las leyes de la física y descubre la teoría del todo, tendrá a su disposición la herramienta definitiva para profundizar en el entendimiento del cosmos. Pero será tan solo una herramienta. Las respuestas a las grandes preguntas que tanto nos intrigan (¿quiénes somos?, ¿de dónde venimos?, ¿cuál es el propósito de la vida?) deberán provenir de otra fuente. Esa es tarea de filósofos, metafísicos y pensadores.

La encrucijada en la que se encuentra el ser humano fue descrita a finales de los años setenta por el escritor Douglas Adams en su obra *Guía del Autoestopista Galáctico*, uno de los libros de ciencia ficción más irreverentes y disparatados que existen. En uno de los capítulos se narra cómo una civilización hiperinteligente y muy avanzada construye un superordenador para descubrir la Respuesta sobre la Vida, el Universo y Todo. Tras varios millones de años, la máquina está por fin dispuesta para dar la solución. Y llega la respuesta:

Cuarenta y dos.

Los espectadores se quedan sin habla. ¿Cuarenta y dos qué? El ordenador se mantiene firme, la respuesta es 42. Eso sí, advierte, quizá el problema estriba en que los programadores estaban tan preocupados por la respuesta que no sabían cuál era la pregunta.

En cierto modo, lo que buscamos nosotros es una respuesta a una pregunta que no conocemos. Y la respuesta no parece que sea el número 42.

Bibliografía

ALBERDI, A.; LÓPEZ, S., *Un viaje al cosmos en 52 semanas*, Colección Divulgación CSIC, Madrid, Editorial Catarata, 2008.

BATTANER, E., *Física de las noches estrelladas: astrofísica, relatividad y cosmología*, Barcelona, Tusquets Editores, 2011.

—, *Kepler. El movimiento planetario*, Barcelona, RBA, 2012.

—, *100 problemas de astrofísica*, Madrid, Alianza Editorial, 2019.

BEGELMAN, M.; REES, M., *Gravity's Fatal Attraction. Black Holes in the Universe*, Cambridge University Press, 2010.

BLANCO, D., *Einstein. La teoría de la relatividad*, Barcelona, RBA, 2012.

CORCHO, R., *Galileo. El método científico*, Barcelona, RBA, 2012.

DURÁN, A. J., *Newton. La ley de la gravedad*, Barcelona, RBA, 2012.

EINSTEIN, A., *Sobre la teoría de la relatividad especial y general*, Madrid, Alianza Editorial, 2019.

—, *El significado de la relatividad*, Barcelona, Austral, 2005.

FERNÁNDEZ, T.; MONTESINOS, B., *El desafío del universo*, Madrid, Espasa-Calpe, 2007.

FEYNMAN, R.P., *Electrodinámica cuántica. La extraña teoría de la luz y la materia*, Madrid, Alianza Universidad, 2020.

—, *El carácter de la ley física*, Barcelona, Tusquets Editores, 2000.

—, *Seis piezas fáciles: la física explicada por un genio*, Barcelona, Editorial Crítica, 2004.

Greene, B., *El universo elegante: supercuerdas, dimensiones ocultas y la búsqueda de una teoría definitiva*, Barcelona, Editorial Crítica, 2011.

—, *La realidad oculta*, Barcelona, Planeta, 2011.

Guth, A., *El universo inflacionario*, Barcelona, Debate, 1999.

Hawking, S., *Historia del tiempo. Del Big Bang a los agujeros negros*, Madrid, Alianza Editorial, 2011.

Hawking, S.; Mlodinov, L., *El gran diseño*, Barcelona, Crítica, 2010.

—, *El universo en una cáscara de nuez*, Barcelona, Editorial Crítica, 2002.

Hogan, C. J., *El libro del Big Bang. Introducción a la cosmología*, Madrid, Alianza Editorial, 2005.

Huertas, J. L., *Copérnico. El heliocentrismo*, Barcelona, RBA, 2012.

Kragh, H., *Historia de la cosmología. De los mitos al universo inflacionario*, Barcelona, Editorial Crítica, 2013.

Moles, M., *El jardín de las galaxias*, Madrid, Editorial Catarata, 2009.

Pais, A., *El señor es sutil*, Barcelona, Ariel, 1984.

Penrose, R., *La nueva mente del emperador*, Madrid, Mondadori, 1991.

Randall, L., *Universos ocultos*, Barcelona, Acantilado, 2011.

Rees, M., *Antes del principio: el cosmos y otros universos*, Barcelona, Tusquets Editores, 1999.

Sagan, C., *Cosmos*, Barcelona, Planeta, 2004.

Smolin, L., *Las dudas de la física en el siglo XXI. ¿Es la teoría de cuerdas un callejón sin salida?*, Barcelona, Editorial Crítica, 2016.

Susskind, L., *La guerra de los agujeros negros. Una controversia científica sobre las leyes últimas de la naturaleza*, Barcelona, Editorial Crítica, 2013.

—, *El paisaje cósmico. Teorías de cuerdas y el mito del diseño inteligente*, Barcelona, Editorial Crítica, 2007.

Thorne, K. S., *Agujeros negros y tiempo curvo. El escandaloso legado de Einstein*, Barcelona, Editorial Crítica, 2018.

Weinberg, S., *El sueño de una teoría final. La búsqueda de las leyes fundamentales de la naturaleza*, Barcelona, Editorial Crítica, 2010.

—, *Los tres primeros minutos del universo*, Madrid, Alianza Editorial, 2009.

Wheeler, J. A., *A Journey into Gravity and Space Time*, Nueva York, Scientific American Library, 1990.

Índice analítico y de nombres